高等教育工程造价系列规划教材

土木工程材料

主　编　张爱勤　曹晓岩
参　编　郝　晓　姚立阳
　　　　唐　亮　李　晶
主　审　任瑞波

机械工业出版社

本书主要介绍了土木工程材料的种类、基本性能、技术标准、选用方法、试验方法、配合比设计、材料质量控制与管理等内容，包含了材料与工程造价及工程管理的关系。本书共十章，内容包括：绪论、金属材料、无机胶凝材料、水泥混凝土和砂浆、砌体材料和屋面材料、沥青与沥青混合料、合成高分子材料、装饰材料、绝热材料和吸声隔声材料、土木工程材料试验。

本书知识系统，内容全面，习题新颖，适合作为工程造价和工程管理专业本科教材，也可供专业技术人员学习、参考。

图书在版编目（CIP）数据

土木工程材料/张爱勤，曹晓岩主编. —北京：机械工业出版社，2009.4（2014.7 重印）（高等教育工程造价系列规划教材）

ISBN 978-7-111-26540-5

Ⅰ. 土… Ⅱ. ①张…②曹… Ⅲ. 土木工程—建筑材料—高等学校—教材 Ⅳ. TU5

中国版本图书馆 CIP 数据核字（2009）第 037052 号

机械工业出版社（北京市百万庄大街 22 号 邮政编码 100037）
责任编辑：冷 彬 版式设计：张世琴 责任校对：张玉琴
封面设计：张 静 责任印制：李 洋
北京瑞德印刷有限公司印刷（三河市胜利装订厂装订）
2014 年 7 月第 1 版第 3 次印刷
169mm×239mm · 19.5 印张 · 376 千字
标准书号：ISBN 978-7-111-26540-5
定价：30.00 元

凡购本书，如有缺页、倒页、脱页、由本社发行部调换
电话服务 网络服务
社服务中心：（010）88361066 门户网：http：//www.cmpbook.com
销售一部：（010）68326294 教材网：http：//www.cmpedu.com
销售二部：（010）88379649
读者购书热线：（010）88379203 封面无防伪标均为盗版

序

伴随着人类社会经济的发展和物质文化生活水平的提高，人们对工程项目的要求，一方面体现在对其功能和质量要求越来越高，另一方面又体现在期望工程项目建设投资尽可能少、效益尽可能好。特别是随着经济体制改革和经济全球化进程的加快，现代工程项目建设呈现出投资主体多元化、投资决策分权化、工程发包方式多样化、工程建设承包市场国际化以及项目管理复杂化的发展态势。而工程项目所有参建方的根本目的都是追求自身利益的最大化。因此，工程建设领域对具有合理的知识结构、较高的业务素质和较强的实作技能，胜任工程建设全过程造价管理的专业人才需求越来越大。

高等院校肩负着培养和造就大批满足社会需求的高级人才的艰巨任务。目前，全国300多所高等院校开设的工程管理专业几乎都设有工程造价专业方向，并有近50所院校独立设置工程造价（本科）专业。要保证和提高专业人才培养质量，教材建设是一个十分关键的因素。但是，由于高等院校的工程造价（本科）专业教育还刚刚起步，尽管许多专家、学者在工程造价教材建设方面付出了大量心血，但现有教材存在诸多不尽如人意之处，并且均未形成能够满足对工程造价专业人才培养需要的系列教材。

机械工业出版社审时度势，于2007年下半年在全国范围内对工程造价专业教学和教材建设的现状进行了广泛的调研，并于年底在北京召开了“工程造价系列规划教材编写研讨会”，成立了“高等教育工程造价系列规划教材编审委员会”。本人同与会的各位同仁就该系列教材的体系以及每本教材的编写框架进行了讨论，并在随后的两三个月内，详细研读了陆续收到的各位作者提供的教材编写大纲，并提出自己的修改意见和建议。许多作者在教材编写过程中与我进行了较为充分的沟通。

通过作者们一年多的辛勤劳动，“高等教育工程造价系列规划教材”的撰写工作即将全面告竣，并将陆续正式出版。该套系列教材是作者们在广泛吸纳各方面意见，认真总结以往教学经验的基础上编写的，充分体现了以下特色：

（1）强调知识体系的系统性。工程项目建设全过程造价管理是一个十分复杂的系统工程，要求其专业人才具有较为扎实的工程技术、管理、经济和法律四大平台知识。该套系列教材注重四大平台知识的融合、贯通，构建了全面、完整、系统的专业知识体系。

（2）突出教材内容的实践性。近年来，我国建设工程计价模式、方法和管

理体制发生了深刻的变化。该套系列教材紧密结合我国现行工程量清单计价和定额计价并存的特点，注重以定额计价为基础，突出工程量清单计价方法，并对《建设工程工程量清单计价规范》（GB50500—2008）在工程造价专业教学与工程实践中的应用与执行进行了较好的诠释；同时，教材内容紧密结合我国造价工程师等执业资格考试和注册制度的要求，较好地体现出培养工程造价专业应用型人才的特色。

（3）注重编写模式的新颖性。作者们结合多年对该学科领域的理论研究与教学和工程实践经验，在该套系列教材中引入和编写了大量工程造价案例、例题与习题，力求做到理论联系实际、深入浅出、图文并茂和通俗易懂。

（4）兼顾学生就业的广泛性。工程造价专业毕业生可以广泛的在国内外土木建筑工程项目建设全过程的投资估算、经济评价、造价咨询、房地产开发、工程承包、招标代理、建设监理、项目融资与项目管理等诸多岗位从业，同时也可以在政府、行业、教学和科研单位从事教学、科研和管理工作。该套系列教材所包含的知识体系较好地兼顾了不同行业各类岗位工作所需的各方面知识，同时也兼顾了本专业课程与相关学科课程的关联与衔接。

在本套系列教材即将面世之际，我谨代表高等教育工程造价系列规划教材编审委员会，向在教材撰写中付出辛劳和心血的同仁们表示感谢。还要向机械工业出版社高等教育分社的领导和编辑表示感谢，正是他们的适时策划和精心组织为我们教学一线上的同仁们创建了施展才能的平台，也为我国高等院校工程造价专业教育做了一件好事。

工程造价在我国还是一个年轻的学科领域，其学科内涵和理论与实践知识体系尚在不断发展之中，加之时间有限，尽管作者们做出了极大努力，但该套系列教材仍难免存在不妥之处，恳请各高校广大教师和读者对此提出宝贵意见。我坚信，该套系列教材在大家的共同呵护下，一定能够成为极具影响力的精品教材，在高等院校工程造价专业人才培养中起到应有的作用。

齐宝库

2009 年 4 月于沈阳

前　言

本书是依据工程造价系列规划教材的编写原则，根据教材编审委员会审定的《土木工程材料》教材大纲编写的，适合于工程造价专业和工程管理专业本科生及专业技术人员使用。

本书的编写意图与特色：

1. 知识简练，循序渐进，层次清晰，重点突出，有利于学生对知识的理解与掌握。

2. 突出工程造价及工程管理专业特点，在内容编写上做到深度与广度的合理协调。介绍了种类较全的实用性材料，在材料的基本性能方面做到够用为度，侧重介绍材料的工程应用、质量要求与管理，以及材料与工程造价的关系；减少材料的化学组成、结构和结构理论等内容；对重要结构材料（水泥混凝土和沥青混合料），则系统地介绍了选材、质量标准与检测、配合比设计、质量控制与科学管理，并在内容与练习题中突出了材料与质量管理和工程造价的关系，以培养学生对材料的合理选择、正确使用和科学计价与管理的完整意识。

3. 教材内容与规范做到了很好的统一，使用了最新颁布的国家和行业技术标准与规范。同时，介绍了新材料与新技术的发展与应用，力求突出新内容。

4. 教材课后练习题的编写形式与内容新颖、独特。本书的练习题分为基础练习题和开放式练习题两部分，基础练习题意在对基础知识的巩固；开放式练习题则是对所学知识的实际应用以及对课本知识的扩展，学生可通过查阅资料或实地调查和参与等多样化的方式来完成。通过训练，学生不仅可以获取更多实用性的新知识，还可以培养学生对课程的兴趣和自学能力，同时也能扩展学生的知识面，激发学生的创新意识。

本书由张爱勤、曹晓岩担任主编，张爱勤负责全书的统稿工作。具体的编写分工为：第一、四章由山东交通学院张爱勤编写；第二、五、九章由平顶山工学院郝晓编写；第三章由平顶山工学院姚立阳编

写；第六章由黑龙江工程学院曹晓岩编写；第七、十章由湖南工程学院唐亮编写；第八章由山东交通学院李晶编写。

本书承蒙山东建筑大学任瑞波教授担任主审。任教授提出了许多宝贵意见和修改建议；同时，本书在编写过程中得到机械工业出版社的大力帮助，在此一并表示衷心感谢。

由于编者水平有限，书中难免有不妥之处，恳请广大读者给予批评指正，并提出宝贵意见。

编　者

目录

1

第一章 绪论

学习要求 重点掌握土木工程材料课程的性质、土木工程材料的定义与分类、应具备的技术性质和技术标准分类；明确土木工程材料课程的学习目的和任务。

第一节 土木工程材料概述

一、土木工程材料的定义

土木工程材料是用于土木工程中，直接构成各种工程实体的所有材料。土木工程是房屋、公路、铁路、桥梁、水工、港工、地下等工程的总称。常见的用于土木工程的材料有钢材、砂石、石灰、水泥、水泥混凝土、沥青、沥青混合料和合成高分子材料等。

二、土木工程材料的分类

土木工程材料可以按照材料的化学成分、用于工程的结构部位和功能、用途及材料供应价格等多种方法进行分类。

1. 按化学成分分类

按化学成分，可将土木工程材料划分为无机材料、有机材料和复合材料三大类。其中，每一类材料都包括多种不同的材料，具体分类方法如表 1-1 所示。

其中，复合材料能够克服单一材料的弱点，集中发挥复合后材料的综合优点，因此，是新型材料的发展方向。

2. 按结构部位和功能分类

按材料用于工程的结构部位和使用功能，通常可分为结构材料、墙体材料和功能材料三大类。

表 1-1 土木工程材料按化学成分分类表

无机材料	金属材料	黑色金属：铁、钢材及其合金等
		有色金属：铜、铝、铝合金等
	无机非金属材料	天然石料：石材、砂、碎石等
		无机结合料：石灰、石膏、水泥等
		烧结制品：砖、瓦、陶瓷等
		玻璃：普通平板玻璃、特种玻璃等
有机材料	植物材料	木材、竹材及其制品等
	沥青材料	石油沥青、煤沥青及其制品等
	合成高分子材料	塑料、橡胶、有机涂料、胶粘剂等
复合材料	无机非金属复合材料	水泥混凝土、砂浆等
	金属-非金属复合材料	钢筋混凝土、钢纤维混凝土等
	有机-无机复合材料	玻璃钢、聚合物混凝土、沥青混凝土等

（1）结构材料　主要指梁、板、柱、基础、框架和其他受力构件所用的材料。这类材料主要有砖、石、木材、钢材、混凝土和钢筋混凝土等。

（2）墙体材料　主要指建筑物内、外及分隔墙体所用的材料，分为承重和非承重两类。目前我国大量采用的墙体材料为粉煤灰砌块、混凝土及加气混凝土砌砖等。此外，还有混凝土墙板、石膏板和复合墙板等。

（3）功能材料　主要指承担某些建筑功能的非承重材料。如防水材料、装饰材料、绝热材料、吸声和隔声材料等。

一般来说，构筑物的可靠度与安全度，主要决定于由结构材料组成的构件和结构体系，而构筑物的使用功能与品质，主要决定于功能材料。对某一种具体材料来说，可能兼有多种功能。

3. 按用途分类

土木工程材料按用途分类，可分为：建筑结构材料、桥梁结构材料、水工结构材料、路面结构材料、建筑墙体材料、建筑装饰材料、建筑防水材料、建筑保温材料等。

4. 按材料供应价格分类

按材料预算中材料供应价格可将材料为分三类：外购类材料、地方性材料和自采材料。

（1）外购类材料　是指国家或地方统一分配的工业产品和其他工业产品。如钢材、水泥、沥青等。通常，材料供应价格 = 出厂价 + 供销手续费 + 包装费。

如供应情况、交货条件不明确时，也可采用当地规定的价格计算。

（2）地方性材料　指包括外购的砂石材料等，按实际调查价格或当地主管

部门规定的预算价格计算。

(3) 自采材料　包括自采的砂、石、粘土等材料。通常，材料供应价格 = 开采单价 + 辅助生产现场经费。开采单价为材料开采时人工费、材料费、机械费总和。辅助现场经费是人工费的 15%。

三、土木工程材料在工程造价中的地位及其发展趋势

1. 材料是工程构筑物的物质基础

材料质量的优劣、选用是否得当、配制是否合理、检测是否规范等因素直接影响工程构筑物的质量，尤其是现代化技术的广泛应用，对土木工程材料提出的要求越来越高。如何根据建设要求合理选择、设计和使用材料，如何做好材料的试验检测，严格控制材料质量，如何科学有序地进行工程质量管理等，是提高工程质量、降低工程造价的关键。

2. 土木工程材料决定工程造价

在土木工程构筑物的修筑费用中，用于材料的费用约占工程总造价的 50%，在某些重要的工程中甚至可以达到 70% ~80%。所以，节约工程投资、降低工程造价、合理选配和应用材料是极其重要的一个环节。

3. 土木工程材料的研究是土木工程技术发展的重要基础

土木工程建设中要实现新设计、新技术、新工艺，研制新型材料至关重要。新材料的诞生与发展必将促进和推动新技术的不断发展。因此，土木工程材料的研究是土木工程技术发展的重要基础。

4. 发展绿色建材，环保节能

材料的使用与环境应有一定的协调性，发展绿色建材是 21 世纪材料的发展趋势。绿色建材定义为采用清洁的生产技术，少用天然资源，大量利用工业或城市固体废弃物等，生产无毒、无污染、无放射性、环保和有利于人体健康的材料。发展绿色建材，既有利于减少环境污染，保护生态环境，又可以治废利废，节约能源和资源。

↘第二节　土木工程材料的基本性质

一、土木工程材料的物理性质

土木工程材料的物理性质是指反映材料内部组成结构状态的物理常数，以及与水和温度有关的性质。

1. 物理常数

常用的物理常数有各种密度、孔隙率和空隙率等。这些物理常数是材料内部

组成结构状态的反映参数，与力学性质之间存在着一定的相依性，可用于推断材料的力学性质。材料内部组成结构状态如图 1-1 所示。材料的内部组成结构由材料实体和孔隙所组成，孔隙又分为开口孔隙（与外界大气连通）和闭口孔隙（不与外界大气连通）两种。材料质量与体积的关系可如图 1-2 所示。

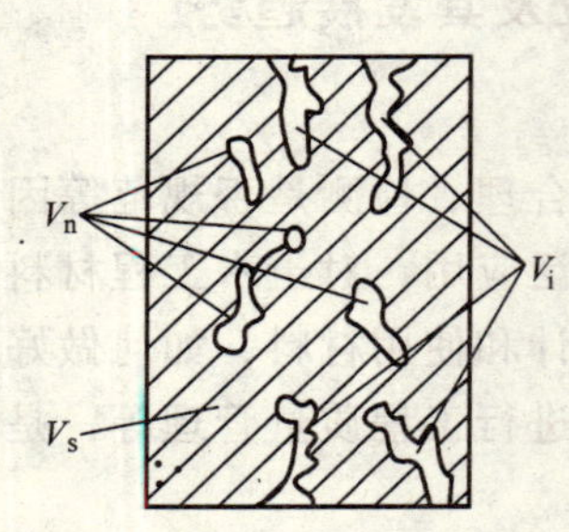

图 1-1 材料组成结构示意图
V_s—实体体积 V_n—闭口孔隙体积
V_i—开口孔隙体积

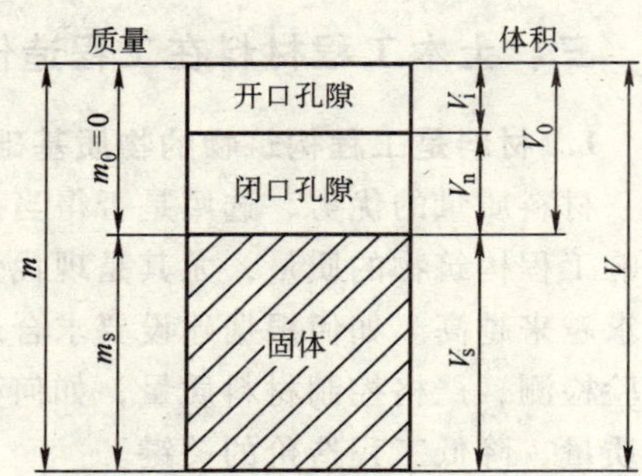

图 1-2 材料质量与体积关系示意图

（1）密度 指材料在绝对密实状态下，单位实体体积的干质量，亦称真密度，可按下式计算：

$$\rho_t = \frac{m}{V_s} \tag{1-1}$$

式中 ρ_t——材料的密度（kg/m^3 或 g/cm^3）；

m——材料的干质量（kg 或 g）；

V_s——材料在绝对密实状态下的实体体积（m^3 或 cm^3）。

除钢材、玻璃等少数材料为致密材料外，绝大多数材料内部都含有一定的孔隙，如砂石、砖、混凝土等。测定致密材料的密度，可采用直接排水法；对于含有孔隙的材料密度，主要采用短颈瓶法或李氏比重瓶法测定。

（2）表观密度 指材料单位表观体积（包括材料实体和闭口孔隙的体积）的干质量，亦称视密度，可按下式计算：

$$\rho_a = \frac{m}{V_a} \tag{1-2}$$

式中 ρ_a——材料的表观密度（kg/m^3 或 g/cm^3）；

m——材料的干质量（kg 或 g）；

V_a——材料的表观体积（m^3 或 cm^3），$V_a = V_s + V_n$。

材料的表观密度通常采用排水法或水中重法测定。

（3）毛体积密度　指在规定条件下，材料单位毛体积（包括材料实体、闭口孔隙和开口孔隙的体积）的干质量，可按下式计算：

$$\rho_b = \frac{m}{V} \tag{1-3}$$

式中　ρ_b——材料的毛体积密度（kg/m^3 或 g/cm^3）；

m——材料的干质量（kg 或 g）；

V——材料的毛体积（m^3 或 cm^3），$V = V_s + V_n + V_i$。

对于规则形状的材料（如规则形状的石材、混凝土试块等），可直接测量其边长的轴线尺寸，计算得到毛体积；对于不规则形状的材料，其毛体积密度可采用排水法或蜡封法测定。

（4）表干密度　指在规定条件下，材料单位毛体积（包括材料实体、闭口孔隙和开口孔隙的体积）的表干质量（即饱和面干状态质量），亦称饱和面干密度，可按下式计算：

$$\rho_s = \frac{m_f}{V} \tag{1-4}$$

式中　ρ_s——材料的表干密度（kg/m^3 或 g/cm^3）；

m_f——材料的表干质量（kg 或 g）；

V——材料的毛体积（m^3 或 cm^3）。

测定材料的表干密度，首先应将材料浸水一定的时间，使其达到饱和面干状态（即材料吸水饱和，但表面又没有多余的水膜），采用水中重法测定。

在沥青混合料的组成设计以及其他工程的应用中，为方便起见，常常采用各种相对密度的概念，即指材料的各种密度与4℃水的密度之比。

（5）堆积密度　指散粒状材料单位堆积体积（包括物质颗粒实体、闭口孔隙和颗粒间空隙体积）物质颗粒的质量，可按下式计算：

$$\rho = \frac{m}{V_f} \tag{1-5}$$

式中　ρ——材料的堆积密度（kg/m^3）；

m——材料的质量（kg）；

V_f——材料的堆积体积（m^3）。

散粒状材料的堆积密度，通常采用密度筒法测定。根据颗粒排列的松紧程度不同，材料的堆积密度又可分为自然堆积密度与振实（或紧装）堆积密度。

（6）孔隙率　是指材料中的孔隙体积占其总体积的百分率。材料的孔隙率可按下式求得：

$$P=\frac{V_0}{V}\times 100\% =\frac{V-V_s}{V}\times 100\% =(1-\frac{\rho_b}{\rho_t})\times 100\% \tag{1-6}$$

式中 P——材料的孔隙率（%）；

V_0——材料的孔隙（包括开口和闭口孔隙）的体积（m^3 或 cm^3）；

V、ρ_b、ρ_t——意义同前。

(7) 空隙率 是指散粒状材料在堆积状态下，颗粒间空隙体积（包括开口孔隙体积和颗粒堆积之间的间隙体积）占总体积的百分率，可按下式计算：

$$P'=\frac{V_f-V_a}{V_f}\times 100\% =(1-\frac{\rho}{\rho_a})\times 100\% \tag{1-7}$$

式中 P'——材料的空隙率（%）；

V_f、V_a、ρ、ρ_a——意义同前。

空隙率是一项重要的控制指标，如配制水泥混凝土，水泥浆可以进入石子的开口孔隙，应考虑空隙率，以达到节约水泥和改善性能的目的。在沥青混合料的组成设计中，应严格控制空隙率，以获得良好的高温稳定性、低温抗裂性、水稳定性、抗滑性及施工和易性等综合性能。

(8) 间隙率 指材料颗粒堆积之间的间隙体积（不包括开口孔隙体积）占材料总体积的百分率，按下式计算：

$$n=(1-\frac{\rho}{\rho_b})\times 100\% \tag{1-8}$$

式中 n——材料的间隙率（%）；

ρ、ρ_b——意义同前。

2. 与水有关的性质

水是影响材料物理性质的主要因素之一，根据材料在所处环境中受水影响的不同程度，可以通过以下不同方面来反映材料与水有关的物理性质。

(1) 亲水性与憎水性 当材料与水接触时，不同的材料，其表面被水润湿的情况是不同的。有的材料表面易被水润湿，通常称之为亲水性材料，而有的材料表面则不易被水润湿，称之为憎水性材料。

材料表面受水润湿的难易程度，与材料分子同水分子之间的作用力和水分子之间的内聚力的大小有关。材料的亲水性与憎水性可以采用润湿角表示（见图1-3），当材料与水接触时，在材料、水和空气三相交点处，沿水滴表面的切线与水和材料接触面所形成的夹角 θ，称为润湿角。润湿角越小，润湿性越好。当润湿角 $\theta \leq 90°$时，水分子之间的内聚力小于水分子与材料分子之间的吸引力，此种材料称为亲水性材料（图1-3a）。其中 $\theta = 0°$时，则表示材料完全为水所润湿。当润湿角 $\theta > 90°$时，水分子之间的内聚力大于水分子与材料分子之间的吸引力，材料表面不会被水润湿，此种材料称为憎水性材料（图1-3b）。

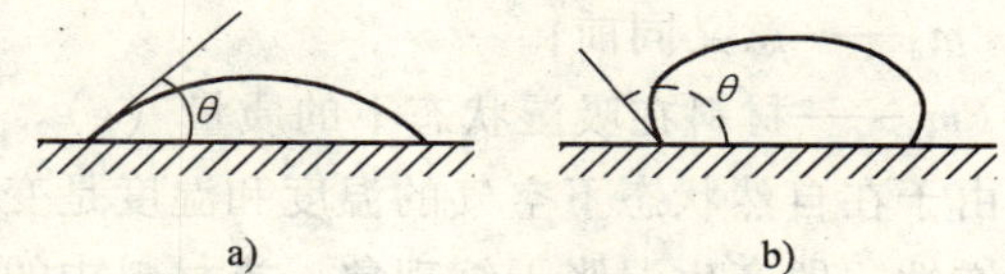

图 1-3 材料的润湿角
a）亲水性材料 b）憎水性材料

土木工程材料中，金属材料、石料、水泥混凝土等无机材料和部分木材等属于亲水性材料。大部分有机材料，如沥青、油漆、塑料、石蜡等属于憎水性材料。憎水性材料常被用做工程防水材料。

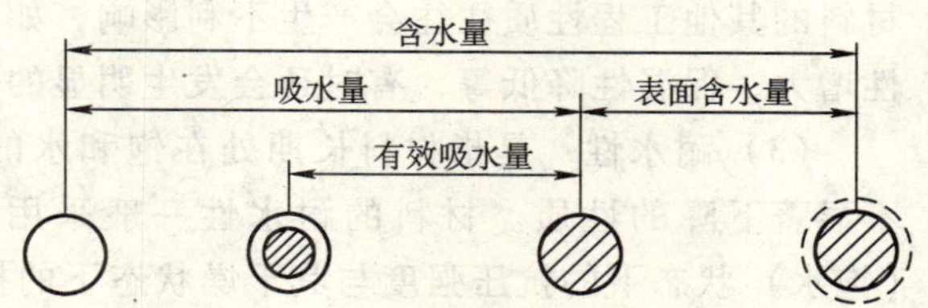

图 1-4 材料的几种含水状态

（2）吸水性与吸湿性 材料处于自然环境中，由干到湿可分为全干、气干、饱和面干和湿润四种状态，如图1-4所示。工程中常采用吸水性或吸湿性反映材料在水中或潮湿的环境中吸收水分的性质。

1）吸水性指材料在水中能够吸收水分的性质。材料吸水性的大小，通常采用吸水率表示。

吸水率是指材料吸水饱和时所吸收水分的质量占材料干燥质量的百分率，亦称作质量吸水率，可按下式计算：

$$W_X = \frac{m_f - m_d}{m_d} \times 100\% \tag{1-9}$$

式中 W_X——材料的吸水率（%）；

m_d——材料在干燥状态下的质量（g）；

m_f——材料在吸水饱和状态下的质量（g）。

材料吸水率的大小主要取决于材料的孔隙率及其孔隙特征。孔隙细微、连通，且孔隙率大的材料吸水率较大；粗大的孔隙，虽易吸水，但水分不易存留，故吸水率不大；而封闭孔隙和密实材料，水分不易渗入。

2）吸湿性指材料在潮湿的空气中吸收水分的性质，以含水率表示。含水率指材料在自然状态下，所含水的质量与干燥材料质量的百分率，按下式计算：

$$W = \frac{m_s - m_d}{m_d} \times 100\% \tag{1-10}$$

式中 W——材料的含水率（%）；

m_d——意义同前；

m_s——材料在吸湿状态下的质量（g）。

由于在自然状态下空气的温度和湿度是变化的，因此，材料的吸湿性一般具有可逆性，即产生湿胀干缩现象。当材料中的湿度与空气湿度达到平衡时的含水率称为平衡含水率。

材料无论处于吸水还是吸湿状态，其吸水或吸湿后，不仅自重增加，而且对材料的其他工程性质往往会产生不利影响，如导致强度下降，抗冻性变差，导热性增大，保温性降低等，有时还会发生明显的体积变形。

（3）耐水性　是指材料长期处在饱和水的作用下，既不产生破坏，强度又不显著下降的性质。材料的耐水性一般采用软化系数表示。材料在吸水饱和（饱水）状态下的抗压强度与其干燥状态下的抗压强度之比，称为软化系数，可按下式计算：

$$K_R = \frac{f_w}{f_d} \tag{1-11}$$

式中　K_R——材料的软化系数；

f_w——材料在饱水状态下的抗压强度（MPa）；

f_d——材料在干燥状态下的抗压强度（MPa）。

软化系数一般在0~1的范围之间波动。通常，将软化系数大于0.85的材料称作耐水材料。对于长期受水影响的材料，其软化系数的大小是选择材料的重要依据。其中，长期处在水或潮湿环境中的重要构筑物，要求材料的软化系数不应低于0.85；受潮较轻或次要构筑物，选用材料的软化系数不宜低于0.75。

（4）抗渗性　是指材料抵抗压力水渗透的性质，亦称作不透水性。材料的抗渗性可采用渗透系数或抗渗等级来表示。

1）渗透系数根据达西定律确定：在一定时间内，透过材料试件的水量与试件的断面积和静水压力水头成正比，与试件厚度成反比，渗透系数可用下式表示：

$$K_S = \frac{Qd}{AtH} \tag{1-12}$$

式中　K_S——渗透系数（cm/h）；

Q——透水量（cm^3）；

d——试件厚度（cm）；

A——试件的透水面积（cm^2）；

t——透水时间（h）；

H——静水压力水头（cm）。

上式表明，抗渗系数越小，材料的抗渗性能越好。

2）抗渗等级指在规定试验条件下，材料所能承受的最大水压力。通常用于石料、水泥混凝土和砂浆等材料。如混凝土抗渗试验中测得的最大承水压力为0.2MPa，则抗渗等级表示为 S2。混凝土的抗渗等级有 S2、S4、S6、S8、S10、……。

（5）抗冻性　是指材料在饱水状态下，经多次冻结和融化交替（冻融循环）作用，既不破坏，强度又不显著下降的性质。水和正、负温度的存在是材料受冻融的主要因素。材料的抗冻性可采用抗冻等级来表示。抗冻等级指材料吸水饱和后，经受多次冻融交替作用，材料不被破坏，强度又不显著下降的最大抗冻融循环的次数，如材料最大耐受冻融循环的次数为 100 次，可记作 F100。石材和水泥混凝土等材料常采用抗冻等级表示其抗冻性，如 F50、F100、F200、F300、……。

材料的抗冻性通常采用抗冻质量损失率和冻融系数等判别参数进行评价。

1）抗冻质量损失率指冻融试验前后的干试件质量差与冻融试验前干试件质量的比值百分率，可按下式计算：

$$L = \frac{m_d - m_{df}}{m_d} \times 100\% \tag{1-13}$$

式中　L——冻融后材料的质量损失率（%）；

m_d——试验前烘干材料试件的质量（g）；

m_{df}——试验后烘干材料试件的质量（g）。

2）冻融系数指冻融试验后试件的饱水抗压强度与冻融试验前试件的饱水抗压强度的比值，按下式计算：

$$K_f = \frac{f_{wf}}{f_w} \tag{1-14}$$

式中　K_f——材料的冻融系数；

f_{wf}——经若干次冻融试验后的试件饱水抗压强度（MPa）；

f_w——未经冻融试验的试件饱水抗压强度（MPa）。

材料的抗冻性与其孔隙率、孔隙特征、吸水饱和程度、软化系数及其强度等因素有关。材料的强度越高，软化系数越高，或饱水程度越差，则抗冻能力越高。对于水利工程和冬季气温在 −15℃以下的地区，应考虑材料的抗冻性，按规定进行相应的抗冻性检验。

在水和正、负温度同时存在的条件下，材料可能会发生受冻现象。那么，仅在温度因素作用下，材料还应具备一定的热工性质。

3. 材料的热工性质

在工业和房屋建筑中，为了降低建筑物的使用能耗，为人们正常的生产、生

活创造适宜的条件，要求土木工程材料还应具备一定的热工性质，以维持室内温度。常用材料的热工性质有导热性、热容量和比热容。

（1）导热性　当材料两侧存在温差时，热量将由温度高的一侧通过材料传递到温度低的一侧，材料这种传导热量的能力称为导热性。材料导热能力的大小可采用热导率表示，由下式计算得到：

$$\lambda = \frac{Q\delta}{At(T_1 - T_2)} \tag{1-15}$$

式中　λ——材料的热导率［W/（m·K）］；

Q——传导的热量（J）；

δ——材料的厚度（m）；

A——材料传热的面积（m^2）；

t——传热时间（s）；

$(T_1 - T_2)$——材料受热或冷却前后的温差（K）。

热导率的物理意义为：厚度为1m的材料，当温度每改变1K时，在1s时间内通过$1m^2$面积的热量。人们习惯把防止室内热量的散失称为保温，把防止外部热量的进入称为隔热，将保温和隔热统称为绝热。材料的热导率越小，表示其绝热性能越好，即保温隔热性能就越好。各种材料的热导率差别较大，大致在0.035～3.5W/(m·K)之间，工程中通常把$\lambda < 0.23$W/(m·K)的材料称为绝热材料。

（2）热容量和比热容　材料的热容量是指材料在温度变化时吸收或放出热量的能力，可用下式表示：

$$Q = cm(T_1 - T_2) \tag{1-16}$$

式中　Q——材料的热容量，即材料吸收或放出的热量（kJ）；

m——材料的质量（kg）；

$(T_1 - T_2)$——材料受热或冷却前后的温差（K）；

c——材料的比热容［kJ/（kg·K）］。

材料比热容的物理意义为：单位质量的材料，温度每升高或降低1K时所吸收或释放的热量，可用下式表示：

$$c = \frac{Q}{m(T_1 - T_2)} \tag{1-17}$$

材料的热导率和热容量是设计建筑物围护结构（墙体、屋面等）热工计算时的重要参数，设计时应选用热导率小而热容量大的材料，可提高围护结构的绝热性能，保持室内温度的稳定性。

二、土木工程材料的力学性质

材料的力学性质是指材料在外力作用下抵抗破坏的能力和变形的性质，包括材料的强度、弹性和塑性、脆性与韧性、硬度与耐磨性等。

1. 材料的强度、强度等级与比强度

（1）强度　是指材料抵抗外力破坏的能力，主要通过静力试验测定各种静态强度。根据外力作用方式的不同，材料的强度可分为抗压强度、抗拉强度、抗弯强度、抗剪强度等。

材料不论以哪种方式承受外力作用时（见图 1-5），其内部都会产生应力，且随外力的增加而增大，当材料内部质点间作用力不再能够承受时，材料即发生破坏，此时的极限应力值就是材料的强度。如图 1-5a、b、c，当材料受到压、拉、剪的作用时，其抗压、抗拉、抗剪强度可采用下式计算：

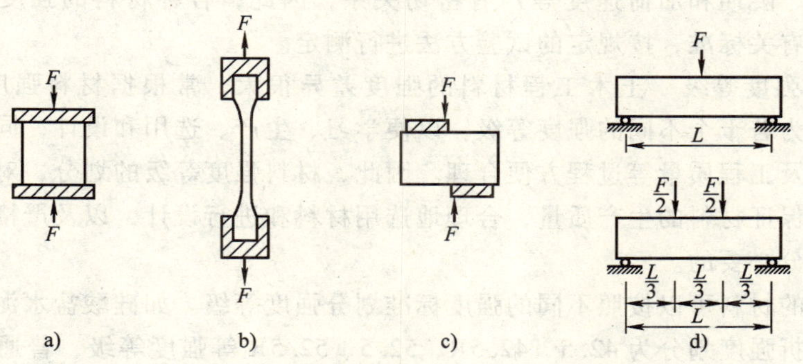

图 1-5　材料受力示意图

a）抗压　b）抗拉　c）抗剪　d）单、双荷载抗弯

$$f=\frac{F}{A} \tag{1-18}$$

式中　f——材料强度（MPa）；

F——材料破坏时最大荷载（N）；

A——材料受力截面面积（mm^2）。

如图 1-5d，当材料受到弯的作用时，根据不同的抗弯试验方法，其抗弯强度应采用不同的公式进行计算。当梁形试件放在两支点上，外力是作用在试件中央一点的集中荷载时，其抗弯强度可采用下式计算：

$$f_f=\frac{3FL}{2bh^2} \tag{1-19}$$

式中　f_f——材料的抗弯强度（MPa）；

F——材料弯曲破坏时最大荷载（N）；

L——两支点的间距（mm）；

b、h——试件横截面的宽与高（mm）。

抗弯强度试验，还可以采用在支点的三分点上作用两个相等的集中荷载的试

验方法，其抗弯强度则采用下式计算：

$$f_{\mathrm{f}}=\frac{FL}{bh^2} \tag{1-20}$$

式中 f_{f}、F、L、b、h 意义同前。

材料强度的大小主要取决于材料的组成与构造，不同种类的材料具有不同抵抗外力的特点，相同种类的材料，由于内部构造不同，其强度也有较大差异。通常石材、砖、混凝土、铸铁等材料的抗压强度较高，但抗拉、抗弯强度很低，而钢材的抗拉、抗压强度都很高。材料的空隙率越大，则强度越低。此外，由于材料强度的测试还与其他外部条件（如试件形状、尺寸、表面状况、含水率、温度、湿度、龄期和加荷速度等）有密切关系，因此，各种材料的强度试验必须严格按照有关标准，按规定的试验方法进行测定。

（2）强度等级　土木工程材料的强度差异很大，常根据材料强度的大小，将其划分为若干个不同的强度等级，以便学习、生产、选用和设计，同时，亦使控制材料及工程质量等过程方便合理。因此，材料强度等级的划分，对掌握材料的性质，保证材料的生产质量，合理地选用材料和进行设计，以及严格控制工程质量是十分必要的。

不同的材料可以按照不同的强度标准划分强度等级。如硅酸盐水泥按照抗压强度和抗折强度划分为42.5、42.5R、52.5、52.5R等强度等级，普通水泥混凝土按照抗压强度标准值划分为C15、C20、C25、C30、C60等强度等级。

（3）比强度　指材料强度与其表观密度之比，反映材料单位体积质量的强度。比强度是衡量材料轻质高强的重要指标，材料的比强度越大，材料越轻质高强，这也是优质结构材料的发展方向。例如玻璃钢的比强度为0.225，而普通混凝土的比强度只有0.006，虽然混凝土是土木工程中主要的建筑材料之一，但这一特性使混凝土的发展受到了一定的局限。研究和发展轻质高强的材料，可以促进现代建筑结构的高层发展，以及桥梁结构的大跨度发展。

2. 材料的弹性与塑性

（1）弹性　材料在外力作用下产生变形，当外力取消后，能够完全恢复原来形状的性质称为弹性。这种完全恢复的变形称为弹性变形。弹性变形是可逆的，其数值大小与所受外力成正比，因此，在弹性变形阶段，将应力与应变的比值称为弹性模量，即

$$E=\frac{\sigma}{\varepsilon} \tag{1-21}$$

式中 E——弹性模量（MPa）；
σ——材料的应力（MPa）；
ε——材料的应变。

弹性模量为常数，是衡量材料抵抗变形能力的一项指标。E 值越大，材料的刚度越大，材料越不易变形。因此，材料的弹性模量是结构设计的重要参数。

（2）塑性 材料在外力作用下产生变形，当外力取消后，仍有一部分能保持变形后的形状和尺寸，且不产生裂缝的性质称为塑性。这种不能恢复的变形，称为塑性变形。塑性变形为不可逆变形。

实际上，完全的弹性材料是没有的。通常，有些材料（如低碳钢）在受力不大时表现为弹性变形，可视作弹性材料，当外力超过一定限度后，则表现为塑性变形。有些材料（如水泥混凝土）在受力后，弹性变形和塑性变形同时产生，当取消外力后，弹性变形可以恢复，塑性变形则不能恢复。

材料的弹性和塑性除与材料本身的成分有关外，还与材料所处的外界条件有关。如改变材料的温度和外力条件，材料的弹性和塑性性质会发生转变。

3. 脆性与韧性

（1）脆性 材料在外力作用下，当受力达到一定限度后会突然破坏，且无明显的塑性变形，这种性质称为材料的脆性。常见的脆性材料有石材、砖、混凝土、陶瓷、玻璃、铸铁等。这些材料具有抗压强度比抗拉强度高很多倍的特点，抵抗冲击荷载或振动作用的能力很差。

（2）韧性 当材料受到冲击或振动荷载作用时，能够吸收较大的能量，承受较大的变形且不致破坏，这种性质称为材料的冲击韧度。材料的韧性采用冲击试验测定，用材料破坏时单位面积所消耗的功表示。常用的韧性材料有建筑钢材（低碳钢）、木材、橡胶、玻璃钢等，这些材料具有抗拉强度接近或高于抗压强度的特点。在土木工程中，如起重机梁（俗称“吊车梁”，下同）、桥梁、路面等要求承受冲击或振动荷载作用的结构，均应采用具有较高韧性的材料。

4. 硬度

材料的硬度是指材料表面抵抗其他物体压入或刻划的能力。测定材料的硬度有多种方法，不同的材料可以选用不同的方法。天然矿物的硬度可采用莫氏硬度对刻的方法测定；金属材料、混凝土、木材等的硬度常采用压入法测定，如布氏硬度，即采用单位压痕面积上所受的压力来表示。

一般，硬度大的材料强度较高，耐磨性较强，但不易加工。

三、土木工程材料的耐久性

处于恶劣环境中的土木工程材料，如处于工业污水中的桥墩、建筑物的基础等，就会受到各种离子的化学腐蚀。暴露于大气中的各种构筑物除了受到周围介质的侵蚀外，通常还要受到大气因素（如气温、日光、氧气以及水等）的综合作用引起材料老化，特别是各种有机材料（如沥青材料）更为显著。我们将材料抵抗各种周围环境对其产生化学作用的性能，称为化学性质。

耐久性是指材料在长期使用过程中，具有抵抗自身及周围环境因素的破坏作用，能保持其原有性能不变，且不被破坏的能力。但是，材料在长期的使用过程中，往往要受到来自周围环境的各种自然因素的破坏作用。耐久性是一种综合性质，不仅包括材料的耐化学腐蚀性和抗老化性，还包括材料的抗冻性、抗风化性、抗渗性、耐热性、耐磨性等多项性质。处于不同环境中的材料，应考虑相应环境下的耐久性质。

用于土木工程的材料，不仅应该具备良好的物理、化学和力学性质，更要具备优良的耐久性，以达到延长构筑物的使用寿命、减少维修费用的目的。

↘第三节　土木工程材料的技术标准

为保证土木工程材料的质量，我国对各种材料制定了专门的技术标准。目前，我国用于土木工程材料的技术标准分为：国家标准、行业标准、地方标准和企业标准四个等级。

一、国家标准

国家标准由国务院标准化行政部门制定。国家标准由国家标准代号、编号、制定或修订年份、标准名称等四个部分组成，表示方法如下：

GB 175—2007《通用硅酸盐水泥》

GB——国家标准代号；175——规范编号；2007——制定、修订年代号；《通用硅酸盐水泥》——标准名称。

强制性国家标准代号为 GB，推荐性国家标准在“GB”后加“/T”。通常，国家标准修订时，标准代号和编号不变，只改变制定、修订年代号。

二、行业标准

对没有国家标准而又需要在全国某行业范围内统一的技术要求，可以制定行业标准。行业标准由国务院有关行政主管部门制定，并报国务院标准化行政主管部门备案。在公布国家标准之后，该项行业标准即行废止。

行业标准表示方法，由行业标准代号、一级类目代号、二级类目代号、二级类目顺序号、制定或修订年代号、标准名称等部分组成，如：

JTG E42—2005《公路工程集料试验规程》

JTG——行业标准代号，是交、通、公三个字汉语拼音的第一个字母，表示交通部公路工程标准；E42——标准分类及序号，交通部发布的标准中 A、B 类标准后的数字为序号；C～H 类标准后的第一个数字为种类序号，第二个数字为该种标准的序号。E42 表示 E 类第 4 种的第 2 项标准；2005——制定、修订发布的年代号；《公路工程集料试验规程》——标准名称。

同样，推荐性行业标准，也是在标准后加“/T”。

土木工程中常用的行业标准有：交通行业（JT）、建工行业（JG）、建材行业（JC）标准等。

三、地方标准和企业标准

对没有国家标准和行业标准，又需在省、自治区、直辖市范围内统一要求，可以制定地方标准。企业生产的产品没有国家标准和行业标准的，应当制定企业标准，作为组织生产的依据。

此外，土木工程材料还经常采用国际标准和一些国外标准，如国际标准 ISO（International Standard Organization）、美国材料与试验学会标准 ASTM（American Society for Testing and Materials）、美国国家公路与运输协会标准 AASHTO（American Association of State Highway and Transportation Officials）、英国标准 BS（British Standard）、日本工业标准 JIS（Japanese Industrial Standard）等。

↘第四节　本课程的学习目的和任务

《土木工程材料》是专门研究土木工程建筑用各种材料的组成、性能和应用的一门课程。本课程介绍常见土木工程材料的基本组成、技术性质、混合料的组成设计方法、材料的工程应用方法和试验方法等内容。掌握本课程的知识，对土木工程施工中材料的合理选择、检测、设计、应用、研究，以及降低工程造价，保证工程建设质量都具有重要的指导意义。

土木工程材料课程是土木工程造价专业和工程管理专业的一门专业基础课，是主干课程之一。土木工程材料在土木工程中应用非常广泛，因此，掌握土木工程材料是后续专业课程学习所必需的基础知识。

本课程的学习任务是重点掌握土木工程材料的类别、性质与应用；材料与工程造价的关系；材料的质量管理与评价方法。同时，通过课后练习、广泛查阅资料和工程实际参与，加深对理论知识的理解和对工程应用的了解，使所学知识达到较高的提升。

练习题

基础练习题

1-1　试述土木工程材料在土木工程建设中的地位和作用。

1-2　试述土木工程材料的化学分类。

1-3 试述土木工程材料应具备的主要技术性质。

1-4 我国的技术标准有哪几类？与土木工程材料密切相关的标准有哪些？

1-5 学习土木工程材料的任务是什么？

开放式练习题

1-6 试述土木工程造价与材料之间的关系。请举例说明。

1-7 何谓绿色建材？请查阅资料，谈谈发展绿色建材的意义与发展现状。

1-8 试述按材料供应价格如何对材料进行分类？按我国目前的材料价格体系，试述影响材料价格的因素有哪些？

1-9 国家游泳中心——水立方的外形看上去像一个蓝色的水盒子，而墙面就像一团无规则的泡泡，这种“泡泡”所用的材料就是一种新兴的环保材料“ETFE”，即聚氟乙烯。请查阅资料，看看它都有哪些优点和用途。

2

第二章 金属材料

学习要求 重点掌握土木工程中常用建筑钢材的分类、技术要求及其选用原则。熟悉建筑钢材的力学性能、工艺性能的意义，测定方法和影响因素，以及建筑钢材的强化机理及强化方法。了解钢材的冶炼、分类、防蚀与防火，以及铝合金及其制品的性能。

在土木工程中，金属材料有着广泛的用途。金属材料可分为黑色金属和有色金属两大类。黑色金属材料是指以铁元素为主要成分的金属及其合金，如生铁、碳素钢和合金钢；有色金属是指黑色金属以外的金属，如铝、铜、铅、锌等金属及其合金。土木工程中应用的金属材料主要有建筑钢材和铝合金两种。

第一节 建筑钢材

建筑钢材是指用于工程建设的各种钢材，包括钢结构用的各种型钢（圆钢、角钢、槽钢和工字钢）、钢板；钢筋混凝土用的各种钢筋、钢丝和钢绞线。除此之外，还包括用做门窗和建筑五金等钢材。

建筑钢材强度高、品质均匀，具有一定的弹性和塑性变形能力，能承受冲击振动荷载。钢材还具有很好的加工性能，可以铸造、锻压、焊接、铆接和切割，装配施工方便。建筑钢材广泛用于大跨度结构、多层及高层建筑、受动力荷载结构和重型工业厂房结构，广泛用于钢筋混凝土结构之中，因此建筑钢材是最重要的建筑结构材料之一。钢材的缺点是容易生锈，维护费用大，耐火性差。

一、钢材的分类

钢的分类方法很多，目前的分类方法主要有以下几种。

1. 按冶炼方法分类

炼钢的过程是把熔融的生铁进行氧化，使碳的含量降低到预定的范围，其他杂质降低到允许范围。在炼钢的过程中，采用的炼钢方法不同，除掉杂质的程度就不同，所得钢的质量也有差别。目前国内主要有转炉钢、平炉钢和电炉钢三种钢材。

（1）转炉钢　以熔融的铁水为原料，不需燃料，由转炉底部或侧面吹入高压空气进行冶炼的钢称为空气转炉钢；若采用纯氧气代替空气冶炼，则称为氧气转炉钢。空气转炉钢的缺点是吹炼时容易混入空气中的氮、氢等杂质，同时熔炼时间短，杂质含量不易控制，因此质量差；氧气转炉钢质量较高，但成本略高。

（2）平炉钢　这种钢以固体或液体生铁、铁矿石或废钢为原料，用煤气或重油作燃料，杂质是靠与铁矿石、废钢中的氧或吹入的氧起氧化作用而除去。由于冶炼时间长（4～12h），清除杂质较彻底，钢材的质量好，但成本较转炉钢高。

（3）电炉钢　用电热进行高温冶炼的钢。热源是高压电弧，熔炼温度高，温度可自由调节，清除杂质容易，因此电炉钢的质量最好。

2. 按冶炼时脱氧程度分类

（1）沸腾钢　炼钢时加入锰铁进行脱氧，脱氧很不完全，故称沸腾钢，代号为“F”。沸腾钢组织不够致密，杂质和夹杂物多，硫、磷等杂质偏析较严重，故质量较差。但其生产成本低、产量高，可广泛用于一般的建筑工程。

（2）镇静钢　炼钢时一般采用硅铁、锰铁和铝锭等作脱氧剂，脱氧充分，这种钢水铸锭时能平静地充满锭模并冷却凝固，基本无CO气泡产生，故称镇静钢，代号为“Z”（亦可省略不写）。镇静钢虽成本较高，但其组织致密，成分均匀，性能稳定，故质量好，适用于预应力混凝土等重要结构工程。

（3）特殊镇静钢　比镇静钢脱氧程度更充分彻底的钢，其质量最好，适用于特别重要的结构工程，代号为“TZ”（亦可省略不写）。

（4）半镇静钢　脱氧程度介于沸腾钢和镇静钢之间，为质量较好的钢，其代号为“b”。

3. 按化学成分分类

（1）碳素钢　碳含量为0.02%～2.06%[⊖]，按碳含量又可分为低碳钢（碳含量<0.25%）、中碳钢（碳含量0.25%～0.6%）、高碳钢（碳含量>0.6%）。

在建筑工程中，主要用的是低碳钢和中碳钢。

（2）合金钢　可以分为低合金钢（合金元素总量<5%）、中合金钢（合金元素总量为5%～10%）、高合金钢（合金元素总量>10%）。

建筑上常用低合金钢。

⊖ 如未作特殊说明，本书中含量均表示以质量计，即质量分数。

4. 按有害杂质含量分类

（1）普通钢　硫含量≤0.050%，磷含量≤0.045%。

（2）优质钢　硫含量≤0.035%，磷含量≤0.035%。

（3）高级优质钢　硫含量≤0.025%，磷含量≤0.025%。

（4）特级优质钢　硫含量≤0.015%，磷含量≤0.025%。

建筑中常用普通钢，有时也用优质钢。

5. 根据用途分类

（1）结构钢　主要用做工程结构构件及机械零件的钢。

（2）工具钢　主要用做各种量具、刀具及模具的钢。

（3）特殊钢　具有特殊物理、化学或机械性能的钢，如不锈钢、耐酸钢和耐热钢等。

建筑上常用的是结构钢。

二、钢材的基本技术性质

在土木工程中，掌握钢材的性能是合理选用钢材的基础。钢材的性能主要包括力学性能（抗拉性能、冲击韧度、疲劳强度和硬度等）和工艺性能（冷弯性能、焊接性能和热处理性能等）两个方面。

1. 力学性能

（1）抗拉性能　是建筑钢材最主要的技术性能。通过拉伸试验可以测得屈服强度、抗拉强度和伸长率，这些是钢材的重要技术性能指标。

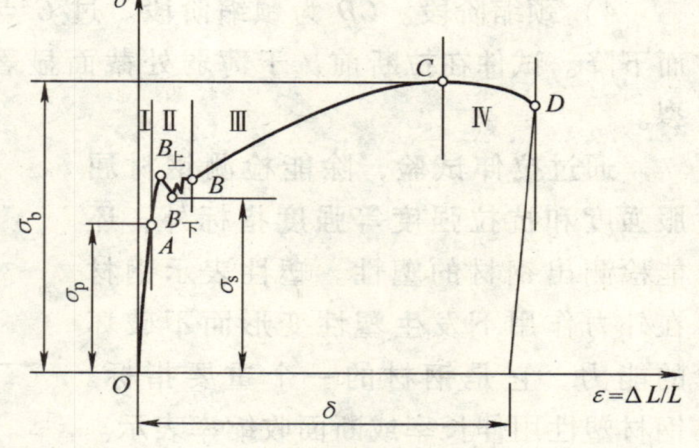

图 2-1　低碳钢受拉时应力-应变图

建筑钢材的抗拉性能可用低碳钢受拉时的应力—应变图，（见图 2-1）来阐明。低碳钢从受拉至拉断，分为以下四个阶段：

1）弹性阶段。*OA* 为弹性阶段。在 *OA* 范围内，随着荷载的增加，应变随应力成正比增加。如卸去荷载，试件将恢复原状，表现为弹性变形，与 *A* 点相对应的应力为弹性极限，用 σ_p 表示。在这一范围内，应力与应变的比值为一常量，成为弹性模量，用 *E* 表示，即 σ/ε。弹性模量反映钢材的刚度，是钢材在受力条件下计算结构变形的重要指标。

2）屈服阶段。*AB* 为屈服阶段。在 *AB* 曲线范围内，应力与应变不成比例，开始产生塑性变形，应变增加的速度大于应力增长速度，钢材抵抗外力的能力发

生“屈服”了。图中 $B_{上}$ 点是这一阶段应力最高点，称为屈服上限，$B_{下}$ 点为屈服下限。因 $B_{下}$ 比较稳定易测，故一般以 $B_{下}$ 点对应的应力作为屈服点，用 σ_s 表示。常用低碳钢的 σ_s 为 195～300MPa。

该阶段在材料万能试验机上表现为指针不动（即使加大送油）或来回窄幅摇动。

钢材受力达屈服点后，变形即迅速发展，尽管尚未破坏但已不能满足使用要求。故设计中一般以屈服点作为强度取值依据。

3）强化阶段。*BC* 为强化阶段。过 *B* 点后，抵抗塑性变形的能力又重新提高，变形发展速度比较快，随着应力的提高而增强。对应于最高点 *C* 的应力，称为抗拉强度，用 σ_b 表示。常用低碳钢的 σ_b 为 385～520MPa。

抗拉强度不能直接利用，但屈服点与抗拉强度的比值（即屈强比 σ_s/σ_b），能反映钢材的安全可靠程度和利用率。屈强比越小，表明材料的安全性和可靠性越高，结构越安全。但屈强比过小，则钢材有效利用率太低，造成浪费。常用碳素钢的屈强比为 0.58～0.63，合金钢为 0.65～0.75。

4）颈缩阶段。*CD* 为颈缩阶段。过 *C* 点后，材料变形迅速增大，而应力反而下降。试件在拉断前，于薄弱处截面显著缩小，产生“颈缩现象”，直至断裂。

通过拉伸试验，除能检测钢材屈服强度和抗拉强度等强度指标外，还能检测出钢材的塑性。塑性表示钢材在外力作用下发生塑性变形而不破坏的能力，它是钢材的一个重要指标。钢材塑性用伸长率或断面收缩率表示。

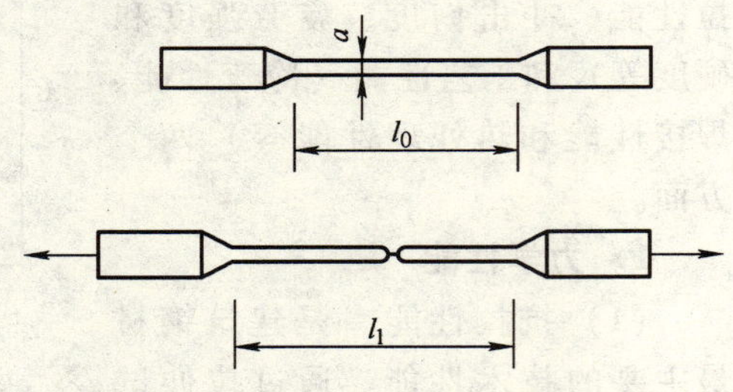

图 2-2　钢材拉断前后的试件

将拉断后的试件于断裂处对接在一起（如图 2-2 所示），测得其断后标距 l_1。试件拉断后标距的伸长量与原始标距（l_0）的百分比称为伸长率 δ。伸长率的计算公式如下：

$$\delta = \frac{l_1 - l_0}{l_0} \times 100\% \tag{2-1}$$

式中　δ——试件拉断后的伸长率（%）；

l_0——试件原始标距长度（mm）；

l_1——试件拉断后的标距长度（mm）。

钢材拉伸时塑性变形在试件标距内的分布是不均匀的，颈缩处的伸长较大。所以原始标距（l_0）与直径（a）之比越大，颈缩处的伸长值在总伸长值中所占的比例就越小，计算出的伸长率（δ）也越小。通常钢材拉伸试件取 $l_0 = 5a$ 或

$l_0=10a$，对应的伸长率分别记为δ_5和δ_{10}，对于同一钢材，$\delta_5>\delta_{10}$。

测定试件拉断处的截面积（A_1）。试件拉断前后截面积的改变量与原始截面积（A_0）的百分比称为断面收缩率（ψ）。断面收缩率的计算公式如下：

$$\psi=\frac{A_0-A_1}{A_0}\times100\% \tag{2-2}$$

式中　ψ——试件断面收缩率（%）；

A_0——试件原始截面积（mm^2）；

A_1——试件拉断处的截面积（mm^2）。

伸长率和断面收缩率都表示钢材断裂前经受塑性变形的能力。伸长率越大或者断面收缩率越高，表示钢材塑性越好。尽管结构钢材是在钢的弹性范围内使用，但在应力集中处，其应力可能超过屈服点，此时产生一定的塑性变形，可使结构中的应力产生重分布，从而使结构免遭破坏。另外，钢材塑性大，则在塑性破坏前，有很明显的塑性变形和较长的变形持续时间，便于人们发现和补救，从而保证钢材在建筑上的安全使用，也有利于钢材加工成各种形式。

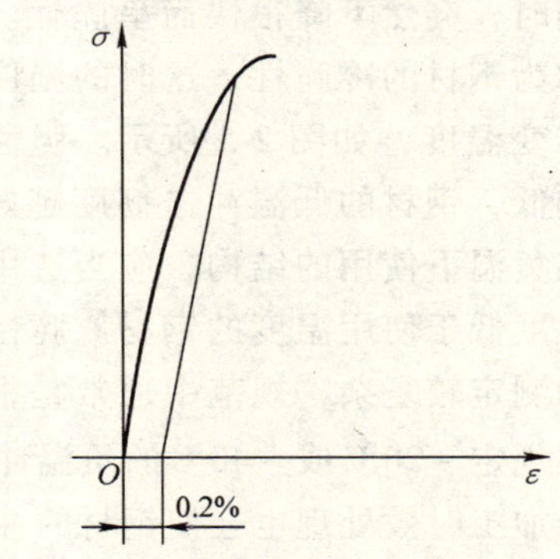

图 2-3　中碳钢、高碳钢的应力-应变图

中碳钢与高碳钢（硬钢）拉伸时的应力-应变曲线与低碳钢不同，无明显屈服现象，伸长率小，断裂时呈脆性破坏，其应力-应变曲线如图 2-3 所示。这类钢材由于不能测定屈服点，规范规定以产生 0.2% 残余变形时的应力值作为名义屈服点，也称条件屈服点，用$\sigma_{0.2}$表示。

（2）冲击韧度　是指钢材抵抗冲击荷载作用的能力，用冲断试件所需能量的多少来表示。钢材的冲击韧度试验是采用中部加工有 V 形或 U 形缺口的标准弯曲试件，置于冲击机的支架上，试件非切槽的一侧对准冲击摆，如图 2-4 所示。当冲击摆从一定高度自由落下将试件冲断时，试件吸收的能量等于冲击摆所做的功，以缺口底部处单位面积上所消耗的功作为冲击韧度指标，计算公式如下：

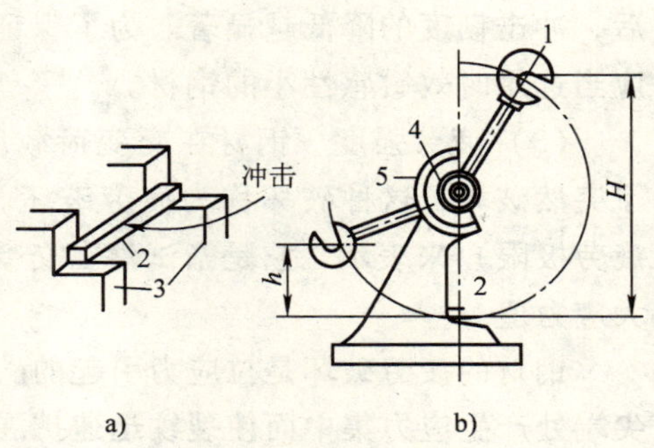

图 2-4　冲击韧度试验原理图

a）试验装置　b）摆冲式试验机工作原理图

1—摆锤　2—试件　3—试验台

4—刻度盘　5—指针

$$a_K = \frac{mg\ (H-h)}{A} \tag{2-3}$$

式中 a_K——冲击韧度（J/cm^2）；

m——摆锤质量（kg）；

A——试件槽口处断面积（cm^2）。

a_K 值越大，冲击韧度越好，即其抵抗冲击作用的能力越强，脆性破坏的危险性越小。

影响钢材冲击韧度的因素很多，当钢材内硫、磷的含量高，脱氧不完全，存在化学偏析，含有非金属夹杂物及焊接形成的微裂纹，都会使钢材的冲击韧度显著下降。同时环境温度对钢材的冲击韧度影响也很大。

试验表明，冲击韧度随温度的降低而下降，开始时下降缓慢，当达到一定温度范围时，突然下降很快而呈脆性。这种性质称为钢材的冷脆性，这时的温度称为脆性转变温度，如图 2-5 所示。脆性转变温度越低，钢材的低温冲击韧度越好。因此，在负温下使用的结构，应当选用脆性转变温度低于使用温度的钢材。脆性临界温度的测定较复杂，规范中通常是根据气温条件规定 -20℃或 -40℃的负温冲击值指标。

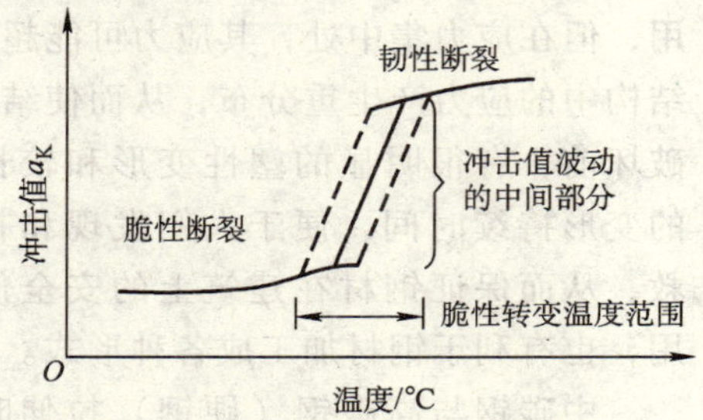

图 2-5 钢材的冲击韧度与温度的关系

冷加工时效处理也会使钢材的冲击韧度下降。钢材的时效是指钢材随时间的延长，钢材强度逐渐提高而塑性、韧性下降的现象。完成时效的过程可达数十年，但钢材如经过冷加工或使用中受振动和反复荷载作用，时效可迅速发展。因时效导致钢材性能改变的程度称为时效敏感性。时效敏感性大的钢材，经过时效后，冲击韧度的降低越显著。为了保证结构安全，对于承受动荷载的重要结构，应当选用时效敏感性小的钢材。

（3）疲劳强度　钢材在交变荷载反复作用下，可在远小于抗拉强度的情况下突然破坏，这种破坏称为疲劳破坏。钢材的疲劳破坏指标用疲劳强度（或称疲劳极限）来表示，它是指试件在交变应力下作用 10^7 周次不发生疲劳破坏的最大应力值。

钢材的疲劳破坏是拉应力引起的。首先在局部形成微细裂纹，其后由于裂纹尖端处产生应力集中而使裂纹迅速扩展直至钢材断裂。因此，钢材的内部成分的偏析和夹杂物的多少以及最大应力处的表面粗糙度、加工损伤等，都是影响钢材疲劳强度的因素。

疲劳破坏经常突然发生，因而有很大的危险性，往往造成严重事故。在设计承受反复荷载且须进行疲劳验算的结构时，应当了解所用钢材的疲劳强度。

（4）硬度　是指钢材表面抵抗硬物压入产生局部变形的能力。测定钢材硬度的方法有布氏法、洛氏法和维氏法等，建筑钢材常用布氏硬度表示，其代号为HB。

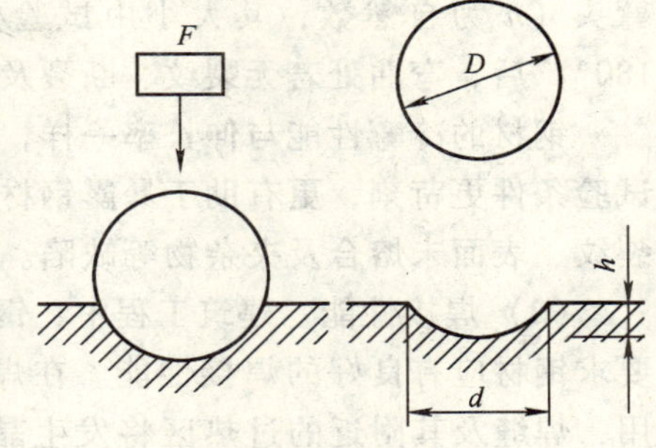

图 2-6　布氏硬度测定示意图

布氏法的测定原理是利用直径为 D（mm）的淬火钢球，以荷载 F(N)将其压入试件表面，经规定的持续时间后卸去荷载，得直径为 d(mm)的压痕，以压痕表面积 A（mm^2）除荷载 F，即得布氏硬度（HB）值，为无量纲量。图 2-6 是布氏硬度测定示意图。

在测定前应根据试件厚度和估计的硬度范围，按试验方法的规定选定钢球直径、所加荷载及荷载持续时间。布氏法适用于 HB < 450 的钢材，测定时所得压痕直径应在 $0.25D < d < 0.6D$ 范围内，否则测定结果不准确。当被测材料硬度 HB > 450 时，钢球本身将发生较大变形，甚至破坏，应采用洛氏法测定其硬度。布氏法比较准确，但压痕较大，不适宜用于成品检验，而洛氏法压痕小，它是以压头压入试件的深度来表示硬度值的，常用于判断工件的热处理效果。

材料的硬度是材料弹性、塑性、强度等性能的综合反映。实验证明，碳素钢的 HB 值与其抗拉强度 σ_b 之间存在较好的相关关系，当 $HB < 175$ 时，$\sigma_b \approx 3.6HB$；当 $HB > 175$ 时，$\sigma_b \approx 3.5HB$，根据这些关系，可以在钢结构原位上测出钢材的 HB 值，来估算钢材的抗拉强度。

2. 工艺性能

钢材应具有良好的工艺性能，以满足施工工艺的要求。冷弯、冷拉、冷拔及焊接性能是建筑钢材的重要工艺性能。

（1）冷弯性能　是指钢材在常温下承受弯曲变形的能力。钢材的冷弯性能以试验时的弯曲角度（α）和弯心直径（d）为指标表示，如图 2-7 所示。

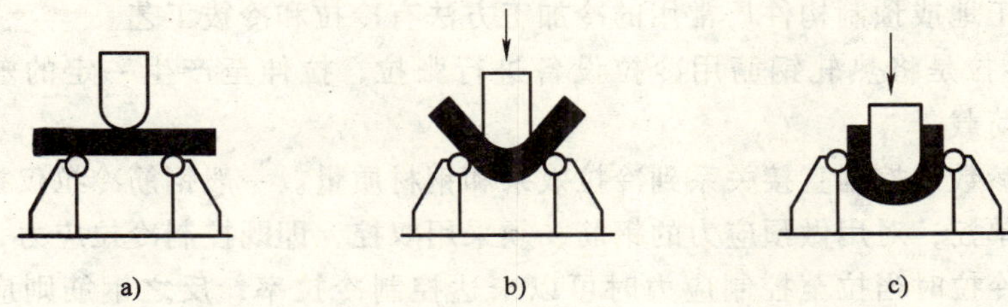

图 2-7　钢材冷弯
a）试件安装　b）弯曲 90°　c）弯曲 180°

钢材冷弯试验时，用直径（或厚度）为 a 的试件，选用弯心直径 $d=na$ 的弯头（n 为自然数，其大小由试验标准来规定），弯曲到规定的角度（90°或180°）后，弯曲处若无裂纹、断裂及起层等现象，即认为冷弯试验合格。

钢材的冷弯性能与伸长率一样，也是反映钢材在静荷作用下的塑性，但冷弯试验条件更苛刻，更有助于暴露钢材的内部组织是否均匀，是否存在内应力、微裂纹、表面未熔合及夹杂物等缺陷。

（2）焊接性能　建筑工程中，钢材间的连接90%以上采用焊接方式。因此，要求钢材应有良好的焊接性能。在焊接中，由于高温作用和焊接后急剧冷却作用，焊缝及其附近的过热区将发生晶体组织及结构变化，产生局部变形及内应力，使焊缝周围的钢材产生硬脆倾向，降低了焊接的质量。可焊性良好的钢材，焊缝处性质应尽可能与母材相同，焊接才牢固可靠。

钢材的化学成分、冶炼质量、冷加工、焊接工艺及焊条材料等都会影响焊接性能。碳含量小于0.25%的碳素钢具有良好的可焊性，碳含量大于0.3%时可焊性变差，硫、磷及气体杂质会使可焊性降低，加入过多的合金元素，也会降低可焊性。对于高碳钢和合金钢，为改善焊接质量，一般须要采用预热和焊后处理，以保证质量。

钢材焊接后必须取样进行焊接质量检验，一般包括拉伸试验，有些焊接种类还包括了弯曲试验，要求试验时试件的断裂不能发生在焊接处。同时还要检查焊缝处有无裂纹、砂眼、咬肉和焊件变形等缺陷。

（3）冷加工性能及时效处理　将钢材于常温下进行冷拉、冷拔或冷轧，使之产生塑性变形，从而提高强度，但钢材的塑性和韧性会降低，这个过程称为冷加工强化处理。将经过冷拉的钢筋，于常温下存放15～20d，或加热到100～200℃并保持2～3h后，则钢筋强度将进一步提高，这个过程称为时效处理。前者称为自然时效，后者称为人工时效。通常对强度较低的钢筋可采用自然时效，强度较高的钢筋则须采用人工时效。

对钢材进行冷加工强化与时效处理的目的是提高钢材的屈服强度，以便节约钢材。

建筑工地或预制构件厂常用的冷加工方法有冷拉和冷拔工艺。

1）冷拉是将热轧钢筋用冷拉设备进行张拉，拉伸至产生一定的塑性变形后，卸去荷载。

冷拉参数的控制直接关系到冷拉效果和钢材质量。一般钢筋冷拉仅控制冷拉率，称为单控，对用做预应力的钢筋，须采用双控，即既控制冷拉应力，又控制冷拉率。冷拉时当拉至控制应力时可以未达控制冷拉率，反之钢筋则应降级使用。钢筋冷拉后，屈服强度可提高20%～30%，可节约钢材10%～20%，钢材经冷拉后屈服阶段缩短，伸长率降低，材质变硬。

2）冷拔是将光圆钢筋通过硬质合金拔丝模孔强行拉拔。每次拉拔断面缩小应在10%以内。钢筋在冷拔过程中，不仅受拉，同时还受到挤压作用，因而冷拔的作用比纯冷拉作用强烈。经过一次或多次冷拔后的钢筋，表面光滑，屈服强度可提高40%～60%，但塑性大大降低，具有硬钢的性质。

钢材冷加工强化与时效处理的机理，可以从钢筋经冷拉时效后的应力-应变图得到反映，如图2-8。

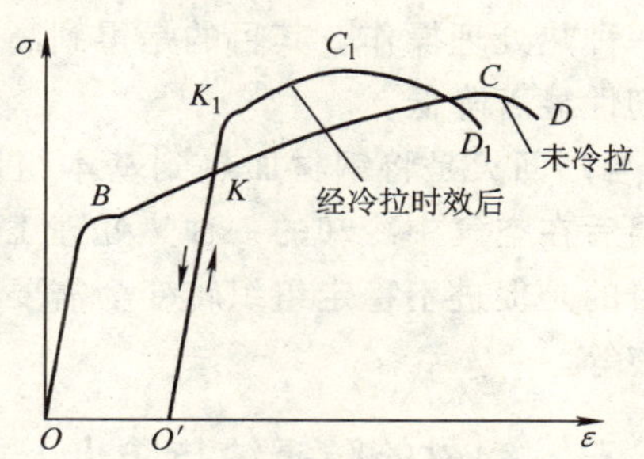

图2-8 钢筋经冷拉时效后应力-应变图的变化

图中 *OBCD* 曲线为未冷拉，其含义是将钢筋原材一次性拉断，而不是指不拉伸。此时，钢筋的屈服点为 *B* 点。

图中 *O′KCD* 曲线为冷拉无时效，其含义是将钢筋原材拉伸至超过屈服点但不超过抗拉强度（使之产生塑性变形）的某一点 *K*，卸去荷载，然后立即再将钢筋拉断。卸去荷载后，钢筋的应力-应变曲线沿 *KO′* 恢复部分变形（弹性变形部分），保留 *OO′* 残余变形。通过冷拉无时效处理，钢筋的屈服点升高至 *K* 点，以后的应力-应变关系与原来曲线 *KCD* 相似。这表明钢筋经冷拉后，屈服强度得到提高，抗拉强度和塑性与钢筋原材基本相同。

图中 $O'K_1C_1D_1$，曲线为冷拉时效，其含义是将钢筋原材拉伸至超过屈服点但不超过抗拉强度（使之产生塑性变形）的某一点 *K*，卸去荷载，然后进行自然时效或人工时效，再将钢筋拉断。通过冷拉时效处理，钢筋的屈服点升高至 K_1 点，以后的应力-应变关系 $K_1C_1D_1$ 比原来曲线 *KCD* 短。这表明钢筋经冷拉时效后，屈服强度进一步提高，与钢筋原材相比，抗拉强度亦有所提高，塑性和韧性则相应降低，而弹性模量则基本相同。

（4）钢材的热处理　热处理是将钢材在固态范围内按一定规则加热、保温和冷却，以改变其金相组织和显微结构组织，从而获得所需性能的一种工艺过程。土木工程所用钢材一般在生产厂家进行热处理并以热处理状态供应。在施工现场，有时需对焊接件进行热处理。

钢材热处理的方法有以下几种：

1）退火是将钢材加热到一定温度，保温后缓慢冷却（随炉冷却）的一种热处理工艺，有低温退火和完全退火之分。低温退火的加热温度在基本组织转变温度以下，完全退火的加热温度在800～850℃。其目的是细化晶粒，改善组织，减少加工中产生的缺陷、减轻晶格畸变，降低硬度，提高塑性，消除内应力，防止变形、开裂。

2）正火是退火的一种特例。正火在空气中冷却，两者仅冷却速度不同。与

退火相比，正火后钢材的硬度、强度较高，而塑性减小。其目的是消除组织缺陷等。

3）淬火是将钢材加热到基本组织转变温度以上（一般为900℃以上），保温使组织完全转变，即放入水或油等冷却介质中快速冷却，使之转变为不稳定组织的一种热处理操作。其目的是得到高强度、高硬度的组织。淬火会使钢材的塑性和韧性显著降低。

4）回火是将钢材加热到基本组织转变温度以下（在150～650℃内选定），保温后在空气中冷却的一种热处理工艺，通常和淬火是两道相连的热处理过程。其目的是促进不稳定组织转变为需要的组织，消除淬火产生的内应力，改善机械性能等。

三、钢材的防锈蚀与防火

1. 钢材的锈蚀

钢材的锈蚀是指钢的表面与周围介质发生化学作用或电化学作用，受到侵蚀而破坏的过程。锈蚀不仅使钢结构有效断面减小，而且会形成程度不等的锈坑、锈斑，造成应力集中，加速结构破坏。若受到冲击荷载、循环交变荷载作用，将产生锈蚀疲劳现象，使钢材疲劳强度大为降低，甚至出现脆性断裂。

钢材锈蚀的主要影响因素有环境湿度、侵蚀性介质性质及数量、钢材材质及表面状况等。

根据锈蚀作用机理，可分为下述两类：

(1) 化学锈蚀　是指钢材与周围介质（如氧气、二氧化碳、二氧化硫和水等）发生化学反应，生成疏松的氧化物而产生的锈蚀。一般情况下，是钢材表面 FeO 保护膜被氧化成黑色的 Fe_3O_4。

在常温下，钢材表面能形成 FeO 保护膜，可以防止钢材进一步锈蚀。所以，在干燥环境中化学锈蚀速度缓慢，但在温度和湿度较大的情况下，这种锈蚀进展加快。

(2) 电化学锈蚀　是由于金属表面形成了微电池而产生的锈蚀。钢材本身含有铁、碳等多种成分，由于这些成分的电极电位不同，形成许多微电池。在潮湿空气中，钢材表面将覆盖一层薄的水膜。在阳极区，铁被氧化成 Fe^{2+} 进入水膜。因为水中溶有来自空气中的氧，故在阴极区被还原为 OH^-，两者结合成为不溶于水的 $Fe(OH)_2$，并进一步氧化成为疏松易剥落的红棕色铁锈 $Fe(OH)_3$。电化学锈蚀是最主要的钢材锈蚀形式。

钢材锈蚀时，伴随体积增大，最严重的可达原体积的6倍。在钢筋混凝土中会使周围的混凝土胀裂。

2. 锈蚀的防止

混凝土中的钢筋处于碱性介质条件下，而氧化保护膜为碱性，故不致锈蚀。若在混凝土中大量掺入掺合料，或因碳化反应会使混凝土内部环境中性化，或由于在混凝土外加剂中带入一些卤素离子，特别是氯离子，会使锈蚀迅速发展。混凝土配筋的防锈蚀措施主要有提高混凝土密实度、确保保护层厚度、限制氯盐外加剂、加入防锈剂等方法。对于预应力钢筋，一般碳含量较高，又经过冷加工强化或热处理，较易发生锈蚀，应特别予以重视。

钢结构中型钢的防锈，主要采用表面涂覆的方法。例如表面刷漆，常用底漆有红丹、环氧富锌漆、铁红环氧底漆等。面漆有灰铅漆、醇酸磁漆、酚醛磁漆等。薄壁型钢及薄钢板制品可采用热浸镀锌或镀锌后加涂塑料复合层。

3. 钢材的防火

在一般建筑结构中，钢材均在常温条件下工作，但对于长期处于高温条件下的结构物，或遇到火灾等特殊情况时，则必须考虑温度对钢材性能的影响。而且高温对性能的影响还不能简单地用应力-应变关系来评定，而必须加上温度与高温持续时间两个因素。通常钢材的蠕变现象会随温度的升高而越加显著，蠕变则导致应力松弛，此外，由于在高温下晶界强度比晶粒强度低，晶界的滑动对微裂纹的影响起了重要作用，此裂纹在拉应力的作用下不断扩展而导致断裂。因此，随着温度的升高，钢材的持久强度将显著下降。

因此，在钢结构或钢筋混凝土结构遇到火灾时，应考虑高温透过保护层后对钢筋或型钢金相组织及力学性能的影响。尤其是在预应力结构中，还必须考虑钢筋在高温条件下的预应力损失所造成的整个结构物应力体系的变化。鉴于以上原因，在钢结构中应采取预防包覆措施，高层建筑更应如此，在钢筋混凝土结构中，钢筋应有一定厚度的保护层。

钢结构防火保护的基本原理是采用绝热或吸热材料，阻隔火焰和热量，推迟钢结构的升温速率。防火方法以包覆法为主，即以防火涂料、不燃性板材或混凝土和砂浆将钢构件包裹起来。

（1）防火涂料包裹法　此方法是采用防火涂料，紧贴钢结构的外露表面，将钢构件包裹起来，是目前最为流行的做法。

（2）不燃性板材包裹法　常用的不燃性板材有防火板、石膏板、硅酸钙板、蛭石板、珍珠岩板和矿棉板等，可通过粘结剂或钢钉、钢箍等固定在钢构件上，将其包裹起来。

（3）实心包裹法　一般采用混凝土，将钢结构浇筑在其中。

四、土木工程常用钢材的品种与选用

土木工程用钢有钢结构用钢和钢筋混凝土用钢两类，前者主要应用有型钢、钢板和钢管，后者主要应用有钢筋、钢丝和钢绞线，两者钢制品所用的原料用钢

多为碳素钢、合金钢和低合金钢。下面简要说明土木工程中常用的钢种及其加工的钢材的力学性能和选用原则。

1. 土木工程常用的主要钢种

（1）碳素结构钢

1）牌号及其表示方法。碳素结构钢有四个牌号，其表示方法为：屈服点等级－质量等级·脱氧程度。

屈服点等级：Q195、Q215、Q235 和 Q275，Q 表示屈服点，195、215、235 和 275 为屈服强度值（MPa）。

质量等级：各牌号按硫、磷等杂质含量由多到少分为 A、B、C、D 四个等级，质量逐级提高。

脱氧程度：F（沸腾钢）、b（半镇静钢）、Z（镇静钢）和 TZ（特殊镇静钢）。“Z”和“TZ”可以省略不写。

例：Q235－A·F 表示屈服点为 235MPa 的 A 级沸腾钢。

2）力学性能及工艺性能。根据 GB/T 700—2006《碳素结构钢》的规定，碳素结构钢的力学性能（强度、冲击韧度等）应符合表 2-1 的规定。

表 2-1 碳素结构钢的力学性能

牌号	等级	拉伸试验													冲击试验	
		屈服点 σ_s/MPa						抗拉强度 σ_b/MPa	伸长率 δ（%）					温度/℃	V形冲击功（纵向）/J
		钢材厚度（直径）/mm							钢材厚度（直径）/mm						
		≤16	>16~40	>40~60	>60~100	>100~150	>150~200		≤40	>40~60	>60~100	>100~150	>150~200		
		≥							≥						≥
Q195	—	195	185	—	—	—	—	315~430	33	—	—	—	—	—	—
Q215	A	215	205	195	185	175	165	335~450	31	30	29	27	26	—	—
	B													+20	27
Q235	A	235	225	215	215	195	185	375~500	26	25	24	22	21	—	—
	B													+20	27
	C													0	
	D													−20	
Q275	A	275	265	255	245	225	215	410~540	22	21	20	18	17	—	—
	B													+20	27
	C													0	
	D													−20	

碳素结构钢的冷弯性能应符合表 2-2 的规定。

表 2-2　碳素结构钢冷弯试验指标

牌　　号	试样方向	冷弯试验（试样宽度 =2a，180°）	
		钢筋厚度（直径）a/mm	
		≤60	>60～100
		弯心直径 d	
Q195	纵	0	
	横	0.5a	
Q215	纵	0.5a	1.5a
	横	a	2a
Q235	纵	a	2a
	横	1.5a	2.5a
Q275	纵	1.5a	2.5a
	横	2.5a	3a

注：钢材厚度（或直径）大于 100mm 时，弯曲试验由双方协商确定。

3）特性及应用。Q195 钢强度不高，塑性、韧性、加工性能与焊接性能较好，主要用于轧制薄板和盘条等。Q215 钢用途与 Q195 钢基本相同，由于其强度稍高，还大量用来做管坯和螺栓等。Q235 钢既有较高的强度，又有较好的塑性和韧性，焊接性及可加工性等综合性能好，因此，在土木工程中应用最广泛，大量用于制作钢结构用钢、钢筋和钢板等。其中 Q235-A 级钢，一般仅适用于承受静荷载作用的结构，Q235-C 和 Q235-D 级钢可用于重要的焊接结构。另外，由于 Q235-D 级钢含有足够的形成细晶粒结构的元素，同时对硫、磷有害元素控制严格，故其冲击韧度好，有较强的抵抗振动、冲击荷载能力，尤其适用于负温条件。Q275 钢强度、硬度较高，耐磨性较好，但塑性、冲击韧度和焊接性差，不宜用于建筑结构，主要用于制作机械零件和工具等。

（2）低合金高强度结构钢　是一种在碳素结构钢的基础上添加总量不大于 5% 合金元素的钢材。所加合金元素主要有锰（Mn）、硅（Si）、钒（V）、钛（Ti）、铌（Nb）、铬（Cr）、镍（Ni）及稀土元素，均为镇静钢。

1）牌号及其表示方法。低合金高强度结构钢有 5 个牌号，其表示方法为：屈服点等级-质量等级。

屈服点等级：Q295、Q345、Q390、Q420 和 Q460，Q 表示屈服点，295、345、390、420 和 460 为屈服强度值（MPa）。

质量等级：每个牌号依据硫、磷等杂质含量分为 A、B、C、D、E 五个质量等级。

2）力学性能。根据 GB/T 1591—1994《低合金高强度结构钢》的规定，低合金高强度结构钢的力学性能（强度、冲击韧度、冷弯等）应符合表 2-3 的规定。

表 2-3 低合金高强度结构钢的力学性能

牌号	质量等级	屈服点/MPa 厚度(直径,边长)/mm ≤16	>16~35	>35~50	>50~100	抗拉强度/MPa	伸长率 δ_5（%）	冲击功（纵向）/J +20℃	0℃	-20℃	-40℃	180°冷弯试验 d = 弯心直径 a = 试样厚度（直径）/mm a ≤16	>16~100
		≥						≥					
Q295	A	295	275	255	235	390~570	23	—					
	B							34					
	A						21	—					
	B						21	34					
Q345	C	345	325	295	275	470~630	22		34				
	D						22			34			
	E						22				27		
	A						19	—					
	B						19	34					
Q390	C	390	370	350	330	490~650	20		34			d = 2a	d = 3a
	D						20			34			
	E						20				27		
	A						18	—					
	B						18	34					
Q420	C	420	400	380	360	520~680	19		34				
	D						19			34			
	E						19				27		
	C						17		34				
Q460	D	460	440	420	400	550~720	17			34			
	E						17				27		

3）特性及应用。由于合金元素的细晶强化作用和固溶强化等作用，使低合金高强度结构钢与碳素结构钢相比，既具有较高的强度，同时又有良好的塑性、低温冲击韧度、焊接性和耐蚀性等特点，是一种综合性能良好的建筑钢材。Q345 级钢是钢结构的常用牌号，Q390 也是推荐使用的牌号。与碳素结构钢 Q235 相比，

低合金高强度结构钢 Q345 的强度更高，等强度代换时可以节省钢材 15% ~25%，并减轻结构自重。另外，Q345 具有良好的承受动荷载和耐疲劳性。低合金高强度结构钢广泛应用于钢结构和钢筋混凝土结构中，特别是大型结构、重型结构、大跨度结构、高层建筑、桥梁工程、承受动荷载和冲击荷载的结构。

（3）优质碳素结构钢　对有害杂质含量控制更严格（S < 0.035%，P < 0.035%），质量更稳定，性能优于普通碳素结构钢。

我国 GB/T 699—1999《优质碳素结构钢》，将优质碳素结构钢划分为 31 个牌号，分为低锰含量（0.25% ~0.50%）、普通锰含量（0.35% ~0.80%）和较高锰含量（0.70% ~1.20%）三组，其表示为：平均含碳量的万分数-含锰量标识-脱氧程度。

31 个牌号是 08F、10F、15F、08、10、15、20、25、30、35、40、45、50、55、60、65、70、75、80、85、15Mn、20Mn、25Mn、30Mn、35Mn、40Mn、45Mn、50Mn、60Mn、65Mn、70Mn。如“10F”表示平均碳含量为 0.10%，低锰含量的沸腾钢；“45”表示平均碳含量为 0.45%，普通锰含量的镇静钢；“30Mn”表示平均碳含量为 0.30%，较高锰含量的镇静钢。

优质碳素结构钢对有害杂质含量控制严格，质量稳定，综合性能好，但成本较高。其性能主要取决于碳含量的多少，碳含量高，则强度高，塑性和韧性差。在建筑工程中，30 ~45 号钢主要用于重要结构的钢铸件和高强度螺栓等，45 号钢用做预应力混凝土锚具，65 ~80 号钢用于生产预应力混凝土用钢丝和钢绞线。

2. 常用建筑钢材

（1）钢筋　钢筋与混凝土之间有较大的握裹力，能牢固啮合在一起。钢筋抗拉强度高、塑性好，放入混凝土中可很好地改善混凝土脆性，扩展混凝土的应用范围，同时混凝土的碱性环境又很好地保护了钢筋。钢筋混凝土结构用的钢筋主要由碳素结构钢、低合金高强度结构钢和优质碳素钢制成。

1）热轧钢筋。根据其表面形状分为光圆钢筋和带肋钢筋两类。

热轧光圆钢筋：根据 GB 1499.1—2008《钢筋混凝土用热轧光圆钢筋》规定，热轧光圆钢筋分为 HPB235、HPB300 两个牌号，牌号中 HPB（Hot-rolled plain bars 英文缩写）代表热轧光圆钢筋，牌号中的数字表示热轧钢筋的屈服强度特征值（MPa），其力学性能和工艺性能应符合表 2-4 的规定。

表 2-4　热轧光圆钢筋力学性能和工艺性能要求

表面形状	牌号	公称直径 /mm	屈服点 σ_s /MPa	抗拉强度 σ_b /MPa	伸长率 δ (%)	冷弯 d = 弯心直径 a = 钢筋公称直径 /mm
			不小于			
光圆	HPB235	6 ~12	235	370	25.0	180°　$d=a$
	HPB300	14 ~22	300	420		

光圆钢筋的强度低，但塑性和焊接性能好，便于进行各种冷加工，因而广泛用做小型钢筋混凝土结构中的主要受力钢筋以及各种钢筋混凝土结构中的构造筋。

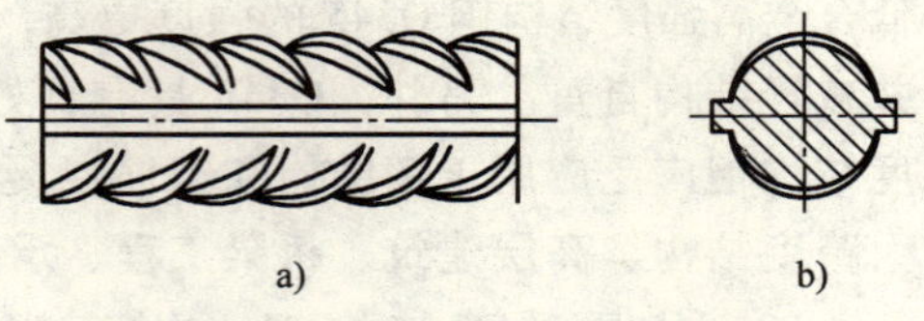

图 2-9 带肋钢筋外形图
a）月牙肋 b）等高肋

热轧带肋钢筋：表面有两条纵肋，并沿长度方向均匀分布有牙形横肋，如图 2-9 所示。

根据 GB 1499.2—2007《钢筋混凝土用热轧带肋钢筋》的规定，热轧带肋钢筋分为 HRB335、HRB400、HRB500、HRBF335、HRBF400、HRBF500 六个牌号，牌号中 HRB（Hot-Rolled Ribbed Bars 的英文缩写）代表普通热轧带肋钢筋、HRBF（Hot-Rolled Ribbed Bars of Fine Grains 英文缩写）代表细晶粒热轧带肋钢筋，若在牌号后面加上字母 E（如 HRB400E、HRBF400E），则表示适用于有较高要求的抗震结构；牌号中的数字表示热轧钢筋的屈服强度特征值（MPa）。热轧带肋钢筋的力学性能和工艺性能应符合表 2-5 的规定。

表 2-5 热轧带肋钢筋的力学性能和工艺性能要求

表面形状	牌 号	公称直径/mm	屈服点 σ_s/MPa	抗拉强度 σ_b/MPa	伸长率 δ（%）	冷弯 d=弯心直径 a=钢筋公称直径/mm
			不小于			
带 肋	HRB335 HRBF335	6~25 28~40 >40~50	335	455	17	180° $d=3a$ $d=4a$ $d=5a$
	HRB400 HRBF400	6~25 28~40 >40~50	400	540	16	180° $d=4a$ $d=5a$ $d=6a$
	HRB500 HRBF500	6~25 28~40 >40~50	500	630	15	180° $d=6a$ $d=7a$ $d=8a$

注：1. 直径 28~40mm 各牌号钢筋的断后伸长率 δ 可降低 1%；直径大于 40mm 各牌号钢筋的断后伸长率 δ 可降低 2%。
2. 对于没有明显屈服强度的热轧带肋钢筋，其屈服强度应采用 $\sigma_{P0.2}$ 表示。

HRB335 和 HRB400 钢筋的强度较高，塑性和焊接性能较好，广泛用做大、中型钢筋混凝土结构的受力筋。HRB500 钢筋强度高，但塑性和焊接性能较差，可用做预应力钢筋。

2）低碳钢热轧圆盘条。这是由屈服强度较低的碳素结构钢轧制的盘条，可用做拉丝、建筑包装及其他用途，是目前用量最大、使用最广的线材，也称普通线材。普通线材大量用做建筑混凝土的配筋、拉制普通低碳钢丝和镀锌低碳钢丝。

供拉丝用盘条代号为“L”，供建筑和其他用途盘条代号为“J”。盘条的公称直径为 5.5mm、6.0mm、6.5mm、7.0mm、8.0mm、9.0mm、10.0mm、11.0mm、12.0mm、13.0mm、14.0mm。

根据 GB/T 701—1997《低碳钢热轧圆盘条》的规定，低碳钢热轧圆盘条的力学性能和工艺性能应符合表 2-6 及表 2-7 的要求。

表 2-6 供拉丝用盘条力学性能和工艺性能

牌号	力学性能		冷弯试验，180° d = 弯心直径 a = 试样直径 /mm
	抗拉强度 σ_b/MPa ≥	伸长率 δ_{10}（%）≥	
Q195	420	28	$d=0$
Q215	420	26	$d=0.5a$
Q235	470	22	$d=a$

表 2-7 供建筑及包装用盘条力学性能和工艺性能

牌号	力学性能			冷弯试验，180° d = 弯心直径 a = 试样直径 /mm	用途
	屈服点 σ_s/MPa ≥	抗拉强度 σ_b/MPa ≥	伸长率 δ_{10}（%）≥		
Q215	215	335	26	$d=0.5a$	供包装等用
Q235	235	375	22	$d=a$	供建筑等用

3）冷轧带肋钢筋。这是采用普通低碳钢或低合金钢热轧的圆盘条，经冷轧或冷拔减径后在其表面冷轧成二面或三面有肋的钢筋，也可经低温回火处理。根据 GB 13788—2008《冷轧带肋钢筋》的规定，冷轧带肋钢筋分为 CRB550、CRB650、CRB800、CRB970 四个牌号，其中 C、R、B 分别为冷轧（Cold Rolled）、带肋（Ribbed）和钢筋（Bar）三个词的英文首位字母。

CRB550 钢筋的公称直径范围为 4 ~ 12mm，CRB650 及以上牌号钢筋的公称直径为 4mm、5mm、6mm。CRB550 为普通钢筋混凝土用钢筋，其他牌号为预应力混凝土用钢筋。

GB 13788—2008 规定，冷轧带肋钢筋的力学性能和工艺性能应符合表 2-8 的要求。当进行冷弯试验时，受弯曲部位表面不得产生裂纹，反复弯曲试验的弯曲半径应符合表 2-9 的规定。钢筋的强屈比 $\sigma_b/\sigma_{P0.2}$应不小于 1.03。

表 2-8 冷轧带肋钢筋的力学性能和工艺性能

级别代号	规定非比例伸长应力 $\sigma_{P0.2}$/MPa ≥	抗拉强度 σ_b/MPa ≥	伸长率（%）		弯曲试验，180° D = 弯心直径 d = 钢筋公称直径 /mm	反复弯曲次数	应力松弛（初始应力 $\sigma_{con}=0.7\sigma_b$） 1000h 松弛率（%）≤
			$\delta_{11.3}$	δ_{100}			
CRB550	500	550	8.0	—	$D=3d$	—	—
CRB650	585	650	—	4.0	—	3	8
CRB800	720	800	—	4.0	—	3	8
CRB970	875	970	—	4.0	—	3	8

注：$\delta_{11.3}$ 表示以标距 $11.3\sqrt{S_0}$（S_0 为试样原始截面积）的试样拉断伸长率。

表 2-9 冷轧带肋钢筋反复弯曲试验的弯曲半径 （单位：mm）

钢筋公称直径	4	5	6
弯曲半径	10	15	15

冷轧带肋钢筋与冷拉、冷拔钢筋相比，强度相近，但克服了冷拉、冷拔钢筋握裹力小的缺点，因此，在中、小型预应力混凝土结构构件中和普通混凝土结构构件中得到了越来越广泛的应用。CRB550 为普通钢筋混凝土用钢筋，其他牌号为预应力混凝土用钢筋。

4）预应力混凝土用热处理钢筋。这是用热轧带肋钢筋经淬火和回火的调质处理而成的，按外形分为有纵肋（公称直径有 8.2mm、10mm 两种）和无纵肋（公称直径有 6mm、8.2mm 两种）。

根据 GB 4463—1984《预应力混凝土用热处理钢筋》的规定，预应力混凝土用热处理钢筋力学性能应符合表 2-10 的要求。牌号的含义依次为：平均碳含量的万分数、合金元素符号、合金元素平均含量（“2”，表示含量为 1.5% ~2.5%，无数字表示含量 < 1.5%）、脱氧程度（镇静钢无该项）。如 $40Si_2Mn$，表示平均碳含量为 0.40%、硅含量为 1.5% ~2.5%、锰含量为 < 1.5% 的镇静钢。

表 2-10 预应力混凝土用热处理钢筋的力学性能

公称直径 /mm	牌 号	屈服强度 $\sigma_{0.2}$/MPa ≥	抗拉强度 σ_b/MPa ≥	伸长率 δ_{10}（%） ≥
6	$40Si_2Mn$	1325	1470	6
8.2	$48Si_2Mn$			
10	$45Si_2Mn$			

预应力混凝土用热处理钢筋强度高，可代替高强钢丝使用；配筋根数少，节约钢材；锚固性好，不易打滑，预应力值稳定；施工简便，开盘后自然伸直，不需调直及焊接。主要用于预应力钢筋混凝土轨枕，也可用于预应力梁、板结构及起重机梁等。

5）预应力混凝土用钢丝和钢绞线。预应力混凝土用钢丝是用优质碳素结构钢制成的，GB/T 5223—2002《预应力混凝土用钢丝》按加工状态分为冷拉钢丝（WCD）和消除应力钢丝两类。消除应力钢丝按松弛性能又分为低松弛钢丝（WLR）和普通松弛钢丝（WNR）。按外形分为光圆钢丝（P）、螺旋肋钢丝（H）和刻痕钢丝（I）。

预应力混凝土用钢丝强度高（抗拉强度 σ_b 在 1470 ~ 1770MPa 以上，屈服强度 $\sigma_{0.2}$ 在 1100 ~ 1330MPa 以上），柔性好（标距为 200mm 的钢丝伸长率大于 1.5%，弯曲 180°达 4 次以上），无接头，质量稳定可靠，施工方便，不须冷拉，不须焊接，主要用作大跨度屋架及薄腹梁、大跨度起重机梁、桥梁、电杆和轨枕等的预应力钢筋等。

预应力混凝土用钢绞线是以数根优质碳素结构钢钢丝经绞捻和消除内应力的热处理而制成的。GB/T 5224—2004《预应力混凝土用钢绞线》根据捻制结构（钢丝的股数），将其分为 1×2、1×3、1×3I（表示用 3 根刻痕钢丝捻制的钢绞线）、1×7 和（1×7）C（表示用 7 根钢丝捻制又经模拔的钢绞线）五类。

预应力混凝土用钢绞线的最大负荷随钢丝的根数不同而不同，7 根捻制结构的钢绞线，整根钢绞线的最大抗拉力达 384kN 以上，规定非比例延伸力可达 346kN 以上，1000h 松弛率≤1.0% ~4.5%。

预应力混凝土用钢绞线亦具有强度高、柔韧性好、无接头、质量稳定和施工方便等优点，使用时按要求的长度切割，主要用于大跨度、大负荷的后张法预应力屋架、桥梁和薄腹板等结构的预应力筋。

（2）型钢　钢结构用钢材主要是热轧成形的钢板和型钢等，薄壁轻型钢结构中主要采用薄壁型钢、圆钢和小角钢；钢材所用的母材主要是普通碳素结构钢和低合金高强度结构钢。

1）热轧型钢。钢结构常用型钢有工字钢、H 型钢、T 型钢、Z 型钢、槽钢、等边角钢和不等边角钢等。如图 2-10 所示为几种常用型钢示意图。型钢由于截面形式合理，材料在截面上分布对受力最为有利，且构件间连接方便，所以它是钢结构中采用的主要钢材。

钢结构用钢的钢种和钢号，主要根据结构与构件的重要性、荷载的性质（静载或动载）、连接方法（焊接、铆接或螺栓连接）、工作条件（环境温度及介质）等因素来选择。我国建筑用热轧型钢主要采用碳素结构钢和低合金钢，其中应用最多的是碳素钢 Q235-A，低合金钢 Q345（16Mn）及 Q390（15MnV），

前者适用于一般钢结构工程，后者可用于大跨度、承受动荷载的钢结构工程。

工字钢广泛应用于各种建筑结构和桥梁，主要用于承受横向弯曲（腹板平面内受弯）的杆件，但不宜单独用做轴心受压构件或双向弯曲的构件。

与工字钢相比，H型钢优化了截面的分布，有翼缘宽、侧向刚度大、抗弯能力强、翼缘两表面相互平行、连接构造方便、省劳力，重量轻、节省钢材等优点。常用于承载力大、截面稳定性好的大型建筑，其中宽翼缘和中翼缘H型钢适用于钢柱等轴心受压构件，窄翼缘H型钢适用于钢梁等受弯构件。

槽钢可用做承受轴向力的杆件、承受横向弯曲的梁以及联系杆件，主要用于建筑结构、车辆制造等。

角钢主要用做承受轴向力的杆件和支撑杆件，也可作为受力构件之间的连接零件。

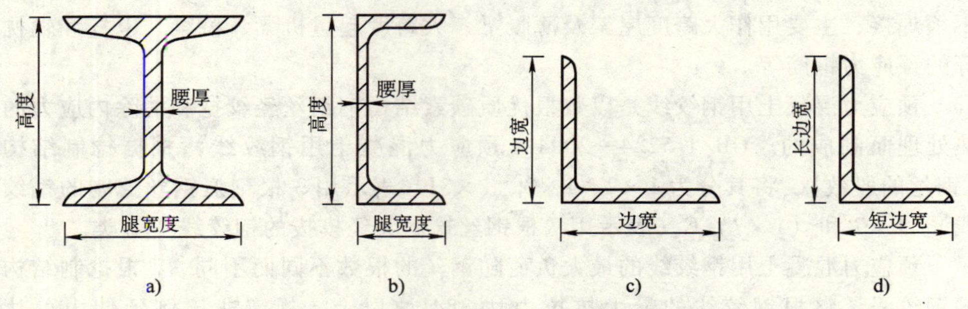

图2-10　几种常用热轧型钢截面示意图
a）工字钢　b）槽钢　c）等边角钢　d）不等边角钢

2）冷弯薄壁型钢。通常用2～6mm薄钢板冷弯或模压而成，有角钢、槽钢等开口薄壁型钢及方形、矩形等空心薄壁型钢。可用于轻型钢结构。

3）钢板。钢板有热轧钢板和冷轧钢板之分，按厚度可分为厚板（厚度>4mm）和薄板（厚度≤4mm）两种。厚板用热轧方式生产，材质按使用要求相应选取；薄板用热轧或冷轧方式均可生产，冷轧钢板一般质量较好，性能优良，但其成本高，土木工程中使用的薄钢板多为热轧型。

钢板的钢种主要是碳素钢，某些重型结构、大跨度桥梁等也采用低合金钢。厚板主要用于结构，薄板主要用于屋面板、楼板和墙板等。在钢结构中，单块钢板不能独立工作，必须用几块板组合成工字形、箱形等结构来承受荷载。

4）钢管。按照生产工艺，钢结构所用钢管分为热轧无缝钢管和焊接钢管两大类。

热轧无缝钢管以优质碳素钢和低合金结构钢为原材料，多采用热轧-冷拔联合工艺生产，也可用冷轧方式生产，但后者成本高。主要用于压力管道和一些特定的钢结构。

焊接钢管采用优质或普通碳素钢钢板卷焊而成，表面镀锌或不镀锌（视使用而定）。按其焊缝形式分有直缝电焊钢管和螺旋焊钢管，适用于各种结构、输送管道等。焊接钢管成本较低，容易加工，但多数情况下抗压性能较差。

在土木工程中，钢管多用于制作塔桅、钢管混凝土等，广泛应用于高层建筑、厂房柱、塔柱、压力管道等工程中。

↘第二节 铝 合 金

铝合金近年来在建筑装修领域中广泛用做门窗和室内外装修，有优良的建筑功能及独特的装饰效果。铜、铝及其合金由于具有质量轻，可装配化生产等特点，在现代土木工程中的应用也很广泛。

一、铝合金的基本性质

铝为银白色轻金属，纯铝的密度为 2.7g/cm^3，约为钢的 1/3。铝的性质活泼，在空气中能与氧结合形成致密坚固的氧化铝薄膜，覆盖在下层金属表面，阻止其继续腐蚀。因此，铝在大气中有良好的抗蚀能力。

由于纯铝的强度低而限制了它的应用范围，工业生产中常采用合金化的方式，即在铝中加入一定量的合金元素，如铜、镁、锰、锌和硅等来提高强度和耐蚀性。铝合金由于一般力学性能明显提高并仍保持铝质量轻的固有特性，所以使用价值也大为提高，在建筑装饰中得到广泛的应用。常用的铝合金有防锈铝合金（LF）、硬铝合金（LY）、超硬铝合金（LC）和锻铝合金（LD）。

防锈铝合金中主要的合金元素是锰和镁。锰的主要作用是提高合金的抗腐蚀能力，起到固溶强化作用。在铝中加入镁也可以起到固溶强化作用。硬铝合金主要是铝铜镁合金，这类合金的强度高，但其抗腐蚀性差。超硬铝合金抗蚀性差，在高温下软化快。锻铝合金在铝中加入了镁、硅及铜等元素，这类合金具有良好的热塑性并有较好的机械性能，常用来制造建筑型材。

二、铝合金在土木工程中的应用

1. 铝合金门窗

在现代建筑装饰工程中，尽管铝合金门窗比普通门窗的造价高 3 ~ 4 倍，但由于其长期维修费用低、性能好、美观和节约能源等，故仍得到广泛应用。

与普通木门窗、钢门窗相比，铝合金门窗具有如下特点：

（1）质量轻　铝合金门窗用材省，质量轻，每平方米耗用铝型材平均为 8 ~ 12kg，比用钢木门窗的质量减轻 50% 左右。

(2) 性能好　如气密性、水密性、隔声性、隔热性均比普通门窗好，故对安装空调设备的建筑、相对防尘、隔声、保温隔热等有特殊要求的建筑，更适宜采用铝合金门窗。

(3) 色泽美观　制作铝合金门窗框料的型材，表面可经过氧化着色处理，可着银白色、古铜色、暗红色、黑色等柔和的颜色或带色的花纹，还可以涂装聚丙烯酸树脂膜，使表面光亮，增加了建筑物的立面和内部的美观。

(4) 使用维修方便　铝合金门窗不需要涂漆，表皮不褪色、不脱落，表面不需要维修。铝合金门窗强度较高，刚性好，坚固耐用，零部件经久不坏，开关灵活轻便，无噪声。

(5) 便于工业化生产　铝合金门窗的加工、制作、装配、试验都可在工厂进行，可以大批量工业化生产，有利于实现产品设计标准化、系列化，零配件通用化，以及产品的商品化。

2. 铝合金装饰板及吊顶

铝合金装饰板是现代较为流行的建筑装饰板材，具有质量轻，不燃烧，耐久性好，施工方便，装饰效果好等特点。在装饰工程中用得较多的铝合金板材有以下几种：

(1) 铝合金花纹板及浅纹板　它是采用防锈铝合金材料，用特殊的花纹机辊轧而成的。花纹美观大方，筋高适中，不易磨损，防滑性好，防腐蚀性能强，便于清洗，通过表面处理可以得到各种不同的颜色，花纹板板材平整，裁剪尺寸精确，便于安装。广泛用于现代建筑墙面装饰及楼梯踏步板等。

铝合金浅花纹板，其花纹精巧别致，美观大方，同普通铝合金材料相比，刚度提高20%，抗污垢，防划伤，耐擦伤能力均有提高，是优良的建筑装饰材料之一。

(2) 铝合金压型板　其特点是质量轻、外形美观、耐腐蚀、经久耐用、安装容易和施工快速等，经表面处理可以得到各种优美的色彩，是现代广泛应用的一种新型建筑材料。主要用做墙面和屋面。

(3) 铝合金穿孔平板　它是用各种铝合金平板经机械穿孔制成的。孔型根据需要有圆孔、方孔、长方孔、三角孔和大小组合孔等，是近年来开发出的一种吸声并兼有装饰效果的新产品。

铝合金穿孔板具有良好的防腐蚀性能，光洁度高，有一定的强度，易加工成各种形状、尺寸，有良好的防震、防水、防火性能及良好的消声效果，广泛用于宾馆、饭店、剧场、影院、播音室等公共建筑和中高级民用建筑中。

(4) 铝合金波纹板　这种板材有银白色等多种颜色，主要用于墙面装饰，也可用做屋面，有很强的反射阳光的能力，且十分经久耐用，在大气中使用20年不需要更换。更换拆卸下来的花纹板仍可使用，所以得到了广泛应用。

（5）铝合金吊顶 具有质量轻，不燃烧，耐腐蚀，施工方便和装饰华丽等特点。

练习题

基础练习题

2-1 为何说屈服点、抗拉强度、伸长率是建筑用钢材的重要技术性能指标？

2-2 钢材热处理的工艺有哪些？起什么作用？

2-3 冷加工和时效对钢材性能有何影响？

2-4 沸腾钢是如何制得的？在什么条件下不宜使用沸腾钢？

2-5 钢材的锈蚀与哪些因素有关？如何对钢材进行防锈蚀和防火？

2-6 建筑上常用有哪些牌号的低合金钢？

开放式练习题

2-7 工地上为何常对强度偏低而塑性偏大的低碳盘条钢筋进行冷拉？

2-8 从一批热轧钢筋中抽样，并截取两根钢筋做拉伸试验，测定结果：屈服下限荷载分别为42.6kN、42.2kN，抗拉极限荷载分别为63.4kN、63.0kN。钢筋标距为60mm，拉断时长度分别为70.6mm、71.2mm，钢筋公称直径为12mm，试评定该钢筋的级别？并说明其利用率及安全可靠程度。

2-9 请查阅资料，了解为2008奥运会建设的国家体育场——“鸟巢”所使用的钢材与钢结构设计。

2-10 试展望铝材及其合金制品在我国建筑上的应用。

3

第三章 无机胶凝材料

学习要求 重点掌握无机胶凝材料的基本性能、技术指标；熟悉石灰、石膏、水玻璃及水泥的选材及工程应用；了解各类无机胶凝材料的化学组成、结构及胶凝机理。

在土木工程材料中，凡是经过一系列物理化学作用，能将散粒或块状材料粘结成整体的材料，统称为胶凝材料。

根据化学组成，一般可将胶凝材料分为有机胶凝材料和无机胶凝材料两大类。有机胶凝材料的基本成分是天然或人工合成的有机高分子化合物，如石油沥青、煤沥青和各种合成树脂等。无机胶凝材料的主要成分为无机矿物，本章主要介绍各种无机胶凝材料。

根据无机胶凝材料凝结硬化条件不同，又分为气硬性胶凝材料和水硬性胶凝材料两大类。气硬性胶凝材料只能在空气中硬化，也只能在空气中保持或继续发展其强度，常用的气硬性胶凝材料有石灰、石膏和水玻璃等；水硬性胶凝材料不仅能在空气中凝结硬化，而且能更好地在水中凝结硬化，保持并继续发展其强度。常用的水硬性胶凝材料为各种水泥。

第一节 石 灰

石灰是建筑上使用较早的矿物胶凝材料之一。由于石灰的原料（石灰石）分布很广，而且生产工艺简单，成本低廉，所以在土木工程建设中一直被大量使用。

一、石灰的生产与品种

1. 石灰的生产

煅烧生产石灰的原料，主要是以碳酸钙为主的天然岩石，如石灰石、白垩

等。将这些原料在高温下煅烧，碳酸钙将按下式分解成为生石灰，生石灰的主要成分为氧化钙。

$$CaCO_3 \xlongequal{900\sim1100℃} CaO + CO_2\uparrow$$

石灰石的分解温度约900℃，但为了加速分解过程，煅烧温度常提高至1000~1100℃。在煅烧过程中，若温度过低或煅烧时间不足，使得$CaCO_3$不能完全分解，将生成“欠火石灰”。如果燃烧时间过长或温度过高，将生成颜色较深、块体致密的“过火石灰”。

2. 石灰的品种

根据成品加工方法不同，建筑石灰可分成五大类。

（1）块灰　由石灰石直接煅烧所得块状生石灰，主要成分为CaO。

（2）磨细生石灰　将块状生石灰破碎、磨细而成的细粉，主要成分为CaO。它克服了传统石灰的熟化时间长、硬化慢、强度低等缺点，使用时不用提前消化，可直接加水使用，不仅提高工效，而且节约场地，改善了施工环境。其熟化、硬化速度可提高30~50倍，强度约可提高2倍，石灰利用率也得到一定提高。但是其成本高、易吸湿、不易储存。

（3）消石灰粉　由生石灰加适量水消化所得的粉末，其主要成分为$Ca(OH)_2$。

（4）石灰膏　生石灰加3~4倍水消化而成的膏状可塑性浆体，主要成分为$Ca(OH)_2$和H_2O。

（5）石灰乳　生石灰加大量水消化或石灰膏加水稀释而成的一种乳状液体，主要成分为$Ca(OH)_2$和H_2O。

二、石灰的熟化与硬化

1. 石灰的熟化

工地上使用生石灰前要进行熟化。熟化是指生石灰（氧化钙）与水作用生成氢氧化钙（称为熟石灰或消石灰）的过程，又称石灰的消解或消化。生石灰的熟化反应方程式如下：

$$CaO + H_2O = Ca(OH)_2 + 64.9\times10^3 J$$

石灰的熟化过程会放出大量的热，熟化时体积增大1~2.5倍。煅烧良好、氧化钙含量高的石灰熟化较快，放热量和体积增大也较多。

为了消除过火石灰的危害，石灰膏在使用之前应进行陈伏。陈伏是指石灰乳（或石灰膏）在储灰坑中放置14d以上的过程。过火石灰在这一期间将慢慢熟化。陈伏期间，石灰膏表面应保有一层水分，使其与空气隔绝，以免与空气中二氧化碳发生碳化反应。

2. 石灰的硬化

石灰水化后逐渐凝结硬化，主要包括下面两个过程：

(1) 干燥结晶硬化过程　石灰浆体在干燥过程中，游离水分蒸发，形成网状孔隙，这些滞留于孔隙中的自由水由于表面张力的作用而产生毛细管压力，使石灰粒子更紧密。且由于水分蒸发，使 $Ca(OH)_2$ 从饱和溶液中逐渐结晶析出。

(2) 碳化过程　$Ca(OH)_2$ 与空气中的 CO_2 和水反应，生成不溶于水的碳酸钙晶体，析出的水分则逐渐被蒸发。由于碳化作用主要发生在与空气接触的表层，且生成的 $CaCO_3$ 膜层较致密，阻碍了空气中 CO_2 的渗入，也阻碍了内部水分向外蒸发，因此碳化缓慢。

三、石灰的特性与技术要求

1. 石灰的特性

(1) 可塑性好　生石灰熟化为石灰浆时，能自动形成颗粒极细的呈胶体分散状态的氢氧化钙，表面吸附一层厚的水膜。因此，调制成石灰砂浆具有良好的可塑性。在水泥砂浆中掺入石灰膏，可显著提高砂浆的可塑性。

(2) 硬化较慢，强度低　石灰浆体的硬化过程表明，由于空气中二氧化碳稀薄，碳化甚为缓慢。而且表面碳化后，形成紧密外壳，既不利于碳化作用的深入，也不利于内部水分的蒸发，因此硬化缓慢，且硬化后的强度也不高，1∶3 的石灰砂浆 28d 抗压强度通常只有 0.2～0.5MPa。

(3) 硬化时体积收缩大　石灰在硬化过程中，由于大量游离水的蒸发，引起体积显著收缩，因此，工程上除调成石灰乳作薄层涂刷外，不宜单独使用，常掺入砂、各种纤维材料等以减少收缩。

(4) 耐水性差　硬化后的石灰受潮后，其中的氢氧化钙和氧化钙会溶解，强度更低，在水中还会溃散。因此，石灰不宜在潮湿的环境中使用，也不宜单独用于建筑物基础。

(5) 石灰吸湿性强　生石灰在放置过程中，会缓慢吸收空气中的水分而自动熟化成消石灰粉，再与空气中的二氧化碳作用生成碳酸钙，因而失去胶结能力。

2. 石灰的储存

储存生石灰，不但要防止受潮，而且不宜储存过久。最好运到工地（或熟化工厂）后立即熟化成石灰浆，将储存期变为陈伏期。由于生石灰受潮熟化时要放出大量的热，而且体积膨胀，所以，储存和运输生石灰时，应注意安全。

3. 石灰的技术要求

建筑工程中所用的石灰常分为建筑生石灰、建筑生石灰粉和建筑消石灰粉三个品种。由于石灰生产原料中含有部分碳酸镁（$MgCO_3$）成分，因而生石灰中还含有次要的化学成分氧化镁。根据我国建材行业标准 JC/T 479—1992《建筑生石灰》与 JC/T 480—1992《建筑生石灰粉》的规定，按石灰中氧化镁的含量，

将生石灰分为钙质生石灰（MgO 含量≤5%）和镁质生石灰（MgO 含量>5%）两类。镁质生石灰熟化较慢，但硬化后强度稍高。按其技术指标，建筑石灰又可分为优等品、一等品和合格品三个等级。生石灰及生石灰粉的主要技术指标列于表 3-1 和表 3-2。

表 3-1 建筑生石灰技术标准

项目		钙质生石灰			镁质生石灰		
		优等品	一等品	合格品	优等品	一等品	合格品
CaO + MgO 含量（%）	不小于	90	85	80	85	80	75
CO_2 含量（%）	不大于	5	7	9	6	8	10
未消化残余含量（5mm 圆孔筛余）（%）	不大于	5	10	15	5	10	15
产浆量 /（$L \cdot kg^{-1}$）	不小于	2.8	2.3	2.0	2.8	2.3	2.0

表 3-2 建筑生石灰粉技术标准

项目			钙质生石灰粉			镁质生石灰粉		
			优等品	一等品	合格品	优等品	一等品	合格品
CaO + MgO 含量（%）		不小于	85	80	75	80	75	70
CO_2 含量（%）		不大于	7	9	11	8	10	12
细度	0.9mm 筛筛余（%）	不大于	0.2	0.5	1.5	0.2	0.5	1.5
	0.125mm 筛筛余（%）	不大于	7.0	12.0	18.0	7.0	12.0	18.0

根据我国建材行业标准 JC/T 481—1992《建筑消石灰粉》的规定，将消石灰粉分为钙质消石灰粉（MgO 含量<4%）、镁质消石灰粉（4%≤MgO 含量<24%）和白云石消石灰粉（24%≤MgO 含量<30%）三类，并按它们的技术指标分为优等品、一等品和合格品三个等级，主要技术指标列于表 3-3。通常，优等品、一等品适用于饰面层和中间层抹面或涂刷，合格品仅用于砌筑。

表 3-3 建筑消石灰粉技术标准

项目			钙质消石灰粉			镁质消石灰粉			白云石消石灰粉		
			优等品	一等品	合格品	优等品	一等品	合格品	优等品	一等品	合格品
CaO + MgO 含量（%）		不小于	70	65	60	65	60	55	65	60	55
游离水（%）			0.4~2								
体积安定性			合格	合格	—	合格	合格	—	合格	合格	—
细度	0.9mm 筛筛余（%）	不大于	0	0	0.5	0	0	0.5	0	0	0.5
	0.125mm 筛筛余（%）	不大于	3	10	15	3	10	15	3	10	15

目前，桥涵用石灰的技术标准应满足建筑石灰的技术要求。用于路面基层的石灰，应执行我国交通行业标准 JTJ 034—2000《公路路面基层施工技术规范》，其技术标准如表 3-4 所示。

表 3-4 路面基层用石灰技术标准

项目			钙质生石灰			镁质生石灰			钙质消石灰			镁质消石灰		
			等级											
			Ⅰ	Ⅱ	Ⅲ	Ⅰ	Ⅱ	Ⅲ	Ⅰ	Ⅱ	Ⅲ	Ⅰ	Ⅱ	Ⅲ
CaO + MgO 含量（%）		不小于	85	80	70	80	75	65	65	60	55	60	55	50
未消化残渣含量（5mm 圆孔筛余）（%）		不大于	7	11	17	10	14	20						
含水量（%）		不大于							4	4	4	4	4	4
细度	0.90mm 筛筛余（%）	不大于							—	1	1	—	1	1
	0.125mm 筛筛余（%）	不大于							13	20	—	13	20	—
MgO 含量（%）			≤5			>5			≤4			>4		

四、石灰的工程应用

1. 石灰乳涂料

石灰乳是一种廉价易得的涂料，可将消石灰粉或熟化好的石灰膏加入大量的水搅拌稀释制成，主要用于内墙和天棚刷白，增加室内美观和亮度。石灰乳中加入各种耐碱颜料，可形成彩色石灰乳；加入少量磨细粒化高炉矿渣粉或粉煤灰，可提高其耐水性；加入聚乙烯醇、干酪素、氯化钙或明矾，可减少涂层粉化现象。

2. 配制砂浆

由于石灰膏和消石灰粉调水后具有很好的可塑性，因而，常可配制成石灰砂浆或水泥石灰混合砂浆，用于抹面和砌筑工程。当石灰乳和石灰砂浆用于吸水性较大的基面上时，如加气混凝土砌块，应事先将基面润湿，以免石灰浆脱水过速而成为干粉，丧失胶结能力。

3. 石灰土和三合土

石灰土和三合土的应用在我国已有数千年历史，主要用于建筑物的地基、基础和道路工程的基层、垫层等。

石灰与粘土掺合后称为灰土或石灰土，再加砂或炉渣、石屑等即成为三合土。石灰可改善粘土的和易性，在强力夯打之下，大大提高紧密度。而且，粘土颗粒表面的少量活性氧化硅和氧化铝与氢氧化钙起化学反应，生成不溶性水化硅酸钙和水化铝酸钙，提高了粘土的强度和耐水性。石灰土中石灰用量增大，其强度和耐水性提高，但超过某一用量后，则不再提高。一般的石灰用量约为石灰土总重的 6% ~12% 或更低。

4. 制作硅酸盐制品

石灰硅酸盐制品是以磨细的石灰与硅质材料为胶凝材料，必要时加入少量石膏，经养护（蒸汽养护或蒸压养护），生成以水化硅酸钙为主要产物的人造材料。硅酸盐制品中常用的硅质材料有粉煤灰、磨细的煤矸石、页岩、浮石、砂等。常用的硅酸盐制品有蒸压灰砂砖、蒸压加气混凝土砌块或板材等。

↘第二节　建筑石膏

石膏胶凝材料是以硫酸钙为主要成分的无机气硬性胶凝材料。由于石膏胶凝材料及其制品具有许多优良的性能，原料来源丰富，生产能耗较低，因而在建筑工程中得到广泛应用。建筑石膏和高强石膏是目前工程中常用的石膏品种。

一、石膏种类

1. 天然石膏

天然二水石膏（$CaSO_4 \cdot 2H_2O$）又称软石膏或生石膏，天然二水石膏矿石是生产石膏胶凝材料的主要原料。纯净的天然二水石膏应为白色或无色，密度为2.20～2.40g/cm^3，但天然石膏常含有各种杂质而呈灰色、褐色、黄色、红色、黑色等颜色。

天然无水石膏（$CaSO_4$）结晶紧密，结构比天然二水石膏致密，质地较硬，很难溶于水，又称天然硬石膏，其密度为2.90～3.10g/cm^3，一般作为生产水泥的原料。

2. 化学石膏（工业副产品石膏）

化学石膏是指工业生产过程中产生的富含 $CaSO_4 \cdot 2H_2O$ 的副产品，也可作为生产建筑石膏的原料，例如磷石膏是采用磷矿石制造磷酸时的废渣，脱硫石膏是采用石灰或石灰石湿法脱除烟气中 SO_2 产生的副产品，此外还有盐石膏、硼石膏、钛石膏等。

3. 建筑石膏（半水石膏）

建筑石膏是以β型半水石膏（$\beta\text{-}CaSO_4 \cdot \frac{1}{2}H_2O$）为主要成分，不预加任何外加剂或添加物的粉状胶凝材料。建筑石膏按原材料分类，可分为天然建筑石膏、脱硫建筑石膏和磷建筑石膏，代号分别记为 N、S 和 P。建筑石膏为白色，密度为2.60～2.75g/cm^3，堆积密度为800～1000kg/m^3，属轻质材料，主要用于制作石膏建筑制品。

建筑石膏主要是由天然二水石膏在107～170℃的干燥条件下加热脱水而成的。二水石膏在温度为65～75℃时脱水，至107～170℃时生成β型半水石膏（$\beta\text{-}CaSO_4 \cdot \frac{1}{2}H_2O$），反应方程式如下：

$$CaSO_4 \cdot 2H_2O \xlongequal{107\sim170^\circ C} \beta\text{-}CaSO_4 \cdot \frac{1}{2}H_2O + \frac{3}{2}H_2O$$

建筑石膏晶体较细，调制成一定稠度的浆体时，需水量较大，因而强度较低。

4．高强石膏

若将二水石膏置于具有0.13MPa及124℃的过饱和蒸汽条件下蒸压，或置于某些盐溶液中沸煮，可获得晶粒较粗、较致密的α型半水石膏（$\alpha\text{-}CaSO_4 \cdot \frac{1}{2}H_2O$），即为高强石膏。高强石膏晶粒粗大，调制成浆体时需水量较小，因而强度较高。

二、建筑石膏的水化与硬化

建筑石膏与适量的水相混合，最初成为可塑的浆体，但很快就失去塑性并产生强度，并发展成为坚硬的固体。这一过程可分为水化和硬化两部分。

1．建筑石膏的水化

建筑石膏加水拌合，与水发生水化反应：

$$CaSO_4 \cdot \frac{1}{2}H_2O + \frac{3}{2}H_2O = CaSO_4 \cdot 2H_2O$$

建筑石膏加水后，首先溶解于水，由于二水石膏在水中的溶解度比半水石膏小得多（仅为半水石膏溶解度的1/5），半水石膏的饱和溶液对于二水石膏就成了过饱和溶液。所以二水石膏以胶体大、小微粒自水中析出，直到半水石膏全部耗尽。这一过程进行得很快，需要7～12min。

2．建筑石膏的凝结硬化

石膏浆体中的自由水分因水化和蒸发而逐渐减少，二水石膏胶体微粒数量逐渐增加，粒子总表面积增加，因而，浆体可塑性逐渐减小，浆体渐渐变稠，这一过程称为凝结。其后，浆体继续变稠，逐渐凝聚成为晶体，晶体逐渐长大，共生和相互交错，浆体逐渐产生强度并不断增长，直到完全干燥。晶体之间的摩擦力和粘结力不再增加，强度才停止发展。这一过程称为石膏的硬化。

石膏浆体的凝结和硬化是一个连续的过程。石膏的凝结可以分为初凝和终凝两个阶段，将浆体开始失去可塑性的状态称为初凝，浆体完全失去可塑性，并开始产生强度的状态称为终凝；从加水至初凝的这段时间称为初凝时间，从加水至终凝的时间称为终凝时间。

三、建筑石膏的性质与技术要求

1．建筑石膏的性质

（1）凝结硬化快　建筑石膏初凝和终凝时间都很短，为满足施工要求，需要加入缓凝剂，以降低其凝结速度。常用的石膏缓凝剂有：经石灰处理过的动物

胶（0.1%～0.2%）；亚硫酸盐酒精废液（掺入建筑石膏质量的1%），其他缓凝剂还有硼砂、酒石酸钾钠、柠檬酸、聚乙烯醇等。缓凝剂的作用在于降低半水石膏的溶解度和溶解速度，但石膏制品的强度会有所降低。

（2）凝结硬化时体积膨胀　石膏浆体凝结硬化时不像石灰和水泥那样出现体积收缩，反而略有膨胀（膨胀量约为0.1%），这一特性使石膏可浇注出纹理细致的浮雕花饰。同时石膏制品质地洁白细腻，特别适合制作建筑装饰制品。

（3）硬化后孔隙率高，强度低　石膏硬化后由于多余水分的蒸发，在内部形成大量毛细孔，石膏制品孔隙率可达50%～60%，表观密度800～1000kg/m³。由于石膏制品的孔隙率大，因而强度较低，热导率小，吸声性强，吸湿性大，可调节室内的温度和湿度。

（4）防火性能好　建筑石膏制品的防火性能表现在三个方面：火灾时，二水石膏中的结晶水蒸发成水蒸气，吸收大量热；石膏中结晶水蒸发后产生的水蒸气形成蒸汽幕，能阻碍火势蔓延；脱水后的石膏制品隔热性能更好，形成隔热层，并且不产生有害气体。

建筑石膏制品在防火的同时自身将被损坏，而且石膏制品不宜长期用于靠近65℃以上高温的部位，以免二水石膏在此温度作用下失去结晶水，从而失去强度。

（5）耐水性和抗冻性差　建筑石膏硬化后有很强的吸湿性，在潮湿条件下，石膏晶粒间的结合力减弱，导致强度下降。若长期浸泡在水中，二水石膏晶体将逐渐溶解而导致破坏。石膏制品吸水后受冻，会因孔隙水结冰膨胀而破坏，因此石膏制品不宜用于潮湿部位。为提高其耐水性，可加入适量的水泥、矿渣等水硬性材料，也可加入有机防水剂等，能改善其孔隙状态或使孔壁具有憎水性。

建筑石膏在运输及储存时应注意防潮，一般储存3个月后，强度将降低30%左右。所以建筑石膏自生产之日起，储存期为3个月。超过3个月，应重新进行质量检验，以确定其等级。

2. 建筑石膏的技术要求

建筑石膏的主要技术指标有细度、凝结时间和强度。GB/T 9776—2008《建筑石膏》规定，建筑石膏按其2h抗折强度分为3.0、2.0和1.6三个等级，其技术要求如表3-5所示。

表3-5　建筑石膏技术要求

等级	细度（0.2mm方孔筛筛余）（%）≤	凝结时间/min		2h强度/MPa≥	
		初凝≥	终凝≤	抗折	抗压
3.0	10	3	30	3.0	6.0
2.0				2.0	4.0
1.6				1.6	3.0

建筑石膏产品可按产品名称、代号、等级及标准编号的顺序标记。例如，等级为 2.0 的天然建筑石膏标记为：建筑石膏 N2.0 GB/T 9776—2008。

四、建筑石膏的应用

1. 制备石膏砂浆和粉刷石膏

由于建筑石膏的优良特性，常被用于室内高级抹灰和粉刷。建筑石膏加水、砂及缓凝剂拌合成石膏砂浆，可用于室内抹灰。石膏粉刷层表面坚硬、光滑细腻，不起灰，便于进行再装饰，如粘墙纸、刷涂料等。

由于石膏的“呼吸”作用，还有调节室内空气湿度，提高舒适度的功能。建筑石膏加水拌合成石膏浆体，可作为室内粉刷涂料，这时应加缓凝剂，以保证有足够的施工时间。

2. 石膏板及装饰件

石膏板具有轻质、保温隔热、吸声、防火、尺寸稳定及施工方便等性能，广泛应用于高层建筑及大跨度建筑的隔墙。常用石膏板有：纸面石膏板、纤维石膏板、空心石膏板、吸声用穿孔石膏板和装饰石膏板等。

建筑石膏还广泛用于石膏角线等装饰件。

↘第三节　水　玻　璃

一、水玻璃的组成

水玻璃俗称泡花碱，是由不同比例的碱金属和二氧化硅化合而成的一种可溶于水的硅酸盐。建筑工程中最常用的水玻璃是硅酸钠水玻璃（$Na_2O \cdot nSiO_2$，简称钠水玻璃）和硅酸钾水玻璃（$Ka_2O \cdot nSiO_2$，简称钾水玻璃）。

水玻璃的模数是指水玻璃中氧化硅与碱金属氧化物的分子比 n，一般在 1.5 ~3.5之间。固体水玻璃在水中溶解的难易随模数而定，模数为 1 时能溶解于常温的水中，模数加大，则只能在热水中溶解；当模数大于 3 时，要在 4 个大气压以上的蒸汽中才能溶解于水。低模数水玻璃的晶体组分较多，粘结能力较差。模数越高，胶体组分相对增多，粘结能力、强度、耐酸性和耐热性越高，但难溶于水，不易稀释，不便施工。

液体水玻璃以无色透明为最好，但常因所含杂质不同，而呈青灰色、绿色或微黄色。液体水玻璃可以与水按任意比例混合成不同浓度的溶液。同一模数的液体水玻璃，其浓度越高，则密度越大，粘结力越强。常用水玻璃的密度为 1.3 ~1.5g/cm^3。在液体水玻璃中加入尿素，在不改变其粘度的情况下，可提高粘结力 25% 左右。

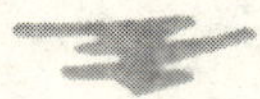

二、水玻璃的性质

1. 粘结能力强

水玻璃有良好的粘结能力，硬化时析出的硅酸凝胶可堵塞毛细孔隙，从而防止水渗透。用水玻璃配制的混凝土抗压强度可达 15 ~40MPa。

2. 不燃烧，耐高温

水玻璃不燃烧，在高温下硅酸凝胶干燥得更加强烈，强度并不降低，甚至有所增加。可用于配制水玻璃耐热混凝土和耐热砂浆。

3. 耐酸能力强

水玻璃具有很强的耐酸能力，能抵抗大多数无机酸和有机酸的作用。

4. 不耐水

水玻璃在加入氟硅酸钠后仍不能完全硬化，仍然有一定量的 $Na_2O \cdot nSiO_2$。由于 $Na_2O \cdot nSiO_2$ 可溶于水，所以水玻璃硬化后不耐水。由于氟硅酸钠具有毒性，使用时应注意安全防护。

5. 不耐碱

硬化后水玻璃中的 $Na_2O \cdot nSiO_2$ 和 SiO_2 均可溶于碱，因而水玻璃不耐碱。

三、水玻璃的应用

1. 涂刷材料表面

水玻璃涂刷材料表面可提高材料抗风化能力。以水玻璃浸渍或涂刷砖、水泥混凝土、硅酸盐混凝土、石材等多孔材料，可提高材料的密实度、强度、抗渗性、抗冻性及耐水性等。这是因为水玻璃与空气中的二氧化碳反应生成硅酸凝胶，同时水玻璃也与材料中的氢氧化钙反应生成过酸钙凝胶，两者填充于材料的孔隙，使材料致密。

水玻璃不能用于涂刷或浸渍石膏制品，因为硅酸钠会与硫酸钙反应生成硫酸钠，在制品孔隙中结晶，体积显著膨胀，从而导致制品开裂。水玻璃还可用于配制内、外墙涂料。

2. 配制防水剂

以水玻璃为基料，加入两种、三种或四种矾，可配制成二矾、三矾或四矾防水剂。此类防水剂凝结迅速，一般不超过 1min，因此可与水泥浆调和，适于堵塞漏洞、缝隙等局部抢修。因为凝结过速，不宜用于调配防水砂浆。

3. 用于土壤加固

将模数为 2.5 ~3 的液体水玻璃和氯化钙溶液通过金属管轮流向地层压入，两种溶液发生化学反应，析出硅酸胶体，将土壤颗粒包裹并填实空隙。硅酸胶体是一种吸水膨胀的果冻状凝胶，因吸收地下水而经常处于膨胀状态，阻止水分的

渗透和使土壤固结，由这种方法加固的砂土，抗压强度可达3~6MPa。

4. 其他

水玻璃还可用于配制耐酸、耐热混凝土和砂浆等。

↘第四节 水 泥

水泥呈粉末状，与适量水混合后经过一系列物理化学作用，由可塑性浆体变成坚硬的石状体，并能将散粒状材料牢固地胶结在一起，这种胶凝材料，通称为水泥（Cement）。就硬化条件而言，水泥浆体不但能在空气中硬化，还能更好地在水中硬化，保持并继续增长其强度，所以水泥是一种良好的水硬性胶凝材料。

水泥是最主要的土木工程材料之一，用途广，用量大，广泛应用于工业与民用建筑、道路、桥涵、水利、海港和国防等工程。水泥作为胶凝材料，与骨料和水可制成各种混凝土与构件，也可配制各种砂浆等。

水泥品种很多，按其水硬性物质分为硅酸盐系水泥、铝酸盐系水泥、硫铝酸盐系水泥等。其中，硅酸盐系列水泥产量最大，应用最广泛，又按其用途和性能分为通用水泥、专用水泥和特性水泥三大类。通用水泥是指土木工程中大量使用的一般用途的水泥，而专用水泥是指有专门用途的水泥，特性水泥则是指某种性能比较突出的水泥。

一、硅酸盐水泥

1. 硅酸盐水泥的生产及矿物组成

GB 175—2007《通用硅酸盐水泥》规定，凡由硅酸盐水泥熟料、不超过5%的石灰石或粒化高炉矿渣、适量石膏磨细制成的水硬性胶凝材料，称为硅酸盐水泥，即国外通称的波特兰水泥（Portland Cement）。

硅酸盐水泥分为两种类型，不掺加混合材料的称为Ⅰ型硅酸盐水泥，代号为P·Ⅰ；掺加不超过水泥质量5%的石灰石或粒化高炉矿渣混合材料的称为Ⅱ型硅酸盐水泥，代号为P·Ⅱ。

（1）硅酸盐水泥的生产　生产硅酸盐水泥的原料主要有石灰质原料和粘土质原料，常月的石灰质原料主要是石灰石，也可用白垩、石灰质凝灰岩等，它们主要为生产水泥提供氧化钙（CaO）。粘土质原料主要采用粘土或黄土，它主要提供氧化硅（SiO_2）、氧化铝（Al_2O_3）、氧化铁（Fe_2O_3）。若所选用的石灰质原料和粘土质原料按一定比例配合不能满足化学组成要求时，则要掺加相应的校正原料，如掺加铁质校正原料（铁砂粉、黄铁矿渣）以补充Fe_2O_3；掺入硅质校正原料砂岩、粉砂岩等以补充SiO_2。此外，为改善煅烧条件，常加入少量的矿化剂等。

硅酸盐水泥的生产就是将上述原料按适当的比例配合、磨细成生料，生料均化后，送入窑中煅烧至部分熔融形成熟料，熟料与适量石膏共同磨细，即可得到Ⅰ型硅酸盐水泥。若将熟料、石膏、适量石灰石或粒化高炉矿渣共同磨细，即可得到Ⅱ型硅酸盐水泥。其生产工艺流程如图3-1所示。

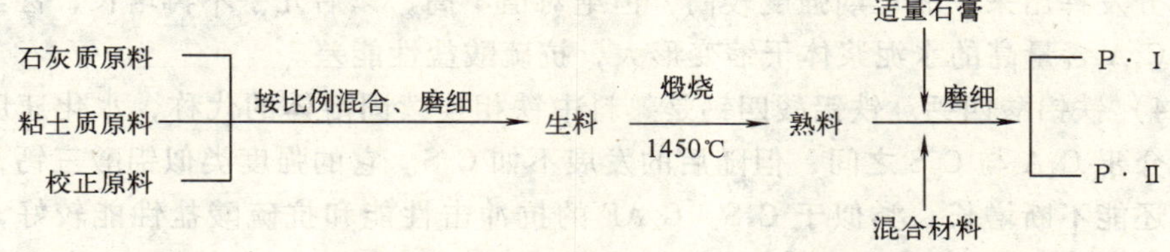

图3-1 硅酸盐水泥生产工艺流程图

（2）硅酸盐水泥熟料的矿物组成及特性 硅酸盐水泥的生料在煅烧过程中，经过一系列的化学反应，从而成为熟料。熟料是一种复杂的混合物，它的主要矿物组成为：硅酸三钙（$3CaO \cdot SiO_2$），简写为C_3S；硅酸二钙（$2CaO \cdot SiO_2$），简写为C_2S；铝酸三钙（$3CaO \cdot Al_2O_3$），简写为C_3A；铁铝酸四钙（$4CaO \cdot Al_2O_3 \cdot Fe_2O_3$），简写为$C_4AF$。在水泥行业通常习惯按表3-6简写形式来表示各种氧化物和熟料矿物组成。

表3-6 水泥熟料化学成分与矿物成分的简写形式

氧化物	简写	矿物名称	矿物分子式	简写	含量（%）
CaO	C	硅酸三钙	$3CaO \cdot SiO_2$	C_3S	37～60
SiO_2	S	硅酸二钙	$2CaO \cdot SiO_2$	C_2S	15～37
Al_2O_3	A	铝酸三钙	$3CaO \cdot Al_2O_3$	C_3A	7～15
Fe_2O_3	F	铁铝酸四钙	$4CaO \cdot Al_2O_3 \cdot Fe_2O_3$	C_4AF	10～18
H_2O	H				

由于水泥熟料中，硅酸三钙和硅酸二钙（硅酸盐）总含量在70%以上，故以其生产的水泥称为硅酸盐水泥。除主要熟料矿物外，水泥中还含有少量游离氧化钙、游离氧化镁和一定的碱，但其总含量一般不超过水泥质量的10%。硅酸盐水泥熟料主要矿物的特性如下：

1）硅酸三钙。硅酸三钙是熟料主要矿物，水化较快，粒径为40～50μm的C_3S颗粒水化28d，其水化程度可达70%左右，所以C_3S强度发展比较快，早期强度高，且强度增进率较大，28d强度可达1年强度的70%～80%。就28d或1年的强度来说，在四种矿物中最高，C_3S水化凝结时间正常，水化热较大。

2）硅酸二钙。硅酸二钙在熟料中以β型存在，是硅酸盐水泥熟料的主要矿物之一。β-C_2S水化较慢，28d龄期仅水化20%左右，凝结硬化缓慢，早期强度

较低，但28d以后强度仍能较快增长，1年后可以超过C_3S，$\beta-C_2S$水化热较小。

3）铝酸三钙。熟料中铝酸三钙含量较少，水化迅速，放热量大，凝结时间很短，如不加石膏作缓凝剂，易使水泥速凝。C_3A硬化也很快，它的强度3d就大部分发挥出来，故早期强度较高，但绝对值不高，以后几乎不再增长，甚至降低。C_3A含量高的水泥浆体干缩变形大，抗硫酸盐性能差。

4）铁铝酸四钙。铁铝酸四钙是熟料中铁相连续固溶体的代称，水化速度在早期介于C_3A与C_3S之间，但随后的发展不如C_3S。它的强度类似铝酸三钙，但后期还能不断增长，类似于C_2S。C_4AF的抗冲击性能和抗硫酸盐性能较好，水化热较C_3A低。

硅酸盐水泥熟料主要矿物的特性归纳于表3-7。

表3-7 硅酸盐水泥熟料矿物组成的基本特性

矿物组成	强度		水化热	水化速度	耐化学侵蚀性	干缩性
	早期	后期				
C_3S	高	高	大	快	中	中
C_2S	低	高	小	慢	良	小
C_3A	高	低	最大	最快	差	大
C_4AF	低	低	中	快	优	小

2. 硅酸盐水泥的水化与凝结硬化

（1）硅酸盐水泥的水化　硅酸盐水泥遇水后，其熟料矿物即与水发生水化反应，生成水化产物并放出一定的热量，各种矿物成分水化反应如下：

$$2(3CaO \cdot SiO_2) + 6H_2O = 3CaO \cdot 2SiO_2 \cdot 3H_2O + 3Ca(OH)_2$$

硅酸三钙　　水化硅酸三钙　　氢氧化钙

$$2(2CaO \cdot SiO_2) + 4H_2O = 3CaO \cdot 2SiO_2 \cdot 3H_2O + Ca(OH)_2$$

硅酸二钙　　水化硅酸三钙　　氢氧化钙

$$3CaO \cdot Al_2O_3 + 6H_2O = 3CaO \cdot Al_2O_3 \cdot 6H_2O$$

铝酸三钙　　水化铝酸三钙

$$4CaO \cdot Al_2O_3 \cdot Fe_2O_3 + 7H_2O = 3CaO \cdot Al_2O_3 \cdot 6H_2O + CaO \cdot Fe_2O_3 \cdot H_2O$$

铁铝酸四钙　　水化铝酸三钙　　水化铁酸钙

在氢氧化钙饱和溶液中，水化铝酸三钙还能与氢氧化钙进一步反应，生成六方晶体的水化铝酸四钙：

$$3CaO \cdot Al_2O_3 \cdot 6H_2O + Ca(OH)_2 + 6H_2O = 4CaO \cdot Al_2O_3 \cdot 13H_2O$$

水化铝酸四钙

在石膏存在时，部分水化铝酸三钙会与石膏反应，生成高硫型水化硫铝酸三钙：

$$3CaO \cdot Al_2O_3 \cdot 6H_2O + 3(CaSO_4 \cdot 2H_2O) + 19H_2O = 3CaO \cdot Al_2O_3 \cdot CaSO_4 \cdot 31H_2O$$

三硫型水化硫铝酸三钙

从上述水化反应式可以看出，硅酸盐水泥水化后，生成的水化产物主要有水化硅酸钙和水化铁酸钙凝胶及氢氧化钙、水化铝酸钙和水化硫铝酸钙晶体等。水泥充分水化后，水化硅酸钙凝胶（C-S-H）约占70%，氢氧化钙约占20%。

（2）硅酸盐水泥熟料矿物的水化特性　硅酸盐熟料中不同的矿物成分与水作用时，不仅水化物种类有所不同，而且水化特性也各不相同，它们对水泥凝结硬化速度、水化热及强度等的影响也各不相同。

铝酸三钙凝结速度最快，水化热也最大，其主要作用是促进水泥早期强度的增长，而对水泥后期的强度贡献较小；硅酸三钙的凝结硬化较快，水化时放热量也较大，在凝结硬化的前四周内，是水泥石强度的主要贡献者；硅酸二钙水化反应的产物虽然与硅酸三钙基本相同，但它的水化反应速度很慢，水化放热量也小，对水泥石强度的贡献早期低、后期高；铁铝酸四钙凝结硬化的速度较快，水化时放热量也较大，对水泥石强度的贡献较小。各种水泥熟料矿物水化时所表现的特性如表3-7所示。

水泥是几种熟料矿物的混合物，改变熟料矿物成分间的比例时，水泥的性质即可发生相应的变化，从而生成不同性质的水泥，如提高硅酸三钙的相对含量，可得到快硬高强水泥；降低铝酸三钙和硅酸三钙的含量，提高硅酸二钙的含量，可制得水化热低的水泥，如低热矿渣硅酸盐水泥等。

（3）硅酸盐水泥的凝结硬化　水泥加水拌合最初形成可塑性的浆体，然后逐渐变稠失去塑性但尚不具备强度的过程，称为水泥的“凝结”。随后产生明显的强度并逐渐发展而形成坚硬的石状固体——水泥石，这一过程称为水泥的“硬化”。水泥的凝结和硬化是人为划分的，它实际上是一个连续而复杂的物理化学变化过程。

首先当水和水泥颗粒接触时，水泥颗粒即发生水化反应，从而生成相应的水化物。随着水化物的增多和溶液浓度的增大，一部分水化物就呈胶体或晶体析出，并包在水泥颗粒的表面。在水化初期、水化物不多时，水泥浆尚具有可塑性。

随着时间的推移，水泥颗粒不断水化，水化产物不断增多，使包在水泥颗粒表面的水化物膜层增厚，并形成凝聚结构，使水泥浆开始失去可塑性，这就是水泥的初凝，但这时还不具有强度。再随着固态水化物不断增多，其结晶体和胶体相互贯穿形成的网状结构不断加强，固相颗粒间的空隙和毛细孔不断减小，结构逐渐紧密，使水泥浆体完全失去塑性，并开始产生强度，也就是水泥出现终凝。水泥进入硬化期后，水化速度逐渐减慢，水化物随时间增长而逐渐增加，并扩展

到毛细孔中，使结构更趋致密，强度进一步提高。如此不断进行下去，直到水泥颗粒完全水化，水泥石的强度才停止发展，从而达到最大值。

(4) 影响水泥凝结硬化的主要因素　除矿物成分、细度、水灰比外，影响水泥凝结硬化的主要因素还有养护时间、环境温湿度以及石膏掺量等。

1）养护时间。水泥的水化和凝结硬化是从水泥颗粒表面开始向内部逐渐进行的，随着时间的延续，水泥的水化程度不断提高，未水化的水泥逐渐减少，水化产物不断增多，毛细孔孔隙率逐渐减小，水泥石结构更加致密，强度不断提高。开始水化速度较快，水泥强度增大也快，四周之后显著减慢，但只要维持正当的温度和湿度，水泥的水化将不断进行，其强度在几个月、几年甚至几十年后还会继续增长，直到水泥完全水化为止。

2）温度和湿度。温度和湿度对水泥凝结硬化都有很大的影响。温度越高，凝结硬化的速度越快；温度较低时（低于5℃），凝结硬化速度非常缓慢；当温度低于0℃时，硬化将完全停止，并可能遭受冰冻破坏。因此，冬季施工时，需采取保温措施。水泥的强度必须在较高的湿度环境下才能得到充分发展，若水泥处于干燥环境，浆体中水分蒸发完毕后，则水泥无法继续水化，因而也就不再凝结硬化和增长强度。因此，水泥制品（如混凝土）在制作后一定时间内需洒水养护，以保证水化时所必需的水分。

3）石膏掺量。纯水泥熟料磨细后，与水反应很快，凝结时间很短，不便使用。为了调节水泥的凝结硬化速度，在熟料磨细时需加入适量石膏，这些石膏与反应最快的熟料矿物铝酸三钙的水化物作用生成难溶的水化硫铝酸钙晶体，覆盖于未水化的铝酸三钙周围，阻止其与水的接触和继续快速水化，从而延缓水泥的凝结硬化时间。但如果石膏掺量过多，则会使水泥凝结加快，同时，还可能在后期引起水泥石膨胀开裂而破坏。

3. 硅酸盐水泥的技术性质

GB 175—2007《通用硅酸盐水泥》规定，硅酸盐水泥的技术性质包括化学性质、物理性质和力学性质。

(1) 水泥化学性质　硅酸盐水泥的化学性质要求有不溶物、氧化镁、三氧化硫、烧失量、氯离子含量和碱含量指标。

1）氧化镁含量。在烧制水泥熟料过程中，存在游离的氧化镁，它的水化速度很慢，而且水化产物为氢氧化镁，氢氧化镁能产生体积膨胀，可以导致水泥石结构裂缝甚至破坏。因此，氧化镁是引起水泥安定性不良的原因之一。

2）三氧化硫含量。水泥中的三氧化硫主要是生产水泥过程中掺入石膏，或者是煅烧水泥熟料时加入石膏矿化剂带入的。如果石膏掺量超出一定限度，在水泥硬化后，它会继续水化并产生膨胀，导致结构物破坏。因此，三氧化硫也是引起水泥安定性不良的原因之一。

3）烧失量。烧失量指水泥在一定的灼烧温度和时间内，烧失的质量占原质量的百分数。水泥煅烧不理想或者受潮后，会导致烧失量增加，烧失量越大，水泥质量越差。

4）不溶物。主要指煅烧过程中存留的残渣，不溶物的含量会影响水泥的粘结质量。

5）碱含量。当集料中含有活性二氧化硅、水泥的含量又较高时，则水泥会与石料发生碱-集料反应，在集料表面生成复杂的碱-硅酸凝胶，凝胶吸水后体积膨胀，从而导致混凝土开裂破坏。为抑制碱-集料反应，水泥中的碱含量按（$Na_2O+0.658K_2O$）计，不得大于0.60%。

（2）物理力学性质　水泥的物理力学性质要求有细度、凝结时间、体积安定性和强度指标。

1）细度。它是指水泥颗粒的粗细程度，是影响水泥性能的重要指标。水泥颗粒粒径一般在7～200μm范围内，颗粒越细，与水反应的表面积越大，水化反应快而且较完全，早期强度和后期强度都较高。但在空气中硬化时收缩性较大，成本较高，在储运过程中也易受潮而降低活性。若水泥颗粒过粗则不利于水泥活性的发挥，一般认为水泥颗粒小于40μm时，才具有较高活性，大于100μm后活性就很小了。因此，为保证水泥具有一定的活性和具有一定的凝结硬化速度，必须对水泥提出细度要求。

水泥的细度可用筛析法或比表面积法检验。筛析法采用孔径为80μm的方孔筛对水泥试样进行筛析试验，用筛余百分率表示水泥细度。该法又有干筛法、水筛法、负压筛法三种检验方法。比表面积法是根据一定量空气通过一定空隙率和厚度的水泥层时，所受阻力不同而引起流速的变化来测定水泥的比表面积（单位质量的水泥颗粒所具有的总表面积），以m^2/kg表示。国家标准规定，硅酸盐水泥的细度采用比表面积法检验。

2）凝结时间。它是指水泥从开始加水拌合到失去流动性所需要的时间，分初凝时间和终凝时间。

初凝时间为水泥从开始加水拌合至水泥浆开始失去可塑性所需要的时间；终凝时间是从水泥开始加水拌合起至水泥浆完全失去可塑性并开始产生强度所需的时间。水泥的凝结时间对施工有重要实际意义，其初凝时间不宜过早，以便在施工中有足够的时间完成混凝土或砂浆的搅拌、运输、浇捣和砌筑等操作；终凝时间又不宜过迟，以使水泥能尽快硬化和产生强度，进而缩短施工工期。

3）体积安定性。它是反映水泥浆体在硬化过程中或硬化后体积是否均匀变化的性能。安定性不良的水泥，在浆体硬化过程中或硬化后产生不均匀的体积膨胀并引起开裂，进而影响和破坏工程质量，甚至引起严重事故，因此体积安定性不良的水泥应作废品处理，不能用在工程中。

引起体积安定性不良的主要原因是，熟料中含有过多的游离氧化钙、游离氧化镁或掺入的石膏过多。因为上述物质均在水泥硬化后开始或继续进行水化反应，其反应产物膨胀而使水泥石开裂。

国家标准规定，用沸煮法检验水泥的体积安定性。目前，主要采用雷氏法测试。由于沸煮只能对氧化钙熟化起加速作用，所以雷氏法只能检查游离氧化钙所引起的体积安定性不良。而游离氧化镁只有在压蒸下才加速熟化，石膏的危害则需在长期的常温水中才能发现，两者均不便于快速检验。

4）强度及强度等级。水泥强度是表征水泥力学性质的重要指标。我国目前采用水泥胶砂来评定水泥的强度。GB/T 17671—1999《水泥胶砂强度检验方法（ISO）法》规定，以水泥和标准砂为1∶3，水灰比为0.5的配合比，用标准制作方法制成40mm×40mm×160mm的棱柱体，在标准养护条件下，测定其达到规定龄期（3d、28d）的抗折和抗压强度。

GB 175—2007《通用硅酸盐水泥》规定的最低强度值来划分水泥的强度等级。硅酸盐水泥可划分为42.5、42.5R、52.5、52.5R、62.5、62.5R六个强度等级。

我国现行标准将水泥分为普通型和早强型（R型）两个型号。早强型水泥的3d抗压强度可以达到28d抗压强度的50%；同强度等级的早强型水泥，3d抗压强度较普通型的可以提高10%~24%。

GB 175—2007的有关规定，将硅酸盐水泥的技术标准汇总于表3-8。

表3-8 硅酸盐水泥的技术标准

<table>
<tr><td rowspan="2">技术性质</td><td rowspan="2">细度
比表面积
/($m^2 \cdot kg^{-1}$)</td><td colspan="2">凝结时间</td><td rowspan="2">安定性
（沸煮法）</td><td colspan="2">不溶物(%)</td><td rowspan="2">MgO
含量
(%)</td><td rowspan="2">SO_3
含量
(%)</td><td colspan="2">烧失量(%)</td><td rowspan="2">碱含量
(%)</td><td rowspan="2">氯离子
含量(%)</td></tr>
<tr><td>初凝
/min</td><td>终凝
/h</td><td>Ⅰ型</td><td>Ⅱ型</td><td>Ⅰ型</td><td>Ⅱ型</td></tr>
<tr><td>指标</td><td>>300</td><td>≥45</td><td>≤6.5</td><td>必须合格</td><td>≤0.75</td><td>≤1.50</td><td>≤5.0①</td><td>≤3.5</td><td>≤3.0</td><td>≤3.5</td><td>≤0.60</td><td>≤0.06②</td></tr>
<tr><td rowspan="2">强度等级</td><td colspan="6">抗压强度/MPa ≥</td><td colspan="6">抗折强度/MPa ≥</td></tr>
<tr><td colspan="3">3d</td><td colspan="3">28d</td><td colspan="3">3d</td><td colspan="3">28d</td></tr>
<tr><td>42.5</td><td colspan="3">17.0</td><td colspan="3" rowspan="2">42.5</td><td colspan="3">3.5</td><td colspan="3" rowspan="2">6.5</td></tr>
<tr><td>42.5R</td><td colspan="3">22.0</td><td colspan="3">4.0</td></tr>
<tr><td>52.5</td><td colspan="3">23.0</td><td colspan="3" rowspan="2">52.5</td><td colspan="3">4.0</td><td colspan="3" rowspan="2">7.0</td></tr>
<tr><td>52.5R</td><td colspan="3">27.0</td><td colspan="3">5.0</td></tr>
<tr><td>62.5</td><td colspan="3">28.0</td><td colspan="3" rowspan="2">62.5</td><td colspan="3">5.0</td><td colspan="3" rowspan="2">8.0</td></tr>
<tr><td>62.5R</td><td colspan="3">32.0</td><td colspan="3">5.5</td></tr>
</table>

① 如果水泥经压蒸试验安定性合格，则水泥中氧化镁的含量允许放宽到6.0%。

② 当有更高要求时，该指标由供、需双方确定。

GB 175—2007 规定，水泥中凡不溶物、烧失量、氧化镁、氧化硫、氯离子、凝结时间、安定性和强度中任何一项技术指标不符合标准要求时，为不合格品。

4. 水泥石的腐蚀与防止

硅酸盐水泥硬化后的水泥石，在正常使用条件下具有较好的耐久性。但在某些腐蚀介质的作用下，水泥石的结构逐渐遭到破坏，强度下降以致全部溃裂，这种现象称为水泥石腐蚀。

（1）水泥石腐蚀的主要类型　引起水泥石腐蚀的原因很多，作用甚为复杂，下面介绍几种典型介质的腐蚀作用。

1）软水侵蚀（溶出性侵蚀）。蒸馏水、工业冷凝水、天然的雨水、雪水以及含重碳酸盐很少的河水及湖水均属软水。当水泥长期与这些水相接触时，由于水的侵蚀作用，使水泥石中的氢氧化钙晶体不断溶出，并促使水泥石中其他产物分解，从而使水泥石结构遭到破坏。

在静水或无水压的水中，由于水泥石周围的水易因溶出的氢氧化钙饱和，使溶解作用中止，在此情况下，软水的侵蚀作用仅限于表层，影响不大。但若水泥石处在流动的或有压力的水中，则流出的氢氧化钙会不断流失，侵蚀作用不断深入内部，使水泥石孔隙增大，强度降低，以致全部溃裂。

2）盐类腐蚀。分为硫酸盐腐蚀和镁盐腐蚀。

硫酸盐腐蚀：在海水、地下水以及某些工业污水中常含有钠、钾、铵等硫酸盐，它们与水泥石中氢氧化钙反应生成硫酸钙，硫酸钙再与水泥石中的固态水化铝酸钙作用生成比原体积增加 1.5 倍的三硫型水化硫铝酸钙（俗称钙钒石），由于体积膨胀而使已经硬化的水泥石开裂、破坏。三硫型水化硫铝酸钙呈针状晶体，通常称为“水泥杆菌”。

镁盐腐蚀：在海水及地下水中常含有大量镁盐，主要是硫酸镁和氯化镁，它们与水泥石中的氢氧化钙发生反应，生成的氢氧化镁松软而无凝胶能力。氢氧化钙和硫酸钙易溶于水，且硫酸钙还会进一步引起硫酸盐的膨胀破坏。因此，硫酸镁对水泥石起着镁盐和硫酸盐的双重腐蚀作用。

3）酸类腐蚀。工业污水、地下水常溶解有较多的二氧化碳，当水泥石与这些水接触时，水泥石中的氢氧化钙首先与二氧化碳发生反应生成 $CaCO_3$。当水中所含的碳酸超过平衡浓度（溶液中的 pH 值 <7 时），则生成的碳酸钙将继续与含碳酸的水作用，变成易溶于水的碳酸氢钙 $Ca(HCO_3)_2$，由于碳酸氢钙的溶失，以及水泥石中其他产物的分解，从而使水泥石遭到破坏，这一过程称为碳酸腐蚀。显然，只有当水中含有较多的碳酸，并超过平衡浓度时才会引起碳酸腐蚀。

一般酸的腐蚀：工业废水、地下水中常含无机酸和有机酸；工业窑炉中的烟气中常含有二氧化硫，遇水后即生成亚硫酸。各种酸类对水泥石都有不同程度的腐蚀作用，它们与水泥石中的氢氧化钙作用后生成的化合物，或者易溶于水，或

者体积膨胀而导致水泥石破坏。其中无机酸中的盐酸、氢氟酸、硫酸和有机酸中的醋酸、蚁酸及乳酸对水泥石腐蚀作用最大。

4）强碱腐蚀。碱类溶液如浓度不大时一般是无害的，但铝酸盐含量较高的硅酸盐水泥遇到强碱作用后也会被破坏，如氢氧化钠可与水泥石中未水化的铝酸盐作用，生成易溶的铝酸钠。

当水泥石被氢氧化钠溶液浸透后又在空气中干燥时，氢氧化钠与空气中的二氧化碳作用生成碳酸钠，会在水泥石毛细孔中结晶沉积而使水泥石胀裂。

（2）水泥石腐蚀的防止　水泥石的腐蚀是一个极为复杂的物理化学过程，它在遭受腐蚀时，很少为单一的腐蚀作用，往往是几种腐蚀作用同时存在，相互影响。但产生水泥石腐蚀的基本原因可归纳为三点：一是水泥石中存在着易遭受腐蚀的两种组成成分——氢氧化钙和水化铝酸钙；二是水泥石本身不密实而使侵蚀性介质易于进入其内部；三是外界因素的影响，如腐蚀介质的存在、环境温度、介质浓度的影响等。针对以上腐蚀原因，可采取以下相应措施进行预防：

1）根据侵蚀环境的特点，合理选用水泥品种。例如，硫酸盐介质存在的环境，宜选用铝酸三钙含量低于5%的抗硫酸盐水泥；有软水作用的环境，可采用水化产物中氢氧化钙含量较少的水泥（如矿渣水泥等）。

2）提高水泥石的密实度。水泥石中孔隙越多，腐蚀介质越容易进入其内部，腐蚀作用也就越严重。因此，提高水泥石的密实度是提高水泥防腐能力的一个重要途径。为此，在实际工程中，可针对不同情况，采取相应措施，如合理设计混凝土的配合比、尽可能采用低水灰比、掺入外加剂、选用最优施工方法等。此外，在混凝土或砂浆表面进行碳化或氟硅酸处理，使之生成难溶的碳酸钙外壳或氟化钙及硅胶薄膜，以提高表面的密实度，也可减少侵蚀性介质深入水泥石内部。

3）加盖保护层。当侵蚀作用较强时，可用耐腐蚀石料、陶瓷、玻璃、塑料、沥青等覆盖水泥石的表面，避免腐蚀介质与水泥石直接接触。

5. 硅酸盐水泥的应用与储存

（1）硅酸盐水泥的应用　硅酸盐水泥强度等级较高，主要用于重要结构的高强混凝土和预应力混凝土工程，由于硅酸盐水泥凝结硬化较快，抗冻性好，因而也适用于要求凝结快、早期强度高、冬期施工及严寒地区遭受反复冻融的工程。

硅酸盐水泥的水化产物中含有较多的氢氧化钙，其水泥石抵抗软水侵蚀和化学腐蚀的能力较差，因此不宜用于与流动的软水接触和有水压作用的工程，也不宜用于受海水和矿物水作用的工程；硅酸盐水泥水化时水化热大，因此不宜用于大体积混凝土工程；另外，硅酸盐水泥不耐高温，故不能用其配制耐热混凝土，也不宜用于耐热要求高的工程。

（2）储存时应注意的问题　水泥在储存时应按不同品种、不同强度等级及不同出厂日期分别存放，不得混杂，散装水泥应分库存放。水泥堆放高度一般不

应超过10袋。一般储存条件下，水泥会吸收空气中的水分和二氧化碳，使颗粒表面水化甚至碳化，丧失胶凝能力，强度降低。3个月后，水泥强度降低10%～20%；6个月后，降低15%～30%；1年后，降低25%～40%。因此，水泥在储存时，既要防潮，也不可储存过久，存放期一般不应超过3个月，而且要考虑现存现用。存放期超过6个月的水泥，必须经过检验才能使用。

二、掺混合材料的硅酸盐水泥

凡在硅酸盐水泥熟料中掺入一定量的混合材料和适量石膏共同磨细而制成的水硬性胶凝材料，均属掺混合材料的硅酸盐水泥。按掺加混合材料的品种和数量不同，掺混合材料的硅酸盐水泥可分为：普通硅酸盐水泥、矿渣硅酸盐水泥、火山灰质硅酸盐水泥、粉煤灰硅酸盐水泥和复合硅酸盐水泥。

1. 水泥混合材料

在生产水泥时，为改善水泥性能，调节水泥强度等级而掺入水泥中的天然或人工矿物材料，称为水泥混合材料。根据所加矿物材料的性质和作用不同，水泥混合材料通常分为活性混合材料和非活性混合材料两大类。

（1）活性混合材料　经磨细后，在常温下，与石灰（或与石灰和石膏）一起加水后能生成具有胶凝性的水化产物，既能在空气中又能在水中硬化的混合材料称为活性混合材料。生产水泥常用的活性混合材料主要有以下几种：

1）粒化高炉矿渣。粒化高炉矿渣是将高炉冶炼生铁时所产生的以硅酸钙与铝酸钙为主要成分的熔融矿渣，经水淬急速冷却而成为松软颗粒，颗粒粒径一般为0.5～5mm。其主要成分为CaO、Al_2O_3、SiO_2，通常约占总量的90%以上，此外还有少量的MgO、FeO和一些硫化物等。矿渣的活性不仅取决于其活性成分——活性氧化铝和活性氧化硅的含量，而且在很大程度上取决于内部结构。矿渣熔融体在淬冷成粒时，阻止了熔融体向结晶结构的转化而形成了玻璃体，储有较高的潜在化学能，从而使其具有较高的潜在活性。在有少量激发剂的情况下，其浆体就具有一定的水硬性。含氧化钙较高的碱性矿渣，本身就具有弱的水硬性。

2）火山灰质混合材料。火山喷发时，随同熔岩一起喷发的大量碎屑沉积在地面或水中而成的松软物质，称为火山灰。火山灰由于喷出后即遭急冷，因此，形成了一定量的玻璃体，这些玻璃体成分使其具有活性，它的成分也主要是活性氧化硅和活性氧化铝。火山灰质混合材料泛指具有火山灰质的天然或人工矿物材料，如天然的火山灰、凝灰岩、浮石、硅藻土、硅藻石、蛋白石等。属于人工的有烧粘土、煅烧的煤矸石、硅灰等。

3）粉煤灰。粉煤灰是火力发电厂以煤粉做燃料，从其锅炉烟气中收集下来的灰渣，又称飞灰。其颗粒多呈玻璃态实心或空心的球形，表面光滑，粒径一般为0.001～0.005mm。粉煤灰的成分主要是活性氧化硅和活性氧化铝，其次还含

有少量氧化钙。根据其氧化钙含量的不同，又有高钙粉煤灰和低钙粉煤灰之分。前者氧化钙含量一般高于10%，本身就具有一定的水硬性。

活性混合材料与水混合后，本身不会硬化或硬化极为缓慢，强度很低。但有石灰存在时，就会发生显著的水化，特别是在饱和的氢氧化钙溶液中水化更快，其水化反应一般认为是：

$$x\mathrm{Ca(OH)_2} + \mathrm{SiO_2} + m\mathrm{H_2O} = x\mathrm{CaO}\cdot\mathrm{SiO_2}\cdot n\mathrm{H_2O}$$

式中 x 值决定于混合材料的种类、石灰和活性氧化硅的比例、环境温度以及作用所延续的时间等，一般为1或稍大。n 值一般为1~2.5。

同样，活性氧化铝与 $\mathrm{Ca(OH)_2}$ 也能相互作用形成水化铝酸钙。当液相中有石膏存在时，水化铝酸钙将进一步与石膏反应生成水化硫铝酸钙。这些水化物既能在空气中硬化，又能在水中继续硬化，并具有相当高的强度。可以看出，氢氧化钙和石膏的存在使活性混合材料的潜在活性得以发挥，氢氧化钙和石膏起着激发水化、促进凝结硬化的作用，故称为激发剂。常用的激发剂有碱性激发剂和硫酸盐激发剂两类，一般用做碱性激发剂的是石灰和能水化析出氢氧化钙的硅酸盐水泥熟料；硫酸盐激发剂主要是二水石膏或半水石膏，而且其激发作用必须在有碱性激发剂的条件下才能充分发挥。

（2）非活性混合材料　这是指不具有或具有微弱的潜在水硬性的混合材料。它们掺入到水泥中，起减少水化热、降低强度等级和提高水泥产量的作用。常用的非活性混合材料有磨细石灰石粉、磨细石英砂、磨细块状高炉矿渣等。

2. 普通硅酸盐水泥

凡由硅酸盐水泥熟料、6%~20%的活性混合材料（其中允许使用不超过水泥质量8%的非活性混合材料或不超过水泥质量5%的窑灰代替）、适量石膏磨细制成的水硬性胶凝材料，称为普通硅酸盐水泥，简称普通水泥，代号为P·O。

GB 175—2007 规定，普通水泥的强度分为42.5、42.5R、52.5、52.5R四个等级，其技术标准如表3-9所示。

表3-9　普通水泥技术标准

<table>
<tr><td rowspan="2">技术性质</td><td rowspan="2">细度
比表面积
/($\mathrm{m^2\cdot kg^{-1}}$)</td><td colspan="2">凝结时间</td><td rowspan="2">安定性
（沸煮法）</td><td rowspan="2">MgO 含量
（%）</td><td rowspan="2">$\mathrm{SO_3}$ 含量
（%）</td><td rowspan="2">烧失量
（%）</td><td rowspan="2">碱含量
（%）</td><td rowspan="2">氯离子
（%）</td></tr>
<tr><td>初凝/min</td><td>终凝/h</td></tr>
<tr><td>指标</td><td>>300</td><td>≥45</td><td>≤10</td><td>必须合格</td><td>≤5.0</td><td>≤3.5</td><td>≤5.0</td><td>≤0.60</td><td>≤0.06</td></tr>
<tr><td rowspan="2">强度等级</td><td colspan="4">抗压强度/MPa　≥</td><td colspan="5">抗折强度/MPa　≥</td></tr>
<tr><td colspan="2">3d</td><td colspan="2">28d</td><td colspan="2">3d</td><td colspan="3">28d</td></tr>
<tr><td>42.5</td><td colspan="2">17.0</td><td colspan="2" rowspan="2">42.5</td><td colspan="2">3.5</td><td colspan="3" rowspan="2">6.5</td></tr>
<tr><td>42.5R</td><td colspan="2">22.0</td><td colspan="2">4.0</td></tr>
<tr><td>52.5</td><td colspan="2">23.0</td><td colspan="2" rowspan="2">52.5</td><td colspan="2">4.0</td><td colspan="3" rowspan="2">7.0</td></tr>
<tr><td>52.5R</td><td colspan="2">27.0</td><td colspan="2">5.0</td></tr>
</table>

普通水泥中所掺入混合材料较少，绝大部分仍为硅酸盐水泥熟料，其成分与硅酸盐水泥相近，因而其性能和应用与同强度等级的硅酸盐水泥也极为相近；但由于混合材料掺量稍多于硅酸盐水泥，因而与硅酸盐水泥相比，早期硬化速度稍慢，抗冻性与耐磨性能也略差。它被广泛用于各种混凝土或钢筋混凝土工程，是我国的主要的水泥品种之一。

3. 矿渣硅酸盐水泥、火山灰质硅酸盐水泥和粉煤灰硅酸盐水泥

凡由硅酸盐水泥熟料和粒化高炉矿渣、适量石膏磨细制成的水硬性胶凝材料，称为矿渣硅酸盐水泥，简称矿渣水泥。

水泥中粒化高炉矿渣掺加量应大于20%，且不超过70%，其中允许使用不超过水泥质量8%的非活性混合材料或窑灰代替。矿渣水泥根据矿渣掺加量的不同分为A型和B型两种，A型矿渣掺加量＞20%，且≤50%，代号为P·S·A；B型矿渣掺加量＞50%，且≤70%，代号为P·S·B。

凡由硅酸盐水泥熟料和火山灰质混合材料、适量石膏磨细制成的水硬性胶凝材料称为火山灰质硅酸盐水泥，简称火山灰水泥，代号为P·P。水泥中火山灰质混合材料掺量应大于20%，且不超过40%。

凡由硅酸盐水泥熟料和粉煤灰、适量石膏磨细制成的水硬性胶凝材料，称为粉煤灰硅酸盐水泥，简称粉煤灰水泥，代号为P·F。水泥中粉煤灰掺量应大于20%，且不超过40%。

GB 175—2007规定，矿渣水泥、火山灰水泥和粉煤灰水泥的强度分为32.5、32.5R、42.5、42.5R、52.5、52.5R六个等级，技术标准如表3-10所示。

表3-10　矿渣水泥、火山灰水泥和粉煤灰水泥的技术标准

<table>
<tr><td rowspan="2">技术性质</td><td colspan="2">细度（方孔筛筛余量）(%)</td><td colspan="2">凝结时间</td><td rowspan="2">安定性（沸煮法）</td><td rowspan="2">MgO含量(%)</td><td colspan="2">SO_3 含量(%)</td><td rowspan="2">碱含量(%)</td><td rowspan="2">氯离子(%)</td></tr>
<tr><td>80μm</td><td>45μm</td><td>初凝/min</td><td>终凝/h</td><td>矿渣水泥</td><td>火山灰水泥、粉煤灰水泥</td></tr>
<tr><td>指标</td><td>≤10</td><td>≤30</td><td>≥45</td><td>≤10</td><td>必须合格</td><td>≤6.0</td><td>≤4.0</td><td>≤3.5</td><td>≤0.60</td><td>≤0.06</td></tr>
<tr><td rowspan="2">强度等级</td><td colspan="5">抗压强度/MPa≥</td><td colspan="5">抗折强度/MPa≥</td></tr>
<tr><td colspan="2">3d</td><td colspan="3">28d</td><td colspan="2">3d</td><td colspan="3">28d</td></tr>
<tr><td>32.5</td><td colspan="2">10.0</td><td colspan="3" rowspan="2">32.5</td><td colspan="2">2.5</td><td colspan="3" rowspan="2">5.5</td></tr>
<tr><td>32.5R</td><td colspan="2">15.0</td><td colspan="2">3.5</td></tr>
<tr><td>42.5</td><td colspan="2">15.0</td><td colspan="3" rowspan="2">42.5</td><td colspan="2">3.5</td><td colspan="3" rowspan="2">6.5</td></tr>
<tr><td>42.5R</td><td colspan="2">19.0</td><td colspan="2">4.0</td></tr>
<tr><td>52.5</td><td colspan="2">21.0</td><td colspan="3" rowspan="2">52.5</td><td colspan="2">4.0</td><td colspan="3" rowspan="2">7.0</td></tr>
<tr><td>52.5R</td><td colspan="2">23.0</td><td colspan="2">4.5</td></tr>
</table>

注：如果水泥中氧化镁含量大于6.0%时，需进行压蒸安定性试验并合格；B型矿渣水泥的氧化镁含量不作要求。

4. 复合硅酸盐水泥

凡由硅酸盐水泥熟料、两种或两种以上规定的混合材料、适量的石膏磨细制成的水硬性胶凝材料，称为复合硅酸盐水泥，简称复合水泥，代号为P·C。

水泥中混合材料总掺加量应大于20%，且不超过50%。其中允许使用不超过水泥质量8%的窑灰代替，掺矿渣时混合材料掺量不得与矿渣水泥重复。

GB 175—2007规定，复合水泥的技术指标要求与火山灰水泥和粉煤灰水泥的要求相同。

复合硅酸盐水泥由于在水泥熟料中掺入了两种或两种以上规定的混合材料，因此，其特性主要取决于所掺混合材料的种类、掺量及相对比例，既与矿渣水泥、火山灰水泥、粉煤灰水泥有相似之处，又有其自身的特性，而且较单一混合材料的水泥具有更好的技术性能，故它也广泛适用于各种混凝土工程。

5. 掺混合材水泥的特性

矿渣水泥、火山灰水泥、粉煤灰水泥、复合水泥与硅酸盐水泥或普通水泥的组成成分相比，都有一个共同点，即所掺入的混合材料较多，水泥中熟料相对较少，这就使得这些水泥的性能之间有许多相近的地方，但与硅酸盐水泥或普通水泥的性能相比则有许多不同之处，具体来讲，这些水泥相对于硅酸盐水泥有以下主要特点：

（1）凝结硬化速度较慢　早期强度较低，但后期强度增长较多，甚至可超过同强度等级的硅酸盐水泥。这是因为相对硅酸盐水泥，这些水泥熟料矿物较少而活性混合材料较多，其水化反应分两步进行：首先是熟料矿物水化，此时所生成的水化产物与硅酸盐水泥基本相同，由于熟料较少，故此时参加水化和凝结硬化的成分较少，水化产物较少，凝结硬化较慢，强度较抵；随后，熟料矿物水化生成的氢氧化钙和石膏分别作为混合材料的碱性激发剂和硫酸盐激发剂，与混合材料中的活性成分发生二次水化反应，从而在较短时间内有大量水化物产生，进而使其凝结硬化速度大大加快，强度增长较多。

（2）水化放热速度慢，放热量少　这是因为熟料含量相对较少，其中所含水化热大、放热速度快的铝酸三钙、硅酸三钙含量较少的缘故。

（3）对温度较为敏感　温度低时硬化较慢，当温度达到70℃以上时，硬化速度大大加快，甚至可超过硅酸盐水泥的硬化速度。这是因为，温度升高加快了活性混合材料与熟料水化析出的氧氧化钙的化学反应。

（4）抗侵蚀能力强　由于熟料水化析出的氢氧化钙本身就少，再加上与活性混合材料作用时又消耗了大量的氢氧化钙，因此水泥石中所剩余的氢氧化钙就更少了，所以，这些水泥抵抗软水、海水和硫酸盐腐蚀的能力较强，适宜用于水下和海港工程。

（5）抗冻性和抗碳化能力较差　根据上述特点，这些水泥除适用于地面工

程外，特别适宜用于地上和水中的一般混凝土和大体积混凝土结构，以及蒸汽养护的混凝土构件，也适用于一般抗硫酸盐侵蚀的工程。

由于这些水泥所掺混合材料的类型或数量不尽相同，使得它们在特性和应用上也各有特点，因而可以满足不同的工程需要。如矿渣水泥的耐热性好，可用于耐热混凝土工程，但其保水性较差，泌水性、干缩性较大；火山灰水泥用于潮湿环境，会吸收水分而产生膨胀胶化作用使结构变得致密，因而有较高的密实度和抗渗性，适宜用于抗渗要求较高的工程，但其耐磨性比矿渣水泥差，干燥收缩较大，在干热条件下会产生起粉现象，故不宜用于有抗冻、耐磨要求及干热环境使用的工程；粉煤灰水泥的干燥收缩小，抗裂性较好，用其拌制的混凝土和易性较好。

三、常用水泥的工程应用

目前，硅酸盐水泥、普通水泥、矿渣水泥、火山灰水泥、粉煤灰水泥和复合水泥是我国广泛使用的六种水泥。对有特殊要求的混凝土，宜考虑选用特性水泥。在混凝土结构中，水泥的选用可参考表 3-11。

表 3-11 常用水泥的选用参考表

混凝土工程特点或所处环境条件		优先选用	可以使用	不宜使用
普通混凝土	1. 在普通气候环境中的混凝土	普通水泥	硅酸盐水泥、矿渣水泥、火山灰水泥、粉煤灰水泥、复合水泥	
	2. 在干燥环境中的混凝土	普通水泥	硅酸盐水泥、矿渣水泥	火山灰水泥、粉煤灰水泥
	3. 在高湿度环境中或永远处在水下的混凝土	矿渣水泥	硅酸盐水泥、普通水泥、火山灰水泥、粉煤灰水泥、复合水泥	
	4. 厚大体积的混凝土	粉煤灰水泥、矿渣水泥、火山灰水泥、复合水泥	普通水泥	硅酸盐水泥、快硬硅酸盐水泥
有特殊要求的混凝土	1. 要求快硬的混凝土	快硬硅酸盐水泥、硅酸盐水泥	普通水泥	矿渣水泥、火山灰水泥、粉煤灰水泥、复合水泥
	2. 高强（大于 C40 级）混凝土	硅酸盐水泥	普通水泥、矿渣水泥	火山灰水泥、粉煤灰水泥
	3. 严寒地区的露天混凝土，寒冷地区的处在水位升降范围内的混凝土	硅酸盐水泥、普通水泥	矿渣水泥	火山灰水泥、粉煤灰水泥

（续）

混凝土工程特点或所处环境条件		优先选用	可以使用	不宜使用
有特殊要求的混凝土	4. 严寒地区处在水位升降范围内的混凝土	硅酸盐水泥、普通水泥		火山灰水泥、矿渣水泥、粉煤灰水泥、复合水泥
	5. 有抗渗性要求的混凝土	硅酸盐水泥、普通水泥、火山灰水泥、粉煤灰水泥		矿渣水泥
	6. 有耐磨性要求的混凝土	硅酸盐水泥、普通水泥	矿渣水泥	火山灰水泥、粉煤灰水泥

注：蒸汽养护时用的水泥品种，宜根据具体条件通过试验确定。

四、其他品种水泥

在土木工程中，除大量使用通用水泥外，还需使用一些特性水泥和专用水泥，本节就特性水泥和专用水泥的常用品种作简单介绍。

1. 快硬水泥

（1）快硬硅酸盐水泥　凡以硅酸盐水泥熟料和适量石膏磨细制成的、以3d抗压强度表示强度等级的水硬性胶凝材料，称为快硬硅酸盐水泥，简称快硬水泥。

快硬硅酸盐水泥与硅酸盐水泥的生产方法基本相同，但为了使其具有比硅酸盐水泥硬化更快的特性，在生产过程中采取了以下三种主要措施：一是提高熟料中凝结硬化最快的两种成分的总含量。通常硅酸三钙为50%～60%，铝酸三钙为8%～14%，两者的总量不应小于60%～65%；二是增加石膏的掺量（达到8%），促使水泥快速硬化；三是提高水泥的助磨细度，使其比表面积达到330～450m^2/kg。

GB/T 199—1990《快硬硅酸盐水泥》规定，快硬水泥中三氧化硫含量不得超过4%，熟料中氧化镁含量不得超过5.0%，如经压蒸安定性试验合格，则允许放宽到6.0%；80μm方孔筛的筛余不得超过10%；初凝时间不得早于45min，终凝时间不得迟于10h；按3d抗压、抗折强度分为32.5、37.5和42.5三个等级，各等级各龄期强度不低于表3-12中的相应数值。

表3-12　快硬硅酸盐水泥各龄期强度要求　（单位：MPa）

强度等级	抗压强度			抗折强度		
	1d	3d	28d①	1d	3d	28d①
32.5	15.0	32.5	52.5	3.5	5.0	7.2
37.5	17.0	37.5	57.5	4.0	6.0	7.6
42.5	19.0	42.5	62.5	4.5	6.4	8.0

① 供、需双方参考指标。

快硬水泥凝结硬化快，早期强度增长较快，因而它适用于要求早期强度高的工程、紧急抢修工程、冬期施工工程以及制作混凝土或预应力钢筋混凝土预制构件。

由于快硬水泥颗粒较细，易受潮变质，故运输、储存时须特别注意防潮，且不宜久存，从出厂之日起超过 1 个月，则应重新检验，合格后方可使用。

（2）铝酸盐水泥　凡以铝酸钙为主、氧化铝含量大于 50% 的水泥熟料磨制的水硬性胶凝材料，称为铝酸盐水泥，其代号为 CA。由于其主要原料为铝矾土，故旧称矾土水泥，又由于熟料中氧化铝含量较高，也常称其为高铝水泥。

1）铝酸盐水泥的矿物组成。铝酸盐水泥的主要矿物组成为铝酸一钙（$CaO \cdot Al_2O_3$，简称为 CA）其含量约占 70%，其次还含有其他铝酸盐，如二铝酸一钙（$CaO \cdot 2Al_2O_3$，简写为 CA_2）、七铝酸十二钙（$12CaO \cdot 7Al_2O_3$，简写为 $C_{12}A_7$）和铝方柱石（$2CaO \cdot Al_2O_3 \cdot SiO_2$，简写为 C_2AS），另外还含有少量的硅酸二钙（C_2S）。

2）铝酸盐水泥的性质。铝酸盐水泥根据其 Al_2O_3 含量不同分为四种类型：CA—50、CA—60、CA—70、CA—80，依据 GB 201—2000《铝酸盐水泥》要求，各类型水泥各龄期强度值不低于表 3-13 中的数值。各种水泥的比表面积不小于 $300m^2/kg$ 或孔径为 45μm 筛的筛余不大于 20%；CA—50、CA—70、CA—80 的初凝时间不得早于 30min，终凝时间不得迟于 6h，CA—60 的初凝时间不得早于 60min、终凝时间不得迟于 18h。

表 3-13　铝酸盐水泥各龄期的强度要求　（单位：MPa）

水泥类型	抗压强度				抗折强度			
	6h	1d	3d	28d	6h	1d	3d	28d
CA—50	20①	40	50	—	3.0①	5.5	6.5	—
CA—60	—	20	45	85	—	2.5	5.0	10.0
CA—70	—	30	40	—	—	5.0	6.0	—
CA—80	—	25	30	—	—	4.0	5.0	—

① 当用户需要时，生产厂应提供结果。

3）铝酸盐水泥的特性及应用。①早期强度增长较快，24h 即可达到其极限强度的 80% 左右，因此适宜用于要求早期强度高的特殊工程和紧急抢修工程。②水化热较大，而且集中在早期放出，1d 内即可释放出总量 70% ~80% 的热量，因此，适应于寒冷地区的冬期施工工程，但不宜用于大体积混凝土工程。③在高温时能产生固相反应，以烧结代替了水化结合，使得铝酸盐水泥在高温时仍然可得到较高强度。因此，可采用耐火的骨料和铝酸盐水泥配制成使用温度高达 1300 ~1400℃ 的耐火混凝土。④由于主要组成为低钙铝酸盐，硅酸二钙含量极

少，水化析出的氢氧化钙也很少，故其抗硫酸盐的侵蚀性能好，适用于有抗硫酸盐侵蚀要求的工程。⑤由于随着时间的推移会发生晶体转化，其长期强度有降低的趋势，因此，用于工程中，应按其最低稳定强度进行设计，同时在使用时，其最适宜的硬化温度为15℃左右。一般环境温度不得超过25℃，故所配制的混凝土不能进行蒸汽养护，也不能在炎热季节进行施工。⑥铝酸盐水泥严禁与硅酸盐水泥、石灰等能析出 $Ca(OH)_2$ 的胶凝材料混用，也不得与尚未硬化的硅酸盐水泥混凝土接触，否则不仅会使铝酸盐水泥出现瞬凝现象，而且由于生成碱性水化铝酸钙，会导致混凝土开裂破坏。

（3）快硬硫铝酸盐水泥　凡以适当成分的生料，经煅烧所得的以无水硫铝酸钙和硅酸二钙为主要矿物成分的水泥熟料，加入适量石膏和0～10%的石灰石磨细制成的早期强度高的水硬性胶凝材料，称为快硬硫铝酸盐水泥，也称早强硫铝酸盐水泥。

这种水泥熟料的主要矿物成分为无水硫铝酸钙$[3(CaO \cdot Al_2O_3) \cdot CaSO_4]$和β型硅酸二钙（$\beta—C_2S$），两者之和不少于矿物总量的85%。无水硫铝酸钙水化快，能在水泥尚未失去塑性时就形成大量的钙矾石晶体，并迅速构成结晶骨架，而同时析出的氢氧化铝凝胶则填塞于骨架的空隙中，从而使水泥获得较高的早期强度。同时$\beta—C_2S$活性较高，水化较快，也能较早地生成水化硅酸钙凝胶，并填充于钙矾石的晶体骨架中，使水泥石结构更加致密，强度进一步提高。另外，该水泥细度较大，从而也使其具有早强的特性。

GB 20472—2006《硫铝酸盐水泥》规定，快硬硫铝酸盐水泥以3d抗压强度划分为42.5、52.5、62.5和72.5四个强度等级，各龄期强度不得低于表3-14中规定的数值。初凝时间不早于25min，终凝时间不迟于3h，细度以比表面积计不得低于350m^2/kg。

表3-14　快硬硫铝酸盐水泥各龄期的强度要求　（单位：MPa）

强度等级	抗压强度			抗折强度		
	1d	3d	28d	1d	3d	28d
42.5	30.0	42.5	45.0	6.0	6.5	7.0
52.5	40.0	52.5	55.0	6.5	7.0	7.5
62.5	50.0	62.5	65.0	7.0	7.5	8.0
72.5	55.0	72.5	75.0	7.5	8.0	8.5

快硬硫铝酸盐水泥具有快凝（一般0.5～1h初凝，1～1.5h终凝）、早强（一般4h即具有一定的强度，12h的强度即可达到3d强度的50%～70%）、微膨胀或不收缩的特点，因此适宜用于紧急抢修工程、国防工程、冬期施工工程、抗震要求较高的工程和填灌构件接头以及管道接缝等，也可以用于制作水泥制品、

玻璃纤维增强水泥制品和一般建筑工程。

但由于其配制的混凝土中碱度较低，使用时应注意钢筋的锈蚀问题。同时，其主要水化产物高硫型水化硫铝酸钙在150℃以上开始脱水，强度大幅度下降，故其耐热性较差。另外，其水化热较大，也不宜用于大体积混凝土工程。

2. 膨胀型水泥

一般水泥在硬化过程中都会产生一定的收缩，从而可能造成其制品出现裂纹而影响制品的性能和使用，甚至不适于某些工程的使用。膨胀型水泥在硬化过程中，不仅不收缩，而且还有不同程度的膨胀。根据在约束条件下所产生的膨胀量（自应力值）和用途不同，膨胀型水泥分为收缩补偿型膨胀水泥和自应力型膨胀水泥两大类。前者在硬化过程中的体积膨胀较小（其自应力值小于2.0MPa，一般为0.5MPa），主要起着补偿收缩、增加密实度的作用，所以称其为收缩补偿型膨胀水泥，简称膨胀水泥；后者膨胀值较大（其自应力值大于2.0MPa），能够产生可以应用的化学预应力，故称其为自应力型膨胀水泥，简称自应力水泥。

膨胀型水泥根据其基本组成，可分为硅酸盐膨胀水泥、明矾石膨胀水泥、铝酸盐膨胀水泥、铁铝酸盐膨胀水泥和硫铝酸盐膨胀水泥五种类别，应用较多的是硅酸盐膨胀水泥和铝酸盐膨胀水泥。

（1）硅酸盐膨胀水泥和硅酸盐自应力水泥　硅酸盐膨胀水泥和硅酸盐自应力水泥是以硅酸盐水泥为主要组分，外加高铝水泥和石膏按一定比例配制而成的一种具有膨胀性的水硬性胶凝材料。这种水泥的膨胀作用，主要是出于高铝水泥中的铝酸盐矿物和石膏遇水后化合形成了具有膨胀性的钙矾石晶体。由于水泥的膨胀能力主要源于高铝水泥和石膏，因此，我们习惯称高铝水泥和石膏为膨胀组分。显然，水泥膨胀值的大小可通过改变膨胀组分的含量来调节。如采用85%～88%的硅酸盐水泥熟料、6%～7.5%的高铝水泥、6%～7.5%的二水石膏可制成收缩补偿型水泥。用这种水泥配制的混凝土可作屋面刚性防水层、锚固地脚螺栓或修补等用。若适当提高其膨胀组分的含量，如将高铝水泥提高到12%～13%，二水石膏提高到14%～17%，即可增加其膨胀量，配制成自应力水泥。这种自应力水泥常用于制造自应力钢筋混凝土压力管及配件等。

（2）铝酸盐膨胀水泥和铝酸盐自应力水泥　铝酸盐膨胀水泥是由高铝水泥熟料和二水石膏共同磨细而成的水硬性胶凝材料，其中高铝水泥熟料占60%～66%，二水石膏占34%～40%。铝酸盐膨胀水泥及自应力水泥的膨胀作用同样是基于硬化初期生成钙矾石后体积膨胀。该水泥细度高（比表面积不小于$450m^2/kg$）、凝结硬化快、膨胀值高、自应力大、抗渗性高、气密性好，并且制造工艺较易控制，质量比较稳定，常用于制作大口径或较高压力的自应力水管或输气管等。

（3）膨胀水泥和自应力水泥的应用　膨胀水泥适用于补偿收缩混凝土，用

做防渗混凝土；填灌混凝土结构或构件的接缝及管道接头，结构的加固与修补，浇筑机器底座及固结地脚螺栓等。自应力水泥适用于制造自应力压力管及配件。

3. 白色和彩色硅酸盐水泥

（1）白色硅酸盐水泥　凡以适当成分的生料烧至部分熔融得到的以硅酸钙为主要成分、氧化铁含量很少的白色硅酸盐水泥熟料，加入适量石膏共同磨细制成的水硬性胶凝材料，称为白色硅酸盐水泥，简称白水泥，代号P·W。

白水泥与硅酸盐水泥由于氧化铁含量不同，因而具有不同的颜色，一般硅酸盐水泥由于含有较多的Fe_2O_3等氧化物而呈暗灰色；而白水泥则由于Fe_2O_3等着色氧化物很少而呈白色。为了满足白色水泥的白度要求，在生产过程中应尽量降低氧化铁的含量，同时对于其他着色氧化物（如氧化锰、氧化钛、氧化铬等）的含量也要加以限制。为此，一是要求使用含着色杂质（铁、铬、锰等）极少的较纯原料，如纯净的高岭土、纯石英砂、纯石灰石或白垩等；二是在煅烧、粉磨、运输、包装过程中防止着色杂质混入；三是磨机的衬板要采用质坚的花岗岩、陶瓷或优质耐磨特殊钢等，研磨体应采用硅质卵石（白卵石）或人造瓷球等；四是煅烧时用的燃料应为无灰分的天然气或液体燃料。

GB/T 2015—2005《白色硅酸盐水泥》规定，白色水泥分为32.5、42.5、52.5三个强度等级。水泥在各龄期的强度要求不低于表3-15中的数值。水泥熟料中氧化镁含量不得超过5.0%，水泥中三氧化硫含量不得超过3.5%，在80μm方孔筛上的筛余不得超过10%，初凝时间不得早于45min，终凝时间不得迟于10h，安定性用沸煮法检验必须合格。

表3-15　白色水泥各龄期强度　（单位：MPa）

强度等级	抗压强度		抗折强度	
	3d	28d	3d	28d
32.5	12.0	32.5	3.0	6.0
42.5	17.0	42.5	3.5	6.5
52.5	22.0	52.5	4.0	7.0

白水泥还有白度要求，白水泥的白度通常用纯净氧化镁标准板，通过光谱测色仪测定，应不低于87。

（2）彩色硅酸盐水泥　简称彩色水泥，按生产方法可分为两大类。一类为由白水泥熟料、适量石膏和碱性颜料共同磨细而成。所用颜料要求不溶于水，且分散性好，耐碱性强，抗大气稳定性好，掺入水泥中不能显著降低其强度。常用的颜料有：具有不同成分和颜色的氧化铁（如铁红Fe_2O_3、铁黑Fe_3O_4等）、二氧化锰（黑褐色）、氧化铬（绿色）、赭石（赭色）、群青（蓝色）等，但在制造红色、棕色或黑色水泥时，可在普通硅酸盐水泥中加入耐碱矿物颜料，而不一

定用白色硅酸盐水泥。另一类是在白水泥的生料中加入少量金属氧化物直接烧成彩色水泥熟料，然后加入适量石膏磨细而成。

白水泥和彩色水泥富有装饰性，主要用于建筑物的内、外表面装修，如做成彩色砂浆、水磨石、水刷石、斩假石、水泥拉毛等各种饰面材料，用于楼地面、内外墙、楼梯、柱及台阶等的饰面。

4. 道路硅酸盐水泥

道路硅酸盐水泥，简称道路水泥，是由道路硅酸盐水泥熟料、0～10%活性混合材料和适量石膏共同磨细制成的水硬性胶凝材料。道路硅酸盐水泥熟料以硅酸钙为主要成分，且含有较多量的铁铝酸四钙。其中，铁铝酸四钙的含量不得小于16%，铝酸三钙含量不得大于5.0%，游离氧化钙含量不得大于1.0%。

GB 13693—2005《道路硅酸盐水泥》规定，道路硅酸盐水泥分为32.5、42.5和52.5三个强度等级，各龄期强度值不得低于表3-16中的数值；水泥中氧化镁含量不得超过5.0%，三氧化硫含量不得超过3.5%，安定性用沸煮法检验必须合格；初凝时间不得早于1.5h，终凝时间不得迟于10h；比表面积为300～450m^2/kg；28d的干缩率不得大于0.10%；耐磨性以磨耗量表示，28d磨耗量不得大于3.00kg/m^2。碱含量由供需双方商定。若使用活性集料，用户要求提供低碱水泥时，水泥中的碱含量按（$Na_2O+0.658K_2O$）计，应不超过0.60%。

表3-16　道路水泥各龄期强度指标　（单位：MPa）

强度等级	抗压强度		抗折强度	
	3d	28d	3d	28d
32.5	16.0	32.5	3.5	6.5
42.5	21.0	42.5	4.0	7.0
52.5	26.0	52.5	5.0	7.5

道路硅酸盐水泥具有早期强度高、干缩率小、耐磨性好等特性，主要用于道路路面和机场道面，也可用于要求较高的工厂地面、停车场等一般土建工程。

5. 中低热水泥

中低热水泥是指那些水化热较低的水泥，常用品种主要是中热硅酸盐水泥、低热硅酸盐水泥和低热矿渣硅酸盐水泥。

以适当成分的硅酸盐水泥熟料、适量石膏经磨细而制成的具有中等水化热的水硬性胶凝材料，称为中热硅酸盐水泥，简称中热水泥，代号为P·MH。

以适当成分的硅酸盐水泥熟料、适量石膏经磨细而制成的具有低水化热的水硬性胶凝材料，称为低热硅酸盐水泥，简称低热水泥，代号为P·LH。

以适当成分的硅酸盐水泥熟料、加入矿渣、适量石膏经磨细而制成的具有低水化热的水硬性胶凝材料，称为低热矿渣硅酸盐水泥，简称低热矿渣水泥，代号

为 P·SLH。水泥中矿渣掺量按质量百分比计为 20% ~60%，允许用不超过混合材料总量 50% 的粒化电炉磷渣或粉煤灰代替部分矿渣。

要使水泥具有较低的水化热，关键是要控制水泥中水化热较大的铝酸三钙和硅酸三钙两种成分的含量。为此，GB 200—2003《中热硅酸盐水泥　低热硅酸盐水泥　低热矿渣硅酸盐水泥》规定，熟料中铝酸三钙含量，对于中热水泥和低热水泥不得超过 6%，对于低热矿渣水泥不得超过 8%。熟料中硅酸三钙的含量，对于中热水泥不得超过 55%；且对于低热水泥熟料中硅酸二钙的含量不应小于 40%。国家标准对强度等级规定如下：中热水泥和低热水泥强度等级为 42.5，低热矿渣水泥强度等级为 32.5，各龄期强度值如表 3-17 所示。水泥中三氧化硫含量应不大于 3.5%；中热水泥和低热水泥的氧化镁含量不宜大于 5.0%，烧失量应不大于 3.0%，碱含量不应超过 0.60%；低热矿渣水泥的碱含量不应超过 1.0%；水泥的比表面积应不低于 $250m^2/kg$，初凝时间不得早于 60min，终凝时间不得迟于 12h。

表 3-17　中热、低热水泥及低热矿渣水泥各龄期强度值　（单位：MPa）

品　种	强度等级	抗压强度			抗折强度		
		3d	7d	28d	3d	7d	28d
中热水泥	42.5	12.0	22.0	42.5	3.0	4.5	6.5
低热水泥	42.5	—	13.0	42.5	—	3.5	6.5
低热矿渣水泥	32.5	—	12.0	32.5	—	3.0	5.5

中热、低热水泥及低热矿渣水泥各龄期的水化热应不大于表 3-18 规定的数值。

表 3-18　中热、低热水泥及低热矿渣水泥各龄期水化热值　（单位：$kJ \cdot kg^{-1}$）

品　种	强度等级	3d	7d	28d
中热水泥	42.5	251	293	
低热水泥	42.5	230	260	310
低热矿渣水泥	32.5	197	230	

由于中、低热水泥及低热矿渣水泥水化热较低，因此适用于大体积混凝土工程，如大坝、大体积建筑物和厚大的基础工程等。

6. 砌筑水泥

凡由一种或一种以上的水泥混合材料，加入适量硅酸盐水泥熟料和石膏，经磨细制成的工作性较好的水硬性胶凝材料，称为砌筑水泥，代号为 M。

水泥中混合材料掺加量按质量百分比计应大于 50%，允许掺入适量的石灰石或窑灰。水泥中混合材料掺加量不得与矿渣硅酸盐水泥重复。

GB/T 3183—2003《砌筑水泥》规定，砌筑水泥分为12.5和22.5两个强度等级，各龄期强度不得低于表3-19中规定的数值。水泥中三氧化硫含量不得超过4.0%，安定性用沸煮法检验必须合格。80μm方孔筛筛余不得超过10%。初凝不得早于60min，终凝不得迟于12h。砌筑水泥由于强度较低，和易性较好，主要用于配制砌筑砂浆。

表3-19 砌筑水泥强度要求 （单位：MPa）

强度等级	抗压强度		抗折强度	
	7d	28d	7d	28d
12.5	7.0	12.5	1.5	3.0
22.5	10.0	22.5	2.0	4.0

练习题

基础练习题

3-1 气硬性胶凝材料与水硬性胶凝材料有何区别？

3-2 石灰的消化和硬化有何特点？

3-3 何谓陈伏？石灰在使用前为何要陈伏？磨细生石灰是否需要陈伏？

3-4 石膏制品有何特性？建筑石膏主要有哪些用途？

3-5 水玻璃有何特性和用途？

3-6 硅酸盐水泥熟料的矿物成分主要有哪些？它们在水化时各有何特性及水化产物是什么？

3-7 影响硅酸盐水泥强度的主要因素有哪些？

3-8 水泥有哪些主要技术性质？如何测试与评定？

3-9 为什么生产硅酸盐水泥时掺适量石膏水泥不起破坏作用，而硬化水泥石遇到有硫酸盐溶液的环境时生成石膏则起破坏作用？

3-10 何谓水泥混合材料？常用类型有哪些？它们掺入水泥中有何作用？

3-11 常用特性水泥主要有哪些？它们各有何特性和用途？

开放式练习题

3-12 某工地急需配制石灰砂浆，当时有消石灰粉、生石灰粉及生石灰材料可供选用。因生石灰价格相对较便宜，故选用并立即加水配制石灰膏，再配制石灰砂浆使用。数日后，石灰砂浆出现众多凸出的膨胀性裂缝，请分析原因。

3-13 在室内墙面装修中可以观察到，使用以水玻璃为成膜物质的腻子作为底层涂料，施工过程中往往会散落到铝合金窗上，造成铝合金窗外表形成斑迹，有损美观。试分析原因。

3-14 现有甲、乙两厂生产的硅酸盐水泥熟料，其矿物组成如表 3-20 所示。

表 3-20 硅酸盐水泥熟料矿物组成

生产厂家	熟料矿物组成（%）			
	C_3S	C_2S	C_3A	C_4AF
甲厂	55	20	10	15
乙厂	52	28	7	13

若用上述熟料分别生产硅酸盐水泥，试比较它们的水化特性有何差异？

3-15 有下列混凝土构件工程，请分别选用合适的水泥，并说明其理由。

①大体积混凝土工程；②紧急抢修工程；③高炉基础；④现浇楼板、梁、柱；⑤采取蒸汽养护的预制构件；⑥有硫酸盐腐蚀的地下工程；⑦抗冻性要求较高的混凝土；⑧公路路面工程。

3-16 经过测定，某普通硅酸盐水泥标准试件的抗折和抗压荷载如表 3-21 所示，试评定其强度等级。

表 3-21 普通硅酸盐水泥标准试件的抗折和抗压荷载

抗折荷载/kN		抗压荷载/kN	
3d	28d	3d	28d
1.5	3.0	29	76
		30	78
1.8	2.8	32	68
		33	72
1.6	2.9	30	70
		32	72

4

第四章

水泥混凝土和砂浆

学习要求 重点掌握普通混凝土基本的技术性质、普通混凝土组成材料与其质量的关系、组成材料的质量要求与选用；掌握普通混凝土配合比的设计方法及其质量评定和控制方法。了解其他功能混凝土和建筑砂浆的特性。

↘第一节 水泥混凝土概述

水泥混凝土的应用已有100多年的历史，随着水泥混凝土的发展，其用途越加广泛。在土木工程中水泥混凝土几乎随处可见，可广泛用于建筑、公路、桥梁、铁路、隧道、大坝、水利、港口等工程，是土木工程中应用最广、用量最大的一种建筑材料。

水泥混凝土是以水泥作为结合料，粗、细集料作为骨料，与水、适量的掺合料和外加剂按照一定的比例配合、拌制、成形，经一定时间养护硬化而成的人造石材。

水泥混凝土具有以下优点：工艺简单，适用性强，可以按工程结构要求浇筑成不同形状的整体结构或预制构件；抗压强度高，耐久性好；材料组配方便、灵活，可配制满足不同工程要求的混凝土；与钢筋握裹力强，且线膨胀系数基本相同，可制作钢筋混凝土和预应力混凝土构件或整体结构。但是，水泥混凝土也存在自重大，抗拉强度低，韧性低，抗冲击能力差等缺点，使其应用受到一定的制约。因此，混凝土还具有很大的研究和改善空间。

为便于水泥混凝土的研究与应用，通常可以按其干表观密度、抗压强度标准值、流动性和功能等多种方式进行分类。

水泥混凝土按其干表观密度可分为普通混凝土、轻混凝土和重混凝土三大类。

普通混凝土以天然砂、石（卵石或碎石）作为骨料制成，干表观密度通常

波动在2000～2800kg/m³之间，是土木工程最常用的一类混凝土。轻混凝土以轻集料（如浮石、陶粒、膨胀矿渣、煤渣等）作为骨料或不加骨料制成，其干表观密度小于1950kg/m³，可减轻结构自重，主要用于高层建筑、大跨度结构、软土地基和抗震结构等。重混凝土以重晶石、钢渣等高密度集料为骨料制成，干表观密度大于2600kg/m³，所配制的混凝土密度大，具有屏蔽各种射线辐射的功能。

水泥混凝土按其抗压强度标准值分级，可分为低强度混凝土（抗压强度标准值<20MPa）、中强度混凝土（抗压强度标准值为20～60MPa）和高强度混凝土（抗压强度标准值≥60MPa）。

水泥混凝土按其拌合物实测的坍落度大小，可分为大流动性混凝土（坍落度大于160mm）、流动性混凝土（坍落度为100～150mm）、塑性混凝土（坍落度为10～90mm）和干硬性混凝土（坍落度小于10mm）。

按混凝土的不同功能，可分为防水混凝土、耐热混凝土、喷射混凝土、耐酸混凝土、道路混凝土等。此外，为改善水泥混凝土的性能，适应现代土木工程的需要，近几年功能混凝土的发展很快，如各种高聚物改性混凝土、纤维增强混凝土、高性能混凝土、补偿收缩混凝土、流态混凝土等。

第二节 普通混凝土的技术性质

普通水泥混凝土的技术性质概括起来主要包括三个方面，即新拌混凝土的工作性、硬化后混凝土的力学性质和耐久性。

一、混凝土拌合物的工作性

水泥混凝土在尚未凝结硬化之前，称为新拌混凝土或混凝土拌合物。在生产实践中，目前主要采用工作性（工程中习惯称之为和易性）来评价混凝土拌合物的技术性质。工作性是评价和控制混凝土拌合物施工性质的重要依据。

1. 工作性的含义

混凝土拌合物的工作性是指混凝土拌合物易于搅拌、运输、浇筑、振捣和表面处理等施工操作，并能获得质量均匀、成形密实的性能。这些性质在很大程度上制约着硬化后混凝土的力学性质和耐久性，因此，研究混凝土拌合物的施工和易性及其影响因素具有十分重要的意义。

混凝土拌合物的工作性是一项综合的技术性质，包括流动性、粘聚性和保水性等方面的含义。流动性是指混凝土拌合物在自重或机械振捣作用下，能产生流动，并均匀密实地填满模板的性能。粘聚性指混凝土拌合物在施工过程中其组成材料之间具有一定的粘聚力，在混凝土运输和振捣的过程中不致产生粗集料下

沉、细集料和水泥浆上浮的分层离析现象。保水性是指混凝土拌合物在施工过程中具有一定的保持水分的能力，不致产生严重的泌水现象。

混凝土拌合物具有良好的流动性、粘聚性和保水性，则易于振捣密实、排除空气，水化充分，组成均匀，成形后的混凝土可获得较高的强度和较好的耐久性。若混凝土拌合物的工作性不良，则会造成硬化后混凝土的各种性能变差。如混凝土拌合物在施工过程中，若保水性不足，水分会逐渐析出至混凝土拌合物的表面（即泌水现象），同时在混凝土内部形成泌水通道，使混凝土的密实性降低，耐久性下降。

2. 工作性的测定方法

关于混凝土拌合物工作性的测定方法，世界各国历经了多年的大量研究，但至今仍未有一种测定方法能够全面地反映混凝土拌合物的工作性。目前，通常采用的方法是测定混凝土拌合物的流动性，并辅以观察工作性其他方面的性质，结合经验来综合评定混凝土拌合物的工作性。GB/T 50080—2002《普通混凝土拌合物性能试验方法标准》规定，混凝土拌合物的工作性可采用稠度试验方法测定。稠度试验方法包括坍落度与坍落扩展度试验法和维勃稠度试验法。

（1）坍落度与坍落扩展度试验　坍落度试验是世界各国普遍使用的评价混凝土拌合物流动性的测试方法。坍落度试验采用标准坍落度筒测定，如图4-1所示。试验时将坍落度筒置于平板上，混凝土拌合物分三层装入筒内（使捣实后每层高度约为筒高的1/3左右），每层用弹头捣棒均匀地捣插25次，多余试样用镘刀刮平。然后垂直提起坍落度筒，与混凝土拌合物并排放于平板上，测量筒高与坍落后混凝土拌合物试体最高点之间的高差，即为混凝土拌合物的坍落度，单位为mm。

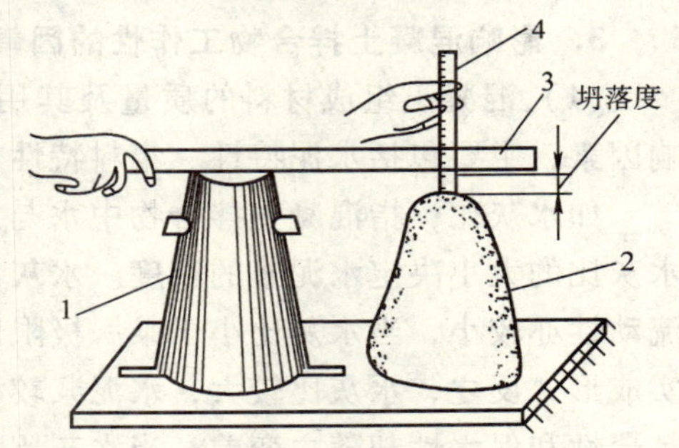

图4-1　坍落度测定示意图
1—坍落度筒　2—拌合物试体
3—木尺　4—钢尺

当混凝土拌合物的坍落度大于220mm时，用钢尺测量混凝土扩展后最终的最大直径和最小直径，当这两个直径之差小于50mm时，用其算术平均值作为坍落扩展度值；否则，试验无效。

为了同时评价混凝土拌合物的粘聚性和保水性，在测定坍落度后，用捣棒在已坍落试体的一侧轻轻敲击，如锥体试样在轻打后渐渐下沉，表示粘聚性良好；如试体突然倒坍，或有石子离析现象，即表示粘聚性差。保水性以混凝土拌合物中水泥浆析出的程度表示，如有较多的水泥稀浆从底部析出，并引起失浆，锥体试样中的集料外露，则表示混凝土拌合物的保水性不好；如仅有少量稀浆从底部

析出，则表示混凝土拌合物的保水性良好。

本方法适用于集料最大粒径不大于 40mm、坍落度不小于 10mm 的混凝土拌合物的稠度测定。

(2) 维勃稠度试验　对于坍落度小于 10mm 的干硬性混凝土拌合物，常采用维勃稠度试验来测定其流动性。维勃稠度试验仪如图 4-2 所示。

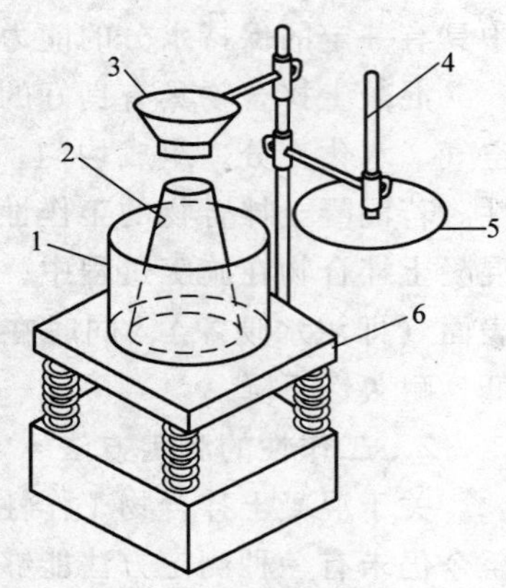

图 4-2　维勃稠度试验仪
1—圆柱形容器　2—坍落度筒
3—漏斗　4—测杆
5—透明圆盘　6—振动台

维勃稠度试验方法是将坍落度筒放在圆筒中，圆筒安装在专用的振动台上。按坍落度试验的方法将混凝土拌合物装入坍落度筒内，然后再拔去坍落度筒，并在混凝土拌合物顶上置一透明圆盘。开动振动台并记录时间，从开始振动至透明圆盘底面被水泥浆布满的瞬间止所经历的时间，即为混凝土拌合物的维勃稠度值，以 s 计。

维勃稠度试验适用于集料最大粒径不大于 40mm，维勃时间在 5～30s 之间的干稠性混凝土拌合物的稠度测定。

3. 影响混凝土拌合物工作性的因素

(1) 混凝土组成材料的质量及其用量的影响　组成材料质量及其用量的影响因素，主要包括水泥特性、集料特性、集浆比、水灰比、砂率和外加剂。

如水灰比，指混凝土拌合物中水与水泥的质量比，当水泥浆的用量一定时，水灰比的大小决定水泥浆的稠度。水灰比较小，则水泥浆较稠，混凝土拌合物的流动性亦较小，当水灰比小于某一极限以下时，在一定施工方法下就不能保证密实成形；反之，水灰比较大，水泥浆较稀，混凝土拌合物的流动性虽然较大，但粘聚性和保水性却随之变差。当水灰比大于某一极限时，将产生严重的离析、泌水现象。因此，为使混凝土拌合物能够密实成形，且具有良好的粘聚性和保水性，水灰比应确定在某一合适的范围内。

在拌制混凝土拌合物时，加入少量外加剂，可在不增加水泥用量的情况下，改善拌合物的工作性，同时还能提高混凝土的强度和耐久性。

(2) 环境条件的影响　引起混凝土拌合物工作性降低的环境因素主要有温度、湿度和风速。在混凝土拌合物从搅拌至捣实的这段时间里，温度的升高会加速水泥水化及水分的蒸发损失，导致拌合物坍落度减小。同样，风速和湿度也会影响拌合物水分的蒸发率，从而影响坍落度。因此，在不同环境条件下，要保证拌合物具有一定的工作性，必须采取相应的养护措施。

(3) 时间的影响　混凝土拌合物在搅拌后，其坍落度会随时间的增长而逐渐减小，出现坍落度损失。混凝土拌合物工作性的损失率，主要受水泥的水化和发热特性、外加剂的特性、集料的空隙率及环境等因素的影响。

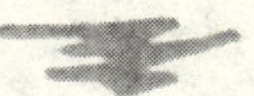

4. 改善混凝土拌合物工作性的措施

(1) 调整混凝土组成材料的配合比例　在保证混凝土强度、耐久性和经济性的前提下，可以作适当调整。

(2) 掺加各种外加剂　如减水剂、流化剂等，可以提高混凝土拌合物的工作性，同时还可以提高强度、耐久性，节约水泥。

(3) 提高振捣机械效能　可降低施工条件对混凝土拌合物工作性的要求，因而保持原有的工作性也能达到捣实效果。

二、硬化混凝土的力学性质

硬化后混凝土的力学性质，主要包括强度和变形两个方面。

1. 强度

强度是混凝土硬化后的主要力学性能，GB/T 50081—2002《普通混凝土力学性能试验方法标准》规定，混凝土强度可采用立方体抗压强度、棱柱体抗压强度、劈裂抗拉强度、抗弯拉强度、抗剪强度和粘结强度等。

(1) 立方体抗压强度　按照标准制作方法制成边长为150mm的正立方体试件，在标准养护室中（温度20℃ ±2℃，相对湿度95%以上），或在温度为20℃ ±2℃的不流动的$Ca(OH)_2$饱和溶液中，养护至28d龄期，按照标准的测定方法测定其抗压强度值，称为混凝土立方体试件的抗压强度（简称立方体抗压强度），按下式计算：

$$f_{cu}=\frac{F}{A} \tag{4-1}$$

式中　f_{cu}——混凝土28d立方体抗压强度（MPa）；

F——抗压试验中的极限破坏荷载（N）；

A——试件的承压面积（mm^2）。

试验时以3个试件为一组，取3个试件强度的算术平均值作为每组试件的强度代表值。若采用非标准尺寸的混凝土试件时，测得的立方体抗压强度可乘以相应的换算系数，折算为标准试件的立方体抗压强度。

(2) 立方体抗压强度标准值　应当指出，在混凝土强度检验评定时，需要采用混凝土立方体抗压强度标准值这一重要概念。

按GBJ 107—1987《混凝土强度检验评定标准》的定义，对于一组用标准试验方法测定的混凝土立方体试件的抗压强度，其立方体抗压强度标准值是采用数理统计方法确定的抗压强度总体分布中的一个值，强度低于该值的百分率不超过5%（即具有95%保证率的抗压强度），如图4-3所示。混凝土立方体抗压强度标准值按下式计算：

$$f_{cu,k}=\bar{f}_{cu}-1.645\sigma \tag{4-2}$$

式中 $f_{cu,k}$——混凝土立方体抗压强度标准值（MPa）；

$\bar{f}_{cu}$——强度总体分布的平均值（MPa）；

σ——强度总体分布的标准差（MPa）；

1.645——保证率为95%时的保证率系数。

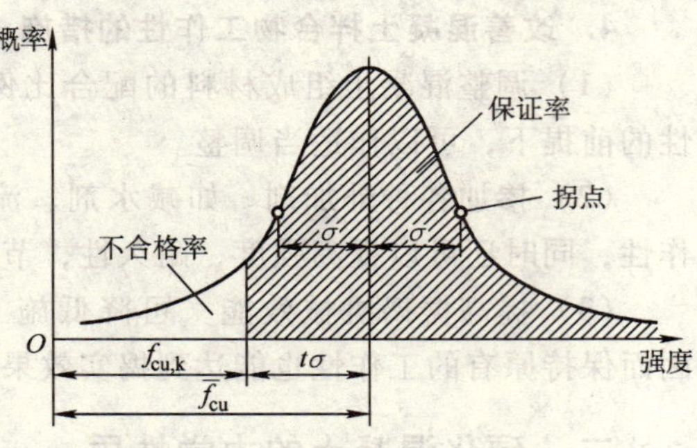

图4-3 混凝土强度正态分布曲线及保证率

（3）强度等级　混凝土的强度可采用强度等级来划分，强度等级是根据立方体抗压强度标准值确定的。强度等级以符号“C”和“立方体抗压强度标准值”两项内容来表示。例如，C30即表示混凝土立方体抗压强度标准值 $f_{cu,k}=30$MPa。普通混凝土按立方体抗压强度标准值划分为：C7.5、C10、C15、C20、C25、C30、C35、C40、C45、C50、C55、C60等12个强度等级。

（4）轴心抗压强度　混凝土的强度等级是根据立方体抗压强度标准值确定的，立方体混凝土试件在抗压强度试验中受到压力机承压板的约束作用，在承压板与混凝土承压面之间形成摩擦力，对混凝土的横向膨胀产生约束作用，这种现象称之为“环箍效应”，如图4-4所示。当混凝土试件不受承压板约束时试件的破坏情况如图4-5所示。“环箍效应”会造成混凝土的实测强度增大，这与混凝土构件的实际受力情况不相符。随着混凝土试件高度的不断增加，这种“环箍效应”会逐渐消失。

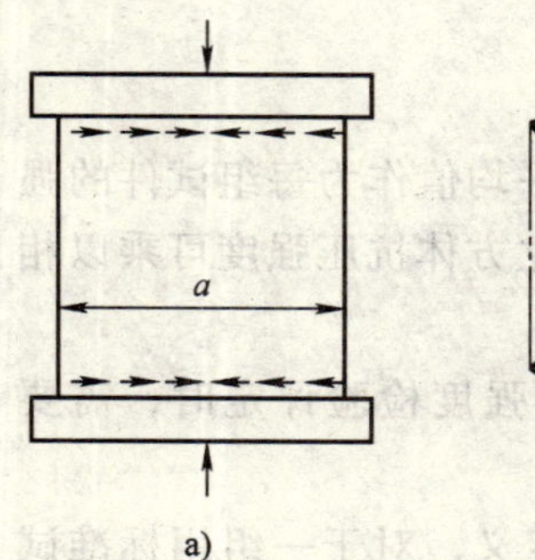

a)

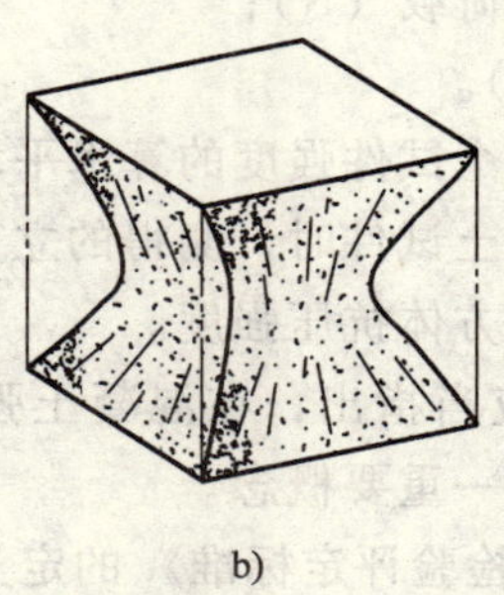

b)

图4-4 混凝土立方体试件受约束破坏示意图
a）压力机承压板对试件的约束作用
b）试件受压破坏后残存的棱锥体

图4-5 不受承压板约束时试件的破坏情况

由于在实际工程结构中大部分钢筋混凝土结构形式为棱柱体或圆柱体，因此，采用标准棱柱体试件测定混凝土的轴心抗压强度要比立方体抗压强度更为实际。为了较真实地反映混凝土的实际受力状况，在钢筋混凝土结构设计中，计算轴心受压构件时，均以混凝土的轴心抗压强度为设计指标。

轴心抗压强度是测定尺寸为150mm×150mm×300mm棱柱体试件的抗压强度，以f_{cp}表示。轴心抗压强度与立方体抗压强度之比为0.7～0.8。

（5）劈裂抗拉强度　混凝土的抗拉强度值较低，通常只有抗压强度的1/10～1/20。在普通钢筋混凝土结构设计中虽不考虑混凝土承受的拉力，但抗拉强度对混凝土的抗裂性起着重要作用，有时也用来间接衡量混凝土与钢筋的粘结强度，或用于预测混凝土构件由于干缩或温缩受约束而引起的裂缝。

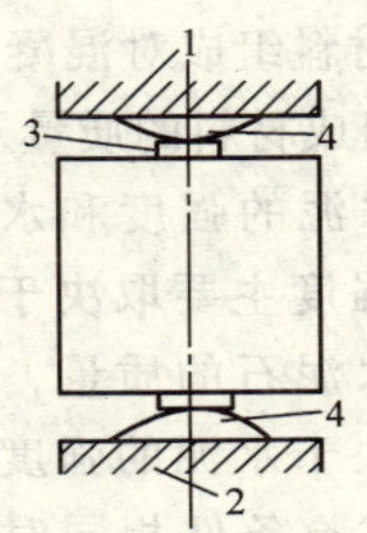

图4-6　混凝土劈裂抗拉试验装置示意图
1—上压板　2—下压板
3—垫条　4—垫层

目前，混凝土的抗拉强度常采用劈裂抗拉试验法测定，以劈裂抗拉强度表示。劈裂抗拉强度试验是采用边长为150mm的立方体试件，通过垫条对混凝土试件施加荷载（见图4-6），混凝土劈裂抗拉强度按下式计算：

$$f_{ts}=\frac{2F}{\pi A}\approx 0.637\frac{F}{A} \tag{4-3}$$

式中　f_{ts}——混凝土劈裂抗拉强度（MPa）；

F——试件破坏荷载（N）；

A——试件劈裂面面积（mm^2）。

（6）抗折强度　在道路和机场工程中，混凝土路面结构主要承受荷载的弯拉作用，因此，抗弯拉强度（或称抗折强度）是混凝土路面结构设计和质量控制的主要指标。

道路水泥混凝土的抗折强度是以标准方法制备成150mm×150mm×550mm的梁形试件，在标准条件下，经养护28d后，按三分点加荷方式（见图4-7），测定其抗折强度，以f_{cf}表示，按下式计算：

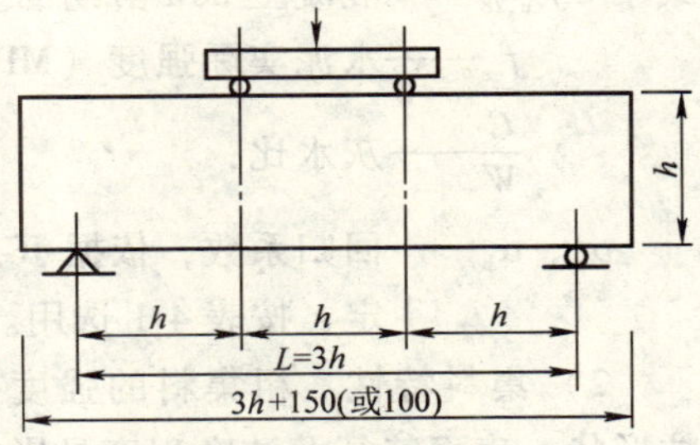

图4-7　混凝土抗折强度试验装置图

$$f_{cf}=\frac{FL}{bh^2} \tag{4-4}$$

式中　f_{cf}——混凝土抗折强度（MPa）；

F——破坏荷载（N）；

L——支座间距（mm），通常，$L=450$mm；

b——试件宽度（mm）；

h——试件高度（mm）。

2. 影响水泥混凝土强度的主要因素

对普通混凝土强度的影响，主要取决于材料组成、施工质量、养护条件及试验条件等因素。

（1）材料组成对混凝土强度的影响　材料组成是混凝土强度形成的内因，主要包括组成材料的质量及其在混凝土中的用量两个方面的影响。

1）水泥的强度和水灰比。水泥混凝土的强度主要取决于其内部起胶结作用的水泥石的质量，而水泥石的质量则取决于水泥的强度和水灰比的大小。当试验条件相同时，在相同的水灰比下，水泥的强度越高，水泥石的强度就越高，从而配制的混凝土强度也越高。

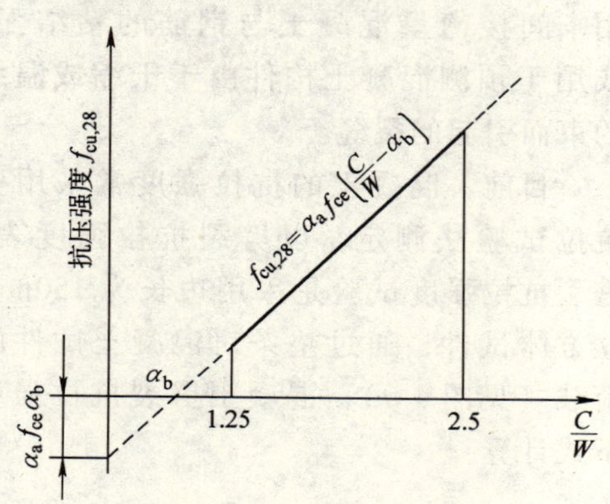

图 4-8　混凝土强度与灰水比的关系图

我国根据大量的实验资料统计结果，提出了灰水比、水泥实际强度与混凝土 28d 立方体抗压强度之间的关系，如图 4-8 所示，可表达为下式：

$$f_{cu,28}=\alpha_a f_{ce}\left(\frac{C}{W}-\alpha_b\right) \tag{4-5}$$

式中　$f_{cu,28}$——混凝土 28d 龄期的立方体抗压强度（MPa）；

f_{ce}——水泥实际强度（MPa）；

$\frac{C}{W}$——灰水比；

α_a、α_b——回归系数，依据 JGJ 55—2000《普通混凝土配合比设计规程》规定，按表 4-1 选用。

2）集料特性。粗集料的强度、颗粒形状、表面特征及洁净程度是影响混凝土强度的另一重要因素。如使用针片状颗粒含量较高的集料，将会增加混凝土的孔隙率，从而降低混凝土的强度。碎石富含棱角且表面粗糙，与水泥砂浆粘结较好，因而混凝土的强度较高；卵

表 4-1　混凝土强度公式的回归系数

石子品种	回归系数	
	α_a	α_b
碎石	0.46	0.07
卵石	0.48	0.33

石多为表面光滑的球状颗粒，用卵石拌制的混凝土拌合物虽然流动性较好，但硬化后混凝土的强度较低。覆盖在集料表面的杂质，如淤泥、粘土以及风化物和动植物的腐殖物等，会降低界面的粘结强度。

（2）养护条件的影响　为了获得质量良好的混凝土，混凝土浇筑成形后必须在适宜的环境中进行养护，以保证水泥水化的正常进行。对于相同配合组成和相同施工方法的混凝土，其力学强度取决于养护的湿度、温度和养护的时间（龄期）。

1）养护湿度。水是水泥水化反应的必要成分，如果湿度不足，水泥水化反应不能正常进行，甚至停止，将严重降低混凝土强度，而且水泥石结构疏松，形成干缩裂缝，影响混凝土的耐久性。为使混凝土正常硬化，在混凝土养护期间，应创造条件保持一定的潮湿环境，使水泥产生更多的水化产物，增加混凝土的密实度，并提高强度。

2）养护温度。养护温度对混凝土的强度发展有很大影响。养护温度较高，可以提高混凝土的早期强度，但混凝土后期强度增进率较小。在相对较低的养护温度下，水泥的水化反应较为缓慢，其水化物具有充分的扩散时间均匀地分布在水泥石中，使混凝土后期强度提高。但混凝土养护温度不能过低，当温度降至冰点以下时，水泥水化反应停止，致使混凝土的强度不再发展，并可能因冰冻作用使混凝土已获得的强度受到损失。

3）龄期。在标准养护条件下，混凝土强度与龄期之间有着较好的相关性。通常混凝土的抗压强度与养护龄期的对数呈直线关系，可以采用这种特性，由混凝土的早期强度推算后期强度。目前，常用的方法有压蒸法（1h）、早龄期法（3d、7d），由此根据测定的混凝土早期强度推算其28d的抗压强度。当混凝土早期强度不足时，可及时采取措施来保证混凝土的施工质量并避免损失。

（3）试验条件的影响　组成材料、制备条件和养护条件相同的条件下，混凝土的强度还与试验条件有关。影响其强度的试验条件主要有：试件形状与尺寸、表面状态及含水率、支承条件和加载方式等。

如采用标准立方体试件测定混凝土的立方体抗压强度时，由于“环箍效应”会造成混凝土的实测强度增大，而采用标准棱柱体试件测定混凝土的轴心抗压强度要比立方体抗压强度更为实际；混凝土试件的含水率越高，或受压表面越光滑，测得的强度越低；试验时若加载速度太快，而混凝土的裂纹变形速度较慢，则不能及时获得变形反应，会导致混凝土的测定强度偏大。

3. 提高混凝土强度的措施

提高混凝土强度，可选用高强度水泥和早强型水泥；采用低水灰比和浆集比；掺加混凝土外加剂和掺合料；采用湿热处理方法（蒸汽养护和蒸压养护）；采用机械搅拌合振捣等方法。

4. 硬化混凝土的变形特性

(1) 弹性变形 混凝土是一种脆性材料，在承受荷载时，其应力-应变关系是非线性的(见图4-9)。在混凝土应力-应变曲线上，任一点应力与应变的比值称为混凝土在该应力下的弹性模量。在混凝土受力的不同阶段，其弹性模量是一个变量，根据不同的取值方法，可以得到三种弹性模量。

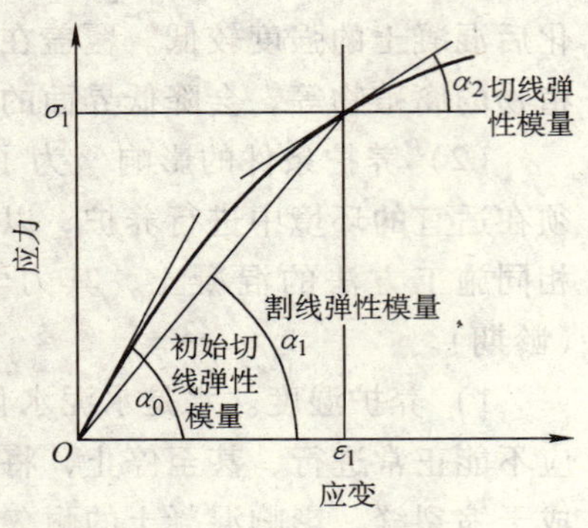

图4-9 混凝土弹性模量分类示意图

初始切线弹性模量 α_0：由图4-9中的曲线原点的切线斜率求得。α_0 在结构设计中的应用价值较小，且难以准确测量。

切线弹性模量 α_2：由图4-9中曲线上任一点的切线斜率确定。

割线弹性模量 α_1：由图4-9中曲线上任一点与原点连线的斜率求得。在混凝土工艺和混凝土结构设计中，通常采用规定条件下的割线弹性模量。

混凝土弹性模量在很大程度上取决于粗集料的弹性模量，当粗集料含量较高时，弹性模量较高。此外，混凝土的弹性模量随其强度的提高而增加，但一般不呈线性关系。

(2) 徐变变形 混凝土在荷载长期持续作用下，变形随时间连续增长，这种变形称为徐变变形，反映混凝土在持续荷载作用下的变形特征。

在持续荷载作用下，混凝土的徐变可以延续若干年，其徐变应变通常会超过弹性应变，当混凝土结构承受持续荷载时，如果所承受的持续荷载较大，可能会导致混凝土结构破坏。所以在混凝土结构设计中必须考虑徐变的影响，否则，可能会导致对整个结构变形的严重估计不足。在预应力混凝土中，必须考虑徐变变形导致构件缩短而造成的预应力损失。

混凝土的徐变变形主要是由水泥石的徐变变形所引起的，而集料所产生的徐变变形几乎可以忽略不计，因此，混凝土中集料的体积率越大，混凝土的徐变变形越小。

(3) 化学收缩 混凝土的化学收缩主要是由水泥的水化产物所引起，水泥水化产物的固体体积要比水化前的总体积小，因此，使混凝土产生体积收缩。这种收缩称之为化学收缩，不能恢复。化学收缩随混凝土硬化龄期的增长而逐渐减小，一般在混凝土成形40多天内增长较快，以后逐渐稳定。混凝土的化学收缩值为$(4 \sim 100) \times 10^{-6}$mm/mm。

(4) 温度变形 混凝土具有热胀冷缩的性质，其温度胀缩系数为$(10 \sim 14) \times 10^{-6}$/℃。混凝土的温度变形对大体积混凝土工程或在温差较大的季

节施工的混凝土结构极为不利。在大体积混凝土中，由于水泥水化放热，混凝土内部温度升高，使混凝土内部产生显著的体积膨胀，而混凝土外部却随气温降低而收缩，结果导致外部混凝土产生很大的拉应力。当这种拉应力超过混凝土的抗拉强度时，外部混凝土就会开裂。当混凝土施工期温差较大时，同样会出现上述问题。为了减小温度变形对混凝土性能的不利影响，应设法降低混凝土的发热量，如采用低热水泥、人工降温以及对表层混凝土加强保温、保湿措施等。同时，在水泥混凝土路面中设置各种类型的接缝，在较长的混凝土结构中设置温度伸缩缝以减小混凝土温度胀缩引起的内应力，避免其对混凝土结构的破坏。

（5）干燥收缩变形　在干燥环境中时，由于混凝土内部水分蒸发而引起的体积变化，称为干缩。当外界环境湿度低于混凝土本身的湿度时，混凝土中水泥石内部的游离水被蒸发，毛细管壁受到压缩，混凝土开始收缩。在环境相对湿度低于40%时，水泥水化物中的凝胶水也开始蒸发，会引起更大的收缩。当混凝土遇到潮湿的环境时，已经干缩的混凝土将会膨胀，但这种膨胀量极小，几乎可以不考虑。降低混凝土干缩程度的主要措施有：限制水泥用量并保证一定的集料用量，减小水灰比，充分捣实混凝土，加强混凝土早期养护等。

三、混凝土的耐久性

耐久性指混凝土在使用过程中，抵抗周围环境介质作用，保持其强度和使用质量的能力。大多数混凝土结构是永久性的，所以要求混凝土在使用环境中具有良好的耐久性。

混凝土的耐久性主要是指混凝土抗渗性、抗冻性、抗化学侵蚀性、耐磨性以及碱-集料反应等技术性质。

1. 抗渗性

混凝土对液体或气体渗透的抵抗能力称为混凝土的抗渗性。在混凝土的使用过程中，影响混凝土质量的主要环境因素包括：淡水溶出作用、硫酸盐化学侵蚀作用等引起水泥石强度的降低；二氧化碳、氯气及氧气等的作用导致混凝土中的钢筋锈蚀；碱-集料反应引起的混凝土开裂等破坏。由于环境中的各种侵蚀介质均要通过渗透才能进入混凝土内部，所以渗透性能是混凝土耐久性的重要因素。

混凝土的抗渗性，以抗渗等级来表示。采用标准养护28d的试件，按规定的方法进行试验，按混凝土所能承受的最大水压力，将混凝土的抗渗等级分为：S2，S4，S6，S8，S10 和 S12 等，分别表示混凝土能抵抗 0.2MPa，0.4MPa，0.6MPa，0.8MPa，1.0MPa 和 1.2MPa 的水压力而不渗水。

2. 抗冻性

混凝土遭受冻融循环作用，可导致强度降低甚至破坏。评价混凝土抗冻性的试验方法可采用慢冻法和快冻法两种，当混凝土试件的相对动弹性模量（经 n

次冻融循环后试件的横向基频与试验前试件的横向基频的平方比）降低至小于或等于60%，或质量损失达5%时的循环次数，即为混凝土的抗冻等级。混凝土的抗冻等级分为F25，F50，F100，F150，F200，F250和F300等。

3. 抗化学侵蚀性

环境介质对混凝土的化学侵蚀有淡水侵蚀、海水侵蚀、酸碱侵蚀等，其侵蚀机理与水泥石化学侵蚀相同。其中海水的侵蚀除了硫酸盐侵蚀外，还有反复干湿作用，盐分在混凝土内的结晶与聚集，海浪的冲击磨损，海水中氯离子对钢筋的锈蚀作用等，同样会使混凝土受到侵蚀而破坏。

混凝土的抗渗性、抗冻性和抗化学侵蚀性之间是相互关联的，且均与混凝土的密实程度，即孔隙总量及孔隙结构特征有关。若混凝土内部的孔隙形成相互连通的渗水通道，混凝土的抗渗性差，相应的抗冻性和抗化学侵蚀性将随之降低。因此，应采取有效措施改善混凝土的孔隙结构，减少混凝土内部的毛细管通道，以降低混凝土的渗透性，从而提高混凝土的抗冻性和抗化学侵蚀性。常用的方法有：采用减水剂降低水灰比，提高混凝土密实度；掺加引气剂，在混凝土中形成均匀分布的不连通的微孔；加强养护，杜绝施工缺陷；防止由于离析、泌水而在混凝土内形成孔隙通道等。还可以采用外部保护措施以隔离侵蚀介质，使不与混凝土接触，以提高混凝土的抗化学侵蚀性。

4. 耐磨性

耐磨性是路面和桥梁用混凝土的重要性能之一。作为高级路面的水泥混凝土，必须具有抵抗车辆轮胎磨耗和磨光的性能。用做大型桥梁墩台的混凝土也需要具有抵抗湍流空蚀的能力。混凝土耐磨性主要通过耐磨性试验，采用磨损量评价。混凝土的磨损量越大，表示其耐磨性越差。

5. 碱-集料反应

水泥混凝土中水泥的碱与某些碱活性集料发生化学反应，可引起混凝土膨胀、开裂，甚至破坏，这种化学反应称为碱-集料反应。含有这种碱活性矿物的集料，称为碱活性集料（简称碱集料）。碱-集料反应会导致高速公路路面、大型桥梁墩台、大坝或隧道混凝土的开裂和破坏，并且这种破坏会继续发展下去，难以补救，因此引起世界各国的普遍关注。近年来，我国水泥碱含量的增加、水泥用量的提高以及含碱外加剂的普遍应用，增加了碱-集料反应破坏的潜在危险，因此，对水泥混凝土用砂石料的碱活性问题，必须引起足够地重视。

碱-集料反应有碱-硅反应和碱-碳酸盐反应两种类型：碱-硅反应是指碱与集料中活性二氧化硅反应；碱-碳酸盐反应是指碱与集料中活性碳酸盐反应。

碱-集料反应机理甚为复杂，而且影响因素较多，但是发生碱-集料反应必须具备三个条件：混凝土中的集料具有活性；混凝土中含有一定量可溶性碱；有一定的湿度。对重要工程混凝土使用的集料应进行碱活性检验，同时，应控制水泥等材料的碱含量。

6. 提高混凝土耐久性的措施

1）根据混凝土的工程特点和所处环境条件，合理选择水泥品种。

2）严格控制砂石材料的质量，级配设计应遵照小比表面和空隙率的原则，有助于提高混凝土的耐久性。

3）掺加减水剂、引气剂等外加剂和掺合料，改善混凝土的孔结构，提高混凝土的抗渗、抗冻等性质。

4）严格控制混凝土的水灰比和水泥用量，保证达到耐久性的要求。依据 JGJ 55—2000《普通混凝土配合比设计规程》的规定，普通混凝土配合比设计主要通过最大水灰比和最小水泥用量两个方面来控制混凝土的耐久性。其最大水灰比和最小水泥用量的限值列于表 4-2。

表 4-2 混凝土的最大水灰比和最小水泥用量限值

<table>
<tr><th colspan="2" rowspan="2">环境条件</th><th rowspan="2">结构物类别</th><th colspan="3">最大水灰比</th><th colspan="3">最小水泥用量/kg</th></tr>
<tr><th>素混凝土</th><th>钢筋混凝土</th><th>预应力混凝土</th><th>素混凝土</th><th>钢筋混凝土</th><th>预应力混凝土</th></tr>
<tr><td colspan="2">干燥环境</td><td>正常的居住和办公用房室内部件</td><td>—</td><td>0.65</td><td>0.60</td><td>200</td><td>260</td><td>300</td></tr>
<tr><td rowspan="2">潮湿环境</td><td>无冻害</td><td>1. 高湿度的室内部件
2. 室外部件
3. 在非侵蚀性土和（或）水中的部件</td><td>0.70</td><td>0.60</td><td>0.60</td><td>225</td><td>280</td><td>300</td></tr>
<tr><td>有冻害</td><td>1. 经受冻害的室外部件
2. 在非侵蚀性土和（或）水中且经受冻害的部件
3. 高湿度且经受冻害的室内部件</td><td>0.55</td><td>0.55</td><td>0.55</td><td>250</td><td>280</td><td>300</td></tr>
<tr><td colspan="2">有冻害和除冰剂的潮湿环境</td><td>经受冻害和除冰剂作用的室内和室外部件</td><td>0.50</td><td>0.50</td><td>0.50</td><td>300</td><td>300</td><td>300</td></tr>
</table>

5）采用机械搅拌合振捣方法，加强混凝土养护，保证混凝土的施工质量。

↘第三节 普通混凝土的组成材料

普通水泥混凝土的组成材料包括水泥、水、集料以及适量的掺合料和外加剂。组成材料质量的优劣将直接影响混凝土的技术性质，在确保经济的原则下，合理选择组成材料是保证混凝土质量的首要条件。

一、水泥

水泥是影响混凝土施工和易性、强度和耐久性的重要材料。在配制普通混凝

土时，应对水泥的品种和强度进行合理选择。

1. 水泥品种的选择

一般来说，硅酸盐水泥、普通硅酸盐水泥、矿渣硅酸盐水泥、火山灰质硅酸盐水泥、粉煤灰硅酸盐水泥和复合硅酸盐水泥均可用于配置普通水泥混凝土。在选择水泥品种时，可参照 GB 50204—2002《混凝土结构工程施工质量验收规范》，根据混凝土的工程特点、所处环境、施工气候和条件等因素选用，具体可参照第三章表 3-11 选用。

2. 水泥强度等级的选择

选用水泥的强度等级应与要求配制的混凝土强度等级相适应。如水泥强度选用过高，则混凝土中水泥用量过低，会影响混凝土的和易性和耐久性。反之，如水泥强度选用过低，则混凝土中水泥用量太多，非但不经济，而且会降低混凝土的某些技术品质（如收缩率增大）。通常，配制一般混凝土时，选用强度等级低的水泥；配制高强度混凝土时，选用强度等级高的水泥。

二、集料

集料包括岩石天然风化而成的砾石（卵石）和砂，以及岩石经机械和人工轧制而成的各种尺寸的碎石和砂。随着土木工程材料的发展，集料亦包括工业冶金矿渣。根据集料在各种工程混合料中的不同作用，可将集料划分为粗集料和细集料两大类。

在水泥混凝土中，粗集料是指粒径大于 4.75mm（以方孔筛计）的集料，细集料是指粒径小于 4.75mm 的集料。粗集料在混合料中起骨架作用，细集料在混合料中起填充作用。常见的粗集料有人工轧制的碎石和天然风化而成的卵石等，细集料主要包括天然砂、人工砂（或称机制砂）和石屑等。依据 JGJ 52—2006《普通混凝土用砂、石质量及检验方法标准》，砂、石集料应符合以下规定：

1. 细集料

水泥混凝土用细集料应采用级配良好、质地坚硬、颗粒洁净的河砂或海砂。若工程所在地没有河砂或海砂资源时，也可以使用符合要求的山砂或机制砂。评价普通混凝土用细集料质量的技术指标主要有级配、细度模数、有害杂质含量等。

（1）级配　优质的混凝土用砂希望具有高的密度和小的比表面，这样才能达到既保证新拌混凝土有适宜的工作性和硬化后混凝土有一定的强度、耐久性，同时又达到节约水泥的目的。普通混凝土用砂的密度和比表面是通过其级配和细度模数控制的。

集料的级配是指集料各组成颗粒的分配情况，可通过筛分试验确定。筛分试验是将集料通过一系列规定筛孔尺寸的标准筛（如 4.75mm、2.36mm、1.18mm、

0.6mm、0.3mm、0.15mm、0.075mm），称出存留在各个筛上的集料质量，根据试样的总质量与各筛上的存留质量，采用一系列级配参数表征其级配情况。常用的级配参数有：分计筛余百分率、累计筛余百分率和通过百分率。

1）分计筛余百分率。某号筛上的筛余质量占试样总质量的百分率，可按下式计算：

$$a_i = \frac{m_i}{M} \times 100\% \tag{4-6}$$

式中 a_i——某号筛的分计筛余百分率（%）；

m_i——存留在某号筛上的质量（g）；

M——试样总质量（g）。

2）累计筛余百分率。某号筛的分计筛余百分率和大于该号筛的各筛分计筛余百分率的总和，可按下式计算：

$$A_i = a_{4.75} + a_{2.36} + \cdots + a_i \tag{4-7}$$

式中 A_i——某号筛的累计筛余百分率（%）；

$a_{4.75}$，$a_{2.36}$，…，a_i——从4.75mm，2.36mm，…，至计算的某号筛的分计筛余百分率（%）。

3）通过百分率。通过某筛的质量占试样总质量的百分率，即100与累计筛余百分率之差，以 P_i 表示，按下式计算：

$$P_i = 100 - A_i \tag{4-8}$$

（2）细度模数　这是评价砂粗细程度（即粗度）的一种指标，是指砂通过筛分试验，各号筛的累计筛余百分率之和除以100的商，可按下式计算：

$$M_x = \frac{(A_{0.15} + A_{0.3} + A_{0.6} + A_{1.18} + A_{2.36}) - 5A_{4.75}}{100 - A_{4.75}} \tag{4-9}$$

式中 M_x——细度模数；

$A_{4.75}$、$A_{2.36}$、$A_{1.18}$、$A_{0.6}$、$A_{0.3}$、$A_{0.15}$——分别为4.75mm、2.36mm、…、0.15mm各筛的累计筛余百分率（%）。

细度模数越大，表示细集料越粗。按我国现行标准规定，砂的粗度按细度模数可分为三级：粗砂（$M_x = 3.7 \sim 3.1$）、中砂（$M_x = 3.0 \sim 2.3$）、细砂（$M_x = 2.2 \sim 1.6$）。

砂的颗粒级配与粗细程度是影响混凝土性质的重要因素。细度模数只反映全部颗粒的平均粗细程度，而不能反映颗粒的级配情况。因此，考虑砂的颗粒分布情况时，应同时采用细度模数和级配两项指标以真正反映砂的颗粒性质。普通混凝土用砂的级配是以细度模数 $M_x = 1.6 \sim 3.7$ 的砂，按0.6mm筛孔的累计筛余划分为3个级配区，级配范围要求列于表4-3。

表 4-3　砂的颗粒级配区

级配区	筛孔尺寸/mm						
	9.5	4.75	2.36	1.18	0.6	0.3	0.15
	累计筛余（%）						
Ⅰ区	0	10～0	35～5	65～35	85～71	95～80	100～90
Ⅱ区	0	10～0	25～0	50～10	70～41	92～70	100～90
Ⅲ区	0	10～0	15～0	25～0	40～16	85～55	100～90

注：实际颗粒级配与表中累计筛余百分率相比，除 4.75mm 和 0.6mm 筛号外，允许稍有超出分界线，但其总超出量不应大于 5%。

Ⅰ区砂属于粗砂范畴，用Ⅰ区砂配制混凝土时，应较Ⅱ区砂采用较大的砂率，且保持足够的水泥用量，以满足混凝土和易性的要求。否则，新拌混凝土的内摩擦阻力较大、保水差、不易捣实成形。Ⅱ区砂由中砂和一部分偏粗的细砂组成，是配制混凝土时优先选用的级配类型。Ⅲ区砂由细砂和一部分偏细的中砂组成。当应用Ⅲ区砂配制混凝土时，应较Ⅱ区砂采用较小的砂率，因应用Ⅲ区砂所配制成的新拌混凝土粘性略大，比较细软，易插捣成形，且由于Ⅲ区砂细、比表面大，所以对新拌混凝土的工作性影响比较敏感。

当砂中含有较多粗砂，并以适当中砂及少量细砂填充其空隙是比较理想的级配，可使砂获得较小的空隙率及总表面积，这样，不仅水泥用量较少，而且还可提高混凝土的密实性与强度。

（3）有害杂质含量　集料中含有妨碍水泥水化，或能降低集料与水泥石粘附性，以及能与水泥水化产物产生不良化学反应的各种物质，称为有害杂质。砂中常含有的有害杂质主要有泥和泥块、云母、轻物质、硫酸盐和硫化物、氯离子，以及有机物等。

JGJ 52—2006 对普通混凝土用砂有害杂质含量的规定列于表 4-4。

表 4-4　普通混凝土用砂的有害杂质含量限值

项　目	指　标		
	≥C60	C55～C30	≤C25
云母（按质量计）（%）	≤2.0		
轻物质（按质量计）（%）	≤1.0		
有机物含量（用比色法试验）	颜色应不深于标准色。当颜色深于标准色时，应按水泥胶砂强度试验方法进行强度对比试验，抗压强度比应不低于 0.95		
硫化物及硫酸盐含量（折算成 SO_3，按质量计）（%）	≤1.0		

（续）

项目			指标		
			≥C60	C55～C30	≤C25
含泥量（按质量计）（%）			≤2.0	≤3.0	≤5.0
泥块含量（按质量计）（%）			≤0.5	≤1.0	≤2.0
石粉含量（%）	亚甲蓝试验	*MB* 值<1.4（合格）	≤5.0	≤7.0	≤10.0
		MB 值≥1.4（不合格）	≤2.0	≤3.0	≤5.0
氯离子含量（以干砂质量百分率计）（%）		钢筋混凝土用砂	≤0.06		
		预应力混凝土用砂	≤0.02		

注：1. 对有抗冻、抗渗或其他特殊要求的≤C25 的混凝土用砂，其含泥量不应大于 3.0%，泥块含量不应大于 1.0%。

2. 对有抗冻、抗渗要求的混凝土用砂，其云母含量不应大于 1.0%。

3. 石粉含量限值仅限于人工砂或混合砂。

（4）坚固性　当混凝土处在严寒及寒冷地区室外，并经常处于潮湿或干湿交替状态下；有腐蚀介质作用或经常处于水位变化区的地下结构；有抗疲劳、耐磨、抗冲击等要求时，应进行硫酸钠坚固性检验，经 5 次循环后质量损失应不大于 8%。对其他条件下使用的混凝土，应不大于 10%。

（5）碱-集料反应　由于近年来我国水泥含碱量的增大、水泥用量的提高、含碱外加剂的应用，增加了碱-集料反应的潜在危险，因此，对于长期处于潮湿环境中的重要混凝土结构用砂，应采用快速砂浆棒法或砂浆长度法进行碱活性检验，判定有潜在危害时，应控制混凝土中的碱含量不超过 $3kg/m^3$，或采用能抑制碱-集料反应的有效措施。

（6）物理常数　细集料常采用的物理常数有表观密度、堆积密度和空隙率等，这些物理常数不仅可以反映细集料的品质，还将为混凝土的配合比设计提供必需的设计参数。细集料的表观密度通常采用容量瓶法测定，堆积密度采用密度筒法测定。

2. 粗集料

混凝土所用粗集料主要包括碎石和卵石，常称为石子，也是影响混凝土强度的主要因素之一。普通混凝土所用粗集料的质量应符合强度、级配、坚固性、表面特征和形状、有害杂质含量等几个方面的技术要求。

（1）强度　粗集料的强度可用岩石的抗压强度和压碎值指标表示。岩石的抗压强度应比所配制的混凝土强度至少高 20%。当混凝土的强度等级大于或等于 C60 时，应进行岩石抗压强度检验。通常岩石的抗压强度由生产单位提供，工程中可采用压碎值指标对其进行控制。

压碎值是指粗集料在连续增加的荷载下抵抗压碎的能力，作为相对衡量石料强度的一个指标。压碎值的试验方法是将10~20mm（圆孔筛）粒级的粗集料试样，分2层装入压碎值测定仪的圆筒内，底盘下面垫一直径为10mm的圆钢筋，每层左右交替颠击各25下，最后在碎石上再加一压头，如图4-10所示。将试模移置压力机上，在160~300s内均匀加荷至200kN，稳压5s，然后卸载。取下试模，测定通过2.5mm标准筛的碎屑质量占原试样质量的百分率，即为压碎值。按下式计算：

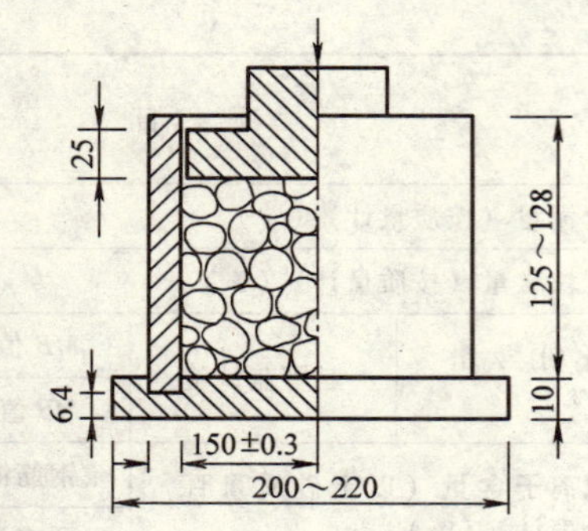

图4-10 碎石压碎值测定仪（单位：mm）

$$Q'_a = \frac{m_0 - m_1}{m_0} \times 100\% \qquad (4\text{-}10)$$

式中 Q'_a——试样的压碎值（%）；

m_0——试验前的试样质量（g）；

m_1——试验后2.5mm筛的筛余质量（g）。

我国现行标准JGJ 52—2006对普通混凝土用碎石和卵石的压碎值指标要求列于表4-5。

（2）级配 粗集料的级配与细集料相同，采用筛分试验确定，但粗、细集料所使用标准筛的筛孔尺寸不同。粗集料常采用的标准方孔筛有：75mm、63mm、53mm、37.5mm、31.5mm、26.5mm、19mm、16mm、13.2mm、9.5mm、4.75mm等尺寸。

表4-5 普通混凝土用碎石或卵石压碎值指标

粗集料种类 \ 指标		压碎值（%）≤ C40~C60	压碎值（%）≤ ≤C35
碎石	沉积岩	10	16
	变质岩或深成火成岩	12	20
	喷出火成岩	13	30
卵石		12	16

粗、细集料组成的混合料的级配有连续级配和间断级配两种。连续级配是指由大到小逐级粒径均有，并按比例互相搭配组成的混合料。连续级配曲线平顺圆滑，具有连续不间断的性质。间断级配是在混合料中剔除其中一个或几个分级，形成的级配曲线具有不连续性。

连续级配的优点是所配制的混凝土较密实，具有优良的工作性，不易离析，因此，被经常采用。但与间断级配矿质混合料相比较，连续级配配制相同强度的混凝土，所需要的水泥耗量较高。间断级配矿质混合料的最大优点是空隙率低，可以配制成密实高强的混凝土，而且水泥耗量较小，但是间断级配混凝土拌合物容易产生离析现象，适宜于配制干硬性混凝土，并须采用强力振捣。

为获得密实、高强的混凝土，并能节约水泥，要求粗、细集料组成的矿质混合料要有良好的级配。普通混凝土用粗集料应采用连续粒级，单粒级宜用于组配成满足要求的连续粒级，也可以与连续粒级混合使用，以改善其级配或组配成较大粒度的连续粒级。单粒级和连续粒级矿质集料的级配应满足我国现行行业标准（JGJ 52—2006）的规定，如表 4-6 所示。

表 4-6 碎石或卵石的颗粒级配范围

级配情况	公称粒径/mm	筛孔尺寸/mm											
		2.36	4.75	9.5	16.0	19.0	26.5	31.5	37.5	53	63	75	90
		累计筛余（按质量计）（%）											
连续粒级	5～10	95～100	80～100	0～15	0								
	5～16	95～100	85～100	30～60	0～10	0							
	5～20	95～100	90～100	40～80	—	0～10	0						
	5～25	95～100	90～100	—	30～70	—	0～5	0					
	5～31.5	95～100	90～100	70～90	—	15～45	—	0～5	0				
	5～40		95～100	70～90	—	30～65	—	—	0～5	0			
单粒级	10～20		95～100	85～100	—	0～15	0						
	16～31.5		95～100	—	85～100	—	—	0～10	0				
	20～40			95～100	—	80～100	—	—	0～10	0			
	31.5～63				95～100	—	—	75～100	45～75	—	0～10	0	
	40～80					95～100	—	—	70～100	—	30～60	0～10	0

（3）最大粒径的选择　粗集料的最大粒径对混凝土的强度有一定的影响。在一定的配比条件下，粗集料的最大粒径过大，将减小与水泥浆接触的总面积，界面强度降低，同时还会因振捣不密实而降低混凝土的强度，且在水灰比较小时影响更为明显。

为了保证混凝土的施工质量，保证混凝土构件的完整性和密实度，粗集料的最大粒径不宜过大。GB 50204—2002《混凝土结构工程施工及验收规范》规定，粗集料的最大颗粒粒径不得大于结构截面最小尺寸的 1/4，同时不得大于钢筋间最小净距的 3/4；对于混凝土实心板，粗集料的最大粒径不宜超过板厚的 1/3，且不得超过 40mm。

（4）表面特征和形状　表面粗糙且多棱角的碎石与表面光滑和圆形的卵石配制的混凝土相比较，虽然卵石配制的混凝土具有较好的流动性，但碎石与水泥的粘结性好，混凝土的强度高。配制混凝土的粗集料，其粒形应以接近正立方体者为佳，不宜含有较多针片状颗粒，否则将显著降低水泥混凝土的抗折强度，并影响混凝土拌合物的工作性。普通混凝土用碎石和卵石的针片状颗粒含量应符合表 4-7 的规定。

表 4-7 粗集料针片状颗粒含量（按质量计）限值

混凝土强度等级	≥C60	C55 ~ C30	≤C25
针片状颗粒含量（%）	≤8	≤15	≤25

（5）坚固性　为保证混凝土的耐久性，用做混凝土的粗集料应具有足够的坚固性，以抵抗冻融和自然因素的风化作用。混凝土用粗集料的坚固性用硫酸钠溶液法检验，试样经 5 次循环后，其质量损失应符合表 4-8 的规定。

表 4-8 普通混凝土用碎石或卵石坚固性指标

混凝土所处环境条件及其性能要求	5 次循环后质量损失（%）
严寒、寒冷地区室外，并经常处于潮湿或干湿交替状态下；有腐蚀介质作用或经常处于水位变化区的地下结构或有抗疲劳、耐磨、抗冲击等要求	≤8
其他条件下使用的混凝土	≤12

（6）有害杂质含量　粗集料中的有害杂质主要有：粘土、淤泥及细屑、硫酸盐及硫化物、有机质、蛋白石及其他含有活性氧化硅的岩石颗粒等，主要有害杂质的限值如表 4-9 所示。

表 4-9 粗集料有害杂质含量限值

项　目	指　标		
	≥C60	C55 ~ C30	≤C25
含泥量（按质量计）（%）	≤0.5	≤1.0	≤2.0
泥块含量（按质量计）（%）	≤0.2	≤0.5	≤0.7
卵石中有机物含量（用比色法试验）	颜色应不深于标准色。当颜色深于标准色时，应配制成混凝土进行强度对比试验，抗压强度比应不低于 0.95		
硫化物及硫酸盐含量（折算成 SO_3，按质量计）（%）	≤1.0		

注：1. 对有抗冻、抗渗或其他特殊要求的混凝土用碎石或卵石，其含泥量不应大于 1.0%。当含泥为非粘土质石粉时，其含泥量应较表 4-9 中的规定值相应提高到 1.0%、1.5%、3.0%。
2. 对有抗冻、抗渗或其他特殊要求的强度等级 < C30 的混凝土，其所用碎石或卵石中泥块含量不应大于 0.5%。

（7）碱活性检验　对于长期处于潮湿环境的重要混凝土工程用粗集料，应进行碱活性检验。首先应用岩相法确定碱活性集料的种类和数量。若粗集料中含有活性二氧化硅时，应采用快速砂浆棒法或砂浆长度法检验；若粗集料中含有活性碳酸盐时，应采用岩石柱法检验，以确定其是否存在潜在危害。

当确定粗集料存在潜在碱-硅反应危害时，应控制混凝土中的碱含量不超过 $3kg/m^3$，或采用能抑制碱-集料反应的有效措施。当判定粗集料中存在潜在

碱–碳酸盐反应危害时，则粗集料不宜用做混凝土骨料；否则，应通过专门的混凝土试验做最后评定。

（8）物理常数 粗集料的物理常数主要有表观密度、表干密度、毛体积密度、堆积密度和空隙率等。这些物理常数不仅可以反映粗集料的品质，间接地推断其力学性质，更重要的是将为混凝土的配合比设计提供必需的设计参数。粗集料的表观密度、表干密度和毛体积密度，按我国现行试验方法规定采用网篮法测定。

三、混凝土拌合用水

混凝土拌合用水水源，可分为饮用水、地表水、地下水、海水，以及经适当处理或处置后的工业废水。依据 JGJ 63—2006《混凝土用水标准》的规定，混凝土拌合用水中的化学指标（pH、不溶物、可溶物、Cl^-、SO_4^{2-}和碱含量）均应符合标准要求。符合国家标准的生活饮用水，可以用来拌制混凝土，不需再进行检验。地表水、地下水、再生水的放射性应符合国家《生活饮用水卫生标准》；被检水样应与采用生活饮用水测定的水泥凝结时间和水泥胶砂强度进行对比试验，检验合格才能使用；拌合用水不应有漂浮明显的油脂和泡沫，不应有明显的颜色和异味。混凝土企业设备洗刷水不宜用于预应力钢筋混凝土、装饰混凝土、加气混凝土和暴露于侵蚀环境中的混凝土；不得用于使用碱活性或潜在碱活性集料的混凝土。未经处理的海水严禁用于钢筋混凝土和预应力钢筋混凝土；在无法获得水源的情况下，海水可用于素混凝土，但不宜用于装饰混凝土。

四、混凝土外加剂

混凝土外加剂是在拌制混凝土过程中掺入用以改善混凝土性质的物质，掺量不应大于水泥质量的5%（特殊情况除外）。

1. 外加剂的分类

混凝土外加剂按其主要功能可分为下列四类：

（1）改善混凝土拌合物流变性能的外加剂 如各种减水剂、引气剂、泵送剂、保水剂、灌浆剂等。

（2）调节混凝土凝结时间和硬化性能的外加剂 如缓凝剂、早强剂、速凝剂等。

（3）改善混凝土耐久性的外加剂 如引气剂、阻锈剂、防水剂等。

（4）改善混凝土其他性能的外加剂 如加气剂、膨胀剂、防冻剂、着色剂、碱–集料反应抑制剂等。

常用混凝土外加剂有减水剂、引气剂、早强剂、缓凝剂、泵送剂等。

2. 减水剂

混凝土外加剂发展迅速，种类繁多，其中减水剂是当前品种最多、应用最广

的一种外加剂。减水剂是指在混凝土坍落度基本相同的情况下，能减少拌合用水的外加剂。

（1）减水剂的减水机理　减水剂均属于表面活性剂，因此，不同种类的减水剂其作用机理基本相似。

表面活性剂有着特殊的分子结构，它是由亲水基团和憎水基团二个部分组成。表面活性剂加入水中，其亲水基团会电离出离子，使表面活性剂分子带有电荷。亲水基团指向溶剂，憎水基团指向空气（或气泡）、固体（如水泥颗粒）或非极性液体（如油滴）并作定向排列，形成定向吸附膜而降低水的表面张力。这种表面活性作用是减水剂起减水增强作用的主要原因。

水泥加水后，由于水泥颗粒的水化作用使水泥颗粒间在分子力的作用下形成一些絮凝状结构。如图 4-11 所示，这种絮凝结构中包裹着一部分拌合水，使得混凝土的拌合用水量相对减少，从而降低了混凝土拌合物的工作性。

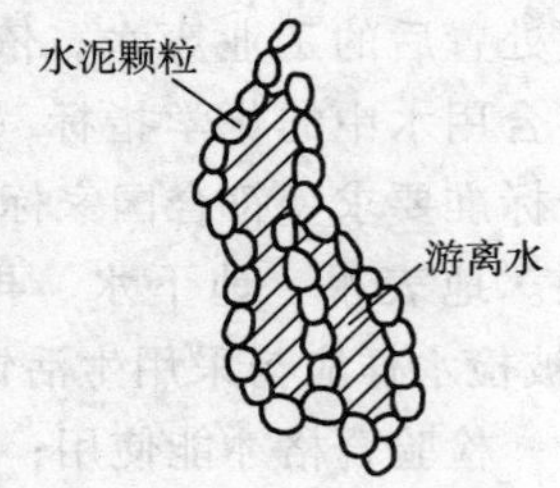

图 4-11　未掺减水剂水泥的絮凝状结构

加入减水剂后，减水剂首先在水中电离出离子，自身带有电荷，在电斥力作用下，使原来水泥颗粒的絮凝结构被打开，将被束缚在絮凝结构中的游离水释放出来，如图 4-12a 所示。减水剂分子中的憎水基团定向吸附于水泥颗粒表面，亲水基团指向水溶剂，在水泥颗粒表面形成一层稳定的溶剂化水膜，如图 4-12b 所示，阻止了水泥颗粒间的直接接触，提高了水泥颗粒间的润滑作用和混凝土拌合物的流动性。

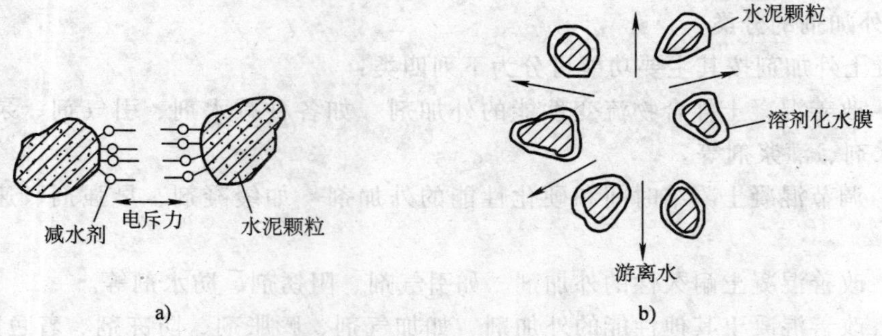

图 4-12　减水剂的作用机理示意图

（2）减水剂的分类　减水剂通常可按其主要化学成分、功能、塑化效果、引气量、凝结时间和早期强度等方法进行分类。

1）按减水剂主要化学成分分类，有木质素系减水剂、多环芳香族磺酸盐系减水剂、水溶性树脂磺酸盐系减水剂等。

木质素磺酸盐系减水剂：其主要成分为木质素磺酸盐，主要品种为木质素磺酸钙（又称M型减水剂），掺量一般为水泥质量的0.2%～0.3%。当保持水泥用量和混凝土坍落度不变时，其减水率为10%～12%，混凝土28d抗压强度提高10%～20%；在混凝土工作性和强度相近条件下，可节约水泥5%～10%；当水泥用量不变，强度相近条件下，塑性混凝土的坍落度可增加50～120mm。

多环芳香族磺酸盐系减水剂（萘系）：通常是由工业萘或煤焦油中的萘、蒽、甲基萘等馏分，经磺化、水解、缩合、中和、过滤、干燥而制成。国内现生产的品牌有：MF（β-萘磺酸甲醛缩合物的钠盐及甲基萘磺酸甲醛缩合物钠盐）、FDN、NF、JN、UNF等，其中大部分品牌为非引气型减水剂。这类减水剂均为高效减水剂，常用量为水泥质量的0.5%～1.0%。减水率为10%～25%；28d抗压强度可提高15%～50%；当水泥用量相同和强度相近时，可使坍落度20～30mm的低塑性混凝土的坍落度增加到100～150mm；在混凝土工作性和强度相近条件下，可节约水泥10%～20%。该类外加剂除适用于普通混凝土之外，更适用于高强混凝土、早强混凝土、流态混凝土、蒸养混凝土及特种混凝土。

水溶性树脂系减水剂：是以一些水溶性树脂（如三聚氰胺树脂、古马隆树脂）等为主要原料的减水剂，亦属阴离子型，系早强、非引气型的高效减水剂，其减水及增强效果比萘系减水剂更好。国产SM、CRS减水剂即属此类。一般掺量为水泥质量的0.5%～1.0%。减水率为20%～30%；混凝土3d强度提高30%～100%，28d强度提高20%～50%；当水泥用量相同和强度相近时，可使塑性混凝土的坍落度增加到150mm以上。这种减水剂除具有显著的减水、增强效果外，还能提高混凝土的其他力学性能和混凝土的抗渗性、抗冻性，对混凝土的蒸养适应性也优于其他外加剂。树脂减水剂适用于早强、高强、蒸养及流态混凝土。

2）按减水剂功能可分为普通减水剂、高效减水剂、早强减水剂、引气减水剂、缓凝减水剂及缓凝高效减水剂等。

3）按塑化效果可分为普通减水剂和高效减水剂。普通减水剂的减水率通常小于10%；高效减水剂的减水率可达12%以上。

4）按引气量可分为引气减水剂和非引气减水剂。引气减水剂混凝土的含气量为3.5%～5.5%；非引气减水剂混凝土的含气量小于3%（一般在2%左右）。

5）按混凝土的凝结时间和早期强度可分为标准型、缓凝型和早强型减水剂。

（3）减水剂的技术经济效益　在保证混凝土工作性和水泥用量不变的条件下，可以减少用水量，提高混凝土强度，特别是高效减水剂可大幅度减小用水

量，制备早强、高强混凝土。

在保持混凝土用水量和水泥用量不变的条件下，可增大混凝土的流变性，如采用高效减水剂可制备大流动性混凝土。

在保证混凝土工作性和强度不变的条件下，可减少拌合用水量和水泥用量。使用减水剂，还可减少混凝土拌合物的泌水、离析现象，密实混凝土结构，提高混凝土的抗渗性和抗冻性。

3. 引气剂

引气剂为憎水性表面活性物质，由于它能降低水泥-水-空气的界面能，使搅拌过程混进混凝土拌合物的空气形成微小（直径0.01～2mm）而稳定的气泡、均匀分布于混凝土中。

常用的引气剂有松香热聚物、烷基磺酸钠和烷基苯碳酸钠等阴离子表面活性剂。适宜的掺加量为水泥用量的0.005%～0.01%，混凝土中含气量为3%～6%。对混凝土拌合物，由于这些气泡的存在，可改善和易性，减少泌水和离析。对硬化后的混凝土，由于气泡彼此隔离，切断毛细孔通道，使水分不易渗入，又可缓冲其结冰膨胀的作用，因而提高混凝土的抗冻性、抗渗性和抗蚀性；由于大量气泡存在，可降低混凝土的弹性模量，有利于提高混凝土的抗裂性。但是，由于气泡的存在，混凝土的强度会有所降低，当水灰比一定时，混凝土中空气量每增加1%（体积），其抗压强度下降3%～5%。因此，引气剂的掺量应严格控制。同时，注意引气剂不能用于预应力混凝土和蒸汽（或蒸压）养护混凝土。

4. 早强剂

早强剂是加速混凝土早期强度发展的外加剂，多用于冬期施工或紧急抢修工程。

早强剂对水泥中的硅酸三钙和硅酸二钙等矿物的水化有催化作用，能加速水泥的水化和硬化，从而具有使混凝土早强的作用。通常采用复合早强剂，可以获得更为有效的早强作用。常用的早强剂按化学成分可分为无机盐类、有机盐类和复合早强剂三类。常用的代表性品种有氯化钙和三乙醇胺复合早强剂。

（1）氯化钙早强剂　由于氯化钙能与水泥产生水化作用，增加水泥矿物的溶解度，因而加速水泥矿物水化。同时，氯化钙还能与C_3A作用生成一些水化的复盐晶体，因而能提高水泥的早期强度。此外，$CaCl_2$还能与$Ca(OH)_2$反应，降低水泥-水体系的碱度，使C_3S水化反应易于进行，相应地也提高了水泥的早期强度。但由于Cl^-对于混凝土中钢筋锈蚀影响较大，为此，在钢筋混凝土中$CaCl_2$的掺加量不得超过1%，在无筋混凝土中掺加量不得超过3%。并且$CaCl_2$早强剂一般应与除锈剂复合使用。

（2）三乙醇胺复合早强剂　这种早强剂由三乙醇胺与无机盐复合而成，是一种较好的早强剂。不仅能提高混凝土的早期强度（2d的强度可提高40%以上），能使混凝土达到28d强度的养护时间缩短1/2，还能够防止钢筋锈蚀。常用于混凝土快速低温施工。

5. 缓凝剂

缓凝剂是能延缓混凝土的凝结时间，对混凝土后期物理力学性能无不利影响的外加剂。缓凝剂的缓凝机理是由于它在水泥及其水化物表面上的具有吸附作用，或与水泥反应生成不溶层而达到缓凝的效果。通常用的缓凝剂有下列几种类型：

（1）羟基羧酸盐　如酒石酸、酒石酸甲钠、柠檬酸、水杨酸等。

（2）多羟基碳水化合物　如糖蜜、含氧有机酸、多元醇等。

（3）无机化合物　如 Na_3PO_4、$Na_2B_4O_7$、Na_2SO_3 等。

缓凝剂用于大体积混凝土工程，可延缓混凝土的凝结时间，保持工作性，延长放热时间，消除或减少裂缝，有利于保证结构整体性。

6. 泵送剂

能改善混凝土拌合物泵送性能的外加剂称为泵送剂。它具有能使混凝土拌合物顺利通过输送管道、不阻塞、不离析、粘塑性良好的性能，可以满足泵送混凝土的性能要求。

泵送剂是流化剂中的一种，是复合了其他成分的复合外加剂。它除了能大大提高拌合物流动性以外，还能使新拌混凝土在60~180min时间内保持其流动性。但泵送剂不是缓凝剂，缓凝时间不宜超过120min。

泵送剂适用各种需要采用泵送工艺的混凝土。超缓凝泵送剂用于大体积混凝土，含防冻组分的泵送剂适用于冬期施工混凝土。

五、掺合料

在混凝土拌合物制备时，为了节约水泥、改善混凝土的性能、调节混凝土强度等级而加入的天然或人造的矿物材料，统称为混凝土掺合料。用于混凝土中的掺合料可分为非活性矿物掺合料和活性矿物掺合料。非活性矿物掺合料一般与水泥组分不起化学作用，或化学作用很小，常用材料有磨细的石英砂、石灰石等。活性矿物掺合料虽然本身不硬化或硬化速度很慢，但能与水泥水化生成的 $Ca(OH)_2$ 发生化学反应，生成具有水硬性的胶凝材料，粉煤灰、粒化高炉矿渣、粒化高炉矿渣粉、火山灰质材料、硅灰、沸石粉等均属活性矿物掺合料。

1. 粉煤灰

粉煤灰是燃烧煤粉后收集到的灰粒，亦称飞灰。它可以作为生产水泥的原料，也可以在土木工程中直接用于路基或路面基层材料，但直接用做混凝土的组成材料更为广泛。

粉煤灰的化学成分与煤的品种和燃烧条件有关，一级燃烧烟煤和无烟煤锅炉排出的粉煤灰，其 SiO_2 含量为45%~60%，Al_2O_3 含量为20%~35%，Fe_2O_3 含

量为5%～10%，CaO含量为5%左右，烧失量为5%～30%，但多数不大于15%。化学成分中硅、铝和铁的氧化物的含量是评定粉煤灰在混凝土中应用性能的主要指标。通常低钙粉煤灰中这些氧化物含量可达75%以上。

粉煤灰掺入混凝土后，不仅可以取代部分水泥，而且能改善混凝土的一系列性能。根据现代研究认为，粉煤灰在混凝土中，能与水泥互补短长、均衡配合，主要优点有：粉煤灰混凝土的施工和易性优于普通混凝土，可明显改善泵送混凝土的可泵性，特别是较易振捣密实，均质性良好，因而抗渗性能较好；粉煤灰混凝土的水化热较低，较适合于大体积混凝土工程；粉煤灰混凝土的抗侵蚀性能较好；与外加剂的叠加效应，使减水剂效果更为明显；具有优良的抑制碱-集料反应的性质。但粉煤灰混凝土也存在一些缺点：由于粉煤灰混凝土的碱度降低，故抗碳化性能下降，对钢筋的保护作用有所下降；粉煤灰含碳量较高时将影响混凝土外加剂的适应性，如降低引气剂的引气效果；由于用水量的降低，养护制度的要求更为严格。此外，粉煤灰混凝土的早期强度较低，后期强度增长较大，因此，地下结构和大体积混凝土宜采用56d、60d或90d作为设计强度等级的龄期；地上结构有条件的也可采用56d或60d龄期；对堤坝及某些大型基础混凝土结构甚至可以采用180d的龄期。

由于粉煤灰的品质波动非常大，而且在混凝土中的作用又受到很多因素的影响，因此，粉煤灰在混凝土中的应用相对来说有非常高的技术要求。

(1) 粉煤灰的技术指标　GB 1596—2005《用于水泥和混凝土中的粉煤灰》规定，粉煤灰按煤种分为F类和C类两类。F类粉煤灰是由无烟煤或烟煤煅烧收集的粉煤灰，C类粉煤灰是由褐煤或次烟煤煅烧收集的粉煤灰。拌制混凝土和砂浆用粉煤灰，按其品质指标分为3个等级，如表4-10所示。

表4-10　用于水泥和混凝土中的粉煤灰的技术要求

质量指标 \ 等级			Ⅰ	Ⅱ	Ⅲ
细度（0.045mm方孔筛筛余）（%）		≤	12.0	25.0	45.0
需水量比（%）		≤	95	105	115
烧失量（%）		≤	5.0	8.0	15.0
含水量（%）		≤	1.0		
三氧化硫含量（%）		≤	3.0		
游离氧化钙（%）≤	F类粉煤灰		1.0		
	C类粉煤灰		4.0		
安定性雷氏夹沸煮后增加距离/mm		≤	5.0		

注：需水量比是指在相同流动度下，粉煤灰的需水量与硅酸盐水泥的需水量之比。

(2) 粉煤灰的适用范围　在混凝土工程中掺加粉煤灰时，应根据工程的性质选用不同质量等级的粉煤灰。各级粉煤灰的适用范围如下：

1) Ⅰ级粉煤灰适用于钢筋混凝土和跨度小于6m的预应力混凝土。

2) Ⅱ级粉煤灰适用于钢筋混凝土和无筋混凝土。

3) Ⅲ级粉煤灰主要用于无筋混凝土。对设计强度等级C30及以上的无筋粉煤灰混凝土宜采用Ⅰ、Ⅱ级粉煤灰。

用于预应力混凝土、钢筋混凝土及设计强度等级C30及以上的无筋混凝土的粉煤灰等级，如经试验论证，可采用比上述三条规定低一级的粉煤灰。

2. 粒化高炉矿渣粉

粒化高炉矿渣粉（简称矿渣粉）是指合格的粒化高炉矿渣经干燥、粉磨（或掺加少量石膏一起粉磨）而成的粉体，其质量要求应符合GB/T 18046—2008《用于水泥和混凝土中的粒化高炉矿渣粉》的要求，如表4-11所示。

表4-11　用于水泥和混凝土中的粒化高炉矿渣粉的技术要求

质量指标 \ 级别			S105	S95	S75
密度/(g·cm^{-3})		≥	2.8		
比表面积/(m^2·kg^{-1})		≥	500	400	300
活性指数(%)	≥	7d	95	75	55
		28d	105	95	75
流动度比(%)		≥	95		
含水量(%)		≤	1.0		
三氧化硫含量(%)		≤	4.0		
氯离子(%)		≤	0.06		
烧失量(%)		≤	3.0		
玻璃体含量(%)		≥	85		
放射性			合格		

粒化高炉矿渣粉掺入混凝土，不仅可以取代部分水泥，而且具有能降低混凝土的水化热，提高混凝土的抗渗性能、抗侵蚀和后期强度，抑制碱-集料反应等优点，可用于钢筋混凝土和预应力混凝土工程。尤其可用于大体积混凝土工程、地下和水下混凝土工程，以及耐硫酸混凝土等工程。还适用于高强、高性能混凝土和预拌混凝土。

3. 硅灰

硅灰，也称硅粉或微硅粉，是工业电炉在高温熔炼工业硅及硅铁的过程中，随废气逸出的烟尘经收集处理而成的。

硅灰颜色在浅灰色与深灰色之间，密度 2.2g/cm^3 左右，比水泥轻，与粉煤灰相似，堆积密度一般为 200～350kg/m^3。硅灰颗粒非常微小，大多数颗粒的粒径小于 1μm，平均粒径 0.1μm 左右，仅是水泥颗粒平均直径的 1/100。硅灰的比表面积为 15000～25000m^2/kg。硅灰的物理性质决定了硅灰的微小颗粒具有高度的分散性，可以充分填充于水泥颗粒之间，提高水泥浆体硬化后的密实度。

硅灰的主要化学成分为非晶态的无定型 SiO_2，一般占 90% 以上（通常用于高性能混凝土中的硅灰的 SiO_2 最低要求含量为 85%），具有较高的火山灰活性，在水泥水化产物 $Ca(OH)_2$ 的碱性激发下，SiO_2 能迅速与 $Ca(OH)_2$ 反应，生成水化硅酸钙凝胶（C-S-H），不仅可以大幅度提高混凝土的强度，还可以控制混凝土的离析和泌水，减少或避免混凝土出现蜂窝、麻面、薄弱夹层、裂缝等缺陷；改善混凝土的耐久性，提高混凝土的抗渗性、抗冻性、抗磨性和抗蚀性；提高混凝土的抗碳化性，对于钢筋混凝土，掺入硅灰不仅可以提高基体与钢筋间的粘结强度，还能增强钢筋的抗锈蚀能力。

4. 沸石粉

沸石粉是天然沸石岩经磨细后形成的一种火山灰质材料，含有大量活性的 SiO_2 和 Al_2O_3（一般沸石粉中的 SiO_2 和 Al_2O_3 含量总和约占 80%），其火山灰活性仅次于硅灰，而优于粉煤灰和矿渣。

沸石粉掺入混凝土中，拌合物可获得优良的流动性和粘聚性，不离析，泌水率较小；可提高混凝土的强度和耐久性；具有抑制碱-集料反应的性质和抗碳化、抗钢筋锈蚀的性能。

↘第四节　普通混凝土配合比设计

一、混凝土配合比概述

1. 混凝土配合比及表示方法

混凝土配合比，是指混凝土中各组成材料之间的比例关系。混凝土配合比，可以采用单位用量表示法，即以 1m^3 混凝土中各种材料的用量来表示，如水泥∶水∶砂∶碎石 = 340kg/m^3∶175kg/m^3∶620kg/m^3∶1182kg/m^3；也可以采用相对用量表示法，即以水泥质量为 1，各种材料用量与水泥用量的比例表示，如上述配合比采用相对用量可表示为 1∶1.82∶3.48；$W/C = 0.51$。土木工程施工中通常以每搅拌一盘混凝土的各种材料用量表示。

2. 混凝土配合比设计的基本要求

混凝土配合比设计的要求有以下四个方面：满足结构设计的强度要求；满足现场施工条件所要求的工作性；满足工程所处环境和设计规定的耐久性要求；在

满足上述要求的前提下，尽量减少高价材料（水泥）的用量，降低混凝土的生产成本，以便取得较好的经济效果。

3．混凝土配合比设计的三个参数

普通混凝土四种主要组成材料的相对比例，通常由水灰比、砂率和用水量三个参数来控制。

（1）水灰比　混凝土中水与水泥的比例称为水灰比。如前所述，水灰比对混凝土和易性、强度和耐久性都具有重要的影响，因此，通常根据强度和耐久性来确定水灰比的大小。一方面，水灰比较小时可以使强度更高且耐久性更好；另一方面，在保证混凝土和易性所要求用水量基本不变的情况下，只要满足强度和耐久性对水灰比的要求，选用较大水灰比时，可以节约水泥。

（2）砂率　砂子占砂石总量的百分率称为砂率。砂率对混凝土的和易性影响较大，若选择不恰当，还会对混凝土强度和耐久性产生影响。砂率的选用应该合理，在保证和易性要求的条件下，宜取较小值，以利于节约水泥。

（3）用水量　用水量是指 $1m^3$ 混凝土拌合物中水的用量（kg/m^3）。在水灰比确定后，混凝土中单位用水量也表示水泥浆与集料之间的比例关系。为节约水泥和改善混凝土耐久性，在满足流动性条件下，应尽可能取较小的单位用水量。

二、普通混凝土配合比设计方法

普通混凝土配合比设计包括三个步骤：初步配合比设计、试验室配合比设计和施工配合比设计。为设计计算方便，通常初步配合比设计和试验室配合比设计，材料计算以全干状态为基准，然后，通过实测工地砂石材料的实际含水率，将混凝土试验室干材料的配合比折算为施工现场配合比。

1．初步配合比设计

（1）确定配制强度（$f_{cu,o}$）

$$f_{cu,o} \geqslant f_{cu,k} + t\sigma \tag{4-11}$$

式中　$f_{cu,o}$——混凝土的配制强度（MPa）；

$f_{cu,k}$——设计要求的混凝土强度等级（MPa）；

t——置信度界限，决定保证率 P 的积分下限；现行规范要求一般工程混凝土的强度保证率 $P \geqslant 95\%$，对应的保证率系数 t 值取为 1.645；

σ——混凝土强度标准差（MPa）。

当有统计资料时，混凝土强度标准差按下式计算：

$$\sigma = \sqrt{\frac{\sum_{i=1}^{n} f_{cu,i}^2 - n\mu_{f_{cu}}^2}{n-1}} \tag{4-12}$$

式中 $f_{cu,i}$——统计周期内同一品种混凝土第 i 组试件的强度（MPa）；

$\mu_{f_{cu}}$——统计周期内同一品种混凝土 n 组试件强度的平均值（MPa）；

n——统计周期内同一品种混凝土试件的总组数，$n \geqslant 25$。

对 C20 ~ C25 级混凝土，若强度标准差计算值低于 2.5MPa 时，则计算配置强度时的标准差取 2.5MPa；对不低于 C30 级的混凝土，若强度标准差计算值低于 3.0MPa 时，则计算配置强度时的标准差取 3.0MPa。

若无历史统计资料时，强度标准差可根据要求的强度等级，按表 4-12 的规定选用。

(2) 计算水灰比（W/C） 将已确定的各参数代入下面的混凝土强度公式，确定 W/C。

表 4-12 标准差 σ 取值表 （单位：MPa）

强度等级	<C20	C20 ~ C35	>C35
标准差 σ	4.0	5.0	6.0

$$f_{cu,o} = \alpha_a f_{ce}\left(\frac{C}{W} - \alpha_b\right) \tag{4-13}$$

式中 $f_{cu,o}$——混凝土配制强度（MPa）；

α_a、α_b——回归系数（根据使用的粗、细集料经过试验得出的灰水比与混凝土强度关系式确定，若无上述试验统计资料时可采用表 4-1 的数值）；

f_{ce}——水泥 28d 抗压强度实测值（MPa）；当无水泥 28d 抗压强度实测值时，可按下式确定：

$$f_{ce} = \gamma_c f_{ce,g} \tag{4-14}$$

式中 γ_c——水泥强度等级值的富余系数，该值按各地区实际统计资料得出，通常取 1.00 ~1.13；

$f_{ce,g}$——水泥强度等级值（MPa）。

由此计算水灰比：

$$\frac{W}{C} = \frac{\alpha_a f_{ce}}{f_{cu,o} + \alpha_a \alpha_b f_{ce}} \tag{4-15}$$

根据式（4-15）计算所得的水灰比只能满足强度要求，还应根据混凝土所处的环境条件，参照表 4-2 进行耐久性校核。

(3) 选定单位用水量（m_{wo}） 当水灰比确定后，单位用水量决定了混凝土中水泥浆与集料质量的比例关系。单位用水量取决于集料特性以及混凝土拌合物施工和易性的要求，可按以下方法选用：

1）塑性混凝土。当水灰比在 0.4 ~0.8 范围内时，其单位用水量应根据集料的品种、最大粒径及施工要求的混凝土拌合物稠度值按表 4-13 选用。

表 4-13 混凝土的用水量选用表 （单位：kg）

拌合物稠度		卵石最大粒径/mm				碎石最大粒径/mm			
项目	指标	10	20	31.5	40	16	20	31.5	40
坍落度/mm	10～30	190	170	160	150	200	185	175	165
	35～50	200	180	170	160	210	195	185	175
	55～70	210	190	180	170	220	205	195	185
	75～90	215	195	185	175	230	215	205	195

注：1. 本表用水量系采用中砂时的平均取值；采用细砂时，每立方米混凝土用水量可增加 5～10kg；采用粗砂时，则可减少 5～10kg。

2. 掺用各种外加剂或掺合料时，用水量应相应调整。

2）流动性和大流动性混凝土。流动性和大流动性混凝土未掺外加剂时，以表 4-13 中坍落度 90mm 的用水量为基础，按坍落度每增大 20mm 用水量增加 5kg/m^3 的原则计算混凝土的用水量。

当掺用外加剂时，混凝土用水量可按下式计算：

$$m_{w,ad} = m_{wo}\ (1 - \beta_{ad}) \tag{4-16}$$

式中 $m_{w,ad}$——掺外加剂混凝土的单位用水量（kg/m^3）；

m_{wo}——未掺外加剂混凝土的单位用水量（kg/m^3）；

β_{ad}——外加剂的减水率（%），经试验确定。

（4）计算单位水泥用量（m_{co}） 每立方米混凝土拌合物的用水量选定后，可按下式计算单位水泥用量：

$$m_{co} = \frac{m_{wo}}{W/C} \tag{4-17}$$

对掺外加剂的混凝土，其单位水泥用量（$m_{c,ad}$）应按掺外加剂的计算用水量，按下式做相应调整：

$$m_{c,ad} = \frac{m_{w,ad}}{W/C} \tag{4-18}$$

按式（4-18）计算得到的单位水泥用量，应根据耐久性要求进行校核，不应低于表 4-2 规定的最小水泥用量要求。

（5）选定砂率（β_s） 根据粗集料品种、最大粒径和混凝土拌合物的水灰比确定砂率。一般可根据施工单位所用材料的使用经验选定，如使用经验不足，可参照表 4-14 选取。

（6）计算粗、细集料单位用量（m_{go}，m_{so}） 可采用质量法或体积法求得。

1）质量法。即假定表观密度法，是假定混凝土拌合物的表观密度为一固定

表 4-14　混凝土的砂率选用表　（单位:%）

水灰比 W/C	卵石最大粒径/mm			碎石最大粒径/mm		
	10	20	40	16	20	40
0.40	26~32	25~31	24~30	30~35	29~34	27~32
0.50	30~35	29~34	28~33	33~38	32~37	30~35
0.60	33~38	32~37	31~36	36~41	35~40	33~38
0.70	36~41	35~40	34~39	39~44	38~43	36~41

注：1. 本表数值系中砂的选用砂率，对细砂或粗砂，可相应地减少或增大砂率。
2. 只用一个单粒级粗集料配制混凝土时，砂率应适当增大。
3. 掺有各种外加剂或掺合料时，其合理砂率应经试验或参照其他有关规定确定。
4. 对薄壁构件砂率取偏大值。

值，混凝土拌合物各组成材料的单位用量之和即为其表观密度。在砂率值为已知的条件下，粗、细集料的单位用量可由下式计算：

$$\begin{cases} m_{co}+m_{wo}+m_{so}+m_{go}=\rho_{cp} \\ \dfrac{m_{so}}{m_{so}+m_{go}}\times 100\% =\beta_s \end{cases} \tag{4-19}$$

式中　m_{co}，m_{wo}，m_{so}和m_{go}——1m^3 混凝土的水泥，水，细集料和粗集料的用量（kg）；

β_s——砂率（%）；

ρ_{cp}——每立方米混凝土拌合物的假定表观密度（kg/m^3）；

其值可根据施工单位积累的试验资料确定。如缺乏资料时，可根据集料的表观密度、粒径以及混凝土强度等级在2350~2450kg/m^3 范围内选定，也可参考表4-15查得。

表 4-15　混凝土表观密度参考表　（单位：$kg\cdot m^{-3}$）

混凝土强度等级	C15	C20~C30	>C40
表观密度	2300~2350	2350~2400	2450

2）体积法。又称绝对体积法，该方法是假定混凝土拌合物的体积等于各组成材料绝对体积和混凝土拌合物中所含空气体积之总和。在砂率值为已知的条件下，粗、细集料的单位用量可由下式求得：

$$\begin{cases} \dfrac{m_{co}}{\rho_c}+\dfrac{m_{wo}}{\rho_w}+\dfrac{m_{so}}{\rho_s}+\dfrac{m_{go}}{\rho_g}+0.01\alpha=1 \\ \dfrac{m_{so}}{m_{so}+m_{go}}\times 100\% =\beta_s \end{cases} \tag{4-20}$$

式中 ρ_c、ρ_w——水泥、水的密度（kg/m^3），可分别取 2900 ~ 3100kg/m^3 和 1000kg/m^3；

ρ_g、ρ_s——粗集料、细集料的表观密度（kg/m^3）；

α——混凝土的含气量百分率（%）；在不使用引气型外加剂时，α 可取为 1。

将已确定的单位用水量、单位水泥用量和砂率带入式（4-19）或式(4-20)，可求出粗集料用量和细集料用量，由此得到混凝土的初步配合比为水泥∶水∶砂∶石子 $= m_{co} : m_{wo} : m_{so} : m_{go}$。

2. 试验室配合比设计

（1）试拌、调整，提出基准配合比　在初步配合比设计过程中，各组成材料的用量是借助于经验公式、经验表格和经验参数得到的，还需要通过试拌检验，经调整后得出满足施工和易性要求的混凝土基准配合比。

1）试拌。混凝土试拌时所用各种原材料，应与实际工程使用的材料相同，粗、细集料的质量均以干燥状态为基准。试拌时所采用的搅拌方法，也应尽量与生产时采用的方法相同。

2）校核工作性、调整配合比。按计算出的初步配合比进行试拌，以校核混凝土拌合物的工作性。如试拌得出的拌合物的坍落度（或维勃稠度）不能满足要求，或粘聚性和保水性能不好时，则应在保证水灰比不变的条件下，相应调整用水量或砂率，直到符合要求为止。然后提出满足工作性要求的基准配合比，即水泥∶水∶砂∶石子 $= m_{ca} : m_{wa} : m_{sa} : m_{ga}$，供混凝土强度校核使用。

（2）确定试验室配合比　试验室配合比按以下三个步骤进行检验与确定。

1）制作试件、检验强度。为校核混凝土的强度，至少拟定三个不同的配合比，其中一个为按上述方法得出的基准配合比，另外两个配合比的水灰比值，应较基准配合比分别增加及减少 0.05，其用水量应该与基准配合比相同，但砂率值应分别增加和减少 1%。

制作检验混凝土强度的试件时，尚应检验拌合物的坍落度（或维勃稠度）、粘聚性、保水性及测定混凝土的表观密度，并以此结果表征相应配合比的混凝土拌合物的性能。

检验混凝土强度，每种配合比至少制作一组（3 块）试件，在标准养护 28d 条件下进行抗压强度测试。有条件的单位可同时制作几组试件，供快速检验或较早龄期（3d、7d 等）时抗压强度的测试，以便尽早提出混凝土配合比供施工使用，但必须以标准养护 28d 强度的检验结果为依据调整配合比。

2）确定试验室配合比。根据强度试验结果，建立灰水比与混凝土强度的关系，选定与混凝土配制强度（$f_{cu,o}$）相对应的灰水比（C/W），按下列步骤确定经混凝土强度检验的各组成材料用量：

确定单位用水量（m_{wb}）：取基准配合比中的用水量，并根据制作强度检验试件时测得的坍落度（或维勃稠度）值加以适当调整。

确定单位水泥用量（m_{cb}）：由单位用水量乘以选定出的灰水比计算确定。

确定粗、细集料用量（m_{gb}和 m_{sb}）：应在基准配合比中砂、石用量的基础上，按 $f_{cu,28}$—C/W 关系曲线确定的配制强度相对应的水灰比进行调整后确定。

由此确定出经混凝土强度检验的配合比，即水泥:水:砂:石子 $=m_{cb}:m_{wb}:m_{sb}:m_{gb}$。

3）根据实测拌合物表观密度修正配合比。由下式计算混凝土拌合物的表观密度 $\rho_{c,c}$：

$$\rho_{c,c}=m_{cb}+m_{sb}+m_{gb}+m_{wb} \tag{4-21}$$

式中　$\rho_{c,c}$——混凝土拌合物表观密度计算值（kg/m^3）；

m_{cb}，m_{wb}，m_{sb}，m_{gb}——经强度检验的混凝土配合比各组成材料的单位用量（kg/m^3）。

由下式计算混凝土配合比校正系数 δ：

$$\delta=\frac{\rho_{c,t}}{\rho_{c,c}} \tag{4-22}$$

式中　δ——混凝土配合比校正系数；

$\rho_{c,t}$，$\rho_{c,c}$——分别为混凝土拌合物表观密度实测值和计算值（kg/m^3）。

当混凝土表观密度实测值与计算值之差的绝对值不超过计算值的 2% 时，上述方法得到的混凝土的配合比即为混凝土的试验室配合比。当该值超过 2% 时，混凝土试验室配合比以各组成材料用量乘以校正系数（δ）确定。混凝土试验室配合比表示为水泥:水:砂:石子 $=m'_{cb}:m'_{wb}:m'_{sb}:m'_{gb}$。

3. 施工配合比换算

试验室最后确定的配合比，是按干燥状态集料计算的，而施工现场砂、石材料为露天堆放，均存在一定的含水率。因此，施工现场应根据现场砂、石的实际含水率的变化，将试验室配合比换算为施工配合比。

设施工现场实测砂、石含水率分别为 $a\%$、$b\%$，则施工配合比的各种材料单位用量为：

$$\begin{cases} m_c=m'_{cb} \\ m_s=m'_{sb}(1+a\%) \\ m_g=m'_{gb}(1+b\%) \\ m_w=m'_{wb}-(m'_{sb}\times a\%+m'_{gb}\times b\%) \end{cases} \tag{4-23}$$

最终确定混凝土的施工配合比为水泥:水:砂:石子 $=m_c:m_w:m_s:m_g$。

[**例题4-1**]　某桥基础采用现浇钢筋混凝土，试设计水泥混凝土的配合比。

已知混凝土设计强度等级为C25，无强度历史统计资料，要求混凝土拌合物坍落度为30~50mm。桥梁所在地区属温热地区。

组成材料：可供应强度等级为42.5的硅酸盐水泥，28d实测强度为44.8MPa，密度$\rho_c = 3.10\text{g/cm}^3$。中砂，表观密度$\rho_s = 2.65\text{g/cm}^3$，工地实测砂的含水率为3.5%；碎石最大粒径为31.5mm，表观密度$\rho_g = 2.70\text{g/cm}^3$，工地实测含水率为2.0%。

[**解**]　**1. 计算初步配合比**

(1) 确定混凝土配制强度　根据设计要求，混凝土抗压强度标准值$f_{cu,k} = 25\text{MPa}$，无历史统计资料，按表4-12选取标准差$\sigma = 5.0\text{MPa}$。

按式(4-11)计算混凝土配制强度为：$f_{cu,o} = f_{cu,k} + 1.645\sigma = (25 + 1.645 \times 5.0)\text{MPa} = 33.2\text{MPa}$。

(2) 计算水灰比　因施工单位无混凝土强度回归系数统计资料，按表4-1选择碎石$\alpha_a = 0.46$，$\alpha_b = 0.07$。按式(4-15)计算水灰比：

$$\frac{W}{C} = \frac{\alpha_a f_{ce}}{f_{cu,o} + \alpha_a \alpha_b f_{ce}} = \frac{0.46 \times 44.8}{33.2 + 0.46 \times 0.07 \times 44.8} = 0.59$$

根据混凝土所处环境条件属于温热地区，查表4-2知允许最大水灰比为0.60，计算水灰比0.59满足耐久性要求。

(3) 选定单位用水量　由题意已知，要求混凝土拌合物坍落度30~50mm，碎石最大粒径为31.5mm。查表4-13选用混凝土单位用水量$m_{wo} = 185\text{kg/m}^3$。

(4) 计算单位水泥用量　已知混凝土单位用水量$m_{wo} = 185\text{kg/m}^3$，水灰比$W/C = 0.59$，按式(4-17)计算混凝土单位水泥用量：

$$m_{co} = \frac{m_{wo}}{\left(\frac{W}{C}\right)} = \frac{185}{0.59}\text{kg/m}^3 = 314\text{kg/m}^3$$

根据混凝土所处环境条件属温热地区，查表4-2得配筋混凝土的最小水泥用量不得低于280kg/m^3。计算单位水泥用量314kg/m^3符合耐久性要求。

(5) 选定砂率　已知集料采用碎石、最大粒径为31.5mm、水灰比$W/C = 0.59$，查表4-14，并经调整后，选定混凝土砂率$\beta_s = 33\%$。

(6) 计算砂石用量　以体积法计算为例，已知水泥密度$\rho_c = 3.10\text{g/cm}^3$，砂表观密度$\rho_s = 2.65\text{g/cm}^3$，碎石表观密度$\rho_g = 2.70\text{g/cm}^3$。

非引气混凝土$\alpha = 1$，由式(4-20)得：

$$\begin{cases}\dfrac{m_{so}}{2.65}+\dfrac{m_{go}}{2.70}=1000-\dfrac{314}{3.10}-\dfrac{185}{1}-10\\[2ex]\dfrac{m_{so}}{m_{so}+m_{go}}\times 100\%=0.33\end{cases}$$

解得：砂用量 $m_{so}=623\text{kg/m}^3$；碎石用量 $m_{go}=1265\text{kg/m}^3$。

按体积法计算得初步配合比为 $m_{co}:m_{wo}:m_{so}:m_{go}=314:185:623:1265$，或为1:1.98:4.03:0.59。

2. 调整工作性、提出基准配合比

（1）计算试拌材料用量　按计算所得初步配合比，试拌15L混凝土拌合物，各材料试拌用量为：

水泥　　$314\times0.015=4.71\text{kg}$

水　　　$185\times0.015=2.78\text{kg}$

砂　　　$623\times0.015=9.35\text{kg}$

碎石　　$1265\times0.015=18.98\text{kg}$

（2）检验工作性，提出基准配合比　按计算试拌15L混凝土的材料实际用量拌制混凝土，测定混凝土拌合物的坍落度为40mm，粘聚性和保水性良好，满足施工和易性要求。此时无需调整各材料用量，混凝土拌合物的基准配合比为 $m_{ca}:m_{wa}:m_{sa}:m_{ga}=314:185:623:1265$，或为1:1.98:4.03:0.59。

3. 检验强度，确定试验室配合比

（1）检验强度　采用水灰比分别为 $(W/C)_A=0.54$、$(W/C)_B=0.59$ 和 $(W/C)_C=0.64$ 拌制3组混凝土拌合物。砂、碎石用量不变，用水量亦保持不变，则3组水泥用量分别为A组5.15kg，B组4.71kg，C组4.34kg。除基准配合比1组外，其他2组亦经测定坍落度并观察其粘聚性和保水性，工作性均合格。

3组配合比经拌制成形，在标准条件下养护28d后，按规定方法测定其立方体抗压强度值，结果列于表4-16。

表4-16　不同水灰比的混凝土强度实测值　　　（单位：MPa）

组别	水灰比（W/C）	灰水比（C/W）	抗压强度 $f_{cu,28}$
A	0.54	1.85	35.4
B	0.59	1.69	33.6
C	0.64	1.56	32.1

由图4-13，得到相应混凝土配制强度 $f_{cu,o}=33.2\text{MPa}$ 的灰水比 $C/W=1.66$，即水灰比 $W/C=0.60$。

(2) 确定试验室配合比 按强度试验结果修正配合比，各材料用量为：

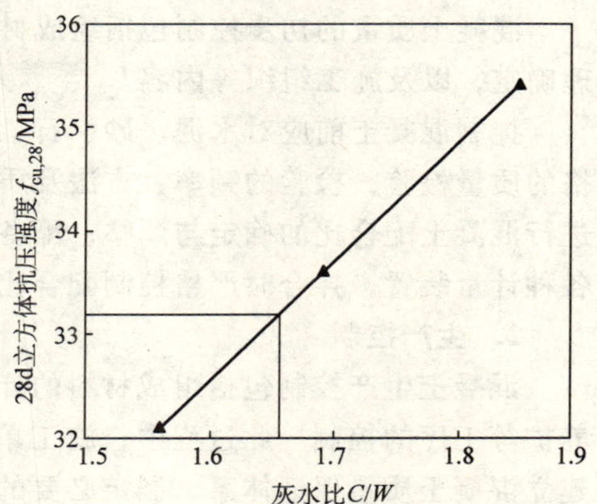

图 4-13 混凝土 28d 抗压强度与 C/W 的关系曲线

水 $m_{wb}=185\text{kg/m}^3$

水泥 $m_{cb}=(185\div0.60)\text{kg/m}^3=308\text{kg/m}^3$

砂、石用量按体积法计算：

$$\begin{cases}\dfrac{m_{so}}{2.65}+\dfrac{m_{go}}{2.70}=1000-\dfrac{308}{3.10}-\dfrac{185}{1}-10\\[2ex]\dfrac{m_{so}}{m_{so}+m_{go}}\times100\%=0.33\end{cases}$$

解得：砂用量 $m_{sb}=625\text{kg}$；碎石用量 $m_{gb}=1269\text{kg}$。

经强度校正后，配合比为 $m_{cb}:m_{wb}:m_{sb}:m_{gb}=308:185:625:1269$，或表示为 1:2.03:4.12:0.60。

由于 B 组混凝土 28d 的抗压强度稍高于其配制强度，也可直接选用 B 组配合比，以减少设计环节。

计算表观密度 $\rho_{c,c}=308+185+625+1269=2387\text{kg/m}^3$，实测表观密度 $\rho_{c,t}=2420\text{kg/m}^3$，相对误差为 1.36% < 2%，则试验室配合比为 $m'_{cb}:m'_{wb}:m'_{sb}:m'_{gb}=308:185:625:1269$。

4. 换算工地配合比

水泥 $m_c=308\text{kg/m}^3$

砂 $m_s=625\text{kg/m}^3\times(1+3.5\%)=647\text{kg/m}^3$

碎石 $m_g=1269\text{kg/m}^3\times(1+2.0\%)=1294\text{kg/m}^3$

水 $m_w=(185-(625\times3.5\%+1269\times2.0\%))\text{kg/m}^3=138\text{kg/m}^3$

因此，工地配合比为 $m_c:m_w:m_s:m_g=308:138:647:1294$，或 1:0.45:2.10:4.20。

↘第五节 混凝土的质量控制与强度评定

一、混凝土的质量控制

混凝土广泛应用于各种土木工程结构中，受力复杂且会受到各种气候环境的侵蚀，因此，对混凝土生产和施工过程进行严格的质量控制是保证工程质量的必要手段。依据 GB 50164—1992《混凝土质量控制标准》的规定，混凝土的质量控制主要包括初步控制、生产控制和合格控制三个方面。

1. 初步控制

混凝土质量的初步控制包括组成材料的质量检验与控制、混凝土配合比的合理确定，以及施工组织等内容。

拌制混凝土前应对水泥、砂、石、水、外加剂和掺合料等各种原材料进行严格的质量检验，检验的频率、方法及质量评定标准均应严格执行规范要求；严格进行混凝土配合比的确定与调整；配备相应的技术人员，并及时标定拌合设备的各种计量装置，拌合时严格控制配合比。

2. 生产控制

混凝土生产控制包括组成材料的计量、混凝土拌合物的搅拌、运输、浇筑和养护等工序的控制。此过程中，施工单位应根据设计要求，提出质量控制目标，建立混凝土质量保证体系，制定必要的混凝土质量管理制度。对各生产工序应定期进行统计分析，借助各种质量管理图表（直方图、控制图）等手段及时地进行质量控制，既要保证混凝土各种性能符合要求，又要力求保持其生产质量的稳定性。

3. 合格控制

混凝土合格控制包括混凝土拌合物的各项性质（坍落度或维勃稠度指标、颜色一致且不得有离析和泌水现象的均匀性指标等）、强度和耐久性应满足混凝土的质量要求。

但实际上，由于原材料的质量和配料计量的波动、施工条件波动及气温变化，以及取样方法、试件成形及养护条件的差异、试验机的误差和试验人员的操作熟练程度等试验条件的影响，必然会造成混凝土质量在一定程度上产生波动。

土木工程中，一般采用混凝土的抗压强度作为评定和控制其质量的主要指标。在正常连续生产的情况下，采用数理统计的方法对混凝土进行合格评定，以检验混凝土的强度是否达到质量要求。

二、混凝土强度评定

1. 混凝土强度评定方法

按照 GBJ 107—1987《混凝土强度检验评定标准》的规定，混凝土强度应分批进行检验评定。一个验收批的混凝土应由强度等级相同、龄期相同以及生产工艺条件和配合比基本相同的混凝土组成。

对混凝土进行质量评定，首先应按照标准规定的方法取样，并确定抗压强度代表值。

混凝土试样应在混凝土浇筑地点随机抽取，取样频率应符合以下规定：每 100 盘，但不超过 100m^3 的同配合比的混凝土，取样次数不得少于 1 次；每一工作班拌制的同配合比的混凝土不足 100 盘时，其取样次数不得少于 1 次。

每组 3 个试件应在同一盘混凝土中取样，按标准方法制作、养护和测定立方

体抗压强度代表值。强度代表值的确定应符合下列规定：取 3 个试件强度的算术平均值作为每组试件的强度代表值；每一组试件中强度最大值或最小值与中间值之差超过中间值的 15% 时，取中间值作为该组试件的强度代表值；当每一组试件中强度最大值和最小值与中间值之差均超过中间值的 15% 时，该组试件的强度不应作为强度评定的依据。

若采用非标准尺寸的立方体试件时，应采用相应的换算系数折算为标准试件的立方体抗压强度。

在混凝土生产中，同一配合比的混凝土，在施工条件基本相同的条件下，n 组试件抗压强度的波动服从正态分布，正态分布曲线如图 4-3 所示。因此，可以采取数理统计的方法对混凝土的强度进行评定。数理统计方法主要包括已知标准差法和未知标准差法两种。

(1) 已知标准差方法 当混凝土生产条件在较长时间内能保持一致，且同一品种混凝土的强度变异性能保持稳定时，应由连续的 3 组试件代表一个验收批。其强度应同时满足下面两式的要求：

$$m_{f_{cu}} \geqslant f_{cu,k} + 0.7\sigma_0 \tag{4-24}$$

$$f_{cu,min} \geqslant f_{cu,k} - 0.7\sigma_0 \tag{4-25}$$

当混凝土强度等级不高于 C20 时，其强度最小值尚应满足下式的要求：

$$f_{cu,min} \geqslant 0.85 f_{cu,k} \tag{4-26}$$

当混凝土强度等级高于 C20 时，其强度最小值尚应满足下式的要求：

$$f_{cu,min} \geqslant 0.90 f_{cu,k} \tag{4-27}$$

式中 $m_{f_{cu}}$——同一验收批混凝土立方体抗压强度的平均值（MPa）；

$f_{cu,k}$——混凝土立方体抗压强度标准值（即混凝土设计强度）（MPa）；

$f_{cu,min}$——同一验收批混凝土立方体抗压强度的最小值（MPa）；

σ_0——验收批混凝土立方体抗压强度的标准差（MPa）。

验收批混凝土强度标准差（σ_0），应根据前一个检验期（不应超过 3 个月）内同一品种混凝土试件的强度数据，按下式确定：

$$\sigma_0 = \frac{0.59}{m}\sum_{i=1}^{m} \Delta f_{cu,i} \tag{4-28}$$

式中 $\Delta f_{cu,i}$——前一检验期内，第 i 验收批混凝土试件立方体抗压强度的极差（即强度最大值与最小值之差）（MPa）；

m——前一检验期内验收批的总批数（m 不得少于 15）。

(2) 未知标准差方法 当混凝土生产条件不能满足前述规定，或在前一个检验期内的同一品种混凝土没有足够的数据用以确定验收批混凝土强度的标准差

时，应由不少于10组的试件组成一个验收批，其强度应同时满足下面两式的要求：

$$m_{f_{cu}} - \lambda_1 s_{f_{cu}} \geqslant 0.9 f_{cu,k} \tag{4-29}$$

$$f_{cu,min} \geqslant \lambda_2 f_{cu,k} \tag{4-30}$$

式中 λ_1、λ_2——合格判定系数，按表4-17取用；

$s_{f_{cu}}$——验收批混凝土立方体抗压强度的标准差（MPa）。当 $s_{f_{cu}}$ 的计算值小于 $0.06f_{cu,k}$ 时，取 $s_{f_{cu}} = 0.06f_{cu,k}$。

验收批混凝土立方体抗压强度标准差（$s_{f_{cu}}$）可按下式计算：

$$s_{f_{cu}} = \sqrt{\frac{\sum_{i=1}^{n} f_{cu,i}^2 - n m_{f_{cu}}^2}{n-1}} \tag{4-31}$$

表4-17 混凝土强度的合格判定系数

试件组数	10~14	15~24	≥25
λ_1	1.70	1.65	1.60
λ_2	0.90	0.85	0.85

式中 $f_{cu,i}$——验收批第 i 组混凝土试件的立方体抗压强度值（MPa）；

n——一个验收批混凝土试件的总组数。

（3）非统计方法 当试件数量有限（通常少于10组）时，可按非统计方法评定混凝土强度，其强度应同时满足下面两式的要求：

$$m_{f_{cu}} \geqslant 1.15 f_{cu,k} \tag{4-32}$$

$$f_{cu,min} \geqslant 0.95 f_{cu,k} \tag{4-33}$$

2. 企业生产质量水平的确定

混凝土强度，除应按上述方法分批进行合格评定外，尚应对一个统计周期内的相同等级和龄期的混凝土进行统计分析，以确定企业的生产管理水平。

（1）统计分析参数 主要采用混凝土强度标准差、强度不低于要求强度等级值的百分率和盘内混凝土的标准差与变异系数。

1）混凝土强度标准差。

$$\sigma = \sqrt{\frac{\sum_{i=1}^{N} f_{cu,i}^2 - N\mu_{f_{cu}}^2}{N-1}} \tag{4-34}$$

2）强度不低于要求强度等级值的百分率。

$$P = \frac{N_0}{N} \times 100\% \tag{4-35}$$

式中 σ——混凝土强度标准差（MPa）；

$f_{cu,i}$——统计周期内第 i 组混凝土试件的立方体抗压强度值（MPa）；

$\mu_{f_{cu}}$——统计周期内 N 组混凝土试件的立方体抗压强度的平均值（MPa）；

P——强度不低于要求强度等级值的百分率（%）；

N——统计周期内相同强度等级的混凝土试件组数；

N_0——统计周期内试件强度不低于要求强度等级值的组数。

3）盘内混凝土的标准差与变异系数。可利用正常生产连续累积的强度资料分别按下面两式计算，且盘内混凝土的变异系数 δ_b 不宜大于5%。

$$\sigma_b = \frac{0.59}{n}\sum_{i=1}^{n}\Delta f_{cu,i} \tag{4-36}$$

$$\delta_b = \frac{\sigma_b}{\mu_{f_{cu}}} \times 100\% \tag{4-37}$$

式中　σ_b——盘内混凝土的标准差（MPa）；

$\Delta f_{cu,i}$——第 i 验收批混凝土试件立方体抗压强度的极差（MPa）；

n——试件组数，该值不得少于30组；

δ_b——盘内混凝土的变异系数（%）；

$f_{cu,i}$——n 组混凝土试件立方体抗压强度的平均值（MPa）。

（2）企业的生产管理水平　对一个统计周期内的相同等级和龄期的混凝土，统计计算强度平均值 $f_{cu,i}$、标准差 σ 和强度不低于要求强度等级值的百分率 P，确定混凝土的生产质量水平，如表4-18所示。

表4-18　混凝土的生产质量水平

评定指标	生产场所	优		一般		差	
		混凝土强度等级					
		<C20	≥C20	<C20	≥C20	<C20	≥C20
混凝土强度标准差 σ/MPa	预拌混凝土和预制混凝土构件厂	≤3.0	≤3.5	≤4.0	≤5.0	>4.0	>5.0
	集中搅拌混凝土的施工现场	≤3.5	≤4.0	≤4.5	≤5.5	>4.5	>5.5
强度不低于要求强度等级值的百分率 P（%）	预拌混凝土和预制混凝土构件厂及集中搅拌混凝土的施工现场	≥95		>85		≤85	

对按月或季统计计算的强度平均值（试件组数不得少于25组）应满足下式的要求：

$$f_{cu,k} + 1.4\sigma \leqslant \mu_{f_{cu}} \leqslant f_{cu,k} + 2.5\sigma \tag{4-38}$$

对商品混凝土厂和预制混凝土构件厂，其统计周期可取1个月；对在现场集中搅拌混凝土的施工单位，其统计周期可根据实际情况确定。

第六节　其他功能混凝土

在土木工程中，除了普通水泥混凝土材料外，高强混凝土、流态混凝土、纤

维增强混凝土、聚合物混凝土等都有了很大的发展，现将这几种混凝土简述如下。

一、轻混凝土

轻混凝土是指干表观密度小于1950kg/m^{3}的混凝土，按原材料与制造方法可分为轻骨料混凝土、多孔混凝土和大孔混凝土三类，具有表观密度小，保温性能、耐火性能、力学性能良好，易于加工等特点。

1. 轻骨料混凝土

用轻粗骨料、轻细骨料（或普通砂）和水泥配制而成的，干表观密度不大于1950kg/m^{3}的混凝土，称为轻骨料混凝土。当粗、细骨料均为轻骨料时，称为全轻混凝土；当细骨料全部或部分为普通砂时，称砂轻混凝土。

轻骨料按粒径大小可分为轻粗骨料和轻细骨料。凡是骨料粒径为4.75mm以上，堆积密度小于1000kg/m^{3}的轻质骨料，称为轻粗骨料。粒径小于4.75mm，堆积密度小于1200kg/m^{3}的轻质骨料，称为轻细骨料。轻骨料按来源不同可分为三类：天然轻骨料（如浮石、火山渣及多孔石灰岩等）、工业废料轻骨料（如粉煤灰陶粒、膨胀矿渣珠、烧结煤矸石陶粒等）和人造轻骨料（如膨胀珍珠岩、页岩陶粒、粘土陶粒等）。

轻骨料混凝土由于其轻骨料具有颗粒表观密度小、总表面积大、易于吸水等特点，所以，制作与使用时应注意：轻骨料本身吸水率较天然砂、石为大，若不进行预湿，则拌合物在运输或浇注过程中的坍落度损失较大，在设计混凝土配合比时须考虑轻骨料附加水量；拌合物中粗骨料容易上浮，也不易搅拌均匀，应选用强制式搅拌机作较长时间的搅拌；轻骨料混凝土成形时振捣时间不宜过长，以免造成分层，最好采用加压振捣；轻骨料吸水能力较强，要加强浇水养护，防止早期干缩开裂。

2. 多孔混凝土

多孔混凝土中无粗、细骨料，内部充满大量细小封闭的孔，孔隙率高达60%以上。多孔混凝土根据孔的生成方式可分为加气混凝土和泡沫混凝土两种。近年来，也有用压缩空气经过充气介质弥散成大量微气泡，均匀地分散在料浆中而形成多孔结构。这种多孔混凝土称为充气混凝土。

（1）加气混凝土　根据养护方法不同，多孔混凝土可分为蒸压多孔混凝土和非蒸压（蒸养或自然养护）多孔混凝土两种。由于蒸压加气混凝土在生产和制品性能上有较多优越性，以及可以大量地利用工业废渣，近年来的发展应用较为迅速。

多孔混凝土质轻，其表观密度不超过1000kg/m^3，通常在300～800kg/m^{3}之间；保温性能优良，热导率随其表观密度降低而减小，一般为0.09～0.17W/

(m·k)；可加工性好，可锯、可刨、可钉、可钻，并可用胶粘剂粘结。

蒸压加气混凝土是用钙质材料（水泥、石灰）、硅质材料（石英砂、粉煤灰、粒化高炉矿渣、页岩等）和适量加气剂为原料，经过磨细、配料、搅拌、浇注、切割和蒸压养护（在压力为0.8~1.5MPa下养护6~8h）等工序生产而成。加气剂一般采用铝粉膏，它能迅速与钙质材料中的氢氧化钙发生化学反应产生氢气，形成气泡，使料浆形成多孔结构。

蒸压加气混凝土通常是在工厂预制成砌块或条板等制品。蒸压加气混凝土砌块适用于承重和非承重的内墙和外墙，也可用做框架结构中的非承重墙，还可做成各种保温制品（如管道保温壳等)。加气混凝土条板可用于工业和民用建筑中，作承重和保温合一的屋面板和隔墙板等。

（2）泡沫混凝土　泡沫混凝土是将由水泥等拌制的料浆与由泡沫剂搅拌造成的泡沫混合搅拌，再经浇注、养护硬化而成的多孔混凝土，也称作发泡混凝土。

配制自然养护的泡沫混凝土时，水泥强度等级不宜低于32.5，否则混凝土强度太低。当生产中采用蒸汽养护或蒸压养护时，不仅可缩短养护时间，且能提高强度，还能掺用粉煤灰、煤渣或矿渣，以节省水泥，甚至可以全部利用工业废渣代替水泥。常用的泡沫剂有松香泡沫剂和水解牲血泡沫剂。

泡沫混凝土的技术性质和应用，与相同表观密度的加气混凝土大体相同，也可在现场直接浇注，用做屋面保温层。

3. 大孔混凝土

大孔混凝土指无细骨料的混凝土，按其粗骨料的种类，可分为普通无砂大孔混凝土和轻骨料大孔混凝土两类。普通大孔混凝土是用碎石、卵石或重矿渣等配制而成。轻骨料大孔混凝土则是用陶粒、浮石、碎砖、煤渣等配制而成。有时为了提高大孔混凝土的强度，也可掺入少量细骨料，这种混凝土称为少砂混凝土。

普通大孔混凝土的表观密度为1500~1900kg/m^3，抗压强度为3.5~10MPa，主要用于承重及保温外墙体。轻骨料大孔混凝土的表观密度为500~1500kg/m^3，抗压强度为1.5~7.5MPa，主要用于自承重的保温外墙体。

大孔混凝土的热导率小，保温性能好，收缩一般较普通混凝土小30%~50%，抗冻性优良。适用于制做墙体小型空心砌块、砖和各种板材，也可用于现浇墙体。普通大孔混凝土还可制成滤水管、滤水板等，广泛用于市政工程。

由于轻混凝土的价格较高，目前在主体结构中的应用尚不多。但是，若对建筑物进行综合经济分析，则可收到显著的技术和经济效益，尤其是考虑建筑物使用阶段的节能效益，其技术经济效益更佳。

二、抗渗混凝土

抗渗混凝土系指抗渗等级不低于S6级的混凝土，即能够抵抗0.6MPa静水

压力作用而不发生透水现象的混凝土，也称之为防水混凝土。为了提高混凝土的抗渗性，通常采用合理选择原材料，提高混凝土的密实程度，以及改善混凝土内部孔隙结构等方法来实现。目前，常用的抗渗混凝土有以下几种配制方法：

1. 富水泥浆法

富水泥浆法是依靠采用较小的水灰比，较高的水泥用量和砂率，提高水泥浆的质量和数量，使混凝土更加密实。依据 JGJ 55—2000《普通混凝土配合比设计规程》的规定，抗渗混凝土所用原材料应符合以下要求：粗骨料的最大粒径不宜大于40mm，其含泥量不得大于1.0%，泥块含量不得超过0.5%；细骨料的含泥量不得大于3.0%，泥块含量不得大于1.0%；宜掺用矿物掺合料；外加剂宜采用防水剂、膨胀剂、引气剂或减水剂。

2. 骨料级配法

骨料级配法是通过改善骨料级配，使骨料本身达到最大密实程度的堆积状态。为了降低空隙率，还应加入占骨料量5%～8%的粒径小于0.16mm的细粉料。同时严格控制水灰比、用水量及拌合物的和易性，使混凝土结构致密，提高抗渗性。

3. 外加剂法

外加剂法是在混凝土中掺入适当品种的外加剂，改善混凝土内孔结构，隔断或堵塞混凝土中各种孔隙、裂缝、渗水通道等，以达到改善混凝土抗渗性能的目的。常采用引气剂（如松香热聚物）、密实剂（如采用 $FeCl_3$ 防水剂）、高效减水剂（降低水灰比）、膨胀剂（防止混凝土收缩开裂）等。此方法施工简单，造价低廉，质量可靠，被广泛采用。

4. 采用特种水泥法

采用无收缩不透水水泥、膨胀水泥等来拌制混凝土，能够改善混凝土内的孔结构，有效提高混凝土的致密度和抗渗能力。

三、高强混凝土和高性能混凝土

我国通常将强度等级超过C60的混凝土称为高强混凝土。但工程经验表明，高强混凝土需要通过采用高强度水泥、优质骨料、较低水灰比、掺加高效外加剂，以及高强振动等措施达到混凝土高强的目的，但混凝土强度越高，脆性越大，从而也增加了混凝土的不安全因素。水泥用量加大，收缩徐变也相应增大，使高强混凝土在土木工程结构中的应用产生一定的难度和限制。而且高强混凝土并不能解决一切问题，许多水工、海港、桥梁工程的破坏原因往往不是强度不足，而是耐久性不够。

由于结构使用年限短，修复破坏建筑物的工程费用大，人们开始考虑，在建造初期，采用高性能混凝土延长结构使用年限，减少维修费用更具有经济性。新型外加剂和胶凝材料的出现，使得既具有良好施工性能，又有优异的力学性能和耐久性的混凝土的生产成为现实，这种混凝土就称为高性能混凝土。

高性能混凝土（High Performance Concrete，简称 HPC）是在 20 世纪 80 年代末 90 年代初才出现的。1990 年 5 月在美国国家标准与技术研究所（NIST）和混凝土协会（ACI）主办的第一届高性能混凝土会议上首次定义高性能混凝土，其含义可概括为：混凝土的使用寿命要长（耐久性作为设计的主要指标）；混凝土应具有较高的体积稳定性；混凝土应具备良好的施工性质；混凝土应具有一定的强度和密实性。

现代高强混凝土不仅具有较高的强度，由于密实性好还具有独特的耐久性，因此，高强混凝土应属高性能混凝土。但高性能混凝土是否必须高强，却有不同的看法，欧美学者的研究偏重于硬化后混凝土的性能，认为高性能即高强度，或高强度和高耐久性，其强度指标不宜低于 50~60MPa。但日本学者则更重视工作性（和易性）与耐久性。

为保证混凝土质量，达到高性能的目的，通常采用精选优质原材料、掺加新型外加剂和超细矿物质掺合料、采用高聚物和纤维增强、增加混凝土密实度等几方面的综合措施，提高水泥混凝土的强度和耐久性。

高性能混凝土是近期混凝土技术发展的主要方向，因此，有人将其称之为 21 世纪混凝土。

四、泵送混凝土

泵送混凝土系指坍落度不小于 100mm，并用泵送施工的混凝土。它能在泵压作用下一次连续完成水平运输和垂直运输，效率高、节约劳动力，因而近年来在国内外应用十分广泛。

泵送混凝土拌合物必须具有较好的可泵性。所谓可泵性，即拌合物具有顺利通过管道、摩擦阻力小、不离析、不阻塞和粘聚性良好的性能。为满足可泵性的要求，泵送混凝土的坍落度一般以 100~220mm 为宜，坍落度过小影响泵送效率甚至会发生堵管现象，坍落度过大，则因离析泌水，同样容易发生堵管，同时混凝土应具有较小的坍落度损失，能够在较长时间内或较长的运输距离中保持足够的流动性能以利泵送。

为保证混凝土具有良好的可泵性，对原材料有如下要求：

1. 水泥

泵送混凝土应选用硅酸盐水泥、普通硅酸盐水泥、矿渣硅酸盐水泥、粉煤灰硅酸盐水泥，不宜采用火山灰质硅酸盐水泥。

2. 骨料

泵送混凝土所用粗骨料宜用连续级配，其针片状含量不宜大于 10%。最大

粒径与输送管径之比，当泵送高度在50m以下时，碎石不宜大于1:3.0，卵石不宜大于1:2.5；泵送高度在50~100m时，碎石不宜大于1:4.0，卵石不宜大于1:3.0；泵送高度在100m以上时，碎石不宜大于1:5.0，卵石不宜大于1:4.0。宜采用中砂，其通过0.315mm筛孔的颗粒含量不应少于15%。

3. 掺合料与外加剂

泵送混凝土应掺用泵送剂或减水剂，并宜掺用粉煤灰或其他活性掺合料以改善混凝土的可泵性。

泵送混凝土掺用优质的磨细粉煤灰和矿渣后，可显著改善其和易性，可节约水泥，且强度不降低。但泵送混凝土的用水量和用灰量较大，使混凝土易产生离析和收缩裂纹等问题。

五、聚合物混凝土

聚合物混凝土是由有机聚合物、无机胶凝材料和骨料结合而成的新型混凝土。与普通混凝土相比，具有强度高、耐化学腐蚀、耐磨性和抗冻性好、易于粘结、电绝缘性好等优点。常用的聚合物有聚合物浸渍混凝土（PIC）和聚合物水泥混凝土（PCC）两类。

1. 聚合物浸渍混凝土

聚合物浸渍混凝土（Polymer Impregnated Concrete，简称PIC）是将已硬化的混凝土干燥后浸入有机单体中，用加热或辐射等方法使混凝土孔隙内的单体聚合，使混凝土与聚合物形成整体，称为聚合物浸渍混凝土。

由于聚合物填充了混凝土内部的孔隙和微裂缝，从而增加了混凝土的密实度，提高了水泥与骨料之间的粘结强度，减少了应力集中，因此，具有高强、耐蚀、抗冲击等优良的性能。与基材混凝土相比，抗压强度可提高2~4倍，一般可达到150MPa。

浸渍所用的聚合物单体有：甲基丙烯酸甲酯（MMA）、苯乙烯（S）、丙烯腈（AN）、聚酯-苯乙烯等。对于完全浸渍的混凝土应选用粘度尽可能低的单体，如MMA、S等，对于局部浸渍的混凝土，可选用粘度较大的单体如聚脂-苯乙烯等。

聚合物浸渍混凝土适用于要求高强度、高耐久性的特殊构件，特别适用于输送液体的有筋管道、无筋管和坑道。

2. 聚合物水泥混凝土

聚合物水泥混凝土（Polymer Cement Concrete，简称PCC）是用聚合物乳液拌合水泥，并掺入砂或其他骨料而制成。生产工艺与普通混凝土相似，便于现场施工。

聚合物可用天然聚合物（如天然橡胶）和各种合成聚合物（如聚醋酸乙烯、

苯乙烯、聚氯乙烯等)。矿物胶凝材料可用普通水泥和高铝水泥。

通常认为，在混凝土凝结硬化过程中，聚合物与水泥之间没有发生化学作用，只是水泥水化吸收乳液中水分，使乳液脱水而逐渐凝固，水泥水化产物与聚合物互相包裹填充形成致密的结构，从而改善了混凝土的物理力学性能，表现为粘结性能好，耐久性和耐磨性高，抗折强度明显提高，但不及聚合物浸渍混凝土显著，抗压强度有可能下降。

聚合物水泥混凝土多用于无缝地面，也常用于混凝土路面和机场跑道面层和构筑物的防水层。

六、商品混凝土

商品混凝土是指在工厂中生产，并作为商品出售的混凝土。商品混凝土通常也称为预拌（商品）混凝土，是由专业的混凝土生产企业生产，生产设备先进，计量精确，搅拌均匀，生产人员专业性强、经验丰富。另外，商品混凝土企业一般还具有较完善的质量保证体系及质量检测系统，包括对水泥、砂石料、外加剂等原材料的检验以及对新拌混凝土和硬化混凝土性能的检验，有效保证了混凝土的质量。

采用商品混凝土可以减少施工现场建筑材料的堆放，当施工现场较狭窄时，这一作用将更明显，同时由于施工现场材料少，也减少了对周围环境的污染，有利于文明施工。由于商品混凝土具有以上优点，目前商品混凝土越来越广泛地应用于公路、桥梁及建筑工程中，以至于许多大中城市均规定市区内不允许进行混凝土的现场搅拌。

↘第七节 建筑砂浆

砂浆由胶凝材料、细集料和水配制而成，在土木工程中起粘结、衬垫和传递应力的作用。当胶凝材料仅为水泥时称为水泥砂浆，胶凝材料由水泥和掺加料共同组成时称为混合砂浆。按用途砂浆又可分为砌筑砂浆、抹面砂浆、装饰砂浆，以及保温吸声砂浆等。

一、砌筑砂浆

砌筑砂浆是将砌筑块体材料（砖、石、砌块等）粘结为整体的砂浆。砌体强度不仅取决于砌块，而且取决于砂浆的强度，所以砂浆为砌体的重要组成部分。

1. 组成材料

砂浆的组成材料除了不含粗集料外，基本上与混凝土的组成材料相同，但亦

有差异。依据现行 JGJ 98—2000《砌筑砂浆配合比设计规程》，各组成材料的要求如下：

（1）水泥　常用的各品种水泥均可作为砂浆的结合料，但由于砂浆的强度等级较低，所以水泥的强度等级不宜太高，否则水泥的用量太低，会导致砂浆的保水性不良。通常水泥砂浆采用的水泥，其强度等级不宜大于 32.5 级，水泥砂浆中水泥用量不应小于 $200kg/m^3$；水泥混合砂浆采用的水泥，其强度等级不宜大于 42.5 级，水泥和掺加料总量宜为 $300\sim350kg/m^3$。

（2）掺加料　为提高砂浆的和易性，除水泥外，还掺加各种掺加料（如石灰、粘土和粉煤灰等），配制成各种混合砂浆，以达到提高质量、降低成本的目的。

（3）细集料　细集料为砂浆的骨料，砌筑砂浆宜选用中砂，其中毛石砌体宜选用粗砂。砂的含泥量不应超过 5%。强度等级为 M2.5 的水泥混合砂浆，砂的含泥量不应超过 10%。

（4）水　拌制砂浆用水与混凝土用水相同。

（5）外加剂　为提高砂浆和易性，降低结合料的用量，必要时可掺加外加剂。最常用的有微沫剂，它是一种松香热聚物，掺量为水泥质量的 0.005% ~ 0.010%，即可取得良好效果，但在水泥粘土砂浆中不得使用。

2. 技术性质

（1）新拌砂浆的施工和易性　砂浆在硬化前应具有良好的和易性，以保证施工质量。和易性包括流动性和保水性两个方面的要求。

1）流动性是指砂浆在自重或外力作用下流动的性能。砂浆的流动性与用水量、胶结材料的品种和用量、细集料的级配和表面特征、掺加料及外加剂的特性和用量、拌合时间等因素有关。

砂浆的流动性用稠度表示，采用砂浆稠度仪测定。测定方法是将砂浆拌合物一次装入稠度仪的容器中，使砂浆表面低于容器口 1mm 左右，用捣棒插捣 25 次，然后轻轻将容器摇动或敲击 5 ~ 6 下，使砂浆表面平整，将容器置于稠度仪上，使试锥与砂浆表面接触，拧开制动螺丝，同时计时，10s 后立即固定螺丝，从刻度盘读出试锥下沉的深度（精确至 1mm）即为砂浆的稠度。

砂浆的稠度，可根据砌体的类型、气候条件、施工条件等因素决定。通常砌筑砂浆的适宜稠度为：砖墙、砖柱为 70 ~ 100mm，砖平拱式过梁为 50 ~ 70mm，空心砖柱为 60 ~ 80mm，空斗墙、筒拱为 50 ~ 70mm，对于石砌体为 30 ~ 50mm。

2）保水性是指砂浆能保持水分的性能。砂浆在运输、静置或砌筑过程中，水分不应从砂浆中离析，并使砂浆保持必要的稠度，便于操作；同时亦使水泥正常水化，保证砌体强度。

砂浆的保水性与胶结材料的类型和用量、细集料的级配、用水量以及有无掺

加料和外加剂等有关。为提高保水性，可掺加石灰膏、粉煤灰和微沫剂等。

砂浆的保水性用分层度表示，采用分层度仪测定。测定的方法是，将已测定稠度的砂浆一次装入分层度仪内，装满后，用木锤在容器周围距离大致相等的四个不同地方轻轻敲击1~2下，如砂浆沉落到低于筒口，则应随时添加，然后刮去多余的砂浆并抹平。静置30min后，去掉上节200mm砂浆，将剩余的砂浆倒在拌合锅中，搅拌2min，测定其稠度。前后测得的稠度之差即为该砂浆的分层度（以mm计）。砌筑砂浆的分层度不得大于30mm。

保水性良好的砂浆，其分层度应不大于20mm。分层度大于20mm的砂浆容易离析，不便施工；但分层度小于10mm的砂浆，硬化后易产生干缩裂缝。

（2）硬化后砂浆的抗压强度　砂浆硬化后应具有足够的抗压强度，以承担传递荷载的作用。砂浆抗压强度是确定其强度等级的重要依据。

砂浆的抗压强度等级是以70.7mm×70.7mm×70.7mm的正方体试件，在标准温度（20℃±3℃）和规定湿度（水泥混合砂浆相对湿度为60%~80%，水泥砂浆和微沫砂浆相对湿度为90%以上）的条件下，养护28d龄期的抗压强度平均值确定的。我国现行JGJ 98—2000《砌筑砂浆配合比设计规程》规定，砂浆的强度等级分为：M2.5、M5、M7.5、M10、M15、M20。

砂浆强度的影响因素很多，随其组成材料的种类和使用条件的差异有较大的波动。

1）用于不吸水基底的砂浆强度。如致密的石料，吸收砂浆中的水分甚微，对砂浆的水灰比影响不大。因此，砂浆强度与普通混凝土一样，主要取决于水泥强度及水灰比，它们之间的关系可以由下面的经验公式表示：

$$f_{m,28}=0.293f_{ce}\ (C/W-0.4) \tag{4-39}$$

式中　$f_{m,28}$——砂浆28d抗压强度（MPa）；

f_{ce}——水泥28d实测抗压强度（MPa）；

C/W——砂浆的灰水比。

2）用于吸水基底的砂浆强度。如粘土砖、多孔混凝土等，吸水性较强，即使砂浆用水量不同，但经砌体吸水后，保留在砂浆中的水分几乎是相同的。因此砂浆强度主要取决于水泥强度及其用量，而与水灰比无关。它们之间的关系可以由下面的经验公式表示：

$$f_{m,28}=\frac{\alpha f_{ce}Q_c}{1000}+\beta \tag{4-40}$$

式中　$f_{m,28}$、f_{ce}——意义同前；

Q_c——砂浆中单位水泥用量（kg/m^3）；

α、β——砂浆的特征系数，可由实验确定。

3. 配合比设计

(1) 水泥混合砂浆的配合比计算

1) 砂浆的试配强度计算。砂浆的试配强度按下式计算：

$$f_{m,o} = f_2 + 0.645\sigma \tag{4-41}$$

式中 $f_{m,o}$——砂浆的试配强度（MPa），精确至0.1MPa；

f_2——砂浆抗压强度平均值（MPa），精确至0.1MPa；

σ——砂浆现场强度标准差（MPa），精确至0.01MPa。

砂浆现场强度标准差的确定应符合下列规定：

当有统计资料时，按下式计算：

$$\sigma = \sqrt{\frac{\sum_{i=1}^{n} f_{m,i}^2 - n\mu_{f_m}^2}{n-1}} \tag{4-42}$$

式中 $f_{m,i}$——统计周期内同一品种砂浆第 i 组试件的抗压强度（MPa）；

μ_{f_m}——统计周期内同一品种砂浆 n 组试件抗压强度的平均值（MPa）；

n——统计周期内同一品种砂浆试件的总组数，$n \geqslant 25$。

当不具有近期统计资料时，σ 可按表4-19选用。

表4-19 砂浆强度标准差 （单位：MPa）

施工水平	砂浆强度等级					
	M2.5	M5	M7.5	M10	M15	M20
优良	0.50	1.00	1.50	2.00	3.00	4.00
一般	0.62	1.25	1.88	2.50	3.75	5.00
较差	0.75	1.50	2.25	3.00	4.50	6.00

2) 水泥用量的计算。砂浆中单位水泥用量，应按下式计算：

$$Q_c = \frac{1000\ (f_{m,o} - \beta)}{\alpha f_{ce}} \tag{4-43}$$

式中 Q_c——砂浆中单位水泥用量（kg/m^3），精确至$1kg/m^3$；

$f_{m,o}$——砂浆的试配强度（MPa）；

f_{ce}——水泥的实测强度（MPa），在无法取得实测强度时，可按 $f_{ce} = \gamma_c f_{ce,g}$ 计算，如无统计资料，水泥强度富余系数 γ_c 可取1.0；

α、β——砂浆的特征系数，$\alpha = 3.03$、$\beta = -15.09$。

3) 水泥混合砂浆的掺加料用量。水泥混合砂浆的掺加料用量按下式计算：

$$Q_D = Q_A - Q_c \tag{4-44}$$

式中 Q_D——砂浆中的掺加料用量，精确至$1kg/m^3$；石灰膏、粘土膏使用时的稠度为120mm±5mm；

Q_A——砂浆中水泥和掺加料的总量（kg/m^3），精确至 1kg/m^3，宜在 300 ~ 350kg/m^{3}之间。

Q_c——意义同前。

4）砂浆中的砂子用量。砂浆中单位砂用量，应按干燥状态（含水率小于 0.5%）的堆积密度值作为计算值，单位为 kg/m^3。

5）砂浆中的用水量。砂浆中单位用水量的多少对砂浆的强度影响不大，应根据施工和易性所需稠度选用。水泥混合砂浆用水量常小于水泥砂浆用水量。当采用中砂时可选用 240 ~ 310kg/m^3。当采用细砂或粗砂时，用水量分别取上限或下限；当砂浆稠度小于 70mm 时，用水量可小于下限；施工现场气候炎热或干燥季节，可酌量增加用水量。水泥混合砂浆中用水量，不包括石灰膏或粘土膏中的水。

（2）水泥砂浆配合比确定　若按水泥砂浆的配合比设计方法计算水泥砂浆的配合比，由于水泥强度太高，而砂浆的强度太低，造成计算水泥用量偏少，因此，通过计算得到的配合比不太合理。为避免计算带来的不合理情况，水泥砂浆的配合比可以根据工程类别及砌体部位确定砂浆的设计强度等级，查阅表 4-20 选用，表中水泥强度等级为 32.5 级。大于 32.5 级时，水泥用量应取表中的下限值。用水量选用原则同水泥混合砂浆。

表 4-20　每立方米水泥砂浆材料用量　（单位：kg · m^{-3}）

强度等级	水泥用量	砂子用量	用水量
M2.5 ~ M5	200 ~ 230	1m^3 砂子的堆积密度值	270 ~ 330
M7.5 ~ M10	220 ~ 280		
M15	280 ~ 340		
M20	340 ~ 400		

（3）砂浆配合比试配、调整与确定　此过程包括砂浆配制、和易性测定与调整，以及强度检测 3 个环节。

1）砂浆的配制。试配时应采用工程中实际使用的材料，并使用机械搅拌，自投料结束起的搅拌时间为：水泥砂浆和水泥混合砂浆不得小于 2min；掺加粉煤灰和外加剂的砂浆不得小于 3min。

2）和易性测定与配合比调整。测定砂浆拌合物的稠度和分层度，当不能满足要求时，应调整材料用量，直到符合要求为止，然后确定为试配时的砂浆基准配合比。

3）强度检测。制作强度试件时至少应采用 3 个不同的配合比，其中 1 个为按照上述计算得到的基准配合比，其他配合比的水泥用量应按基准配合比分别增加及减少 10%。在保证稠度、分层度合格的条件下，可将用水量或掺加料用量

作相应调整。

对三个不同的配合比进行调整后，按规定方法成形试件，测定砂浆强度，并选定符合试配强度要求且水泥用量最低的配合比作为砂浆配合比。

二、其他砂浆

1. 抹面砂浆

抹面砂浆为涂抹于建筑物或构筑物表面的砂浆，不承受荷载，按其功能的不同可分为普通抹面砂浆、装饰砂浆、防水砂浆和具有特殊功能的防水砂浆（按功能分类又属特种砂浆）等。防水砂浆应与基底层有良好的粘结力，以保证在施工或长期自然环境因素下不脱落、不开裂，且不丧失其主要功能。抹面砂浆多分层抹成均匀的薄层，表面要求平整、细致。

(1) 普通抹面砂浆　普通抹面砂浆用于室外时，对建筑或墙体起保护作用。它可以抵抗风、雨、雪等自然因素及有害介质的侵蚀，提高建筑或墙体抗风化、防潮、防腐蚀和保温、隔热的能力，用于室内则具有一定的装饰效果。

抹面砂浆通常分为2层或3层进行施工，各层的作用与要求不同，因此所选用的砂浆也不同。底层砂浆的作用是使砂浆与底面粘结牢固，要求砂浆有良好的和易性和较高的粘结力，并且保水性良好，否则水分易被底面吸收掉而影响粘结力。中层主要用来找平，有时可省去不用，面层砂浆主要起装饰作用，应达到平整美观的效果。

抹面水泥砂浆的配合比为水泥∶砂 =1∶2 ~1∶3（体积比），水泥石灰混合砂浆的配合比一般为水泥∶掺加料∶砂 =1∶0.5∶4.5 ~1∶1∶6.0。

(2) 装饰砂浆　涂抹在建筑物内外墙表面，能具有美观装饰效果的抹面砂浆通称为装饰砂浆。要选用具有一定颜色的胶凝材料、集料，以及采用某种特殊的操作工艺，使表面呈现出各种不同的色彩、线条与花纹等装饰效果。

装饰砂浆所采用的胶凝材料有普通水泥、矿渣水泥、火山灰水泥、白水泥、彩色水泥，或是在常用水泥中掺加一些耐碱矿物颜料配成彩色水泥以及石灰、石膏等。集料除砂外，常采用大理石、花岗岩等带颜色的细石渣或玻璃、陶瓷碎片等。因此，装饰砂浆又分为灰浆类和石渣类。

2. 特种砂浆

(1) 防水砂浆　防水砂浆用做防水层，适用于不受振动和具有一定刚度的混凝土或砖石砌体的表面，以及地下室水池、水塔等防水工程。

用普通水泥砂浆多层抹面作为防水层时，要求水泥不低于32.5级，砂宜采用中砂或粗砂。配合比控制在水泥∶砂 =1∶2 ~1∶3，水灰比为0.40 ~0.50。

在普通水泥砂浆中掺入防水剂，可以提高砂浆的防水能力，配合比范围与上述相同。用膨胀水泥或无收缩水泥配制防水砂浆时，由于水泥具有微膨胀或补偿收缩性能，提高了砂浆的密实性，砂浆的抗渗性提高，并具有良好的防水效果。体积配合比为水泥:砂 =1:2.5，水灰比为0.4~0.5。

（2）绝热砂浆　采用水泥、石灰、石膏等胶凝材料与膨胀珍珠岩砂、膨胀蛭石或陶粒砂等轻质多孔集料，按一定比例配制的砂浆称为绝热砂浆，也称为保温砂浆。绝热砂浆具有质轻和良好的绝热性能，其热导率为0.07~0.10W/（m·K），可用于屋面隔热层、隔热墙壁、供热管道隔热层等。

（3）吸声砂浆　一般绝热砂浆是由轻质多孔集料制成的，都具有吸声性能。还可以用水泥、石膏、砂、锯末（其体积比约为1:1:3:5）等配制成吸声砂浆，或在石灰、石膏砂浆中掺入玻璃纤维、矿物棉等松软纤维材料配制而成。吸声砂浆主要用于歌剧院、会议室等室内墙壁和平顶的吸声。

（4）耐酸砂浆　耐酸砂浆是用水玻璃（硅酸钠）与氟硅酸钠拌制而成的一种砂浆。水玻璃硬化后具有很好的耐酸性能。耐酸砂浆多用做衬砌材料、耐酸地面和耐酸容器的内壁防护层等。

（5）防辐射砂浆　在水泥浆中掺入重晶石粉和砂，可配制成有防X射线能力的砂浆；如在水泥砂浆中掺加硼砂、硼酸等可配制有抗中子辐射能力的砂浆。此类防射线砂浆专门应用于射线防护工程。

3. 干粉砂浆

干粉砂浆又称干混砂浆，或砂浆干拌料，系指由专门的厂家生产、在施工现场使用的一种新型建筑砂浆品种。主要由胶凝材料、细集料以及掺合料和化学试剂等，经干燥、计量、混合系统混合均匀后，袋装或散装运至施工现场，加水搅拌直接使用的砂浆产品。

干粉砂浆是20世纪50年代于欧洲建筑市场发展起来的，如今在西方发达国家，以及世界许多发展中国家得到广泛应用。干粉砂浆作为传统砂浆的替代产品，可作为主要的粘结材料，具有许多优点：

（1）保证施工质量　不同用途的砂浆，如砌筑砂浆、抹灰砂浆、地面砂浆、砌块专用砂浆等，对材料的抗收缩，抗龟裂，保温，防潮，施工等特殊性能的要求不同，这些特性需要按照科学的配方和严格配制才能实现，施工现场很难保证满足其质量要求。干粉砂浆是经大规模自动化工艺生产，产品质量稳定、可靠，许多微量化学添加剂保证了产品满足特殊的质量要求。

（2）改善砂浆技术性能　干粉砂浆能够大大改善砂浆的各种技术性质，如砂浆的和易性好，易抹易刮，挂浆均匀；保水能力与砂浆的附着力强；干缩率低，抗收缩、抗裂、抗渗等能力较强。

（3）提高施工效益　由于优良的科学配方，干粉砂浆可比传统砂浆获得更优越的施工性能，施工速度及施工效率明显提高，缩短施工工期。同时，由于干粉砂浆良好的技术性能，可以降低施工层厚度，节约材料。施工质量的提高，还

可以大大减少工程维修返工率，降低建筑物的长期维护费用。

（4）利废环保，改善工人的工作环境 生产干粉砂浆可大量利用工业废料，如粉煤灰、矿渣、石油冶炼渣等，利于环保。由于干粉砂浆的机械化生产，工人的劳动强度得到明显改善；由于施工性能优良，易于施工操作（现场使用，只需加水搅拌即可），避免飘尘飞扬，提高施工效率，使工人的工作和生活环境得到很好的改善。

练习题

基础练习题

4-1 水泥混凝土有何优点？试述在土木工程中的应用现状。

4-2 普通水泥混凝土应具备哪些技术性质？

4-3 试述影响普通混凝土强度的主要因素及提高强度的主要措施。

4-4 试述混凝土拌合物工作性的含意。影响工作性的主要因素和改善措施有哪些？

4-5 试述水泥混凝土立方体抗压强度、立方体强度标准值与强度等级之间的关系。

4-6 普通混凝土的耐久性有哪些要求？

4-7 碱–集料反应对土木工程混凝土有何危害？应如何控制？

4-8 试述普通混凝土用集料的选用原则。

4-9 普通混凝土组成设计包括哪些内容？在设计时应满足的四项基本要求是什么？

4-10 普通混凝土配合比设计三参数指什么？试述控制三参数的意义。

4-11 试述我国现行普通混凝土配合比设计方法。

4-12 试述普通混凝土配制强度的影响因素。

4-13 试述混凝土减水剂的作用机理和主要的技术经济效果。

开放式练习题

4-14 某工地现有一批砂样，经筛分试验各筛的筛余量列于表4-21，试计算该砂样的级配参数，并判定其工程适应性。

表4-21 砂样的筛分试验结果

筛孔尺寸/mm	4.75	2.36	1.18	0.6	0.3	0.15	筛底
各筛筛余质量/g	30	60	90	120	110	80	10

4-15 试比较砂浆与混凝土配合比设计，总结两种设计方法的不同之处。

4-16 某混凝土的设计强度等级为C25，保证率系数 $t=1.645$，混凝土强度标准差 $\sigma=5.0\text{MPa}$，设计坍落度为30～50mm。可供选择的组成材料如下：

水泥：42.5普通硅酸盐水泥，实测28d抗压强度为45.5MPa，密度 $\rho_c=3.10\text{g/cm}^3$；

碎石：一级石灰岩轧制的碎石，最大粒径20mm，表观密度 $\rho_g=2.750\text{g/cm}^3$，现场含水率为1.5%；

砂：清洁河砂，属中砂，表观密度 $\rho_s=2.685\text{g/cm}^3$，现场含水率为 3.0%；

水：饮用水，符合混凝土拌合用水要求。

试设计：

（1）按我国现行设计方法计算混凝土初步配合比；

（2）若通过试验室检验，初步配合比满足设计要求，试确定混凝土的施工配合比；

（3）若现场需要拌制 130L 混凝土，水泥按 1 袋为单位投放，试计算各材料的实际用量。

（4）若各材料单价为：水泥为 350 元/t，砂为 60 元/m^3，石子为 47 元/m^3，水为 0.5 元/m^3，试计算 1m^3 混凝土的价格。

4-17　混凝土施工现场应如何进行混凝土质量控制与评定？

4-18　某现场采用集中搅拌混凝土，强度等级为 C30，其同批混凝土抗压强度代表值 $f_{cu,i}$ 列于表 4-22，试评定该批混凝土是否合格。

表 4-22　混凝土抗压强度代表值 $f_{cu,i}$　（单位：MPa）

36.5	38.4	33.6	37.5	33.8	37.2	38.2	39.4	40.2	38.4
38.6	34.4	35.8	35.6	39.8	33.6	33.4	38.6	35.4	38.8

5

第五章

砌体材料和屋面材料

学习要求　重点掌握烧结普通砖的性质与应用特点。熟悉烧结多孔砖、烧结空心砖、蒸压蒸养砖、石材与砌块的主要性质与应用特点。了解墙用板材和屋面材料的应用。

↘第一节　石　　材

天然石材是最古老的建筑材料之一，世界上许多著名的古建筑，如埃及的金字塔，我国河北省的赵州桥都是由天然石材建造而成的。近几十年来，由于钢筋混凝土和新型砌筑材料的应用和发展，虽然在很大程度上代替了天然石材，但由于天然石材在地壳表面分布广，蕴藏丰富，便于就地取材，加之石材具有相当高的强度，良好的耐磨性和耐久性，因此，石材在土木工程中仍得到了广泛的应用。

一、石材的形成与分类

天然石材是采自地壳表层的岩石。天然石材根据生成条件，按地质分类法可分为火成岩、沉积岩和变质岩三大类。

1. 火成岩

火成岩又称岩浆岩，是由地壳内部熔融岩浆上升冷却而成的岩石。它根据冷却条件的不同，又可分为深成岩、喷出岩和火山岩三类。

(1) 深成岩　这是岩浆在地壳深处，受上部覆盖层的压力作用，缓慢且均匀地冷却而成的岩石。深成岩的特点是晶粒较粗，呈致密块状结构。因此，深成岩的表观密度大，强度高，吸水率小，抗冻性好。工程上常用的深成岩有花岗岩、正长岩、闪长岩和辉长岩。

(2) 喷出岩　为熔融的岩浆喷出地壳表面，迅速冷却而成的岩石。由于岩浆喷出地表时压力骤减且迅速冷却，结晶条件差，多呈隐晶质或玻璃体结构。当喷出岩浆凝固成很厚的岩层时，其结构接近深成岩；当喷出岩浆凝固成比较薄的岩层时，常呈多孔构造。工程上常用的喷出岩有玄武岩、安山岩和辉绿岩。

（3）火山岩 这是火山爆发时岩浆喷到空中急速冷却后形成的岩石。火山岩为玻璃体结构且呈多孔构造。如火山灰、火山砂、浮石和凝灰岩。火山砂和火山灰常用做为水泥的混合材料。

2. 沉积岩

地表岩石经长期风化后，成为碎屑颗粒状或粉尘状，经风或水的搬运，通过沉积和再造作用而形成的岩石称为沉积岩。沉积岩大都呈层状构造，表观密度小，孔隙率大，吸水率大，强度低，耐久性差。而且各层间的成分、构造、颜色及厚度都有差异。沉积岩可分为机械沉积岩、化学沉积岩和生物沉积岩。

（1）机械沉积岩 这是各种岩石风化后，经过流水、风力或冰川作用的搬运及逐渐沉积，在覆盖层的压力下或由自然胶结物胶结而成的岩石。如页岩、砂岩和砾岩。

（2）化学沉积岩 这是岩石中的矿物溶解在水中，经沉淀沉积而成。如石膏、菱镁矿、白云岩及部分石灰岩。

（3）生物沉积岩 生物沉积岩是由各种有机体残骸经沉积而成的岩石。如石灰岩、硅藻土等。

3. 变质岩

岩石由于强烈的地质活动，在高温和高压下，矿物再结晶或生成新矿物，使原来岩石的矿物成分及构造发生显著变化而成为一种新的岩石，称为变质岩。

一般沉积岩形成变质岩后，其建筑性能有所提高，如石灰岩和白云岩变质后成为大理岩，砂岩变质后成为石英岩，都比原来的岩石坚固耐久。相反，原为深成岩经变质后产生片状构造，建筑性能反而恶化。如花岗岩变质成为片麻岩后，易于分层剥落，耐久性差。整个地表岩石分布情况为：沉积岩占75%，火成岩和变质岩占25%。

二、砌筑石材的技术性质与工程应用

1. 石材的技术性质

（1）表观密度 石材的表观密度与矿物组成及孔隙率有关。致密的石材如花岗岩和大理岩等，其表观密度接近于密度，为2500～3100kg/m^3。孔隙率较大的石材，如火山凝灰岩、浮石等，其表观密度较小，为500～1700kg/m^3。天然石材根据表观密度可分为轻质石材和重质石材。表观密度小于1800kg/m^{3}的为轻质石材，一般用做墙体材料；表观密度大于1800kg/m^{3}的为重质石材，可用于建筑物的基础、贴面、地面、房屋外墙、桥梁和水工构筑物等。

（2）吸水性　石材的吸水性主要与其孔隙率和孔隙特征有关。孔隙特征相同的石材，孔隙率越大，吸水率也越高。深成岩以及许多变质岩孔隙率都很小，因而吸水率也很小。如花岗岩吸水率通常小于0.5%，而多孔贝类石灰岩吸水率可高达15%。石材吸水后强度降低，抗冻性变差，导热性增加，耐水性和耐久性下降。表观密度大的石材，孔隙率小，吸水率也小。

（3）耐水性　石材的耐水性以软化系数来表示。根据软化系数的大小，石材的耐水性分为高、中、低三等，软化系数大于0.9的石材为高耐水性石材，软化系数在0.70～0.90之间的石材为中耐水性石材，软化系数为0.60～0.70之间的石材为低耐水性石材。土木工程中使用的石材，软化系数应大于0.80。

（4）抗冻性　它是指石材抵抗冻融破坏的能力，是衡量石材耐久性的一个重要指标。石材的抗冻性与吸水率大小有密切关系。一般吸水率大的石材，抗冻性能较差。另外，抗冻性还与石材吸水饱和程度、冻结温度和冻融次数有关。石材在水饱和状态下，经规定次数的冻融循环后，若无贯穿裂缝且重量损失不超过5%，强度损失不超过25%时，则为抗冻性合格。

（5）耐火性　石材的耐火性取决于其化学成分及矿物组成。由于各种造岩矿物热膨胀系数不同，受热后体积变化不一致，将产生内应力而导致石材崩裂破坏。另外，在高温下，造岩矿物会产生分解或晶型转变。如含有石膏的石材，在100℃以上时即开始破坏。含有石英和其他矿物结晶的石材，如花岗岩等，当温度在700℃以上时，由于石英受热膨胀，强度会迅速下降。

（6）抗压强度　天然石材的抗压强度取决于岩石的矿物组成、结构、构造特征、胶结物质的种类及均匀性等。如花岗岩的主要造岩矿物是石英、长石、云母和少量暗色矿物，若石英含量高，则强度高；若云母含量高，则强度低。

石材是非均质和各向异性的材料，而且是典型的脆性材料，其抗压强度高，抗拉强度比抗压强度低得多，为抗压强度的1/10～1/20。测定岩石抗压强度的试件尺寸为50mm×50mm×50mm的立方体。按吸水饱和状态下的抗压极限强度平均值，天然石材的强度等级分为MU100、MU80、MU60、MU50、MU40、MU30、MU20、MU15、MU10九个等级。

（7）硬度　天然石材的硬度以莫氏或肖氏硬度表示。它主要取决于组成岩石的矿物硬度与构造。凡由致密、坚硬的矿物所组成的岩石，其硬度较高；结晶质结构硬度高于玻璃质结构；构造紧密的岩石硬度也较高。岩石的硬度与抗压强度有很好的相关性，一般抗压强度高的硬度也大。岩石的硬度越大，其耐磨性和抗刻划性能越好，但表面加工越困难。

（8）耐磨性　石材耐磨性是指石材在使用条件下抵抗摩擦、边缘剪切以及撞击等复杂作用而不被磨损（耗）的性质。耐磨性包括耐磨损性和耐磨耗性两个方面。耐磨损性以磨损度表示，它是石材受摩擦作用后单位摩擦面积的质量损失的大小。耐磨耗性以磨耗度表示，它是石材同时受摩擦与冲击作用后单位质量产生的质量损失的大小。

石材的耐磨性与岩石组成矿物的硬度及岩石的结构和构造有一定的关系。一般而言，岩石强度高，构造致密，则耐磨性也较好。用于土木工程中的石材，应具有较好的耐磨性。

2. 石材的应用

（1）毛石　这是指岩石开采所得、未经加工的形状不规则的石块。毛石有乱毛石和平毛石两种。乱毛石各个面的形状都不规则，平毛石虽然形状也不规则，但大致有两个平行的面，土木工程用毛石一般要求中部厚度不小于150mm，长度为300～400mm，抗压强度应大于10MPa，软化系数不小于0.80。毛石主要用于砌筑建筑物基础、勒脚、墙身、挡土墙、堤岸及护坡，还可以用来浇筑片石混凝土。致密坚硬的沉积岩可用于一般的房屋建筑，而重要的工程应采用强度高、抗风化性能好的岩浆岩。

（2）料石　这是指以人工斩凿或机械加工而成，形状比较规则的六面体块石，通常按加工平整程度分为毛料石、粗料石、半细料石和细料石四种。毛料石是表面不经加工或稍加修整的料石；粗料石是表面加工成凹凸深度不大于20mm的料石；半细料石是表面加工成凹凸深度不大于10mm的料石；细料石是表面加工成凹凸深度不大于2mm的料石。

料石一般由致密的砂岩、石灰岩、花岗岩加工而成，制成条石、方石及楔形的拱石。毛料石形状规则，大致方正，正面的高度不小于200mm，长度与宽度不小于高度，抗压强度不得低于30MPa。粗料石形体方正，其正面经锤凿加工，要求正表面的凹凸相差不大于20mm。半细料石和细料石是用做镶面的石料。规格、尺寸与粗料石相同，而凿琢加工要求则比粗料石更高更严，半细料石正表面的凹凸相差不大于10mm，而细料石则相差不大于2mm。毛料石与粗料石主要用于建筑物的基础、勒脚、墙体等部位，半细料石和细料石主要用做镶面材料。

（3）石板　这是用致密的岩石凿平或锯切成一定厚度的岩石板材。作为饰面用的板材，一般采用大理岩和花岗岩加工制作。饰面板材要求耐磨、耐久、无裂缝或水纹，色彩丰富，外表美观。花岗岩板材主要用于建筑工程室外装修、装饰；粗磨板材（表面平滑无光）主要用于建筑物外墙面、柱面、台阶及勒脚等部位；磨光板材（表面光滑如镜）主要用于室内外墙面、柱面。大理石板材经研磨抛光成镜面，主要用于室内装饰。

（4）广场地坪、路面、庭院小径用石材　主要有石板、方石、条石、拳石、卵石等，这些岩石要求坚实耐磨，抗冻和抗冲击性好。当用平毛石、拳石、卵石铺筑地坪或小径时，可以利用石材的色彩和外形镶拼成各种图案。

↘第二节　砖

虽然当前出现了各种新型墙体材料，但由于砖的价格便宜，且又能满足一定的建筑功能要求，因此，砌墙砖仍是当前主要的墙体材料。目前工程中所用的砌墙砖按生产工艺分为两类，一类是通过焙烧工艺制得的，称为烧结砖；另一类是通过蒸养或蒸压工艺制得的，称为蒸养砖或蒸压砖，也称免烧砖。砌墙砖的形式有实心砖、多孔砖和空心砖。

一、烧结砖

目前在墙体材料中使用最多的是烧结普通砖、烧结多孔砖和烧结空心砖。按生产原料烧结普通砖又分为粘土砖、页岩砖、煤矸石砖和粉煤灰砖等几种。

1. 烧结普通砖

（1）生产工艺　各种烧结普通砖的生产工艺过程基本相同，现将烧结粘土砖的生产工艺流程简述如下：采土→配料调制→制坯→干燥→焙烧→成品。其中焙烧是生产全过程中最重要的环节。砖坯在焙烧过程中，应控制好烧成温度，以免出现欠火砖或过火砖。欠火砖烧成温度过低，孔隙率大，强度低，耐久性差。过火砖烧成温度过高，有弯曲等变形，砖的尺寸极不规整。欠火砖色浅，声哑；过火砖色较深，声音清脆。

砖坯在氧化气氛中焙烧，则制得红砖。若砖坯在氧化气氛中烧成后，再经浇水闷窑，使窑内形成还原气氛，使砖内的红色高价氧化铁（Fe_2O_3）还原成青色的低价氧化铁（FeO），即制得青砖。

近年来，我国还普遍采用内燃烧法烧砖。它是将煤渣、粉煤灰等可燃工业废渣以适当比例掺入制坯粘土原料中作为内燃料，当砖坯焙烧到一定温度时，内燃料在砖坯体内也进行燃烧，这样烧成的砖叫内燃砖。这样，不但可节省大量燃煤，节约原料粘土 5% ~10%，而且，砖的强度可提高 20% 左右，表观密度减小，热导率降低。

（2）主要技术性质　GB 5101—2003《烧结普通砖》的规定，烧结普通砖的主要技术要求包括尺寸、外观质量、强度等级、抗风化性能、泛霜和石灰爆裂，并规定产品中不允许有欠火砖、酥砖和螺旋纹砖。根据抗压强度分为 MU30、MU25、MU20、MU15、MU10 五个强度等级。强度、抗风化性能合格的砖，根据尺寸偏差、外观质量、泛霜和石灰爆裂等分为优等品（A）、一等品（B）和合格品（C）三个质量等级。

1）外形尺寸。烧结普通砖为矩形体，其标准尺寸为 240mm × 115mm × 53mm，考虑 10mm 厚的砌筑灰缝，则 4 块砖长、8 块砖宽或 16 块砖厚均为 1m，

1m³ 砌体需用砖 512 块。尺寸允许偏差应符合 GB 5101—2003《烧结普通砖》的规定。

2）外观质量。烧结普通砖的优等品颜色应基本一致，合格品颜色无要求。外观质量包括两条面高度差、弯曲程度、杂质凸出高度、缺棱掉角、裂纹长度和完整面的要求。

3）强度等级。烧结普通砖强度等级是通过取 10 块砖试样进行抗压强度试验，根据抗压强度平均值和强度标准值来划分的（见表 5-1）。

表 5-1 烧结普通砖强度等级划分规定 （单位：MPa）

强度等级	抗压强度平均值 $\bar{f}$ ≥	变异系数 δ≤0.21	变异系数 δ>0.21
		强度标准值 f_k ≥	单块最小抗压强度值 f_{min} ≥
MU30	30.0	22.0	25.0
MU25	25.0	18.0	22.0
MU20	20.0	14.0	16.0
MU15	15.0	10.0	12.0
MU10	10.0	6.5	7.5

测定烧结普通砖的强度，依据 GB/T 2542—2003《砌墙砖试验方法》进行，试样数量为 10 块，加荷速度为（5 ± 0.5）kN/s。试验后分别按下列各式计算标准差、强度变异系数和抗压强度标准值：

$$S = \sqrt{\frac{1}{9}\sum_{i=1}^{10}(f_i - \bar{f})^2} \tag{5-1}$$

$$\delta = \frac{S}{\bar{f}} \tag{5-2}$$

$$f_k = \bar{f} - 1.8S \tag{5-3}$$

式中 S——10 块试样的抗压强度标准差（MPa），精确至 0.01MPa；

δ——强度变异系数，精确至 0.01；

$\bar{f}$——10 块试样的抗压强度平均值（MPa），精确至 0.01MPa；

f_i——单块试样抗压强度测定值（MPa），精确至 0.01MPa；

f_k——抗压强度标准值（MPa），精确至 0.1MPa。

4）泛霜。当砖的原料中含有硫、镁等可溶性盐类时，砖在使用过程中，这些盐类会随着砖内水分蒸发而在砖表面产生盐析现象，一般为白色粉末，常在砖表面形成絮团状斑点，严重时会起粉、掉角或脱皮，通常轻微泛霜就能对清水砖墙建筑外观产生较大影响。中等程度泛霜的砖用于建筑中的潮湿部位时，7 ~ 8

年后因盐析结晶膨胀将使砖砌体表面产生粉化剥落，在干燥环境中使用约10年以后也将开始剥落。严重泛霜对建筑结构的破坏性则更大。国家标准规定：优等品砖应无泛霜现象；一等品砖不得出现中等泛霜；合格品砖不得严重泛霜。

5）石灰爆裂。当原料土中夹杂有石灰石时，将被烧成生石灰留在砖中。生石灰有时也会由掺入的内燃料（煤渣）带入，这些常为过烧的生石灰。生石灰吸水消化时产生体积膨胀，导致砖发生胀裂破坏。石灰爆裂对砖砌体影响较大，轻者影响外观，重者将使砖砌体强度降低直至无法达到国家标准规定。优等品不允许出现破坏尺寸大于2mm的爆裂区域；一等品不允许出现最大破坏尺寸大于10mm的爆裂区域；合格品不允许出现破坏尺寸大于15mm的爆裂区域。

6）抗风化性能。这是烧结普通砖重要的耐久性之一，对砖的抗风化性能要求应根据各地区风化程度的不同而定。烧结普通砖的抗风化性能通常以其抗冻性、吸水率及饱和系数等指标判别。用于严重风化区中的黑龙江、吉林、辽宁、内蒙、新疆等地区的烧结普通砖，其抗冻性能必须符合GB 5101—2003的规定。用于其他地区的烧结普通砖，如果5h沸煮吸水率及饱和系数符合GB 5101—2003的规定，可以不做冻融试验。

（3）烧结普通砖的应用　烧结普通砖的表观密度为1600～1800kg/m^3，孔隙率30%～35%，吸水率8%，热导率0.78W/（m·K）。烧结普通砖具有较高的强度。又因多孔结构而具有良好的绝热性、透气性和稳定性。粘土砖还具有良好的耐久性，加之原料广泛，生产工艺简单，因而它是应用历史最久，使用范围最广的建筑材料之一。

烧结普通砖在建筑工程中主要用作墙体材料，其中优等品可用于清水墙建筑，一等品和合格品用于混水墙建筑。中等泛霜的砖不得用于潮湿部位。烧结普通砖也可用于砌筑柱、拱、窑炉、烟囱、沟道及基础等（此外还可用做预制振动砖墙板、复合墙体等）。在砌体中配置适当的钢筋或钢丝网，可代替钢筋混凝土柱、梁等。

在普通砖砌体中，砖砌体的强度不仅取决于砖的强度。而且受砌筑砂浆性质的影响很大。砖的吸水率大，在砌筑时若不事先润湿，将大量吸收水泥砂浆中的水分，使水泥不能正常水化和硬化，导致砖砌体强度下降。因此，在砌筑砖砌体时，必须预先将砖润湿，方可使用。

2. 烧结多孔砖和烧结空心砖

通常，常用于承重部位、孔洞率等于或大于15%，孔的尺寸小而数量多的砖，称为多孔砖；常用于非承重部位，孔洞率等于或大于35%，孔的尺寸大而数量少的砖，称空心砖。

（1）烧结多孔砖与空心砖的特点　烧结多孔砖（见图5-1）和空心砖（见图5-2）的原料及生产工艺与烧结普通砖基本相同，但对原料的可塑性要求较高。

多孔砖为大面有孔洞的砖，孔多而小，使用时孔洞垂直于承压面，表观密度为1400kg/m³左右。烧结空心砖为顶面有孔洞的砖，孔大而少，表观密度在800～1100kg/m³之间，使用时孔洞平行于受力面。

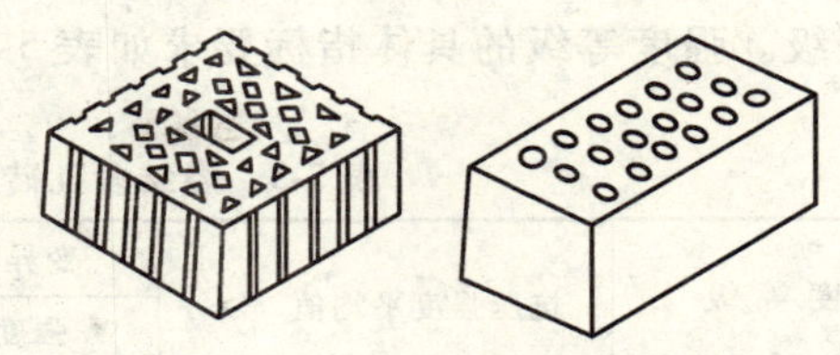
图5-1 烧结多孔砖

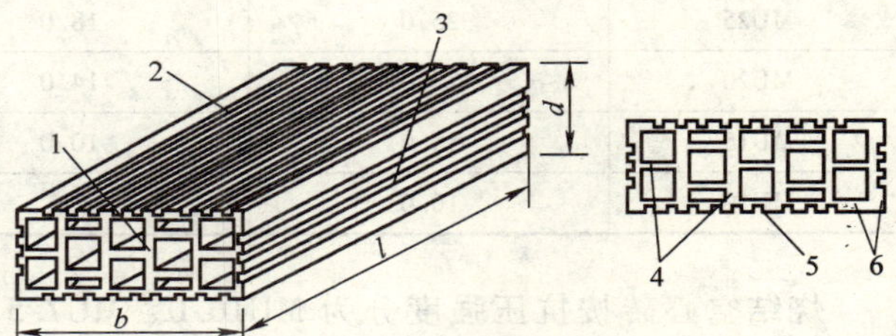

图5-2 烧结空心砖的外形
1—顶面 2—大面 3—条面 4—肋 5—凹线槽 6—外壁

与烧结普通砖相比，生产多孔砖和空心砖，可节省粘土20%～30%，节约燃料10%～20%，且砖坯焙烧均匀，烧成率高。采用多孔砖或空心砖砌筑墙体，可减轻自重1/3左右，提高工效约40%，同时还能改善墙体的热工性能。因此，发达国家早已十分重视发展多孔或空心粘土制品，目前，欧美等国家生产的多孔砖和空心砖已占其砖产量的80%～90%，并且发展了高强空心砖、微孔砖等。近年来，为了节约土地资源和减少能源消耗，多孔砖和空心砖发展也十分迅速，国家和各地方政府的有关部门都制定了限制生产和使用实心砖的政策，鼓励生产和使用多孔砖及空心砖。

（2）主要技术要求　根据GB 13544—2000《烧结多孔砖》及GB 13545—2003《烧结空心砖和空心砌块》的规定，其具体技术要求如下：

1）形状与规格尺寸。烧结多孔砖和烧结空心砖均为直角六面体，形状分别如图5-1和图5-2所示，其中烧结多孔砖的长度、宽度、高度尺寸应符合下列要求：

290，240，190，180（mm）；

175，140，115，90（mm）。

其孔洞尺寸应符合表5-2的规定。

表5-2 烧结多孔砖孔洞尺寸 （单位：mm）

圆孔直径	非圆孔内切圆直径	手抓孔
≤22	≤15	（30～40）×（75～85）

按GB 13545—2003的规定，烧结空心砖的长度不超过365mm，宽度不超过240mm，高度不超过115mm，超过以上尺寸者则称空心砌块。其孔型采用矩形条孔或其他孔型。

2）强度等级及质量等级。烧结多孔砖根据其抗压强度分为MU30、MU25、MU20、MU15和MU10五个强度等级，强度和抗风化性能合格的砖，根据尺寸偏差、外观质量及耐久性等又分为优等品（A）、一等品（B）和合格品（C）三个

产品等级。强度等级的具体指标要求如表 5-3 所示。

表 5-3　烧结多孔砖的强度等级　（单位：MPa）

强度等级	抗压强度平均值 $\bar{f}$ ≥	变异系数 δ≤0.21	变异系数 δ>0.21
		强度标准值 f_k ≥	单块最小抗压强度值 f_{min} ≥
MU30	30.0	22.0	25.0
MU25	25.0	18.0	22.0
MU20	20.0	14.0	16.0
MU15	15.0	10.0	12.0
MU10	10.0	6.5	7.5

烧结空心砖按抗压强度分为 MU10.0、MU7.5、MU5.0、MU3.5、MU2.5 五个等级，根据密度分为 800、900、1000、1100 四个级别。GB 13545—2003《烧结空心砖和空心砌块》规定：强度、密度、抗风化性能和放射性物质合格的砖，根据其尺寸偏差、外观质量、孔洞排列及其结构、泛霜、石灰爆裂、吸水率分为优等品（A）、一等品（B）和合格品（C）三个质量等级。

烧结空心砖的强度等级应符合 GB 13545—2003 的规定，具体指标要求如表 5-4 所示。

表 5-4　烧结空心砖强度等级

强度等级	抗压强度/MPa			密度等级范围/($kg \cdot m^{-3}$)
	抗压强度平均值 $\bar{f}$ ≥	变异系数 δ≤0.21	变异系数 δ>0.21	
		强度标准值 f_k ≥	单块最小抗压强度值 f_{min} ≥	
MU10.0	10.0	7.0	8.0	≤1100
MU7.5	7.5	5.0	5.8	
MU5.0	5.0	3.5	4.0	
MU3.5	3.5	2.5	2.8	
MU2.5	2.5	1.6	1.8	≤800

3）耐久性。烧结多孔砖耐久性要求主要包括：泛霜、石灰爆裂和抗风化性能。各质量等级砖的泛霜、石灰爆裂和抗风化性能要求与烧结普通砖相同。

烧结多孔砖和烧结空心砖的技术要求，如尺寸允许偏差、外观质量、强度和耐久性等均按 GB/T 2542—2003《砌墙砖试验方法》的规定进行检测。

（3）烧结多孔砖和空心砖的应用　烧结多孔砖强度较高，主要用于砌筑 6 层以下的承重墙体。空心砖自重轻，强度较低，多用做非承重墙，如多层建筑内隔墙或框架结构的填充墙等。

二、非烧结砖（蒸养砖、蒸压砖）

不经焙烧而制成的砖均为非烧结砖。主要非烧结砖有：蒸压灰砂砖、蒸压（养）粉煤灰砖、炉渣砖等。

1. 蒸压灰砂砖（灰砂砖）

蒸压灰砂砖是由磨细生石灰或消石灰粉、天然砂和水按一定配合比，经搅拌混合、陈伏、加压成形，再经蒸压（温度为175～203℃、压力为0.8～1.6MPa的饱和蒸汽）养护而成。

实心灰砂砖的规格尺寸与烧结普通砖相同，表观密度一般为1800～1900kg/m^3，热导率约为0.61W/（m·K）。GB 11945—1999《蒸压灰砂砖》规定：按砖的外观质量、尺寸偏差、强度及抗冻性分为优等品（A）、一等品（B）、合格品（C）。按砖浸水24h后的抗压强度和抗折强度分为MU25、MU20、MU15、MU10四个强度等级，优等品的强度等级不得小于MU15，各等级砖的抗压强度和抗折强度及抗冻性能指标应符合表5-5的规定。

表5-5　蒸压灰砂砖强度指标和抗冻性指标

强度等级	抗压强度/MPa		抗折强度/MPa		抗冻性	
	平均值≥	单块值≥	平均值≥	单块值≥	冻后抗压强度/MPa 平均值≥	单块砖的干质量损失（%）≤
MU25	25.0	20.0	5.0	4.0	20.0	2.0
MU20	20.0	16.0	4.0	3.2	16.0	
MU15	15.0	12.0	3.3	2.6	12.0	
MU10	10.0	8.0	2.5	2.0	8.0	

灰砂砖有彩色（Co）和本色（N）两类。灰砂砖采用产品名称（LSB）、颜色、强度等级、标准编号的顺序标记，如MU20，优等品的彩色灰砂砖，其产品标记为：LSB Co 20A GB11945。

因为灰砂砖中的一些组分（如水化硅酸钙、氢氧化钙、碳酸钙等）不耐酸，也不耐热，若长期受热会发生分解、脱水，甚至还会使石英发生晶型转变，因此，灰砂砖应避免用于长期受热高于200℃、受急冷急热交替作用或有酸性介质侵蚀的建筑部位。此外，砖中的氢氧化钙等组分会被流水冲失，所以灰砂砖不能用于有流水冲刷的地方。灰砂砖应出釜后存放1个月左右再用。灰砂砖的含水率会影响砖与砂浆的粘结力。所以，灰砂砖的含水率应控制在7%～12%之间。砌筑砂浆宜用混合砂浆。

2. 蒸压（养）粉煤灰砖

蒸压（养）粉煤灰砖是以粉煤灰、石灰为主要原料，掺加适量石膏和骨料

经坯料制备、压制成形、常压或高压蒸汽养护而成的实心砖。其规格尺寸与烧结普通砖相同。

蒸压（养）粉煤灰砖呈深灰色，表观密度约为1500kg/m³。蒸压（养）粉煤砖规格尺寸与烧结普通砖相同。我国行业标准 JC 239—2001《粉煤灰砖》中规定，按砖的外观质量、尺寸偏差、强度、抗冻性及干燥收缩值分为优等品(A)、一等品（B）和合格品（C）。按抗压强度和抗折强度分为 MU30、MU25、MU20、MU15 和 MU10 五个等级，优等品的强度等级不得小于 MU15；优等品和一等品的干燥收缩值应不大于 0.65mm/m，合格品的干燥收缩值应不大于 0.75mm/m；碳化系数应不小于 0.8。

粉煤灰砖各强度等级的强度值及抗冻性应符合表 5-6 的规定。

表 5-6 粉煤灰砖强度指标

强度级别	抗压强度/MPa		抗折强度/MPa		抗冻性	
	10 块平均值 ≥	单块值 ≥	10 块平均值 ≥	单块值 ≥	抗压强度/MPa 平均值≥	单块砖的干质量损失（%） ≤
MU30	30.0	24.0	6.2	5.0	24.0	2.0
MU25	25.0	20.0	5.0	4.0	20.0	
MU20	20.0	16.0	4.0	3.2	16.0	
MU15	15.0	12.0	3.3	2.6	12.0	
MU10	10.0	8.0	2.5	2.0	8.0	

注：强度级别以蒸汽养护后 1d 的强度为准。

粉煤灰砖产品标记采用产品名称（FB）、颜色、强度等级、质量等级、标准编号的顺序进行。例如：FB Co 20 A JC 239—2001。

粉煤灰砖可用于工业与民用建筑的墙体和基础，但用于基础或易受冻融和干湿交替作用的建筑部位必须使用一等砖与优等砖。粉煤灰砖不得用于长期受热(200℃以上)，受急冷、急热和有酸性介质侵蚀的建筑部位。用粉煤灰砖砌筑的建筑物，应适当增设圈梁及伸缩缝，以减少或避免收缩裂缝的产生。粉煤灰砖出釜后宜存放 1 星期后才能用于砌筑。粉煤灰砖可浇水润湿至含水率大于 10% 时砌筑，也可以干砖砌筑。砌筑砂浆可用掺加适量粉煤灰的混合砂浆。

↘第三节　砌　　块

砌块是用于砌筑的、形体大于砌墙砖的人造块材，一般为直角六面体，按产品主规格的尺寸可分为大型砌块（高度大于 980mm)、中型砌块（高度为 380 ~ 980mm）和小型砌块（高度大于 115mm，且小于 380mm)。砌块高度一般不大于

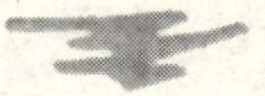

长度或宽度的6倍，长度不超过高度的3倍。根据需要也可生产各种异形砌块。

砌块是一种新型墙体材料，可以充分利用地方资源和工业废渣，并可节省粘土资源和改善环境。其具有生产工艺简单，原料来源广，适应性强，制作及使用方便灵活，还可改善墙体功能等特点，因此发展较快。

砌块的分类方法很多，若按用途可分承重砌块和非承重砌块；按有无孔洞可分为实心砌块（无孔洞或空心率<25%）和空心砌块（空心率≥25%）；按材质又可分为硅酸盐砌块、轻骨料混凝土砌块、加气混凝土砌块、混凝土砌块等。本节主要简介几种常用砌块。

一、普通混凝土小型空心砌块

普通混凝土小型空心砌块主要是以普通混凝土拌合物为原料，经成形、养护而成的空心块体墙材，有承重砌块和非承重砌块两类。为减轻自重，非承重砌块可用炉渣或其他轻质骨料配制，根据外观质量可分为优等品（A）、一等品（B）和合格品（C）。常用混凝土砌块外形如图5-3所示。

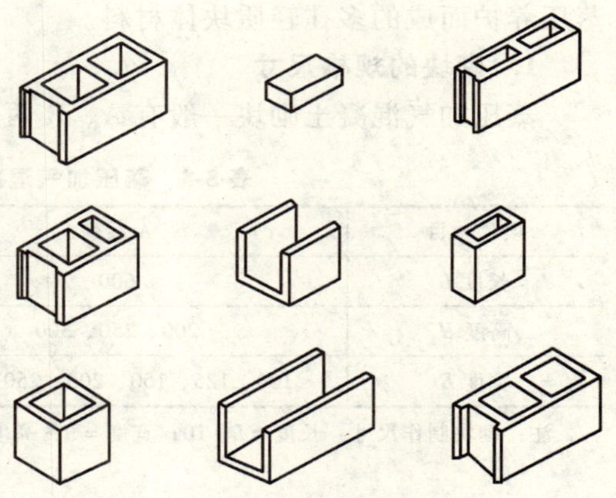

图5-3　几种混凝土空心砌块外形示意图

1. 主要技术性能指标

普通混凝土小型空心砌块的尺寸规格：主规格为390mm×190mm×190mm，其他规格尺寸可由供、需双方协商。砌块的抗压强度是砌块受压面的毛面积除破坏荷载求得的。GB 8239—1997《普通混凝土小型空心砌块》中规定，按砌块抗压强度分为MU3.5～MU20.0六个等级，具体指标如表5-7所示。

表5-7　强度等级

强度等级	砌块抗压强度/MPa≥	
	平均值	单块最小值
MU3.5	3.5	2.8
MU5.0	5.0	4.0
MU7.5	7.5	6.0
MU10.0	10.0	8.0
MU15.0	15.0	12.0
MU20.0	20.0	16.0

混凝土小型空心砌块按产品名称（代号NHB）、强度等级、外观质量等级和标准编号的顺序进行标记。例如强度等级为MU7.5，外观质量为优等品（A）的砌块，其标记为：NHB MU7.5A GB8239。

2. 普通混凝土小型空心砌块的应用

该类小型砌块适用于地震设防烈度为8度和8度以下地区的一般民用与工

业建筑物的墙体。用于承重墙和外墙的砌块要求其干缩率小于0.5mm/m，非承重或内墙用的砌块，其干缩率应小于0.6mm/m。砌块的抗渗性应根据GB/T 4111—1997《混凝土小型空心砌块试验方法》所规定的方法试验，分为S和Q两级。Q级只能用于无抗渗要求的部位。砌块的保温隔热性能随所用原料及空心率不同而有差异，空心率为50%的普通水泥混凝土小型砌块的热导率为0.26W/(m·K)。

二、蒸压加气混凝土砌块

蒸压加气混凝土砌块是以钙质材料（水泥、石灰等）和硅质材料（砂、矿渣、粉煤灰等）以及加气剂（铝粉）等，经配料、搅拌、浇注、发气、切割和蒸压养护而成的多孔轻质块体材料。

1. 砌块的规格尺寸

蒸压加气混凝土砌块一般有A、B两个系列，其公称尺寸如表5-8所示。

表5-8　蒸压加气混凝土砌块规格尺寸　　（单位：mm）

项　目	A系列	B系列
长度 L	600	600
高度 H	200、250、300	200、250、300
宽度 B	100、125、150、200、250、300	120、180、240

注：砌块制作尺寸：长度 $=L-10$；宽度 $=B$；高度 $=H-10$。

2. 蒸压加气混凝土砌块的主要技术性能指标

GB 11968—2006《蒸压加气混凝土砌块》规定：蒸压加气混凝土砌块按抗压强度和干密度进行分级。按抗压强度来分，有A1.0、A2.0、A2.5、A3.5、A5.0、A7.5和A10等7个级别；按干密度来分有B03、B04、B05、B06、B07和B08等6个级别。

砌块按尺寸偏差与外观质量、干密度、抗压强度和抗冻性分为优等品（A）和合格品（B）2个等级。

（1）强度级别与干密度　砌块的强度级别与干密度应符合表5-9的规定。

表5-9　蒸压加气混凝土砌块的强度级别与干密度　　（单位：$kg\cdot m^{-3}$）

干密度级别		B03	B04	B05	B06	B07	B08
强度级别	优等品（A）	A1.0	A2.0	A3.5	A5.0	A7.5	A10.0
	合格品（B）			A2.5	A3.5	A5.0	A7.5
干密度	优等品（A）≤	300	400	500	600	700	800
	合格品（B）≤	325	425	525	625	725	825

（2）强度指标 砌块的抗压强度应符合表5-10的规定。

表5-10 蒸压加气混凝土砌块的立方体抗压强度 （单位：MPa）

强度级别		A1.0	A2.0	A2.5	A3.5	A5.0	A7.5	A10.0
立方体抗压强度	平均值≥	1.0	2.0	2.5	3.5	5.0	7.5	10.0
	单块最小值≥	0.8	1.6	2.0	2.8	4.0	6.0	8.0

（3）砌块的干燥收缩、抗冻性和热导率 砌块的干燥收缩、抗冻性和热导率性能指标应符合表5-11的规定。

表5-11 蒸压加气混凝土砌块的干燥收缩、抗冻性和热导率

<table>
<tr><td colspan="3">干密度级别</td><td>B03</td><td>B04</td><td>B05</td><td>B06</td><td>B07</td><td>B08</td></tr>
<tr><td rowspan="2">干燥收缩值</td><td>标准法≤</td><td rowspan="2">mm·m⁻¹</td><td colspan="6">0.50</td></tr>
<tr><td>快速法≤</td><td colspan="6">0.80</td></tr>
<tr><td rowspan="3">抗冻性</td><td colspan="2">质量损失（%）≤</td><td colspan="6">5.0</td></tr>
<tr><td rowspan="2">冻后强度/MPa ≥</td><td>优等品（A）</td><td rowspan="2">0.8</td><td rowspan="2">1.6</td><td>2.8</td><td>4.0</td><td>6.0</td><td>8.0</td></tr>
<tr><td>合格品（B）</td><td>2.0</td><td>2.8</td><td>4.0</td><td>6.0</td></tr>
<tr><td colspan="3">热导率（干态）/[W·(m·K)⁻¹]≤</td><td>0.10</td><td>0.12</td><td>0.14</td><td>0.16</td><td>0.18</td><td>0.20</td></tr>
</table>

注：规定采用标准法、快速法测定砌块干燥收缩值，若测定结构发生不能判定时，则以标准法测定的结果为准。

蒸压加气混凝土砌块产品标记采用产品名称（代号ACB）、强度级别、体积密度级别、规格尺寸、产品等级和标准编号的顺序进行标记。如强度级别为A3.5，干密度级别为B05，优等品，规格尺寸为600mm×200mm×250mm的蒸压加气混凝土的砌块，其标记为：ACB A3.5 B05 600×200×250 A GB11968。

三、粉煤灰砌块

粉煤灰砌块是以粉煤灰、石灰、石膏和骨料（炉渣、矿渣）等为原料，经配料、加水搅拌、振动成形、蒸汽养护而制成的密实砌块。其主规格尺寸有880mm×380mm×240mm和880mm×420mm×240mm两种。

1. 粉煤灰砌块的主要技术性能指标

JC 238—1991《粉煤灰砌块》中规定：砌块按其立方体试件的抗压强度分为MU10和MU13两个强度等级；按外观质量、尺寸偏差和干缩性能分为一等品（B）和合格品（C）两个质量等级。粉煤灰砌块的立方体抗压强度、碳化后强度、抗冻性和密度应符合表5-12的要求。粉煤灰砌块的干缩值，一等品（B）不大于0.75mm/m，合格品（C）不大于0.90mm/m。

表 5-12 粉煤灰砌块的立方体抗压强度、碳化后强度、抗冻性能和密度

项目	指标	
	MU10	MU13
抗压强度 /MPa	3 块试件平均值≥10.0，单块最小值≥8.0	3 块试件平均值≥13.0，单块最小值≥10.5
人工碳化后强度 /MPa	≥6.0	≥7.5
抗冻性	冻融循环结束后，外观无明显疏松、剥落或裂缝，强度损失不大于 20%	
密度/（$kg\cdot m^{-3}$）	不超过设计密度的 10%	

粉煤灰砌块按产品名称（代号 FB）、规格、强度等级、产品等级和标准编号的顺序标记。例如规格尺寸为 880mm × 380mm × 240mm，强度等级为 10 级，产品等级为一等品的粉煤灰砌块，标记为：FB 880 × 380 × 240 − 10B − JC238。

2. 粉煤灰砌块的应用

蒸养粉煤灰砌块属硅酸盐类制品，其干缩值比水泥混凝土大，弹性模量低于同强度的水泥混凝土制品。以炉渣为骨料的粉煤灰砌块，其表观密度为 1300 ~ 1550kg/m^3，热导率为 0.465 ~ 0.582W/(m · K)。该砌块适用于一般工业与民用建筑的墙体和基础，但不宜用于长期受高温（如炼钢车间）和经常受潮湿的承重墙，也不宜用于有酸性介质侵蚀的建筑部位。

第四节 墙用板材

随着建筑结构体系的改革和大开间多功能框架结构的发展，各种轻质和复合墙用板材及轻型屋面板材也蓬勃兴起。我国目前可用于墙体及屋面的板材品种很多，本节仅介绍几种有代表性的板材。

一、水泥类墙用板材

水泥类的墙用板材具有较好的力学性能和耐久性，生产技术成熟，产品质量可靠，可用于承重墙、外墙和复合墙板的外层面。其主要缺点是表观密度大，抗拉强度低（大板在起吊过程中易受损）。生产中可制作预应力空心板材以减轻自重和改善隔声隔热性能，也可制作以纤维等增强的薄型板材，还可在水泥类板材上制作成具有装饰效果的表面层（如花纹线条装饰、露骨料装饰、着色装饰等）。

1. 预应力混凝土空心墙板

预应力混凝土空心墙板的构造如图 5-4 所示。使用时可按要求配以保温层、外饰面层和防水层等。该类板的长度为 1000 ~ 1900mm，宽度为 600 ~ 1200mm，

总厚度为200～480mm。其可用于承重或非承重外墙板、内墙板、楼板、屋面板和阳台板等。

2. GRC空心轻质墙板

该空心板是以低碱水泥为胶结料，抗碱玻璃纤维或其网格布为增强材料，膨胀珍珠岩为骨料（也可用炉渣、粉煤灰等），并配以发泡剂和防水剂等，经配料、搅拌、浇注、振动成形、脱水、养护而成。长度为3000mm，宽度为600mm，厚度为60mm、90mm、120mm。

GRC空心轻质墙板的优点：质轻（60mm厚的板35kg/m²），强度高（抗折荷载，60mm厚的板大于1400N；120mm厚的板大于2500N），隔热（热导率≤0.2W/(m·K)），隔声（隔声指数>(30～45)dB），不燃（耐火极限1.3～3h），加工方便等。其可用于工业和民用建筑的内隔墙及复合墙体的外墙面。

图5-4 预应力混凝土空心墙板示意图

3. 纤维增强水泥平板（TK板）

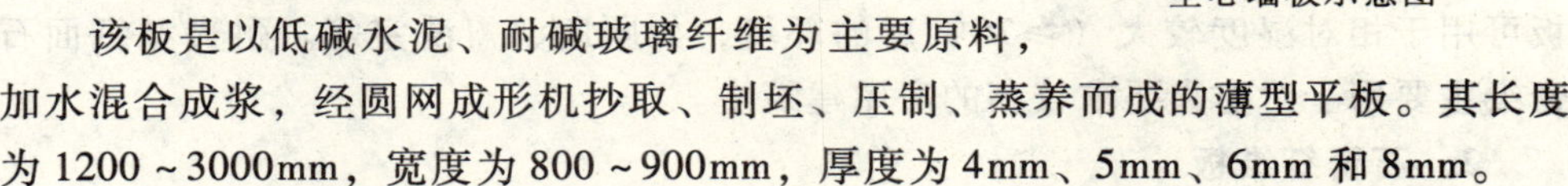

该板是以低碱水泥、耐碱玻璃纤维为主要原料，加水混合成浆，经圆网成形机抄取、制坯、压制、蒸养而成的薄型平板。其长度为1200～3000mm，宽度为800～900mm，厚度为4mm、5mm、6mm和8mm。

TK板的表观密度约为1750kg/m³，抗折强度可达15MPa，抗冲击强度≥0.25J/cm²，其质量轻，强度高，防潮，防火，不易变形，可加工性（锯、钻、钉及表面装饰等）好，适用于各类建筑物的复合外墙和内隔墙，特别是高层建筑有防火、防潮要求的隔墙。

4. 水泥木丝板

该板是以木材下脚料经机械刨切成均匀木丝，加入水泥、水玻璃等经成形、冷压、养护、干燥而成的薄型建筑平板。它具有自重轻，强度高，防火，防水，防蛀，保温，隔声等性能，可进行锯、钻、钉、装饰等加工，主要用于建筑物的内外墙板、天花板、壁橱板等。

5. 水泥刨花板

该板以水泥和木板加工的下脚料——刨花为主要原料，加入适量水和化学助剂，经搅拌、成形、加压、养护而成。表观密度为1000～1400kg/m³。其性能和用途同水泥木丝板。

二、石膏类墙用板材

石膏制品有许多优点，石膏类板材在轻质墙体材料中占有很大比例，主要有

纸面石膏板、石膏纤维板、石膏空心板和石膏刨花板等。

1. 纸面石膏板

纸面石膏板是以石膏芯材与牢固结合在一起的护面纸组成，分普通型、耐水型和耐火型三种。按 GB/T 9775—1999《纸面石膏板》的规定，由建筑石膏及适量轻骨料、纤维类增强材料和外加剂为芯材，与具有一定强度的护面纸组成的石膏板为普通纸面石膏板（代号为 P）；若在芯材配料中加入防水、防潮外加剂，并采用耐水护面纸，即可制成耐水纸面石膏板（代号为 S）；若在配料中加入无机耐火纤维和阻燃剂等，即可制成耐火纸面石膏板（代号为 H）。

纸面石膏板常用规格为：长度为 1800mm、2100mm、2400mm、2700mm、3000mm、3300mm 和 3600mm；宽度为 900mm 和 1200mm；普通纸面石膏板的厚度为 9.5mm、12.0mm、15.0mm、18.0mm、21.0mm 和 25.0mm。

纸面石膏板的表观密度为 800 ~ 950kg/m^3，热导率低[约 0.20W/(m · K)]，隔声系数为 35 ~ 50dB，抗折荷载为 400 ~ 800N，表面平整，尺寸稳定。具有自重轻，隔热，隔声，防火，抗震，可调节室内湿度，加工性好，施工简便等优点，但其用纸量较大，成本较高。

普通纸面石膏板可作室内隔墙板、复合外墙板的内壁板、天花板等。耐水型板可用于相对湿度较大（≥75%）的环境，如厕所、盥洗室等。耐火型纸面石膏纸主要用于对防火要求较高的房屋建筑中。

2. 石膏纤维板

石膏纤维板是以纤维增强石膏为基材的无面纸石膏板，常用无机纤维或有机纤维作为增强材料，与建筑石膏、缓凝剂等经打浆、铺装、脱水、成形、烘干而制成。其可节省护面纸，具有质轻，高强，耐火，隔声，韧性高的优点，可加工性好。其尺寸规格和用途与纸面石膏板相同。

3. 石膏空心板

石膏空心板的外形与生产方式类似于水泥混凝土空心板。它是以熟石膏为胶凝材料，适量加入各种轻质骨料（如膨胀珍珠岩、膨胀蛭石等）和改性材料（如矿渣、粉煤灰、石灰、外加剂等），经搅拌、振动成形、抽芯模、干燥而成。其长度为 2500 ~ 3000mm，宽度为 500 ~ 600mm，厚度为 60 ~ 90mm。该板生产时不用纸和胶，安装墙体时不用龙骨，设备简单，较易投产。

石膏空心板的表观密度为 600 ~ 900kg/m^3，抗折强度为 2 ~ 3MPa，热导率约为 0.22W/(m · K)，隔声指数大于 30dB，耐火极限为 1 ~ 2.25h。具有质轻，比强度高，隔热，隔声，防火，可加工性好等优点，且安装方便。其适用于各类建筑的非承重内隔墙，但若用于相对湿度大于 75% 的环境中，则板材表面应作防水等相应处理。

4. 石膏刨花板

该板材是以熟石膏为胶凝材料，木质刨花为增强材料，添加所需的辅助材料，经配合、搅拌、铺装、压制而成，具有上述石膏板材的优点，适用于非承重内隔墙和作装饰板材的基材板。

三、植物纤维类板材

随着农业的发展，农作物的废弃物（如稻草、麦秸、玉米秆、甘蔗渣等）随之增多，污染环境。上述各种废弃物如经适当处理，可制成各种板材加以利用。早在1930年，瑞典人就用25kg稻草生产板材代替250块粘土砖使用，因而节省了大量农田。多年来已有20多个国家建立了30余条稻草板生产线。我国是农业大国，农作物的废弃物资源丰富，该类产品应该发展和推广。

1. 稻草（麦秸）板

生产稻草板的主要原料是稻草或麦秸、板纸和脲醛树脂胶料。其生产方法是将干燥的稻草热压成密实的板芯，在板芯两面及四个侧边用胶贴上一层完整的面纸，经加热固化而成。板芯内不加任何粘结剂，只利用稻草之间的缠绞拧编与压合形成密实并有相当刚度的板材。其生产工艺简单，生产能耗低，仅为纸面石膏板生产能耗的1/3～1/4。

稻草板质量轻（表观密度为310～440kg/m^3），隔热保温性能好（热导率<0.14W/(m·K)），单层板的隔声量为30dB，如果两层稻草板中间加30mm的矿棉和20mm的空气层，则隔声效果可达50dB，耐火极限为0.5h，其缺点是耐水性差、可燃。

稻草板具有足够的强度和刚度，可以单板使用而不需要龙骨支撑，且便于锯、钉、打孔、粘结和油漆，施工很便捷。其适于作非承重的内隔墙、天花板、厂房望板及复合外墙的内壁板。

2. 稻壳板

稻壳板是以稻壳与合成树脂为原料，经配料、混合、铺装、热压而成的中密度平板。可用脲醛胶和聚醋酸乙烯胶粘贴，表面可涂刷酚醛清漆或用薄木贴面加以装饰。可作为内隔墙及室内各种隔断板和壁橱（柜）隔板等。

3. 蔗渣板

蔗渣板是以甘蔗渣为原料，经加工、混合、铺装、热压成形而成的平板。该板生产时可不用胶而利用蔗渣本身含有的物质热压时转化成呋喃系树脂而起胶结作用，也可用合成树脂胶结成有胶蔗渣板。具有质轻，吸声，易加工（可钉、锯、刨、钻）和可装饰等特点。可用做内隔墙、天花板、门芯板、室内隔断用板和装饰板等。

4. 麻屑板

麻屑板是以亚麻杆茎为原料，经破碎后加入合成树脂、防水剂、固化剂等，

经混合、铺装、热压固化、修边、砂光等工序制成。其性能、用途同蔗渣板。

四、复合墙板

以单一材料制成的板材，常因材料本身的局限性而使其应用受到限制。如质量较轻，隔热，隔声效果较好的石膏板、加气混凝土板、稻草板等因其耐水性差或强度较低所限，通常只能用于非承重的内隔墙。而水泥混凝土类板材虽有足够的强度和耐久性，但其自重大，隔声、保温性能较差。为克服上述缺点，常用不同材料组合成多功能的复合墙体以满足需要。

常用的复合墙板主要由承受（或传递）外力的结构层（多为普通混凝土或金属板）和保温层（矿棉、泡沫塑料、加气混凝土等）及面层（各类具有可装饰性的轻质薄板）组成，如图 5-5 所示。其优点是承重材料和轻质保温材料的功能都得到合理利用，实现物尽其用，开拓材料来源。

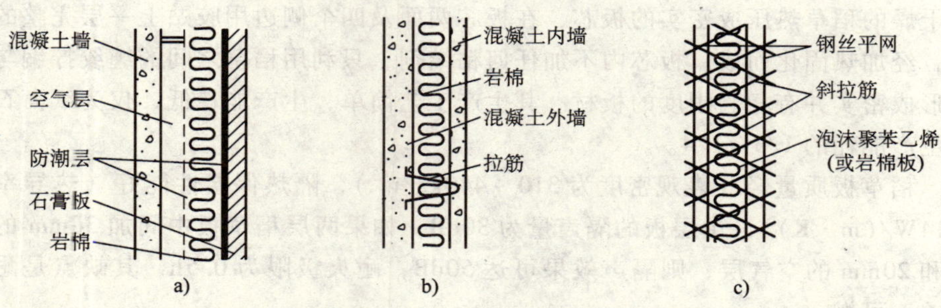

图 5-5 几种复合墙体构造示意图

a）拼装复合墙 b）岩棉-混凝土预制复合墙板 c）泰柏板（或 GY 板）

1. 混凝土夹心板

混凝土夹心板以 20 ~ 30mm 厚的钢筋混凝土作内、外表面层，中间填以矿渣毡或岩棉毡、泡沫混凝土等保温材料，夹层厚度视热工计算而定。内、外两层面板以钢筋件连接。用于内外墙。

2. 泰柏墙板

泰柏墙板是以直径为 2.06mm ± 0.03mm、屈服强度为 390 ~ 490MPa 的钢丝焊接成的三维钢丝网骨架，与高热阻自熄性聚苯乙烯泡沫塑料组成的芯材板，两面喷（抹）涂水泥砂浆制成，如图 5-6 所示。

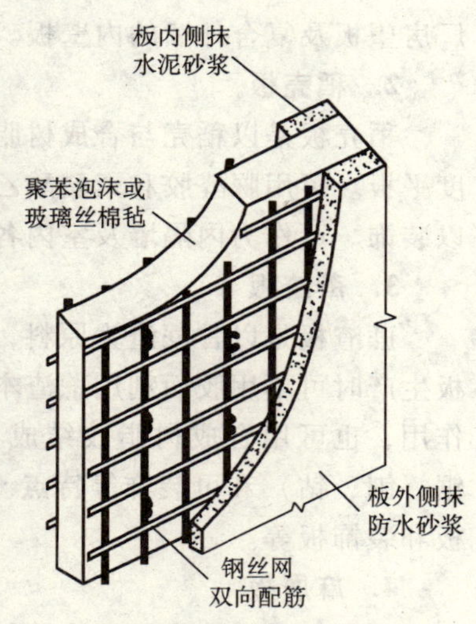

图 5-6 泰柏墙板的示意图

泰柏墙板的标准尺寸为 1220mm × 2440mm，

标准厚度为100mm，平均自重为90kg/m^2，热阻为0.64(m^2·K)/W（其热损失比一砖半的砖墙小50%）。由于所用钢丝网骨架构造及夹芯层材料、厚度的差别等，该类板材有多种名称，如GY板（夹芯为岩棉毡）、三维板、3D板、钢丝网节能板等，但它们的性能和基本结构相似。

该类板轻质高强，隔热隔声，防火，防潮，防震，耐久性好，易加工，施工方便。适用于自承重外墙、内隔墙、屋面板、3m跨内的楼板等。

3. 轻型夹芯板

该类板是用轻质高强的薄板为外层，中间以轻质的保温隔热材料为芯材组成的复合板。用于外墙面的外层薄板有不锈钢板、彩色镀锌钢板、铝合金板、纤维增强水泥薄板等。芯材有岩棉毡、玻璃棉毡、阻燃型发泡聚苯乙烯、发泡聚氨酯等。用于内侧的外层薄板可根据需要选用石膏类板、植物纤维类板、塑料类板材等。该类复合墙板的性能及适用范围与泰柏板基本相同。

4. ZNF-Ⅱ粉刷石膏聚苯板

ZNF-Ⅱ粉刷石膏聚苯板是在外墙内基面上使用专用粘结石膏粘贴自熄型聚苯板，然后涂抹粉刷石膏面层，并用中碱玻纤网格布增强。其施工工艺简单，整体性好，节能效果明显，适用于各类墙体的外墙内保温。

5. ZWD-Ⅲ大模内置聚苯乙烯板

ZWD-Ⅲ大模内置聚苯乙烯板是在墙体钢筋绑扎完毕后，将聚苯乙烯板安装于钢筋外侧，并与钢筋连接，立模浇注，保温板与外墙成为一体，面层涂抹抗裂砂浆，并压入耐碱网格布。聚苯乙烯板有开凹槽和单面镀锌钢网两种。其规格有1220mm×3000mm等，适用于混凝土浇注型墙体的外墙内保温。

↘第五节　屋面材料

一、屋面瓦材

随着现代建筑物功能要求的提高和材料技术的发展，屋面瓦材已由传统的烧结瓦向多种材质的大型水泥类瓦材和高分子复合类瓦材发展。

1. 烧结瓦

烧结瓦是以杂质少、塑性好的粘土为主要原料，经模压（或挤出）成形、干燥、焙烧而成的制品，是一种用于屋面的防水材料。按颜色分为青瓦和红瓦，按形状分为平瓦、脊瓦、三曲瓦、双筒瓦、鱼鳞瓦、牛舌瓦、板瓦、筒瓦、滴水瓦、沟头瓦、J形瓦、S形瓦、其他异形瓦及配件等。根据表面状态分为有釉和无釉两类。烧结瓦的尺寸及技术指标应符合JC 709—1998《烧结瓦》的规定。

平瓦的标准尺寸为400mm×240mm～360mm×220mm、厚度为10～20mm；

15 片平瓦的覆盖面积为 $1m^2$；有釉类瓦的吸水率不大于 12%，无釉类瓦的吸水率不大于 21%，抗弯曲破坏荷载不小于 1020N；抗冻性以经 15 次冻融循环不出现剥落、掉角、掉棱及裂纹增加现象的为合格；抗渗性（无釉类瓦）以经 3h、水位高度不小于 15mm 的水压试验后，瓦背面无水滴产生者为合格。

脊瓦的标准尺寸为长度≥300mm、宽度≥180mm、厚度为 10～20mm；抗弯曲性能、吸水率、抗冻性能、抗渗性能均同平瓦。

三曲瓦、双筒瓦、鱼鳞瓦、牛舌瓦、J 形瓦、S 形瓦的尺寸为 300mm×200mm～150mm×150mm，厚度为 8～12mm。抗弯曲强度不小于 8.0MPa。吸水率、抗冻性能、抗渗性能均同平瓦。

板瓦、筒瓦、滴水瓦、沟头瓦的尺寸为 430mm×350mm～110mm×50mm，厚度为 8～16mm。抗弯曲破坏荷载不小于 1070N，若为青瓦类，其抗弯曲破坏荷载不小于 850N。吸水率、抗冻性能、抗渗性能均同平瓦。

J 形瓦、S 形瓦的尺寸为 320mm×320mm～250mm×250mm，厚度为 12～20mm。抗弯曲破坏荷载不小于 1600N。吸水率、抗冻性能、抗渗性能均同平瓦。

2. 水泥类瓦材

（1）混凝土瓦　根据行业标准 JC/T 746—2007《混凝土瓦》标准评介规定，混凝土瓦是由混凝土制成的屋面瓦和配件瓦的总称，屋面瓦包括波形瓦和平板瓦两种。根据制作时是否采用着色剂，又分为混凝土本色瓦（素瓦）和混凝土彩色瓦（彩瓦）。

混凝土瓦的质量标准差应不大于 180g，其承载力、吸水率、耐热性、抗渗性、抗冻性及放射性核元素均应满足标准（JC/T 746—2007）的规定。混凝土瓦耐久性好，成本低，但自重大于粘土瓦。

（2）纤维增强水泥瓦　它是以增强纤维和水泥为主要原料，经配料、打浆、成形、养护而成。其纤维材料有耐碱玻璃纤维、有机纤维和石棉纤维。以水泥和温石棉为原料，经加水搅拌、压滤成形、养护而成的称石棉水泥瓦。石棉水泥瓦分大波瓦、中波瓦、小波瓦和脊瓦四种。该瓦具有防火、防水、防潮、防腐等特性，适用于简易工棚、仓库及临时设施等建筑物的屋面。但石棉纤维对人体健康有害，我国正采用其他增强纤维代替石棉纤维。

（3）钢丝网水泥大波瓦　这是采用水泥和砂子加水拌合后浇入模中，中间放置一层冷拔低碳钢丝网，成形后再经养护而成的大波波形瓦。这种瓦的尺寸为 1700mm×830mm×14mm，波高 80mm，每张瓦约 50kg，适用于作工厂散热车间、仓库及临时性建筑的屋面，有时也用做这些建筑的围护结构。

3. 高分子类复合瓦材

（1）玻璃钢波形瓦　以不饱和聚酯和玻璃纤维为原料，经手工糊制而成的波形瓦，其长度为 1800～3000mm，宽度为 700～800mm，厚度为 0.5～1.5mm。

这种波形瓦的质量轻，强度大，耐冲击，耐高温，透光，有色泽，适用于建筑遮阳板及车站月台、凉棚等的屋面。

（2）聚氯乙烯波纹瓦　又称塑料瓦楞板，是以聚氯乙烯为主体加入其他配合剂，经塑化、压延、压波而制成的波形瓦，其规格尺寸为2100mm×(1100～1300)mm×(1.5～2)mm。这种瓦质轻，防水，耐腐，透光，有色泽，常用做车棚、凉棚、果棚等简易建筑的屋面，也可以用做遮阳板。

（3）玻璃纤维沥青瓦　简称沥青瓦，是以玻璃纤维薄毡为胎料，以改性沥青为涂敷材料而制成的一种片状屋面材料。这种瓦质量轻，可减少屋面自重，施工方便，能互相粘结，抗风化能力强，在其表面可撒以不同色彩的矿物粒料，形成彩色沥青瓦。沥青瓦适用于一般类民用建筑屋面，彩色沥青瓦用于装饰类屋面工程。

二、屋面用轻型板材

1. EPS 轻型板

该板是以0.5～0.75mm厚的彩色涂层钢板为表面材，自熄聚苯乙烯为芯材，用热固化胶在连续成形机内加热加压复合而成的超轻型建筑板材。其质量为混凝土屋面的1/20～1/30，保温隔热性好［热导率为0.034W/(m·K)］，施工简便（无湿作业，不需二次装修），是集承重、保温、防水、装修于一体的新型围护结构材料。可生产成平面形或曲面形板材，适合多种屋面形式，如图5-7所示。其可用于大跨度屋面结构，如体育馆、展览厅、冷库等。

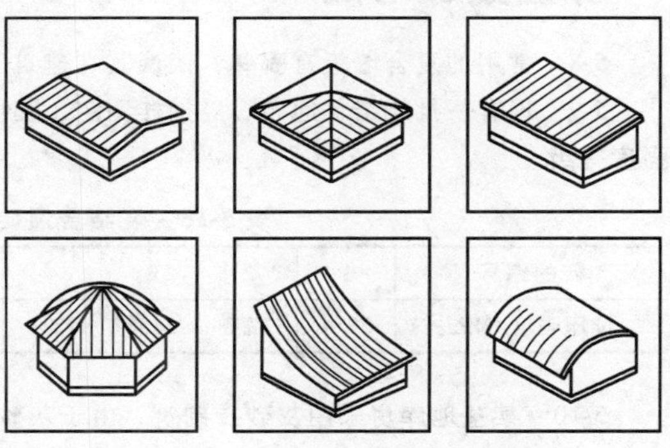

图5-7　涂层钢板屋面形式

2. 硬质聚氨酯夹芯板

该板由镀锌彩色压型钢板（面层）与硬质聚氨酯泡沫（芯材）复合而成。压型钢板厚度为0.5mm、0.75mm、1.0mm。彩色涂层为聚酯型、硅改性聚酯型、氟氯乙烯塑料型，这些涂层均具有极强的耐候性。

复合板材的热导率约为0.022W/(m·K)，表观密度为40kg/m^3，当板厚为40mm时，其平均隔声量为25dB。具有质量轻，强度高，保温、隔声效果好，色彩丰富，施工简便的特点，是承重、保温、防水三合一的屋面板材，可用于大型工业厂房、仓库、公共设施等大跨度建筑和高层建筑的屋面结构。

3. 铝合金波纹板

选用防锈铝（3A21）制作的铝合金波纹板自重轻，强度高，耐腐蚀性好，美观大方，阳光反射力强，安装方便。用于屋面，铺设时应采用从上到下逆风铺设。

练习题

基础练习题

5-1 工程中常用的砌墙砖有哪些？

5-2 简要叙述烧结普通砖的强度等级是如何确定的？

5-3 按材质分类，墙用砌块有哪几类？砌块与烧结普通砖相比，有什么优点？

5-4 砌块作为墙体材料有何优点？

5-5 哪些墙用板材不宜在长期潮湿环境中使用？哪些不宜在长期高热（>200℃）环境中使用？

5-6 轻型复合板作屋面材料与传统的粘土瓦相比有何特点？

5-7 目前共有哪几种屋面材料？根据不同的工程要求，应如何合理选择屋面材料？

开放式练习题

5-8 常用的复合墙板有哪些？谈谈其在建筑工程中的意义。

5-9 现有一批烧结普通砖，经抽样测定，其抗压强度结果如表 5-13 所示，试评定该砖的强度等级。

表 5-13 烧结普通砖抗压试验结果

砖的编号	1	2	3	4	5	6	7	8	9	10
抗压强度/MPa	25.4	27.0	21.8	18.3	23.8	25.9	15.1	28.0	22.0	25.4

5-10 某基地库房采用灰砂砖砌筑，由于灰砂砖紧俏，为赶工期，使用了出厂 4d 的灰砂砖。8 月完工后，墙体出现较多垂直裂缝，到 11 月裂缝基本稳定。请分析造成裂缝的原因。

5-11 请谈谈我国为什么要进行墙体改革？应如何加快新型墙体材料的发展？

5-12 请查阅世界著名的石建筑，并收集选用石材的种类及特性。

第六章 沥青与沥青混合料

6

学习要求 重点掌握沥青材料的概念与应用，石油沥青的技术性质与技术标准；掌握石油沥青常规试验方法与评价方法；深刻认识沥青性能与环境的关系。

重点掌握热拌沥青混合料的技术性质与技术标准，组成材料的质量要求和配合比设计；掌握热拌沥青混合料的质量管理；了解常温沥青混合料、改性沥青混合料等新型沥青混合料的应用。

第一节 沥青材料

沥青属于有机胶结材料，具有良好的粘结性、塑性、憎水性和耐腐蚀性，因此，在土木工程中广泛用做路面、屋面、防水等工程材料。

沥青材料是由一些极其复杂的高分子的碳氢化合物和这些碳氢化合物的非金属（氧、硫，氮）的衍生物所组成的混合物。

沥青材料按其在自然界中的获得方式可分为两大类：地沥青、焦油沥青（见图 6-1）。

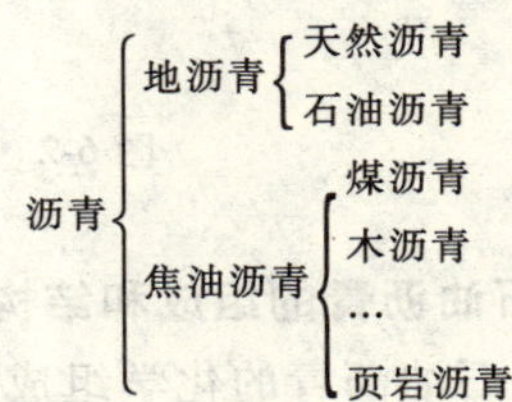

图 6-1 沥青材料分类

地沥青来源于石油系统，或天然存在，或经人工提炼而得到。地壳中的石油，在各种自然因素的作用下，经过轻质油分蒸发、氧化和缩聚作用，最后形成的天然产物，称为天然沥青，石油经各种炼制工艺的加工而得到的沥青产品，称石油沥青。

焦油沥青为各种有机物（如煤、页岩、木材等）干馏加工得到的焦油经再加工而得到的产品。焦油沥青按其焦油获得的有机物名称命名，如煤干馏所得的煤焦

油，经再加工得到的沥青称为煤沥青。其他还有木沥青、泥炭沥青、页岩沥青等。

一、石油沥青概述

1. 石油沥青的生产工艺概述

石油是炼制石油沥青的原料，石料沥青的性质不仅与产源有关，而且与制造沥青的石油的基属及生产工艺有关。石油沥青按其原油可分为下列主要基属：石蜡基沥青、中间基沥青、环烷基沥青。石油经各种不同的炼制工艺，可得到不同品种的石油沥青。采用常规工艺获得的沥青有：直接蒸馏法获得的“直馏沥青”；吹入空气氧化获得的“氧化沥青”；以及采用溶剂法得到的“溶剂沥青”。

石油沥青生产工艺如图 6-2 所示。

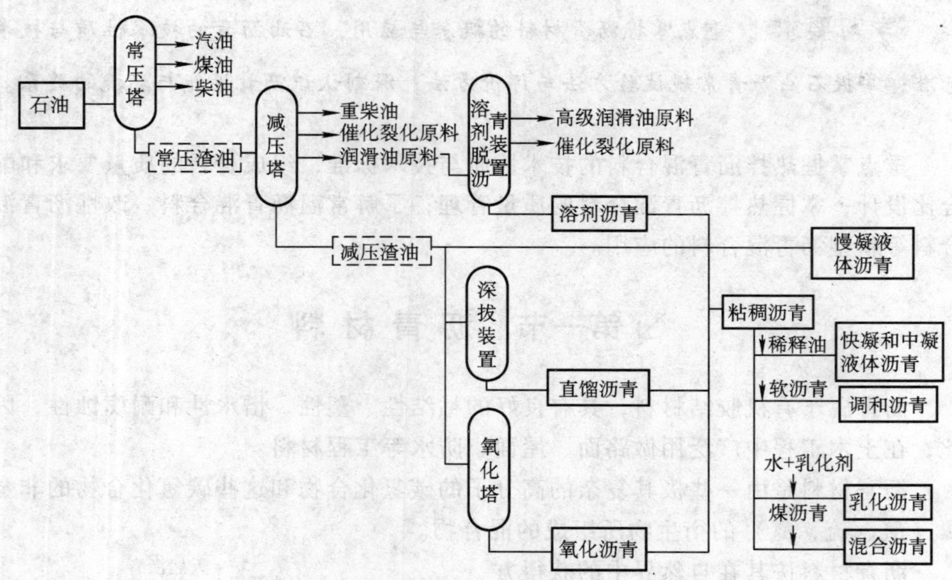

图 6-2 石油沥青生产工艺流程示意图

2. 石油沥青的组成和结构

(1) 石油沥青的化学组成　石油沥青是由多种极其复杂的碳氢化合物和这些碳氢化合物的非金属衍生物所组成的混合物。它的通式可写为 $C_nH_{2n+a}O_bS_cN_d$，化学组成元素主要是碳（80% ~87%）和氢（10% ~15%），其次是一些非烃元素，如氧、硫、氮等（<5%），此外还含有一些其他金属元素，如镍、钒、铁、铅等，但含量很少。

由于沥青化学组成的复杂性，长期以来，虽然经过了大量的研究，但是到目前为止，还是不能直接得知沥青元素的质量分数与其工程性能之间的关系，而对

沥青的化学组分和结构的研究已取得了显著的进展。

(2) 化学组分分析方法 沥青组分分析的方法，早年我国曾采用A. N. 雷西海娜的“溶剂法”，将沥青分离为油分、树脂和沥青质等三组分。后来又参照R. L. 哈巴尔德的方法改用“溶剂-吸附法”。近年来根据我国沥青的特点，又进行了“色谱分析法”的研究。我国现行JTJ 052—2000《公路工程沥青及沥青混合料试验规程》中规定有三组分法和四组分法，现将四组分法介绍如下。

该法是将沥青试样先用正庚烷沉淀“沥青质”，再将可溶分（即软沥青质）吸附于氧化铝谱柱上，先用正庚烷冲洗，所得的组分称为“饱和分”，继用甲苯冲洗，所得的组分称为“芳香分”；最后用甲苯-乙醇冲洗，所得组分称为“胶质”。对于含蜡沥青，可将所分离得的饱和分与芳香分，以丁酮-苯为脱蜡溶剂，在 -20℃下冷冻分离固态烷烃，确定含蜡量。

(3) 组分对沥青性质的影响 几种石油沥青的化学组分分析结果如表6-1所示。从表中可见，沥青的基属不同，其组分有很大差别。相同油源，不同生产工艺制得的沥青的组分也不同。沥青中各组分相对含量对其路用性能有着重要的影响。由相同油源、相同生产工艺制得的沥青，沥青质和胶质分的含量高，其针入度值较小（稠度较高），软化点较高；饱和分含量高，其针入度值较大（稠度较低），软化点较低；芳香分含量对针入度、软化点无影响，但极性芳香分含量高，对其粘附性有利；胶质分对其延度贡献较大。

表6-1 几种石油沥青的化学组分

编号	沥青名称	化学组分（质量百分比（%））				
		饱和分（S）	芳香分（Ar）	胶质分（R）	沥青质（At）	蜡（P）
1	大庆丙—丁脱A—60沥青（低硫石蜡基）	9.11	35.55	54.87	0.47	4.19
2	胜利氧化A—60沥青（含硫中间基）	11.60	28.60	52.00	7.30	6.25
3	墨西哥原油AC—10沥青（含硫环烷基）	8.50	29.80	42.60	18.30	—
4	大庆丙脱半氧化AC—60沥青（低硫石蜡基）	7.44	31.00	60.93	0.63	12.86

(4) 石油沥青的胶体结构 沥青由于各组分的化学结构和含量不同，可形成不同的胶体结构，通常按沥青的流变特性，可分为溶胶、溶-凝胶和凝胶三种结构，如图6-3所示。

1) 溶胶型结构。当沥青中沥青质分子量较低，并且含量很少（例如在10%以下），同时有一定数量的芳香度较高的胶质，这样使胶团能够完全胶溶而分散在芳香分和饱和分的介质中。在此情况下，胶团相距较远，它们之间吸引力很小（甚至没有吸引力），胶团可以在分散介质粘度许可范围之内自由运动，这种胶体结构的沥青，称为溶胶型沥青（图6-3a）。溶胶型沥青的特点是，流动性和塑

性较好，开裂后自行愈合能力较强，而对温度的敏感性强，即对温度的稳定性较差，温度过高会流淌。通常，大部分直馏沥青都属于溶胶型沥青。

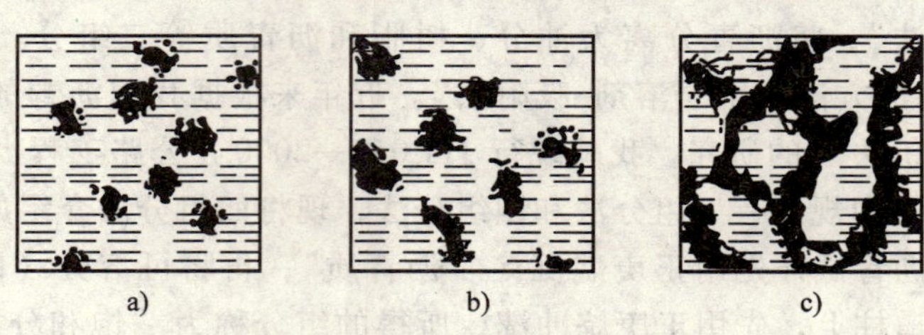

图 6-3　沥青胶体结构示意图
a）溶胶型结构　b）溶-凝胶型结构　c）凝胶型结构

2）溶-凝胶型结构。沥青中沥青质含量适当（例如在15%～25%之间），并有较多数量芳香度较高的胶质。这样形成的胶团数量增多，胶体中胶团的浓度增加，胶团距离相对靠近（图6-3b），它们之间有一定的吸引力。这是一种介乎溶胶与凝胶之间的结构，称为溶-凝胶结构。这种结构的沥青，称为“溶-凝胶型沥青”。修筑现代高等级沥青路用的沥青，都应属于这类胶体结构类型。通常，环烷基稠油的直馏沥青或半氧化沥青，以及按要求组分重新组配的溶剂沥青等，往往能具有这类胶体结构。这类沥青的工程性能，在高温时具有较低的感温性，低温时又具有较好的形变能力。

3）凝胶型结构。沥青中沥青质含量很高（例如＞30%），并有相当数量芳香度高的胶质来形成胶团。这样，沥青中胶团浓度很大程度地增加，它们之间相互吸引力增强，使胶团靠得很近，形成空间网络结构。此时，液态的芳香分和饱和分在胶团的网络中成为“分散相”，连续的胶团成为“分散介质”（图6-3c）。这种胶体结构的沥青，称为凝胶型沥青，这类沥青的特点是，弹性和粘性较高，温度敏感性较小，开裂后自行愈合能力较差，流动性和塑性较低。在工程性能上，虽具有较好的温度感应性，但低温变形能力较差。

沥青的胶体结构的形成，与沥青中各组分的含量比例有关，同时与组成各组分的化学性质有关。

二、石油沥青的主要技术性质

1. 物理特征常数

（1）密度　沥青的密度是沥青在规定温度条件下单位体积的质量。我国现行试验法（JTJ 052—2000）规定温度为15℃。也可用相对密度表示，相对密度是指在规定温度下，沥青质量与同体积水质量之比。

沥青的密度与其化学组成有密切的关系，通过沥青的密度测定，可以概略地了解沥青的化学组成。通常粘稠沥青的密度波动在0.96～1.04范围内。我国富产石蜡基沥青，其特征为含硫量低、含蜡量高、沥青质含量少，所以密度常在1.00以下。

(2) 热胀系数　沥青在温度上升1℃时的长度或体积的变化，分别称为线胀系数或体胀系数，统称热胀系数。沥青路面的开裂，与沥青混合料的热胀系数有关。沥青混合料的热胀系数，主要取决于沥青热学性质。特别是含蜡沥青，当温度降低时，蜡由液态转变为固态，比容突然增大，沥青的热胀系数发生突变，因而易导致路面产生开裂。

(3) 介电常数　沥青的介电常数与沥青使用的耐久性有关，这是早年就为人们所知的。现代高速交通的发展，要求沥青路面具有高的抗滑性。根据英国道路研究所研究认为，沥青的介电常数与沥青路面抗滑性也有很好的相关性。

2. 粘滞性

沥青的粘滞性（简称粘性）是反映沥青材料内部阻碍其相对流动的一种特性，是技术性质中与沥青路面力学行为联系最密切的一种性质。沥青的粘性通常用粘度表示，粘度是现代沥青等级（标号）划分的主要依据。粘结性是指沥青材料在外力的作用下，沥青粒子产生相互位移时抵抗变形的性能。如图6-4所示，在一金属板中夹一沥青层，当其受到简单剪切变形时，按牛顿内摩擦定律可推导出牛顿流型沥青的粘度：

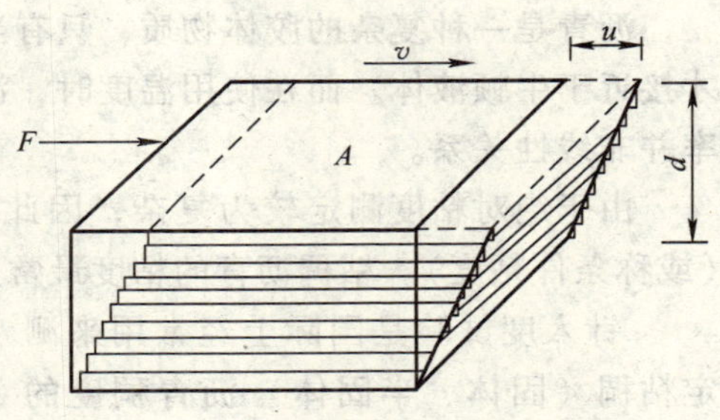

图6-4　沥青的粘度参数

溶胶型沥青或沥青在高温条件下，可视为牛顿液体。按牛顿内摩擦定律可得到下式：

$$F = \eta A \frac{dv}{dy} \tag{6-1}$$

式中　F——引起沥青层移动的力（即等于沥青抵抗移动的抗力）(N)；

A——沥青层间的接触面积（m^2）；

$\frac{dv}{dy}$——接触面法线上的速度变化率（s^{-1}）；

η——沥青的内摩擦系数（即沥青的粘度系数，简称粘度，下同）(Pa·s)。

令$\frac{F}{A}=\tau$，$\frac{dv}{dy}=\dot{\gamma}$，则

$$\eta = \frac{\tau}{\dot{\gamma}} \tag{6-2}$$

式中 τ——切应力（Pa）；

$\dot{\gamma}$——剪切变形速率，简称剪变率（s^{-1}）。

牛顿液体的绝对粘度可用动力粘度 η 表示，在运动状态下，测定沥青粘度时，考虑到密度的影响，动力粘度还可采用另一种量描述，即沥青在某一温度下的动力粘度与同温下沥青密度之比，称为运动粘度（或称动比密粘度）。运动粘度 υ 表示如下：

$$\upsilon = \frac{\eta}{\rho} \tag{6-3}$$

式中 υ——运动粘度（$10^{-4}m^2/s$）；

η——动力粘度（Pa·s）；

ρ——密度（g/cm^3）。

沥青是一种复杂的胶体物质，只有当其在高温时（例如加热至施工温度时）才接近于牛顿液体。而在使用温度时，沥青均表现为粘弹性体，其切应力与剪变率并非线性关系。

由于绝对粘度测定较为复杂，因此，在实际应用上多测定沥青的技术粘度（或称条件粘度）。粘稠沥青的粘度最常采用针入度法测定。

针入度试验是国际上经常用来测定粘稠（固体、半固体）沥青稠度的一种方法。该法是沥青材料在规定温度条件下，以规定质量的标准针经过规定时间贯入沥青试样的深度（单位：0.1mm）。示意如图 6-5。

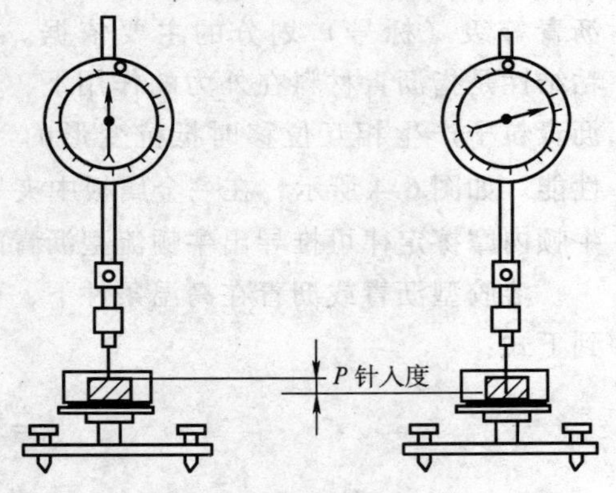

图 6-5 粘稠沥青针入度测定示意图

我国现行试验法规定：常用的试验条件为 25℃，100g，5s。例如某沥青在上述条件时测得针入度为 65（0.1mm），可表示为：$P_{(25℃,100g,5s)}=65$（0.1mm）。

按上述方法测定的针入度值越大，表示沥青越软（稠度越小）。

实质上，针入度是测定沥青稠度的一种指标。通常稠度高的沥青，其粘度亦高。但是，由于沥青结构的复杂性，将针入度换算为粘度的一些方法，均不能获得满意结果，所以近年美国及欧洲某些国家已将沥青针入度分级改为粘度分级。

3. 塑性

塑性是指沥青材料在外力作用下发生变形而不破坏的能力。目前以沥青的延度指标来反映沥青的塑性。沥青的延度是规定形状的试样在规定温度下，以一定

速度受拉伸至断开时的长度，以厘米表示。沥青的延度是采用延度仪（见图6-6）来测定，常用试验条件：试验温度为15℃，拉伸速度为（5±0.25）cm/min。

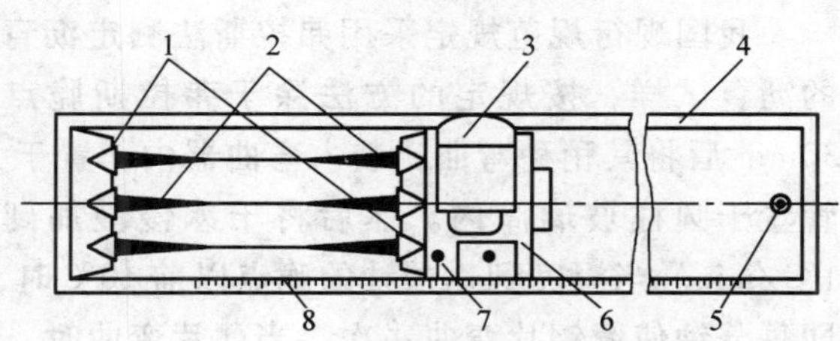

图 6-6　沥青延度测定示意图

1—端模　2—试样　3—电动机　4—水槽　5—螺旋杆　6—滑动器　7—指针　8—标尺

沥青的低温抗裂性、耐久性与其延度密切相关。从这个角度出发，沥青的延度值越大对其越有利。沥青的延度决定于沥青的胶体结构和流变性质。

关于延度对路用性能的影响，是众所关注但又有争议的课题。目前已有一些关于沥青在15℃（或更低温度）的延度值与沥青路面抗开裂能力相关性的研究报告，但是仍然存在不同的观点。

4. 温度稳定性

（1）软化点　沥青是一种高分子非晶态物质，它没有敏锐的溶点，从固态转变为液态（即由硬化点至滴落点之间）有很宽的温度间隔，因此，选择其温度间隔中的一个条件温度称为软化点。所以同一种沥青材料采用不同的测定方法时，所得的软化点数值亦不同。我国现行规范采用环与球法测定软化点。该法如图 6-7 所示，是将沥青试样注入规定尺寸的金属环内，上置规定尺寸和重量的钢球，放于水（或甘油）中，以（5±0.5）℃/min 的速度加热，至钢球下沉达规定金属板距离（25.4mm）时的温度，以℃表示。

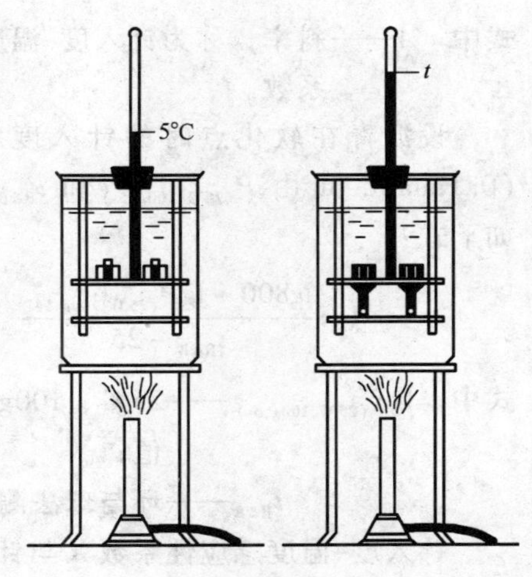

图 6-7　软化点测定示意图

根据已有研究认为，任何一种沥青材料当其达到软化点温度时，其粘度相同，即皆为 P（25℃，100g，5s）=800（0.1mm）。针入度是在规定温度下沥青的条件粘度，而软化点则是沥青达到规定条件粘度时的温度。软化点既是反映沥青材料感温性的一个指标，也是沥青粘度的一种量度。

以上所论及的针入度、延度、软化点是评价粘稠石油沥青技术性能最常用的经验指标，所以通称为“三大指标”。

（2）脆点　沥青的脆点是涂于金属片的试样薄膜在特定条件下，因被冷却和弯曲而出现裂纹时的温度，以℃表示。

我国现行规范规定采用弗拉斯法测定沥青的脆点，该方法是将 0.4g ±0.01g 的沥青试样，按规定的方法涂于弗拉斯脆点仪的薄钢片上，室温下冷却至少 30min 后将其稍稍弯曲，装入弯曲器内，置于大试管中。再将装有弯曲器的大试管置于圆柱玻璃筒内。然后将干冰慢慢加到酒精中，控制温度下降的速度为 1℃/min。当温度到达预计的脆点以前 10℃时，开始以 60r/min 的速度转动摇把，即每分钟使薄钢片弯曲一次，当薄片弯曲时，出现一个或多个裂缝时的温度即作为该沥青的脆点。沥青的脆点更直接地反映了其低温抗裂性。

（3）针入度指数　针入度指数是根据沥青在 25℃的针入度值（0.1mm）和软化点（℃）来表达沥青感温性和胶体结构的流变学参数。

P. Ph. 普费和范·杜尔马尔等研究认为，沥青的粘度随着温度的变化而变化，若以针入度的对数 $\lg P$ 为纵坐标，以温度 t 为横坐标，则可得到图 6-8 的关系，表示为：

$$\lg P = At + K \tag{6-4}$$

式中　A——斜率，称为针入度-温度感应性系数。

设沥青在软化点时的针入度等于 800（0.1mm），可由 $P_{(25℃,100g,5s)}$ 和 $t_{R\&B}$ 确定 A，如下式：

$$A = \frac{\lg 800 - \lg P_{(25℃,100g,5s)}}{t_{R\&B} - 25} \tag{6-5}$$

式中　$\lg P_{(25℃,100g,5s)}$——25℃、100g、5s 条件下测定的针入度（0.1mm）的对数值；

$t_{R\&B}$——环与球法测定的软化点（℃）。

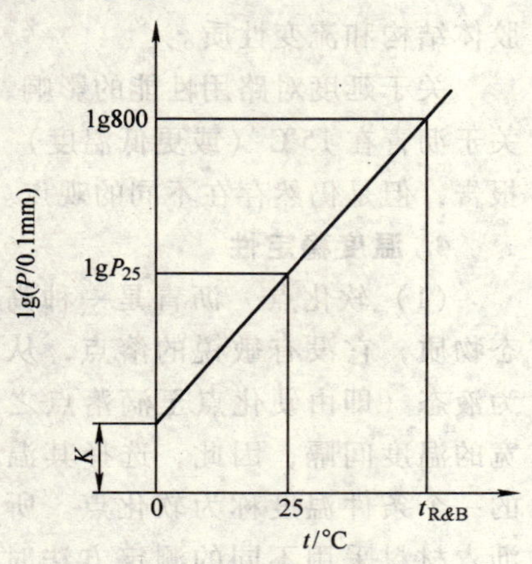

图 6-8　针入度-温度关系图

针入度-温度感应性系数 A 与针入度指数 PI 的关系可按下式绘制成诺模图，如图 6-9 所示。

$$PI = \frac{30}{1 + 50A} - 10 \tag{6-6}$$

按针入度指数可将沥青划分为三种胶体结构，即

针入度指数 $PI < -2$ 者为溶胶结构；

针入度指数 $PI > +2$ 者为凝胶结构；

针入度指数 $PI = -2 \sim +2$ 者为溶-凝胶结构。

5. 加热稳定性

为了解沥青在施工及使用过程中的耐久性，规范规定要进行沥青的加热质量

损失和加热后残渣性质的试验。

(1) 沥青的蒸发损失试验　将 50g 的沥青试样装入盛样皿（筒状，内径 55mm，深 35mm）内，置于烘箱中，在 163℃下保持受热时间 5h，冷却。测定质量损失，并测定残留物的针入度。

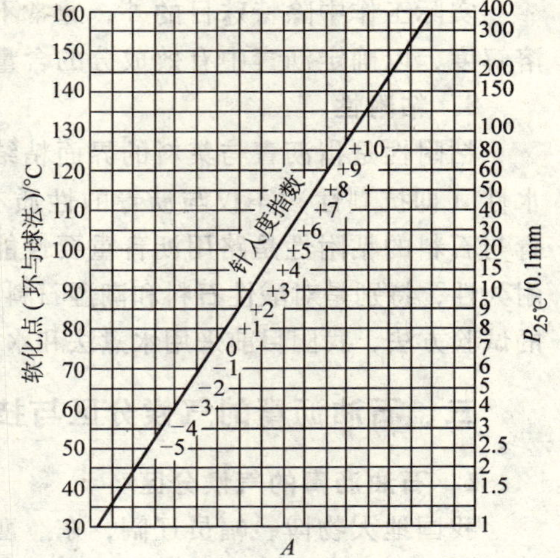

图 6-9　确定沥青针入度指数用诺模图

沥青经加热损失试验后，由于沥青中轻质馏分挥发，不稳定成分发生氧化、聚合等作用，导致残留物性能与原始材料性能有很大差别。表现为针入度减小、软化点升高和延度降低。

(2) 沥青薄膜加热试验　该法是将 50g 沥青试样盛于内径为(140 ± 1)mm，深为 9.5 ~ 10mm 的铝皿中，使沥青成为厚约 3.2mm 的薄膜，沥青薄膜在 163℃的标准薄膜加热烘箱中加热 5h 后，取出冷却，测其质量损失，并按规定的方法测定残留物的针入度、延度等技术指标。

采用这一方法，沥青试样与空气接触面积较大，沥青膜较薄，沥青在薄膜烘箱加热试验后的性质与沥青在拌合机中加热拌合后的性质有很好的相关性。所以，此试验能表征沥青在工厂拌合机中 150℃拌合 1.5min 后的性质变化及耐久性。

6. 安全性

沥青材料在使用时必须加热，当加热至一定温度时，沥青材料中挥发的油分蒸气与周围空气组成混合气体，此混合气体遇火焰则发生闪火。若继续加热，油分蒸气的饱和度增加，由于此种蒸气与空气组成的混合气体遇火焰极易燃烧，从而会引起溶油车间发生火灾或导致沥青烧坏的损失。为此，必须测定沥青加热闪火的温度，即闪点。

沥青的闪点是，试样在规定的克利夫兰开口杯盛样器内，按规定的升温速度受热时所蒸发的气体，以规定的方法与试焰接触，初次发生一瞬即灭的火焰时的试样温度，以℃表示。沥青的燃点是试样继续受热时，蒸气接触火焰能持续燃烧时间不少于 5s 时的试样温度，以℃表示。

沥青材料在使用时必须加热，加热温度高于闪点势必引起溶油车间发生火灾或使沥青老化。

7. 溶解度

沥青的溶解度是试样在规定溶剂中可溶物的含量，以质量百分率表示，非经

注明，溶剂为三氯乙烯。

实际工作中除特殊目的外，通常不进行沥青的化学组分分析，一般仅测定其溶解度，以确定沥青中有效成分的含量。

8. 粘附性

粘附性是指沥青与集料的界面粘结性能和抗剥落性能。沥青裹覆集料后的抗水性（即抗剥性）不仅与沥青的性质有密切关系，而且亦与集料性质有关。沥青与石料的粘附性是路用沥青重要性能之一，其直接影响沥青路面的使用质量和耐久性，特别是对酸性石料和潮湿石料在施工时更为重要。对沥青与石料的粘附性的试验方法，我国目前采用水煮法和水浸法；与矿粉的粘附性则采用亲水系数法。

三、石油沥青的气候分区与技术标准

1. 石油沥青的气候分区

我国地大物博，幅员辽阔，东、西、南、北、中区域差异较大，尤其是温度差异、降水量差异较大。为了满足不同区域、不同条件的沥青混合料矿料级配类型、沥青标号选择、沥青用量调整等为沥青混合料配合比设计所需要的环境因素，JTG F40—2004《公路沥青路面施工技术规范》将沥青使用性能按照高温、低温和雨量等划分为三个分区，以适应各地区具体气候条件的需要。

(1) 气候分区指标的选择　沥青路面气候分区指标的选择是按照三个分区的显著特征因子作为衡量的指标（见表6-2）。

表 6-2　国内沥青路面气候分区表

设计高温分区指标	高温气候区	1	2	3	
	气候区名称	夏炎热区	夏热区	夏凉区	
	最热月平均最高气温/℃	>30	20~30	<20	
设计低温分区指标	低温气候区	1	2	3	4
	气候区名称	冬严寒区	冬寒区	冬冷区	冬温区
	极端最低气温/℃	< -37.0	-37.0 ~ -21.5	-21.5 ~ -9.0	> -9.0
设计雨量分区指标	雨量气候区	1	2	3	4
	气候区名称	潮湿区	湿润区	半干区	干旱区
	年降雨量/mm	>1000	1000~500	500~250	<250

气候分区的高温指标：采用最近30年内年最热月的平均日最高气温的平均值作为反映高温和重载条件下出现车辙等流动变形的气候因子，并作为气候区划的一级指标。全年高于30℃的积温及连续高温的持续时间可作为辅助参考值。

气候分区的低温指标：采用最近30年内的极端最低气温作为反映路面温缩裂缝的气候因子，并作为气候区划的二级指标。温降速率、冰冻指数可作为辅助参考值。

气候分区的雨量指标：采用最近30年内的年降水量的平均值作为反映沥青路面受雨（雪）水影响的气候因子，并作为气候区划的三级指标。雨日数可作为辅助参考值。

（2）气候分区的确定　按照设计高温分区指标，一级区划分为3个区：夏炎热区、夏热区、夏凉区；按照设计低温分区指标，二级区划分为4个区：冬严寒区、冬寒区、冬冷区、冬温区；按照设计雨量分区指标，三级区划分为4个区：潮湿区、湿润区、半干区、干旱区。具体见表6-2。

沥青路面温度分区由高温和低温组合而成，第一个数字代表高温分区，第二个数字代表低温分区，数字越小表示气候因素越严重。详细情况见表6-3。

由温度和雨量组成的气候分区按表6-4划分。

表6-3　沥青路面温度分区表

气候区名		最热月平均最高气温/℃	年极端最低气温/℃	备注
1-1	夏炎热冬严寒	>30	< -37.0	
1-2	夏炎热冬寒		-37.0 ~ -21.5	
1-3	夏炎热冬冷		-21.5 ~ -9.0	
1-4	夏炎热冬温		> -9.0	
2-1	夏热冬严寒	20 ~ 30	< -37.0	
2-2	夏热冬寒		-37.0 ~ -21.5	
2-3	夏热冬冷		-21.5 ~ -9.0	
2-4	夏热冬温		> -9.0	
3-1	夏凉冬严寒	<20	< -37.0	不存在
3-2	夏凉冬寒		-37.0 ~ -21.5	
3-3	夏凉冬冷		-21.5 ~ -9.0	不存在
3-4	夏凉冬温		> -9.0	不存在

表6-4　沥青及沥青混合料气候分区指标表

气候区名		温度/℃		雨量/mm
		最热月平均最高气温/℃	年极端最低气温/℃	年降雨量/mm
1-1-4	夏炎热冬严寒干旱	>30	< -37.0	<250
1-2-2	夏炎热冬寒湿润		-37.0 ~ -21.5	500 ~ 1000
1-2-3	夏炎热冬寒半干		-37.0 ~ -21.5	250 ~ 500
1-2-4	夏炎热冬寒干旱		-37.0 ~ -21.5	<250
1-3-1	夏炎热冬冷潮湿		-21.5 ~ -9.0	>1000
1-3-2	夏炎热冬冷湿润		-21.5 ~ -9.0	500 ~ 1000
1-3-3	夏炎热冬冷半干		-21.5 ~ -9.0	250 ~ 500
1-3-4	夏炎热冬冷干旱		-21.5 ~ -9.0	<250
1-4-1	夏炎热冬温潮湿		> -9.0	>1000
1-4-2	夏炎热冬温湿润		> -9.0	500 ~ 1000

（续）

气候区名		温度/℃		雨量/mm
		最热月平均最高气温/℃	年极端最低气温/℃	年降雨量/mm
2-1-2	夏热冬严寒湿润	20~30	<-37.0	500~1000
2-1-3	夏热冬严寒半干		<-37.0	250~500
2-1-4	夏热冬严寒干旱		<-37.0	<250
2-2-1	夏热冬寒潮湿		-37.0~-21.5	>1000
2-2-2	夏热冬寒湿润		-37.0~-21.5	500~1000
2-2-3	夏热冬寒半干		-37.0~-21.5	250~500
2-2-4	夏热冬寒干旱		-37.0~-21.5	<250
2-3-1	夏热冬冷潮湿		-21.5~-9.0	>1000
2-3-2	夏热冬冷湿润		-21.5~-9.0	500~1000
2-3-3	夏热冬冷半干		-21.5~-9.0	250~500
2-3-4	夏热冬冷干旱		-21.5~-9.0	<250
2-4-1	夏热冬温潮湿		>-9.0	>1000
2-4-2	夏热冬温湿润		>-9.0	500~1000
2-4-3	夏热冬温半干		>-9.0	250~500
3-2-1	夏凉冬寒潮湿	<20	-37.0~-21.5	>1000
3-2-2	夏凉冬寒湿润		-37.0~-21.5	500~1000

各地区宜根据当地的气象数据，制定更切合实际的气候分区，以便更好地进行该地区沥青和沥青混合料的选型。此气候分区方法已经在 JTJ 036—1998《公路改性沥青路面施工技术规范》中首次使用，取得了良好的效果。

沥青路面气候分区指标对各种参数进行了比较分析，高温指标比较了 7 月平均最高气温、积温等，低温指标比较了极端最低气温、冰冻指数、负积温等，雨量指标比较了年降雨量、雨日数等。工程单位使用气候分区时，查中国沥青路面气候分区图（温度与雨量）只能作为参考，应当向当地的气象台站了解有关数据，按统一方法进行计算确定，最好使用近 30 年的气象资料进行概率统计。对高速公路、一级公路宜取 95% ~98% 的概率，一般公路取 90% 的概率。

2. 石油沥青的技术标准

根据石油沥青的性能不同，选择适当的技术标准，将沥青划分成不同的种类和标号（等级）以便于沥青材料的选用。

（1）建筑石油沥青技术标准　建筑石油沥青按针入度值可划分为 40 号、30 号和 10 号三个标号。与道路石油沥青相比，其特性为：针入度较小，延度较小，软化点较高。按 GB/T 494—1998《建筑石油沥青》的规定，其技术标准如

表 6-5 所示。

表 6-5 建筑石油沥青技术标准

<table>
<tr><th colspan="2">试验项目</th><th>10 号</th><th>30 号</th><th>40 号</th></tr>
<tr><td colspan="2">针入度（25℃，100g，5s）/0.1mm</td><td>10 ~ 25</td><td>26 ~ 35</td><td>36 ~ 50</td></tr>
<tr><td colspan="2">延度（25℃，5cm/min）/cm</td><td>≥1.5</td><td>≥2.5</td><td>≥3.5</td></tr>
<tr><td colspan="2">软化点（环与球法）/℃</td><td>≥95</td><td>≥75</td><td>≥60</td></tr>
<tr><td colspan="2">溶解度（三氯乙烯、苯、四氯化碳）(%)</td><td colspan="3">≥99.5</td></tr>
<tr><td rowspan="2">蒸发损失试验（163℃、5h）</td><td>质量损失（%）</td><td colspan="3">≥1</td></tr>
<tr><td>针入度比（%）</td><td colspan="3">≥65</td></tr>
<tr><td colspan="2">闪点（COC）/℃</td><td colspan="3">≥230</td></tr>
<tr><td colspan="2">脆点/℃</td><td colspan="3">报告</td></tr>
</table>

（2）道路石油沥青技术标准　为适应高等级公路建设的需要，JTG F40—2004《公路沥青路面施工技术规范》对石油沥青技术指标作了较大的改动。取消了原有的“中、轻交通量道路石油沥青品种”，取而代之的就是道路石油沥青。另一方面修订了沥青等级划分方法，并增补了新的沥青技术指标，以求更全面、更充分地反映沥青技术性能。在这个标准中，沥青等级划分除了依据针入度的大小外，还要以沥青路面使用的气候条件为依据，在同一气候分区内根据道路等级和交通特点将沥青划分为 1 ~ 3 个不同针入度等级；同时，在技术指标中增加了反映沥青感温性的指标（60℃动力粘度）等，并选择较低温度时的延度指标评价沥青的低温性能。详见表 6-6。在新技术标准中，依据表 6-6 中不同的技术指标，将沥青再划分为三个等级，不同等级的沥青具有不同的适用范围。

表 6-6 道路石油沥青技术要求

<table>
<tr><th rowspan="2">指标</th><th rowspan="2">单位</th><th rowspan="2">等级</th><th colspan="17">沥青标号</th></tr>
<tr><th>160 号</th><th>130 号</th><th colspan="3">110 号</th><th colspan="5">90 号</th><th colspan="5">70 号</th><th>50 号</th><th>30 号</th></tr>
<tr><td>针入度（25℃，100g，5s）</td><td>0.1mm</td><td></td><td>140 ~ 200</td><td>120 ~ 140</td><td colspan="3">100 ~ 120</td><td colspan="5">80 ~ 100</td><td colspan="5">60 ~ 80</td><td>40 ~ 60</td><td>20 ~ 40</td></tr>
<tr><td>适用的气候分区</td><td></td><td></td><td>注</td><td>注</td><td>2-1</td><td>2-2</td><td>3-2</td><td>1-1</td><td>1-2</td><td>1-3</td><td>2-2</td><td>2-3</td><td>1-3</td><td>1-4</td><td>2-2</td><td>2-3</td><td>2-4</td><td>1-4</td><td>注</td></tr>
<tr><td rowspan="2">针入度指数 PI</td><td rowspan="2"></td><td>A</td><td colspan="17">−1.5 ~ +1.0</td></tr>
<tr><td>B</td><td colspan="17">−1.8 ~ +1.0</td></tr>
<tr><td rowspan="3">软化点（$T_{R\&B}$）不小于</td><td rowspan="3">℃</td><td>A</td><td>38</td><td>40</td><td colspan="3">43</td><td colspan="2">45</td><td colspan="3">44</td><td colspan="2">46</td><td colspan="3">45</td><td>49</td><td>55</td></tr>
<tr><td>B</td><td>36</td><td>39</td><td colspan="3">42</td><td colspan="2">43</td><td colspan="3">42</td><td colspan="2">44</td><td colspan="3">43</td><td>46</td><td>53</td></tr>
<tr><td>C</td><td>35</td><td>37</td><td colspan="3">41</td><td colspan="5">42</td><td colspan="5">43</td><td>45</td><td>50</td></tr>
<tr><td>60℃动力粘度 不小于</td><td>Pa·s</td><td>A</td><td>—</td><td>60</td><td colspan="3">120</td><td colspan="2">160</td><td colspan="3">140</td><td colspan="2">180</td><td colspan="3">160</td><td>200</td><td>260</td></tr>
</table>

（续）

指 标	单位	等级	沥青标号														
			160号	130号	110号	90号					70号					50号	30号
10℃延度 不小于	cm	A	50	50	40	45	30	20	30	20	20	15	25	20	15	15	10
		B	30	30	30	30	20	15	20	15	15	10	20	15	10	10	8
15℃延度 不小于	cm	A、B	100													80	50
		C	80	80	60	50					40					30	20
含蜡量 （蒸馏法） 不大于	%	A	2.2														
		B	3.0														
		C	4.5														
闪点 不小于	℃		230			245					260						
溶解度 不小于	%		99.5														
密度（15℃）	g·cm^{-3}		实测记录														
TFOT（或RTFOT）后																	
质量变化 不大于	%		±0.8														
残留针入度比 （25℃） 不小于	%	A	48	54	55	57					61					63	65
		B	45	50	52	54					58					60	62
		C	40	45	48	50					54					58	60
残留延度 （10℃） 不小于	cm	A	12	12	10	8					6					4	—
		B	10	10	8	6					4					2	—
残留延度 （15℃） 不小于	cm	C	40	35	30	20					15					10	—

注：1. 经建设单位同意，沥青的PI值、60℃动力粘度、10℃延度可作为选择性指标。

2. 老化试验以TFOT为准，也可以代替RTFOT。

不同质量等级沥青的适用范围列于表6-7。

表6-7 道路石油沥青适用范围

沥青等级	适用范围
A级沥青	各个等级公路，适用于任何场合和层次
B级沥青	1. 高速公路、一级公路沥青层上部80~100cm以下的层次，二级及二级以下公路的各个层次； 2. 用做乳化沥青、稀释沥青、改性沥青、改性乳化沥青的基质沥青
C级沥青	二级及二级以下公路的各个层次

四、其他沥青

1. 煤沥青

煤沥青是由煤干馏的产品——煤焦油加工而获得的。煤沥青的组成主要是芳香族碳氢化合物及其氧、硫和氮的衍生物的混合物，其元素组成主要为 C、H、O、S 和 N，其化学结构极其复杂。煤沥青化学组分的研究，与前述石油沥青研究方法相同。

（1）煤沥青化学组分及其性质

1）游离碳。游离碳又称自由碳，是高分子的有机化合物的固态碳质微粒，不溶于任何有机溶剂。在煤沥青中含有游离碳能增加沥青的粘度和提高其热稳定性。随着游离碳含量的增加，低温脆性亦随之增加。

2）树脂。树脂是属于环心含氧环状碳氢化合物，分为硬树脂和软树脂。硬树脂为固态晶体结构，仅溶于吡啶，类似石油沥青中的沥青质；软树脂：赤褐色粘-塑性物质，溶于氯仿，类似石油沥青中的胶质。

3）中性油分。中性油分是液态的碳氢化合物，其结构较其他组分为简单。

除上述基本组分外，煤沥青中性油中还含有酚、萘等。萘在煤沥青中，当含量低于 10% ~ 15% 时，它能溶解于油分中；当含量高于上述界限且温度低于 10℃时，则呈固态晶体析出，影响煤沥青的低温变形能力。酚为苯环中含羟基物质，它能溶于水，有毒且易氧化。

（2）煤沥青的技术性质　煤沥青与石油沥青相比，在技术性质上有下列差异：

煤沥青的温度稳定性较低；煤沥青与矿质集料的粘附性较好；煤沥青的气候稳定性较差。

煤沥青按其在工程中的应用要求不同，首先是按其稠度分为软煤沥青（液体、半固体的）和硬煤沥青（固体的）两大类。道路工程主要应用软煤沥青，并应满足相应的技术标准。

2. 乳化沥青

人们从 20 世纪初即进行乳化沥青的研究，自商品化乳化沥青生产以来，至今已有 70 多年的历史。前 40 年主要发展阴离子乳化沥青。这种乳液有节约能源、节省资源、易于施工等优点。但其乳液中沥青微粒上带阴离子负（-）电荷，湿骨料表面也带负（-）电荷，两者在有水膜的情况下，难以相互结合。这种沥青乳液与骨料的裹覆只是单纯的粘附，沥青与骨料之间的粘附力低，若在施工中遇上阴湿或低温季节，水分蒸发慢，沥青裹覆骨料的时间拖长。这一时期，乳化沥青的发展速度不快。近 30 年来，阳离子乳化沥青的发展很快，沥青微粒带正（+）电荷，湿骨料表面带负（-）电荷，即使在有水膜的情况下，

两者仍可吸附结合，在阴湿、低温季节仍可照常施工。由于阳离子乳化沥青可增强与骨料表面的粘附力，提高路面的早期强度，因而铺装后可尽早开放交通，弥补了阴离子乳化沥青的缺陷。法国、日本、西班牙、联邦德国、英国、瑞士、瑞典、加拿大、美国、前苏联等国，尽管热沥青搅拌厂很发达，沥青路面也很发达，但是仍使用大量的阳离子乳化沥青修路和养路，提高好路率与铺装率。我国于1978年初开始研究阳离子乳化沥青，至1986年为止在全国14个省已铺试验路面400km。这些路已经受3～5年以上的行车考验，至今仍坚实、平整，各项指标符合要求。

乳化沥青是将粘稠沥青加热至流动态，再经高速离心、搅拌及剪切等机械作用，形成细小微粒（粒径为2～5μm），分散在有乳化剂-稳定剂的水中，由于乳化剂-稳定剂的作用而形成均匀稳定的乳状液。

（1）乳化沥青具有的主要优点　与粘稠沥青相比，乳化沥青具有以下优点：

1）可冷态施工、节约能源。粘稠沥青通常要加热至160～180℃施工，而乳化沥青可以冷态施工，现场无需加热设备和能源消耗，扣除制备乳化沥青所消耗的能源后，可以节约大量能源。

2）施工便利、节约沥青。乳化沥青不仅与集料有较好的粘结性，而且可以与潮湿集料粘附。乳化沥青与集料组成的混合料，因为乳化沥青粘度低，而混合料中含有水分，施工和易性好，易于拌合，节省劳力。此外，由于乳化沥青混合料中沥青膜较薄，不仅提高了沥青的粘聚力，而且可以节约沥青用量约10%。

3）保护环境、保障健康。乳化沥青施工不需砌炉、支锅、盘灶、热油等工作，不污染环境；同时，还避免了对操作人员的烟熏、火烤，以及受沥青挥发物的毒害。

（2）乳化沥青的组成材料　乳化沥青的组成材料有沥青、乳化剂、稳定剂和水。

1）沥青。沥青是乳化沥青的主要组成材料，沥青的质量直接关系到乳化沥青的性能。在选择作为乳化沥青用的沥青时，首先要考虑它的易乳化性。沥青的易乳化性与其化学结构有密切关系。通常认为沥青酸总量大于1%的沥青，采用通用乳化剂和一般工艺即易于形成乳化沥青。一般说来，相同油源和工艺的沥青，针入度较大者易于形成乳液。但针入度的选择，应根据乳化沥青在路面工程中的用途来决定。乳化沥青中沥青用量范围一般在30%～70%之间。

2）乳化剂。沥青乳化剂是表面活性剂的一种类型，从化学结构上考察，它是一种“两亲性”分子，分子的一部分具有亲水性质，而另一部分具有亲油性质。

目前对沥青乳化剂的分类，按其亲水基在水中是否电离而分为离子型和非离子型两大类。离子型乳化剂按其离子电性，又分为阴（或负）离子型、阳（或

正）离子型和两性离子型。

沥青乳化剂分类如图6-10所示。

乳化剂的性能是乳化沥青形成的关键。乳化剂品种与用量是根据沥青原材料的性能（特别是易乳化性）和乳化沥青的使用功能而确定的。不同化学组成和胶体结构的沥青，对乳化沥青所用的乳化剂也提出不同的要求，对低活性的石蜡基沥青，由于饱和烃组分含量较高，通常要求乳化剂具有较长的烷基链。

乳化剂
- 离子型
  - 阴离子型
  - 阳离子型
  - 两性离子型
- 非离子型

图6-10　沥青乳化剂分类

3）稳定剂。为使乳液具有良好的储存稳定性，以及在施工中喷洒或拌合的机械作用下的稳定性，必要时可加入适量的稳定剂，稳定剂可分为有机稳定剂和无机稳定剂两类。

有机稳定剂：常用的种类有聚乙烯醇、聚丙烯酰胺、羧甲基纤维素钠、糊精等。这类稳定剂可提高乳液的储存稳定性和施工稳定性。

无机稳定剂：常用的种类有氯化钙、氯化镁和氯化铬。这类稳定剂可提高乳液的储存稳定性。

稳定剂对乳化剂的协同作用，与它们之间的性质有关，有的稳定剂可在生产乳液时同时加入乳化剂中；但有的稳定剂会影响乳化剂的乳化作用，而需后加入乳液中。因此，必须通过试验来确定它们的匹配作用。

4）水。水是乳化沥青的主要组成部分，不可忽视水对乳化沥青性能的影响。自然界获得的水，可能溶融或悬浮各种物质，影响水的pH值，或者含有钙或镁离子等，这些因素都可能影响某些乳化沥青的形成或引起乳化沥青的过早分裂。生产乳化沥青的水应相当纯净，不含其他杂质。

（3）乳化沥青分裂　在路面施工时，乳化沥青与集料接触后，乳化沥青为发挥其粘结的功能，沥青微滴必须从乳液中分裂出来，沥青微滴在集料表面聚集结成一层连续的沥青薄膜，这一过程称为分裂，也称为分解与破乳过程。其微滴分裂形成薄膜的过程如图6-11所示。

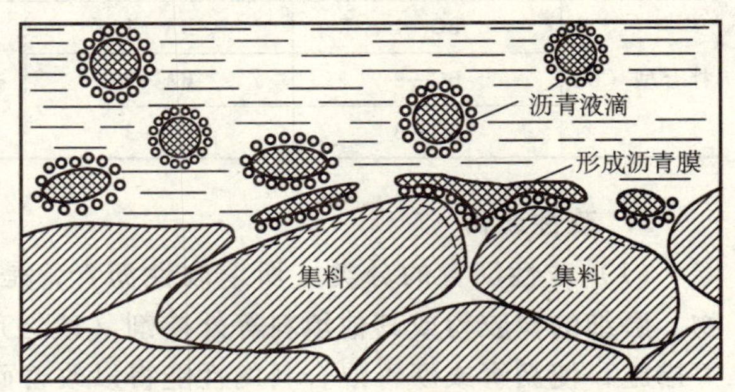

图6-11　乳化沥青中沥青微滴形成沥青薄膜的过程

乳化沥青分解与破乳机理主要有以下几种：

1）电荷吸附作用。集料可分为带正电荷的碱性石料和带负电荷的酸性石料二类。阴离子乳液由于沥青微粒带负电荷，它与表面上基本带正电荷的碱性集料

具有较好的粘附性；同样，阳离子乳液由于沥青微粒带正电荷，它与表面基本带负电荷的酸性集料具有较好的粘附性。沥青乳液与集料这种相互吸附作用是破乳的主要原因。

2）化学反应理论。即酸碱中和作用，因实践表明，带正电荷的阳离子乳液不仅能与带负电荷的酸性集料具有较好的粘附性，而且与带正电荷的碱性集料同样具有较好的粘附性。因此认为，阳离子乳液与碱性集料具有好的粘附性，是由于石灰石（$CaCO_3$）与阳离子乳液中的 HCl 作用，可形成 H_2CO_3，而 H_2CO_3 在水中又可电离出 CO_3^{2-}，它与阳离子乳化剂电离后的正电荷原子团具有较好的亲和力。

3）振动功能理论。这种理论认为阳离子乳液由于具有高的振动功能，所以它不论是对酸性集料还是碱性集料表面都具有较好的亲和力。

4）水分蒸发作用。乳液中的水分由于蒸发或被石料吸收而产生分解破乳。

（4）乳化沥青的应用　乳化沥青用于修筑路面，不论是阳离子型乳化沥青（代号 C）还是阴离子型乳化沥青（代号 A）有两种施工方法：洒布法（代号 P），如透层、粘层、表面处置或贯入式沥青碎石路面；拌合法（代号 B），如沥青碎石或沥青混合料路面。

乳化沥青按其分裂速度，可分为快裂、中裂和慢裂三种类型。各种牌号乳化沥青的用途列于表 6-8。

表 6-8　几种牌号乳化沥青的用途

类　型	阳离子乳化沥青（C）	阴离子乳化沥青（A）	用　途
洒布型（P）	PC—1	PA—1	表面处置或贯入式路面及养护；透油层用；粘结层用
	PC—2	PA—2	
	PC—3	PA—3	
拌合型（B）	BC—1	BA—1	拌制沥青混凝土或沥青碎石；拌制加固土
	BC—2	BA—2	
	BC—3	BA—3	

3. 改性沥青

（1）改性沥青的分类　所谓改性沥青，是指掺加橡胶、树脂、高分子聚合物、磨细的橡胶粉或其他填料等外掺剂（改性剂），或采取对沥青轻度氧化加工等措施，使沥青或沥青混合料的性能得以改善而制成的沥青结合料。改性剂是指在沥青或沥青混合料中加入的天然的或人工的有机或无机材料，可熔融、分散在沥青中，改善或提高沥青的技术性能的材料。主要改善沥青的粘附性、力学性能、耐老化性能，提高其使用性能。从狭义上讲，改性沥青一般是指聚合物改性沥青。用于改性的聚合物种类很多，按照改性剂的不同，一般将其分为三类。

1）热塑性橡胶类。即热塑性弹性体，主要是苯乙烯类嵌段共聚物，如苯乙烯—丁二烯—苯乙烯（SBS），苯乙烯—异戊二烯—苯乙烯（SIS）、苯乙烯—聚乙烯/丁基—聚乙烯（SE/BS）等嵌段共聚物，由于它兼具橡胶和树脂两类改性沥青的结构与性质，故也称为橡胶树脂类。属于热塑性橡胶类的还有聚酯弹性体、聚脲烷弹性体、聚乙烯丁基橡胶浆聚合物、聚烯烃弹性体等等。SBS由于具有良好的弹性（变形的自恢复性及裂缝的自愈性），故已成为目前世界上使用最为普遍的道路沥青改性剂，亦可用于生产防水卷材、片材、密封材料和防水涂料。

2）橡胶类。如天然橡胶（NR）、丁苯橡胶（SBR）、氯丁橡胶（CR）、丁二烯橡胶（BR）、异戊二烯橡胶（IR）、乙丙橡胶（EPDM）、丙烯腈丁二烯共聚物（ABR）、异丁烯异戊二烯共聚物（IIR）、苯乙烯异戊二烯橡胶（SIR）等，还有硅橡胶（SR）、氟橡胶（FR）等等。其中SBR是世界上应用最广泛的改性剂之一，它具有优异的耐分解性，良好的低温抗裂性和耐热性，多用于路面工程与制作密封材料和涂料，尤其是其胶乳形式的使用越来越广泛。

3）树脂类。热塑性树脂，如乙烯—乙酸乙烯酯共聚物（EVA）、聚乙烯（PE）、无规聚丙烯（APP）、聚氯乙烯（PVC）、聚苯乙烯（PS）、聚酰胺等，还包括乙烯乙基丙烯酸共聚物（EEA）、聚丙烯（PP）、丙烯腈丁二烯苯乙烯共聚物（NBR）等；热固性树脂也可作为改性剂使用，如环氧树脂（EP）等。EVA由于其乙酸乙烯的含量及熔融指数（MI）的不同，分为许多牌号，不同品种的EVA改性沥青的性能有较大差别。无规聚丙烯（APP）由于价格低廉，主要生产防水卷材和防水涂料，其缺点是与石料的粘结力较小。

沥青改性剂种类很多，Terrel等人于1986年在AAPT载文指出了橡胶和塑料两类改性剂的特点：橡胶包括天然橡胶和合成橡胶。天然橡胶增加混合料的粘聚力，有较低的低温敏感性，与集料有较好的粘附性；氯丁胶乳和丁苯胶乳SBR将增加弹性、粘聚力、减小感温性；块状共聚物SBS将改善柔性，增加抵抗永久变形并减小温度敏感性；再生橡胶粉将增加柔性、粘附性，提高抗滑性能，抵抗疲劳和阻碍反射裂缝。塑料（包括PE、聚丙烯、EVA、乙丙橡胶等）将会增加稳定性和劲度模量，提高抵抗永久变形能力，有较低的低温敏感性。壳牌公司的资料对四种常用的不同改性剂的改性效果作了如表6-9的说明。

表6-9　四种不同改性剂的功效

改性剂品种	抗车辙变形	抗温缩裂缝	抗温度疲劳裂缝	抗交通疲劳裂缝	裂缝自愈合性能	抗磨耗性能	抗老化性能
SBS	+	+	+	+	+	+	+
SIS	+	+	+	+	+	+	+
EVA	+	−	−	+	?	+	0
PE	+	−	−	−	−	−	0

注：表中+表示提高，−表示降低，0表示没有影响，?表示尚不清楚。

(2) 我国改性沥青的适用范围 我国目前使用的聚合物改性剂主要有 SBS、SBR、EVA、PE，因此将其分为 SBS（属热塑性橡胶类）、SBR（属橡胶类）、EVA 及 PE（属热塑性树脂类）三类。其他未列入的改性剂，可以根据其性质，参照相应类别执行。

Ⅰ类 SBS 热塑性橡胶类聚合物改性沥青。Ⅰ-A 型及Ⅰ-B 型适用于寒冷地区，Ⅰ-C 型用于较热地区，Ⅰ-D 型用于炎热地区及重载交通路段。

Ⅱ类 SBR 橡胶类聚合物改性沥青。Ⅱ-A 型用于寒冷地区，Ⅱ-B 型、Ⅱ-C 型适用于较热地区。

Ⅲ类 EVA 及 PE 热塑性树脂类聚合物改性沥青。如乙烯—乙酸乙烯酯共聚物（EVA）、聚乙烯（PE）改性沥青，适用于较热和炎热地区。通常要求软化点温度比最高月的最大日空气温度要高 20℃左右。

根据改性沥青的目的和要求选择改性剂时，可作如下初步选择：

1）为提高抵抗永久变形能力，宜使用热塑性橡胶类、热塑性树脂类改性剂。

2）为提高抗低温开裂能力，宜使用热塑性橡胶类、橡胶类改性剂。

3）为提高疲劳开裂能力，宜使用热塑性橡胶类、橡胶类、热塑性树脂类改性剂。

4）为提高抗水损害能力，宜使用各类抗剥落剂等外加剂。

五、沥青的储存与选用

1. 沥青的储存

石油沥青的储存，按照 JTG F40—2004《公路沥青路面施工技术规范》的要求，沥青必须按品种、标号分开存放。除长期不使用的沥青可放在自然温度下存储外，沥青在储存罐中的储存温度不宜低于 130℃，并不得高于 170℃。桶装沥青应直立堆放，加盖苫布。道路石油沥青在储运、使用及存放过程中应有良好的防水措施，避免雨水或加热管道蒸汽进入沥青中。

液体石油沥青在制作、储存、使用的全过程中必须通风良好，并有专人负责，确保其安全。基质沥青的加热温度严禁超过 140℃，液体石油沥青的储存温度不得高于 50℃。

乳化沥青宜存放在立式罐中，并保持适当搅拌。储存期以不离析、不冻结、不破乳为度。

道路用煤沥青严禁用于热拌热铺的沥青混合料，作为其他用途时的储存温度宜为 70～90℃，且不得长时间储存。

改性沥青可单独或复合采用高分子聚合物、天然沥青及其他改性材料制作。改性沥青宜在固定式加工厂或在现场集中制作，也可在拌合厂现场边制作边使

用，改性沥青的加工温度不宜超过180℃。胶乳类改性剂和制成颗粒的改性剂可直接投入拌合缸中生产改性沥青混合料。用溶剂法生产改性沥青母体时，挥发性溶剂回收后的残留量不得超过5%。现场制造的改性沥青宜随配随用，需作短时间保存，或运送到附近的工地时，使用前必须搅拌均匀，在不发生离析的状态下使用。改性沥青制作设备必须设有随机采取样品的取样口，采集的试样宜立即在现场灌模。工厂制作的成品改性沥青到达施工现场后存储在改性沥青罐中，改性沥青罐中必须加设搅拌设备并进行搅拌，使用前改性沥青必须搅拌均匀。在施工过程中应定期取样检验产品质量，发现离析等质量不符合要求的改性沥青不得使用。

改性乳化沥青储存稳定性应根据施工实际情况选择试验天数，通常采用5d，乳液生产后能在第二天用完时也可选用1d。个别情况下改性乳化沥青5d的储存稳定性难以满足要求，如果经搅拌后能够达到均匀一致且不影响正常使用，此时要求改性乳化沥青运至工地后存放在附有搅拌装置的储存罐内，并不断进行搅拌，否则不准使用。当改性乳化沥青或特种改性乳化沥青需要在低温冰冻条件下储存或使用时，尚需进行-5℃低温储存稳定性试验，要求没有粗颗粒、不结块。

2. 石油沥青的选用

（1）道路石油沥青　通常，道路石油沥青牌号越高，则粘性越小（即针入度越大），延展性越好，而温度敏感性也随之增加。道路石油沥青主要在道路工程中用做胶凝材料，用来与碎石等矿质材料共同配制成沥青混合料。在道路工程中选用沥青材料时，要根据交通量和气候特点来选择。南方高温地区宜选用高粘度的石油沥青，如50号和70号，以保证在夏季沥青路面具有足够的稳定性，不会出现车辙等破坏形式；而北方寒冷地区宜选用低粘度的石油沥青，如90号和110号，以保证沥青路面在低温下仍具有一定的变形能力，避免出现开裂。

（2）建筑石油沥青　建筑石油沥青针入度较小（粘性较大），软化点较高（耐热性较好），但延伸度较小（塑性较小），主要用做制造油纸、油毡、防水涂料和沥青嵌缝膏。它们绝大部分用于屋面及地下防水，沟槽防水防腐蚀及管道防腐等工程。使用时制成的沥青胶膜较厚，增大了对温度的敏感性。同时黑色沥青表面又是好的吸热体，一般同一地区的沥青屋面的表面温度比其他材料的都高；据高温季节测试，沥青屋面达到的表面温度比当地最高气温高25~30℃；为避免夏季流淌，一般屋面用沥青材料的软化点还应比本地区屋面最高温度高20℃以上。例如武汉、长沙地区沥青屋面温度约达68℃，选用沥青的软化点应在90℃左右，低了夏季易流淌；但也不宜过高，否则冬季低温易硬脆甚至开裂。所以选用石油沥青时要根据地区、工程环境及要求而定。

↘第二节　沥青混合料

沥青混合料是矿料（包括碎石、石屑、砂）和填料与沥青经混合拌制而成的混合料的总称。其中矿料起骨架作用，沥青与填料起胶结填充作用。沥青混合料经摊铺、压实成形后就成为沥青路面。

随着我国公路等级的提高，沥青路面已成为高等级道路路面中占主要地位的路面结构。它具有优良的力学性能，以及良好的耐久性和抗滑性等特点，并便于分期修筑及再生利用，且修成的路面具有晴天少尘、雨天不泞、减振吸声、行车舒适等多方面的优点。

一、沥青混合料概述

1. 定义

沥青混合料（Bituminous Mixtures）是由矿料与沥青结合料拌合而成的混合料的总称。

2. 分类

(1) 按沥青类型分类　可分为石油沥青混合料和焦油沥青混合料。

石油沥青混合料：以石油沥青为结合料的沥青混合料；焦油沥青混合料：以煤焦油沥青为结合料的沥青混合料。

(2) 按施工温度分类　可分为热拌热铺沥青混合料和常温沥青混合料。

热拌热铺沥青混合料：沥青与矿料经加热后拌合，并在一定的温度下完成摊铺和碾压施工过程的混合料；常温沥青混合料：以乳化沥青或液态沥青在常温下与矿料拌合，并在常温下完成摊铺碾压过程的混合料。

(3) 按矿质集料级配类型分类　可分为连续级配沥青混合料和间断级配沥青混合料。

连续级配沥青混合料：沥青混合料中的矿料是按级配原则，从大到小各级粒径都有，按比例互相搭配组成的连续级配混合料，典型代表是密级配沥青混凝土，以 AC 表示；间断级配沥青混合料：矿料级配中缺少若干粒级所形成的沥青混合料，典型代表是沥青玛琋脂碎石混合料，以 SMA 表示。

(4) 按矿料的最大粒径分类　可分为特粗式沥青混合料、粗粒式沥青混合料、中粒式沥青混合料、细粒式沥青混合料和砂粒式沥青混合料。

特粗式沥青混合料：矿料最大粒径为 37.5mm。

粗粒式沥青混合料：矿料最大粒径分别为 26.5mm 和 31.5mm。

中粒式沥青混合料：矿料最大粒径分别为 16mm 或 19mm。

细粒式沥青混合料：矿料最大粒径分别为 9.5mm 或 13.2mm。

砂粒式沥青混合料：矿料最大粒径等于或小于4.75mm。

（5）按混合料密实度分类 可分为连续密级配沥青混凝土混合料、连续半开级配沥青混合料、开级配沥青混合料和间断级配沥青混合料四类。

1）连续密级配沥青混凝土混合料。采用连续密级配原理设计组成的矿料与沥青拌合而成。其中包括：密实型沥青混凝土混合料和密级配沥青稳定碎石。

密实型沥青混凝土混合料：设计空隙率为3%～6%（重载交通道路4%～6%；行人道路2%～5%），以AC表示；密级配沥青稳定碎石：设计空隙率仍为3%～6%，以ATB表示。

这两种密实型沥青混合料的区别为：特粗型以下的是AC型（公称最大粒径26.5mm）；特粗型属ATB，公称最大粒径达到37.5mm。

2）连续半开级配沥青混合料。连续半开级配沥青混合料又称为沥青稳定碎石，由适当比例的粗集料、细集料及少量填料（或不加填料）与沥青结合料拌合而成，压实后剩余空隙率为6%～12%，用AM表示。

3）开级配沥青混合料。矿料主要由粗集料组成，细集料和填料较少，采用高粘度沥青结合料粘结形成，压实后空隙率在18%以上。代表类型有排水式沥青磨耗层混合料，以OGFC表示；另有排水式沥青稳定碎石基层，以ATPB表示。

4）间断级配沥青混合料。矿料级配中缺少一个或几个粒级而形成的级配不连续的沥青混合料，空隙率控制在3%～4%，典型代表是沥青玛瑞脂碎石混合料，以SMA表示。

这些沥青混合料类型汇总于表6-10。

表6-10 热拌沥青混合料类型

沥青混合料类型	公称最大粒径/mm	最大粒径/mm	密级配			半开级配	开级配	
			连续级配		间断级配			
			沥青混凝土	沥青稳定碎石	沥青玛瑞脂碎石	沥青碎石	排水式沥青磨耗层	排水式沥青稳定碎石基层
砂粒式	4.75	9.5	AC-5	—	—	AM-5	—	—
细粒式	9.5	13.2	AC-10	—	SMA-10	AM-10	OGFC-10	—
	13.2	16	AC-13	—	SMA-13	AM-13	OGFC-13	—
中粒式	16	19	AC-16	—	SMA-16	AM-16	OCFC-16	—
	19	26.5	AC-20	—	SMA-20	AM-20	—	—
粗粒式	26.5	31.5	AC-25	ATB-25	—	—	—	ATPB-25
	31.5	37.5	—	ATB-30	—	—	—	ATPB-30
特粗式	37.5	53.0	—	ATB-40	—	—	—	ATPB-40
设计空隙率（%）			3～5	3～6	3～4	6～12	>18	>18

目前，我国在沥青路面中采用最多的类型是以石油沥青作为结合料，采用连续级配的密实式热拌热铺型沥青混凝土。

3. 热拌沥青混合料的结构组成

热拌沥青混合料（Hot-mix Asphalt Mixture，简称 HMA）是经人工组配的矿质混合料与粘稠沥青在专门设备中加热拌合而成，用保温运输工具运送至施工现场，并在热态下进行摊铺和压实的混合料，通称热拌热铺沥青混合料，简称热拌沥青混合料。

在以沥青作为胶结材料的沥青混合料中，由粗集料、细集料、矿粉（填料）组成一定类型的级配，其中粗集料分布在由细集料和沥青组成的沥青砂浆中，而细集料又分布在沥青与矿粉构成的沥青胶浆中，形成具有一定内摩阻力和粘聚力的多级空间网络结构。由于各组成材料用量比例的不同，压实后沥青混合料内部的矿料颗粒分布状态、剩余空隙率也会呈现出不同的特点，形成不同的组成结构，而具有不同组成结构特点的沥青混合料在使用时则会表现出不同的性质。通常，沥青混合料组成结构分为三种类型。

（1）悬浮-密实结构（Suspended Dense Structure） 在采用连续密级配矿料配制的沥青混合料中，一方面矿料的颗粒由大到小连续分布，并通过沥青胶结作用形成密实结构。另一方面较大一级的颗粒只有留出充足的空间才能容纳下一级较小的颗粒，这样粒径较大的颗粒就往往被较小一级的颗粒挤开，造成粗颗粒之间不能直接接触，也就不能相互支撑形成嵌挤骨架结构，而是彼此分离悬浮于较小颗粒和沥青胶浆中间，这样就形成了所谓悬浮-密实结构的沥青混合料（其结构组成示意如图 6-12a）。工程中常用的 AC 型沥青混凝土就是这种结构的典型代表。

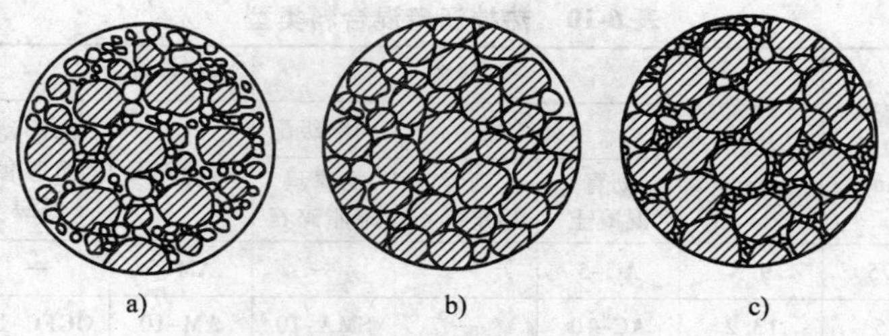

图 6-12 三种典型沥青混合料结构组成示意图

a）悬浮-密实结构 b）骨架-空隙结构 c）骨架-密实结构

（2）骨架-空隙结构（Void Framework Structure） 当采用连续开级配矿料与沥青组成沥青混合料时，由于矿料大多集中在较粗的粒径上，所以粗粒径的颗粒可以相互接触，彼此相互支撑，形成嵌挤的骨架。但因很少含有细颗粒，粗颗粒形成的骨架空隙无法填充，从而压实后在混合料中留下较多的空隙，形成所谓骨架-空隙结构（其结构组成示意如图 6-12b）。工程实践中使用的沥青碎石混合料

（AM）和排水沥青混合料（OGFC）是典型的骨架-空隙型结构。

（3）骨架-密实结构（Dense Framework Structure）　当采用间断型密级配矿料与沥青组成沥青混合料时，由于矿料颗粒集中在级配范围的两端，缺少中间颗粒，所以一端的粗颗粒相互支撑嵌挤形成骨架，另一端较细的颗粒填充于骨架留下的空隙中间，使整个矿料结构呈现密实状态，形成所谓骨架-密实结构（其结构组成示意如图6-12c）。沥青玛琋脂碎石混合料（SMA）是一种典型的骨架-密实型结构。

三种不同结构特点的沥青混合料，在路用性能上呈现不同的特点。悬浮-密实结构的沥青混合料密实程度高，空隙率低，从而能够有效地阻止使用期间水的侵入，降低不利环境因素的直接影响。因此，悬浮-密实结构的沥青混合料具有水稳性好、低温抗裂性好和耐久性好的特点。但由于该结构是一种悬浮状态，整个混合料缺少粗集料颗粒的骨架支撑作用，所以在高温使用条件下，因沥青结合料粘度的降低而导致沥青混合料产生过多的变形，形成车辙，造成高温稳定性的下降。

而骨架-空隙结构的特点与悬浮-密实结构的特点正好相反。在骨架-空隙结构中，粗集料之间形成的骨架结构对沥青混合料的强度和稳定性（特别是高温稳定性）起着重要作用。依靠粗集料的骨架结构，能够有效地防止高温季节沥青混合料的变形，以减缓沥青路面车辙的形成，因而具有较好的高温稳定性。但由于整个混合料缺少细颗粒部分，压实后留有较多的空隙，在使用过程中，水易于进入混合料中引起沥青和矿料粘附性变差，不利的环境因素也会直接作用于混合料，引起沥青老化或将沥青从集料表面剥离，使沥青混合料的耐久性下降。

当采用间断密级配矿料形成骨架-密实结构时，在沥青混合料中既有足够数量的粗集料形成骨架，对夏季高温防止沥青混合料变形，减缓车辙的形成起到积极的作用；同时又因具有数量合适的细集料以及沥青胶浆填充骨架空隙，形成高密实度的内部结构，不仅很好地提高了沥青混合料的抗老化性，而且在一定程度上还能减缓沥青混合料在冬季低温时的开裂现象。因而这种结构兼具了上述两种结构的优点，是一种优良的路用结构类型。

二、沥青混合料的技术性质和技术标准

沥青混合料作为沥青路面材料，在使用过程中要承受行驶车辆荷载的反复作用，以及环境因素的长期影响。所以沥青混合料在具备一定的承载能力的同时，还必须具有良好的抵抗自然因素作用的耐久性，也就是说，要能表现出足够的高温环境下的稳定性，低温状况下的抗裂性，良好的水稳性，持久的抗老化性和利于安全的抗滑性等诸多技术特点，以保证沥青路面良好的服务功能。

1. 沥青混合料的技术性质

（1）高温稳定性（Stability） 沥青混合料是一种典型的粘-弹-塑性材料，它的承载能力或模量随着温度的变化而改变，温度升高，承载力下降。特别是在高温条件下或长时间承受荷载作用时会产生明显的变形，变形中的一些不可恢复的部分累积成为车辙，或以波浪和拥包的形式表现在路面上。所以沥青混合料的高温稳定性是指在高温条件下，沥青混合料能够抵抗车辆反复作用，不会产生显著永久变形，保证沥青路面平整的特性。

对于沥青混合料的高温稳定性，实际工作中通过马歇尔稳定度试验方法和车辙试验法进行测定和评价。

1）马歇尔稳定度试验。该试验用来测定沥青混合料试样在一定条件下承受破坏荷载能力的大小和承载时变形量的多少。稳定度是指试件受压至破坏时能承受的最大荷载（Mashall stability，简称 MS，单位：kN）。而流值则是达到最大荷载时试件的垂直变形（Flow value，简称 FL，单位：mm）。

2）车辙试验。用来模拟车辆轮胎在路面上行驶时所形成的车辙深度的多少，是对沥青混合料高温稳定性进行评价的一种试验方法。试验采用标准方法成形沥青混合料板型试件，在规定的试验温度和轮碾条件下，沿试件表面同一轨迹反复碾压行走，测定试件表面在试验过程中形成的车辙深度。以每产生1mm 车辙变形所需要的碾压次数（称为动稳定度）作为评价沥青混合料抗车辙能力大小的指标。显然动稳定度值越大，相应沥青混合料高温稳定性越好。

影响沥青混合料高温稳定性的主要因素有沥青的用量、沥青的粘度、矿料的级配、矿料的尺寸和形状等。过量沥青，不仅降低了沥青混合料的内摩阻力，而且在夏季容易产生泛油现象，因此，适当减少沥青的用量，可以使矿料颗粒更多地以结构沥青的形式相联结，增加混合料粘聚力和内摩阻力，提高沥青的粘度，增加沥青混合料抗剪变形的能力。由合理矿料级配组成的沥青混合料，可以形成骨架密实结构，这种混合料的粘聚力和内摩阻力都比较大。在矿料的选择上，应挑选粒径大的，有棱角的矿料颗粒，提高混合料的内摩擦角。另外，还可以加入一些外加剂来改善沥青混合料的性能。所有这些措施，都是为了提高沥青混合料的抗剪强度和减少塑性变形，从而增强沥青混合料的高温稳定性。

（2）低温抗裂性 与高温变形相对应，冬季低温时沥青混合料将产生体积收缩，但在周围材料的约束下，沥青混合料不能自由收缩，从而在结构层内部产生温度应力。由于沥青材料具有一定的应力松弛能力，当降温速率较为缓慢时，所产生的温度应力会随时间逐渐松弛减小，不会对沥青路面产生明显的消极影响。但当气温骤降时，这时产生的温度应力就来不及松弛，当温度应力超过沥青混合料允许应力值时，沥青混合料被拉裂，导致沥青路面出现裂缝从而造成路面的破坏。因此要求沥青混合料应具备一定的低温抗裂性能，即要求沥青混合料具有较高的低温强度或较大的低温变形能力。

目前用于研究和评价沥青混合料低温性能的方法可以分为三类：预估沥青混合料的开裂温度、评价沥青混合料的低温变形能力或应力松弛能力和评价沥青混合料断裂能力等。

（3）耐久性　耐久性是指沥青混合料在使用过程中抵抗环境不利因素的能力及承受行车荷载反复作用的能力，主要包括沥青混合料的抗老化性、水稳性、抗疲劳性等几个方面。沥青混合料的老化主要是受到空气中氧、水、紫外线等因素的作用，引发沥青材料多种复杂的物理化学变化，逐渐使沥青变硬、发脆，最终导致沥青老化，产生裂纹或裂缝等与老化有关的病害。水稳定性问题是因为水的影响，促使沥青从集料表面剥离而降低沥青混合料的粘结强度，最终造成混合料松散被车轮带走，形成大小不等的坑槽等水损害现象。

影响沥青混合料耐久性的因素很多，一个很重要的因素是沥青混合料的空隙率。空隙率的大小取决于矿料的级配、沥青材料的用量以及压实程度等多个方面。沥青混合料中的空隙率小，环境中易造成老化的因素介入的机会就少，所以从耐久性考虑，希望沥青混合料空隙率尽可能地小一些。但沥青混合料中还必须留有一定的空隙，以备夏季沥青材料的膨胀变形之用。另一方面，沥青含量的多少也是影响沥青混合料耐久性的一个重要因素。当沥青用量较正常用量减少时，沥青膜变薄，则混合料的延伸能力降低，脆性增加；同时因沥青用量偏少，混合料空隙率增大，沥青暴露于不利环境因素的可能性加大，加速老化，同时还增加了水侵入的机会，造成水损害。综上所述，我国现行规范采用空隙率、饱和度和残留稳定度等指标来表征沥青混合料的耐久性。

（4）抗滑性　抗滑性是保障公路交通安全的一个很重要因素，特别是行驶速度很高的高速公路，确保沥青路面的抗滑性要求显得尤为重要。

沥青路面的抗滑性主要取决于矿料自身或级配形成的表面构造深度、颗粒形状与尺寸、抗磨光性等方面。因此，用于沥青路面表层的粗集料应选用表面粗糙、坚硬、耐磨、抗冲击性好、磨光值大的碎石或破碎的砾石集料。同时，沥青用量对抗滑性也有非常大的影响，沥青用量超过最佳用量的0.5%，就会使沥青路面的抗滑性指标有明显的降低，所以对沥青路面表层的沥青用量要严格控制。

（5）施工和易性　沥青混合料应具备良好的施工和易性，要求在整个施工的各个工序中，尽可能使沥青混合料的集料颗粒以设计级配要求的状态分布，集料表面被沥青膜完整覆盖，并能被压实到规定的密度，这是保证沥青混合料实现上述路用性能的必要条件。

影响沥青混合料施工和易性的因素首先是材料组成。例如，当组成材料确定后，矿料级配和沥青用量都会对和易性产生一定影响。如采用间断级配的矿料，当粗、细集料颗粒尺寸相差过大，缺乏中间尺寸颗粒时，沥青混合料容易离析。又比如当沥青用量过少时，则混合料疏松且不易压实；但当沥青用量过多时，则

容易使混合料粘结成团，不易摊铺。另一个影响和易性的因素是施工条件，例如施工时的温度控制。如温度不够，沥青混合料就难以拌合充分，而且不易达到所需的压实度；但温度偏高，则会引起沥青老化，严重时将会明显影响沥青混合料的路用性能。

2. 热拌沥青混合料的技术标准

随着公路建设的不断发展和对沥青混合料及沥青路面认识的不断深入，现行规范中有关沥青混合料的技术要求已不能完全满足当今路用性能发展的需要。因此，JTG F40—2004《公路沥青路面施工技术规范》进行了修订，就沥青混合料相关标准作了一定的变动。

（1）热拌沥青混合料马歇尔试验技术标准　常用热拌密级配沥青混凝土混合料的马歇尔试验技术标准如表 6-11 所示。

表 6-11　密级配沥青混凝土混合料马歇尔试验技术标准

试验指标		单位	高速公路、一级公路				其他等级公路	行人道路
			夏炎热区（1-1、1-2、1-3、1-4 区）		夏热区及夏凉区（2-1、2-2、2-3、2-4、3-2 区）			
			中轻交通	重载交通	中轻交通	重载交通		
击实次数（双面）		次	75				50	50
试件尺寸		mm	Φ101.6×63.5					
空隙率 *VV*	深约 90mm 以内	%	3～5	4～6	2～4	3～5	3～6	2～4
	深约 90mm 以下	%	3～6		2～4	3～6	3～6	—
稳定度 *MS* 不小于		kN	8				5	3
流值 *FL*		mm	2～4	1.5～4	2～4.5	2～4	2～4.5	2～5
矿料间隙率 *VMA* 不小于	设计空隙率/%		相应于以下公称最大粒径（mm）的最小 *VMA* 及 *VFA* 技术要求					
			26.5	19	16	13.2	9.5	4.75
	2	%	10	11	11.5	12	13	15
	3	%	11	12	12.5	13	14	16
	4	%	12	13	13.5	14	15	17
	5	%	13	14	14.5	15	16	18
	6	%	14	15	15.5	16	17	19
沥青饱和度 *VFA*		%	55～70	65～75			70～85	

（2）沥青混合料的高温稳定性指标　对用于高速公路、一级公路和城市快速路、主干路沥青路面上面层和中面层的沥青混合料进行配合比设计时，应进行车辙试验检验。

沥青混合料的动稳定度应符合表 6-12 的要求。对于交通量特别大，超载车

表 6-12 沥青混合料车辙试验动稳定度技术标准

气候条件与技术指标	相应于下列气候分区所要求的动稳定度/（次·mm^{-1}）								
七月平均最高气温（℃）及气候分区	>30（夏炎热区）				20～30（夏热区）				<20（夏凉区）
	1-1	1-2	1-3	1-4	2-1	2-2	2-3	2-4	3-2
普通沥青混合料≥	800		1000		600	800			600
改性沥青混合料≥	2400		2800		2000	2400			1800

辆特别多的运煤专线、厂矿道路，可以通过提高气候分区等级来提高对动稳定度的要求。对于轻型交通为主的旅游区道路，可以根据情况适当降低要求。

（3）沥青混合料的低温抗裂性指标　为了提高沥青路面的低温抗裂性，应对沥青混合料进行低温弯曲试验，试验温度为 -10℃，加载速度为 50mm/min。沥青混合料的破坏应变应满足表 6-13 的要求。

表 6-13 沥青混合料低温弯曲试验破坏应变技术标准

气候条件与技术指标	相应于下列气候分区所要求的破坏应变/μ_ε								
年极端最低气温（℃）及气候分区	< -37.0（冬严寒区）		-37.0 ～ -21.5（冬寒区）			-21.5 ～ -9.0（冬冷区）		> -9.0（冬温区）	
	1-1	2-1	1-2	2-2	3-2	1-3	2-3	1-4	2-4
普通沥青混合料≥	2600		2300			2000			
改性沥青混合料≥	3000		2800			2500			

（4）沥青混合料的水稳定性指标　沥青混合料应具有良好的水稳定性，在进行沥青混合料配合比设计及性能评价时，除了对沥青与石料的粘附性等级进行检验外，还应在规定条件下进行沥青混合料的浸水马歇尔试验和冻融劈裂试验。残留稳定度和冻融劈裂残留强度比应满足表 6-14 的要求。

表 6-14 沥青混合料水稳定性技术标准

年降雨量（mm）及气候分区		>1000（潮湿区）	1000～500（湿润区）	500～250（半干区）	<250（干旱区）
浸水马歇尔试验的残留稳定度（%）≥	普通沥青混合料	80		75	
	改性沥青混合料	85		80	
冻融劈裂试验的残留强度比（%）≥	普通沥青混合料	75		70	
	改性沥青混合料	80		75	

三、热拌沥青混合料组成材料的技术要求

沥青混合料的技术性质决定于组成材料的性质、组成配合的比例和混合料的

制备工艺等因素。为保证沥青混合料的技术性质，首先应正确选择符合质量要求的组成材料。

1. 沥青材料

不同型号的沥青材料，具有不同的技术指标，适用于不同等级，不同类型的路面。在选择沥青材料的时候，宜按照公路等级、气候条件、交通条件、路面类型及在结构层中的层位及受力特点、施工方法等，结合当地的使用经验，并经技术论证后确定。

对高速公路、一级公路，夏季温度高、高温持续时间长、重载交通、山区及丘陵区上坡路段、服务区、停车场等行车速度慢的路段，尤其是汽车荷载剪应力大的结构层次，宜采用稠度大、60℃粘度大的沥青，也可提高高温气候分区的温度水平选用沥青等级；对冬季寒冷的地区或交通量小的公路、旅游公路宜选用稠度小、低温延度大的沥青；对日温差、年温差大的地区宜注意选用针入度指数大的沥青。当高温要求与低温要求发生矛盾时应优先考虑满足高温性能的要求。

当缺乏所需标号的沥青时，可采用不同标号掺配的调和沥青，其掺配比例由试验决定，掺配后的沥青质量应符合规范的要求。沥青的选用与质量标准，参照本章石油沥青的气候分区与技术标准和沥青的储存与选用的内容。

2. 粗集料

沥青混合料的粗集料一般是由各种岩石经过轧制而成的碎石组成。在石料紧缺的情况下，也可利用卵石经轧制破碎而成；或利用某些冶金矿渣，如碱性高炉矿渣等，但应确认其对沥青混凝土无害方可使用。

沥青混合料的粗集料要求洁净、干燥、无风化、无杂质，并且具有足够的强度和耐磨性，其各项质量要求符合表6-15。

表6-15 沥青混合料用粗集料的技术要求

技术指标		单位	高速公路及一级公路		其他等级公路	
			表面层	其他层次	表面层	其他层次
石料压碎值	≤	%	26	28	30	
洛杉矶磨耗损失	≤	%	28	30	35	
表观相对密度	≥	—	2.60	2.50	2.45	
吸水率	≤	%	2.0	3.0	3.0	
坚固性	≤	%	12	12	—	
针片状颗粒含量（混合料）	≤	%	15	18	20	
其中粒径大于9.5mm	≤	%	12	15	—	
其中粒径小于9.5mm	≤	%	18	20	—	
水洗法<0.075mm颗粒含量	≤	%	1	1	1	

（续）

技术指标		单位	高速公路及一级公路		其他等级公路	
			表面层	其他层次	表面层	其他层次
软石含量 ≤		%	3	5	5	
破碎砾石的破碎面 ≥	1个破碎面	%	100	90	80	70
	2个破碎面		90	80	60	50

注：1. 坚固性试验根据需要进行。

2. 用于高速公路、一级公路时，多孔玄武岩的视密度可放宽至2.45t/m³，吸水率可放宽至3%，但必须得到建设单位的批准，且不得用于SMA路面。

3. 对S14（即3~5mm）规格的粗集料，针片状颗粒含量可不予要求，<0.075mm含量可放宽到3%。

对路面抗滑表层的粗集料应选用坚硬、耐磨、抗冲击性好的碎石或破碎砾石，不可使用筛选砾石、矿渣及软质集料。高速公路、一级公路沥青路面的表面层（或磨耗层）的磨光值、粗集料与沥青的粘附性均应符合表6-16的要求。

表6-16 粗集料与沥青的粘附性、磨光值的技术要求

雨量气候区		1（潮湿区）	2（湿润区）	3（半干区）	4（干旱区）
年降雨量/mm		>1000	1000~500	500~250	<250
粗集料的磨光值 *PSV* ≥ 高速公路、一级公路表面层		42	40	38	36
粗集料与沥青的粘附性/级 ≥	高速公路、一级公路表面层	5	4	4	3
	高速公路、一级公路的其他层次及其他等级公路的各个层次	4	4	3	3

当使用不符合要求的粗集料时，可采用下列抗剥离措施，使其对沥青粘附性符合表6-16的要求。

1）用干燥的生石灰或消石灰粉、水泥作为填料的一部分，其用量宜为矿料总量的1%~2%。

2）在沥青中掺加抗剥离剂。

3）将粗集料用石灰浆处理后使用。

粗集料的粒径规格应满足表6-17的要求，如粗集料不符合规格要求，但确认与其他材料配合后的级配符合各类沥青混合料矿料级配规范要求表6-23时，可以使用。

3. 细集料

热拌沥青混合料的细集料一般采用天然砂或机制砂，在缺少砂的地区，也可以用石屑代替。

表 6-17 沥青面层的粗集料规格

规格	公称粒径 /mm	通过下列筛孔（方孔筛）的质量百分率（%）								
		37.5	31.5	26.5	19	13.2	9.5	4.75	2.36	0.6
S6	15 ~ 30	100	90 ~ 100	—	—	0 ~ 15	—	0 ~ 5		
S7	10 ~ 30	100	90 ~ 100	—	—	—	0 ~ 15	0 ~ 5		
S8	15 ~ 25		100	90 ~ 100	—	0 ~ 15	—	0 ~ 5		
S9	10 ~ 20			100	90 ~ 100	—	0 ~ 15	0 ~ 5		
S10	10 ~ 15				100	90 ~ 100	0 ~ 15	0 ~ 5		
S11	5 ~ 15				100	90 ~ 100	40 ~ 70	0 ~ 15	0 ~ 5	
S12	5 ~ 10					100	90 ~ 100	0 ~ 15	0 ~ 5	
S13	3 ~ 10					100	90 ~ 100	40 ~ 70	0 ~ 20	0 ~ 5
S14	3 ~ 5						100	90 ~ 100	0 ~ 15	0 ~ 3

天然砂是指岩石经风化、搬运等作用后形成的粒径小于 2.36mm 的颗粒部分；机制砂是由碎石及砾石反复破碎加工至粒径小于 2.36mm 的部分，亦称人工砂；石屑是采石场加工碎石时通过规格为 4.75mm 的筛子的筛下部分集料的统称。

将石屑全部或部分代替砂拌制沥青混合料的做法在我国甚为普遍，这样可以降低造价，充分利用碎石场下脚料。但应注意，石屑与人工砂有本质区别，石屑大部分为石料破碎过程中表面剥落或撞下的棱角，强度很低且边扁片含量及碎土比例很大，用于沥青混合料时势必影响质量，在使用过程中也易进一步压碎细粒化，因此对于高等级公路的面层或抗滑表层，石屑用量不宜超过砂用量。细集料同样应洁净、干燥、无风化、无杂质，并且与沥青具有良好的粘结力，各项技术指标应符合表 6-18 的技术要求。

表 6-18 沥青混合料用细集料质量技术要求

项 目		单位	高速公路、一级公路	其他等级公路
表观相对密度	≥	—	2.50	2.45
坚固性（>0.3mm 部分）	≤	%	12	—
含泥量（小于 0.07mm 的含量）	≤	%	3	5
砂当量	≥	%	60	50
亚甲蓝值	≤	$g \cdot kg^{-1}$	25	—
棱角性（流动时间）	≥	s	30	—

注：坚固性试验根据需要进行。

细集料的级配，对天然砂宜按表 6-19 中的粗砂、中砂或细砂的规格选用，石屑宜按表6-20的规格选用。但细集料的级配在沥青混合料中的适用性，应以其与粗集料和填料配制成矿质混合料后是否符合表6-23矿质混合料的级配要求来决定。当一种细集料不能满足级配要求时，可采用两种或两种以上的细集料掺合使用。

表6-19　沥青面层的天然砂规格

筛孔尺寸/mm	粗砂	中砂	细砂
	通过各筛孔的质量百分率（%）		
9.5	100	100	100
4.75	90~100	90~100	90~100
2.36	65~95	75~90	85~100
1.18	35~65	50~90	75~100
0.6	15~30	30~60	60~84
0.3	5~20	8~30	15~45
0.15	0~10	0~10	0~10
0.075	0~5	0~5	0~5
细度模数 M_X	3.7~3.1	3.0~2.3	2.2~1.6

表6-20　沥青面层的石屑规格表

规格	公称粒径/mm	通过下列筛孔（方孔筛）的质量百分率（%）							
		9.5	4.75	2.36	1.18	0.6	0.3	0.15	0.075
S15	0~5	100	90~100	60~90	40~75	20~55	7~40	2~20	0~10
S16	0~3		100	80~100	50~80	25~60	8~45	0~25	0~15

4. 填料

填料是指在沥青混合料中起填充作用的粒径小于0.075mm的矿质粉末。

沥青混合料的填料宜采用石灰岩或岩浆岩中的强基性（憎水性）岩石磨制而成的。也可以由石灰、水泥、粉煤灰代替，但用这些物质作填料时，其用量不宜超过矿料总量的2%。其中粉煤灰的用量不宜超过填料总量的50%，粉煤灰的烧失量应小于12%，与矿粉混合后的塑性指数应小于4%，其余质量要求与矿粉相同。高速公路、一级公路的沥青面层不宜采用粉煤灰作填料。在工程中，还可以利用拌合机中的粉尘回收来作矿粉使用，其量不得超过填料总量的50%，并且要求粉尘干燥，掺有粉尘的填料的塑性指数不得大于4%。

矿粉要求洁净、干燥，并且与沥青具有较好的粘结性。为提高矿粉的憎水性，可加入1.5%~2.5%的矿粉活化剂。矿粉的其他质量要求应符合表6-21。对粉煤灰、粉尘等作同样的要求。

表 6-21 沥青混合料用矿粉质量技术要求

指标		单位	高速公路、一级公路	其他等级公路
表观密度 ≥		$t \cdot m^{-3}$	2.50	2.45
含水量 ≤		%	1	1
粒度范围	<0.6mm	%	100	100
	<0.15mm	%	90~100	90~100
	<0.075mm	%	75~100	70~100
外观		—	无团粒结块	
亲水系数		—	<1	
塑性指数		—	<4	
加热安定性		—	实测记录	

四、热拌沥青混合料的配合比设计

沥青混合料配合比设计的任务就是通过确定粗集料、细集料、填料和沥青之间的比例关系，使沥青混合料的各项指标达到工程要求。

沥青混合料配合比设计包括：目标配合比设计、生产配合比设计和试拌试铺配合比调整三个阶段。本节主要着重介绍目标配合比设计。

目标配合比设计分为矿质混合料组成设计和沥青最佳用量确定两部分。

1. 矿质混合料的配合比组成设计

(1) 确定沥青混合料类型　沥青混合料类型根据道路等级、路面类型、所处的结构层位，按表 6-22 选定。

表 6-22 沥青混合料类型

结构层次	高速公路、一级公路、城市快速路、主干路		其他等级公路		一般城市道路及其他道路工程	
	三层式沥青混凝土路面	两层式沥青混凝土路面	沥青混凝土路面	沥青碎石路面	沥青混凝土路面	沥青碎石路面
上面层	AC-13 AC-16 AC-20	AC-13 AC-16	AC-13 AC-16	AM-13	AC-5 AC-13	AM-5 AM-10
中面层	AC-20 AC-25	—	—	—	—	
下面层	AC-25 AC-30	AC-20 AC-25 AC-30	AC-20 AC-25 AC-30 AM-25 AM-30	AM-25 AM-30	AC-20 AM-25 AM-30	AM-25 AM-30 AM-40

各国对沥青混合料的最大粒径 D 同路面结构层最小厚度 h 的关系均有规定，我国研究表明：随 h/D 增大，耐疲劳性提高，但车辙量增大。相反 h/D 减小，车辙量也减小，但耐久性降低，特别是在 $h/D<2$ 时，疲劳耐久性指标急剧下降。JTG F40—2004《公路沥青路面施工技术规范》中提出，对热拌沥青混合料，沥青层每层的压实厚度不宜小于2.5~3倍集料公称最大粒径，对SMA和OGFC等嵌挤型混合料不宜小于2~2.5倍公称最大粒径。

（2）确定矿质混合料的级配范围　矿质混合料配合比组成设计的目的是选配一个具有足够密实度并且有较高内摩阻力的矿质混合料，可以根据级配理论，计算出需要的矿质混合料的级配范围。但是为了应用已有的研究成果和实践经验，通常是采用规范推荐的矿质混合料级配范围来确定。按现行规范沥青路面工程的混合料设计级配范围由工程设计文件或招标文件规定，密级配沥青混合料的设计级配宜在表6-23规定的级配范围内，根据公路等级、工程性质、气候条件、交通条件、材料品种等因素，通过对条件大体相当的工程的使用情况进行调查研究后调整确定，必要时允许超出规范级配范围。密级配沥青稳定碎石混合料可直接以表6-23规定的级配范围作为工程设计级配范围使用。

在实际设计中应考虑矿料最大粒径和路面结构层厚度之间的匹配关系，针对道路等级、路面结构层位，根据设计要求的路面结构层厚度选择适宜的矿料类型，再根据表6-23确定相应的混合料的矿料级配范围，经技术经济论证后确定。

（3）矿质混合料配合比例计算　可根据现场取样，对粗集料、细集料和矿粉进行筛析试验。根据各组成材料的筛析试验资料，采用图解法或电算法，计算符合要求级配范围的各组成材料用量比例。下面主要介绍图解法的设计步骤：

1）绘制级配曲线坐标图。依据上述原理，按规定尺寸绘一方形图框。通常纵坐标（通过率）取100mm，横坐标（筛孔尺寸或粒径）取150mm。连对角线 OO'（见图6-13）作为要求级配曲线中值。纵坐标按算术标尺，标出通过百分率（0~100%）。将要求级配中值的各筛孔通过百分率标于纵坐标上，从纵坐标标出的级配中值引水平线与对角线相交，再从交点作垂线与横坐标相交，其交点即为各相应筛孔尺寸的位置。

2）确定各种集料用量。将各种集料（如A、B、C、D四种集料）的通过量绘于级配曲线坐标图上。实际两相邻集料级配曲线的位置关系可能有下列三种情况，根据各集料级配曲线之间的位置关系，按下述方法确定各种集料的用量比例。

两相邻级配曲线重叠：如集料A与集料B中均含有某些相同的粒径，则在图中，集料A级配曲线的下部与集料B级配曲线的上部位置上下重叠，如图6-13所示。此时，应在A、B两级配曲线之间的重叠部分处引一条垂直于横坐标的直线 AA'（即 $a=a'$ 的垂线），与对角线 OO' 相交于 M 点，通过 M 点作一条水平线与纵坐标交于 P 点。$O'P$ 即为集料A的用量。

表 6-23 沥青混合料矿料级配范围

级配类型		通过下列筛孔(方孔筛,mm)的质量百分率(%)														
		53.0	37.5	31.5	26.5	19.0	16.0	13.2	9.5	4.75	2.36	1.18	0.6	0.3	0.15	0.075
密级配沥青混凝土混合料(AC)																
粗粒式	AC-25			100	90~100	75~90	65~83	57~76	45~65	24~52	16~42	12~33	8~24	5~17	4~13	3~7
中粒式	AC-20				100	90~100	78~92	62~80	50~72	26~56	16~44	12~33	8~24	5~17	4~13	3~7
	AC-16					100	90~100	76~92	60~80	34~62	20~48	13~36	9~26	7~18	5~14	4~8
细粒式	AC-13						100	90~100	68~85	38~68	24~50	15~38	10~28	7~20	5~15	4~8
	AC-10							100	90~100	45~75	30~58	20~44	13~32	9~23	6~16	4~8
砂粒式	AC-5								100	90~100	55~75	35~55	20~40	12~28	7~18	5~10
密级配沥青稳定碎石(ATB)																
特粗式	ATB-40	100	90~100	75~92	65~85	49~71	43~63	37~57	30~50	20~40	15~32	10~25	8~18	5~14	3~10	2~6
粗粒式	ATB-30		100	90~100	70~90	53~72	44~66	39~60	31~51	20~40	15~32	10~25	8~18	5~14	3~10	2~6
	ATB-25			100	90~100	70~80	48~68	42~62	32~52	20~40	15~32	10~25	8~18	5~14	3~10	2~6

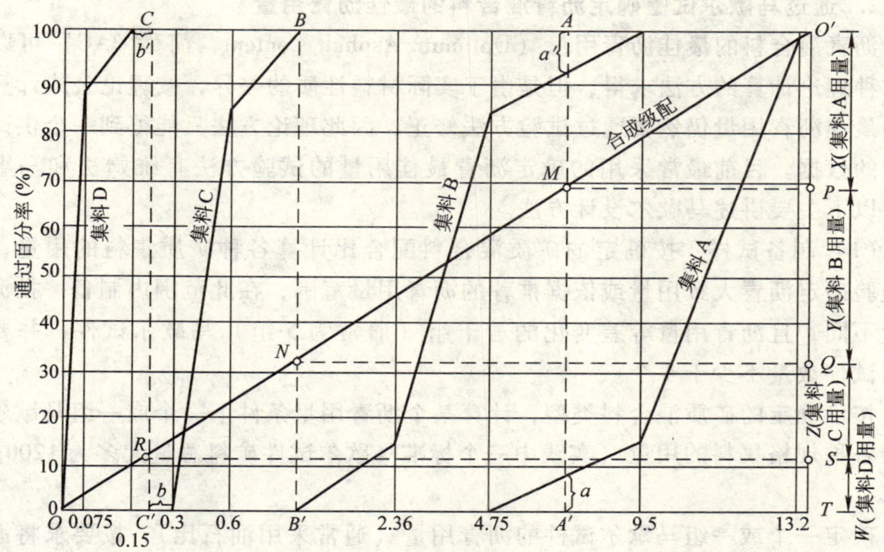

图 6-13 矿质混合料的图解法设计计算图

两相邻级配曲线相接：如集料 B 的最小粒径与集料 C 的最大粒径恰好相等，则集料 B 级配曲线的末端与集料 C 级配曲线的首端正好处在一条垂直线上，如图 6-13 所示。此时，应将两点直接相连，作出垂线 BB'，与对角线 OO'相交于 N 点。通过 N 点作一水平线与纵坐标交于 Q 点。PQ 即为集料 B 的用量。

两相邻级配曲线相离：如果混合料中某些粒径，集料 C 和集料 D 中均不含有，则集料 C 的级配曲线与集料 D 的级配曲线在水平方向彼此离开一段距离，如图 6-13 所示。此种情况，应作一条垂直平分相等距离的垂线 CC'（即平分距离 $b=b'$的垂线），与对角线 OO'相交于 R 点，通过 R 点作一水平线与纵坐标交于 S 点，QS 即为 C 集料的用量。剩余 ST 即为集料 D 的用量。

3）校核。按图解法所得的各种集料的用量比例，计算校核所得合成级配是否符合设计要求的级配范围。如不能符合要求，即超出级配范围或不满足某一特殊设计要求时，应按下列要求调整各集料的用量比例，直至符合要求为止：①通常情况下，合成级配曲线宜尽量接近级配中限，尤其应使 0.075mm、2.36mm 和 4.75mm 筛孔的通过量尽量接近级配范围中限；②对高速公路、一级公路、城市快速路、主干路等交通量大、轴载重的道路，宜偏向级配范围的下（粗）限。对一般道路、中小交通量或人行道路等宜偏向级配范围的上（细）限；③合成的级配曲线应接近连续或有合理的间断级配，不得有过多的犬牙交错，且在 0.3～0.6mm 范围内不出现“驼峰”。当经过再三调整仍有 2 个以上的筛孔超过级配范围时，必须对原材料进行调整或更换原材料重新设计。

2. 通过马歇尔试验确定沥青混合料的最佳沥青用量

沥青混合料的最佳沥青用量（Optimum Asphalt Content，简称 OAC）可以通过各种理论计算的方法求得，但是由于实际材料性质的差异，按理论公式计算得到的最佳沥青用量仍然要通过试验方法修正，因此理论方法只能得到一个供试验参考的数据。目前最常采用的确定沥青最佳用量的试验方法有维姆法和马歇尔法，以下主要讲述马歇尔设计方法。

(1) 制备试样　按确定的矿质混合料配合比计算各种矿质集料的用量；根据经验确定沥青大致用量或依据推荐的沥青用量范围，在此范围内制备一批沥青用量不同，且沥青用量等差变化的若干组（通常为 5 组）马歇尔试件，并要求每组试件数量不少于 4 个。

按已确定的矿质混合料类型，计算某个沥青用量条件下一个或一组马歇尔试件中各种规格集料的用量（实践中一个标准马歇尔试件矿料总量大多为 1200g 左右)。

确定一个或一组马歇尔试件的沥青用量（通常采用油石比），按要求将沥青和矿料拌制成沥青混合料，并按规范规定的击实次数和操作方法成形马歇尔试件。

(2) 测定物理、力学指标　首先，测定沥青混合料试件的相对密度，并计算试件的最大理论相对密度、空隙率、沥青饱和度、矿料间隙率等物理参数。在测试沥青混合料相对密度时，应根据沥青混合料类型及密实程度选择合适的测试方法。

1) 沥青混合料试件的实测毛体积密度及毛体积相对密度。对于密实的沥青混凝土试件，其集料的吸水率不大（小于 0.5%）时，采用水中重法测定。

$$\rho_a=\frac{m_a}{m_a-m_w}\cdot\rho_w \quad 或 \quad \gamma_a=\frac{m_a}{m_a-m_w} \tag{6-7}$$

对于表面较粗但较密实的沥青混凝土试件，其吸水率小于 2% 时，采用表干法测定。

$$\rho_f=\frac{m_a}{m_f-m_w}\cdot\rho_w \quad 或 \quad \gamma_f=\frac{m_a}{m_f-m_w} \tag{6-8}$$

式中　ρ_a——试件实测表观密度（g/cm^3）；

γ_a——试件的表观相对密度，无量纲；

ρ_f——试件实测毛体积密度（g/cm^3）；

γ_f——试件的毛体积相对密度，无量纲；

m_a——干燥试件的空气中质量（g）；

m_w——试件的水中质量（g）；

m_f——试件的表干质量（g）；

ρ_w——常温水的密度（≈1g/cm³）。

对于吸水率大于2%的沥青混凝土试件，采用蜡封法测定。

2）沥青混合料试件的最大理论相对密度。假定沥青混合料压至绝对密实而不考虑其内部空隙时，试件的密度为最大理论密度。目前可以采用真空法测定沥青混合料的最大理论相对密度，当实测最大理论相对密度有困难时，也可按以下两式计算。

采用油石比（沥青与矿料总质量的百分率）计算时，试件最大理论相对密度为：

$$\gamma_{ti}=\frac{100+P_{ai}}{\frac{100}{\gamma_{se}}+\frac{P_{ai}}{\gamma_b}} \tag{6-9}$$

采用沥青含量（沥青质量占沥青混合料总质量的百分率）计算时，试件最大理论相对密度为：

$$\gamma_{ti}=\frac{100}{\frac{P_{si}}{\gamma_{se}}+\frac{P_{bi}}{\gamma_b}} \tag{6-10}$$

式中　γ_{ti}——相对于计算不同组油石比P_{ai}或沥青含量P_{bi}时，沥青混合料的最大理论相对密度，无量纲；

P_{ai}——所计算的不同组沥青混合料的油石比（%）；

P_{bi}——所计算的不同组沥青混合料的沥青含量（%），$P_{bi}=P_{ai}/(1+P_{ai})$；

P_{si}——所计算的不同组沥青混合料的矿料含量（%），$P_{si}=100\%-P_{bi}$；

γ_b——沥青的相对密度（25℃），无量纲；

γ_{se}——合成矿料的有效相对密度。对非改性沥青混合料，其计算公式如下：

$$\gamma_{se}=\frac{100-P_b}{\frac{100}{\gamma_t}-\frac{P_b}{\gamma_b}} \tag{6-11}$$

式中　γ_t——试验沥青用量条件下实测得到的最大相对密度，无量纲；

P_b——试验时沥青用量（%）。

3）沥青混合料试件的空隙率。沥青混合料试件的空隙率是指压实状态下沥青混合料内矿料与沥青以外的空隙（不包括矿料自身内部的孔隙）的体积占试件总体积的百分率，按下式计算：

$$VV=\left(1-\frac{\gamma_f}{\gamma_t}\right)\times 100\% \tag{6-12}$$

式中 VV——试件的空隙率（%）；

γ_t、γ_f——意义同前。

4）沥青混合料试件的矿料间隙率。矿料间隙率是指压实沥青混合料试件中全部矿料部分以外的体积占试件总体积的百分率，等于试件空隙率与沥青体积百分率之和，按下式计算，计算结果取一位小数。

$$VMA=\left(1-\frac{\gamma_f}{\gamma_{sb}}P_s\right)\times100\% \tag{6-13}$$

式中 VMA——试件的矿料间隙率（%）；

γ_f——意义同前；

P_s——沥青混合料的矿料含量（%）；

γ_{sb}——矿质混合料的合成毛体积相对密度 γ_{sb}，按下式计算：

$$\gamma_{sb}=\frac{100}{\dfrac{P_1}{\gamma_1}+\dfrac{P_2}{\gamma_2}+\cdots+\dfrac{P_n}{\gamma_n}} \tag{6-14}$$

式中 P_1，P_2，…，P_n——各种组配矿料的配合比（%），$\sum_1^n p_i=100\%$；

γ_1，γ_2，…，γ_n——各种矿料相应的毛体积相对密度。

5）沥青混合料试件的有效沥青饱和度。有效沥青饱和度是指压实沥青混合料试件矿料间隙中，扣除被集料吸收的沥青以外的有效沥青结合料部分的体积在矿料间隙率中所占的百分率，按下式计算：

$$VFA=\frac{VMA-VV}{VMA}\times100\% \tag{6-15}$$

式中 VFA——试件的有效沥青饱和度（%）；

VV、VMA——意义同前。

测定物理指标之后，在马歇尔试验仪上，按照标准方法测定沥青混合料试件的马歇尔稳定度（MS）和流值（FL）。

（3）马歇尔试验结果分析　首先，以油石比或沥青用量为横坐标，以马歇尔试验的各项指标为纵坐标，将试验结果绘制成沥青用量与各项指标的关系曲线，如图6-14所示，然后按下列方法确定最佳沥青用量。

1）根据试验曲线的走势，按如下方法确定沥青混合料的最佳沥青用量 OAC_1。

在曲线图上求取相应于密度最大值、稳定度最大值、目标空隙率（或空隙率范围中值）、沥青饱和度范围中值的沥青用量 a_1、a_2、a_3、a_4，按下式取平均值作为 OAC_1。

$$OAC_1=(a_1+a_2+a_3+a_4)/4 \tag{6-16}$$

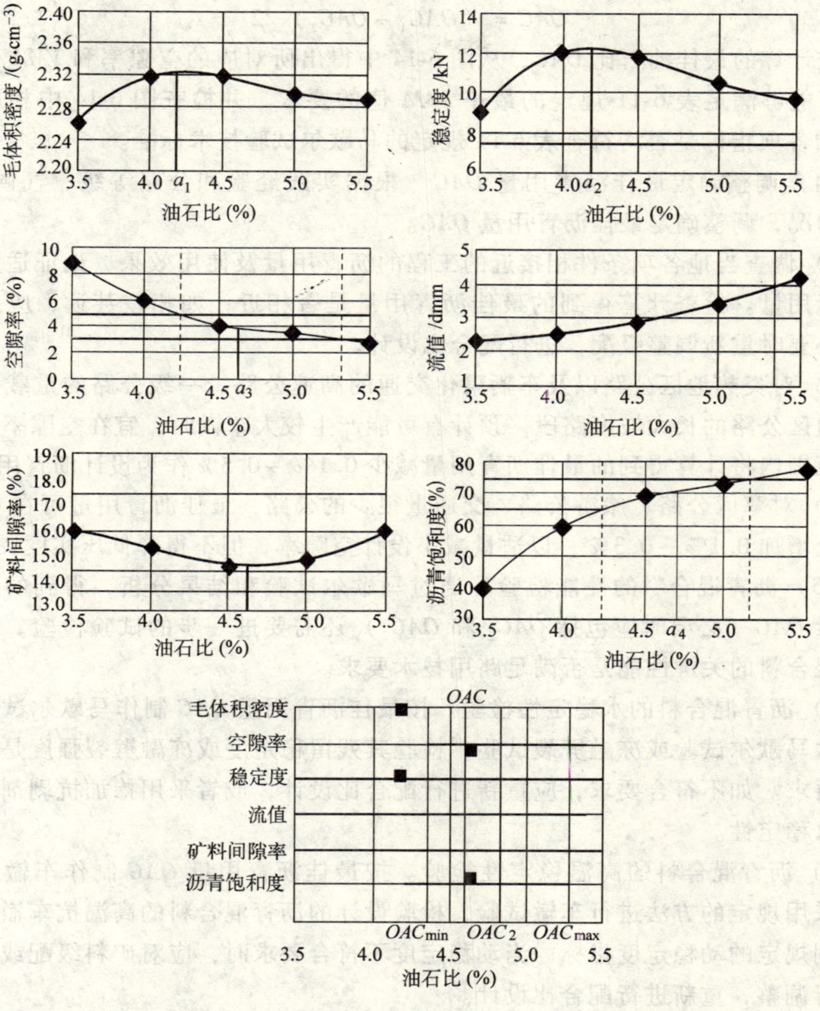

图 6-14　油石比与各项指标关系曲线图示例

如果在所选择的沥青用量范围未能涵盖沥青饱和度的要求范围，则按下式求取其他三者的平均值作为 OAC_1。

$$OAC_1 = (a_1 + a_2 + a_3)/3 \tag{6-17}$$

2）确定各项指标均符合表 6-11 规定的技术标准（不含 *VMA*）的沥青用量范围 $OAC_{min} \sim OAC_{max}$，以其中值作为最佳沥青用量 OAC_2。

$$OAC_2 = (OAC_{min} + OAC_{max})/2 \tag{6-18}$$

3）通常情况下取 OAC_1 及 OAC_2 的中值作为计算的最佳沥青用量 *OAC*。

$$OAC = (OAC_1 + OAC_2)/2 \quad (6\text{-}19)$$

按计算的最佳油石比 OAC，从图 6-14 中得出所对应的空隙率和 VMA 值，检验是否能够满足表 6-11 规定的最小 VMA 值的要求。并检查图 6-14 中相应于此 OAC 的各项指标是否均符合表 6-11 规定的马歇尔试验技术标准。

（4）调整确定最佳沥青用量 OAC　根据实践经验和公路等级、气候条件、交通情况，调整确定最佳沥青用量 OAC。

1）调查当地各项条件相接近的工程的沥青用量及使用效果，论证适宜的最佳沥青用量。检查计算得到的最佳沥青用量是否相近，如相差甚远，应查明原因，必要时重新调整级配，进行配合比设计。

2）对炎热地区公路以及车辆渠化交通的高速公路、一级公路的重载交通路段，山区公路的长大坡度路段，预计有可能产生较大车辙时，宜在空隙率符合要求的范围内将计算得到的最佳沥青用量减少 0.1% ~0.5% 作为设计沥青用量。

3）对寒区公路、旅游公路、交通量很少的公路，最佳沥青用量可在 OAC 的基础上增加 0.1% ~0.3%，以适量减小设计空隙率，但不得降低压实度要求。

（5）沥青混合料的性能检验　通过马歇尔试验和结果分析，得到的最佳沥青用量 OAC（必要时应包括 OAC_1 和 OAC_2）还需要进一步的试验检验，以验证沥青混合料的关键性能是否满足路用技术要求。

1）沥青混合料的水稳定性检验。按最佳沥青用量 OAC 制作马歇尔试件，进行浸水马歇尔试验或冻融劈裂试验，检验其残留稳定度或冻融劈裂强度是否满足规范要求。如不符合要求，应重新进行配合比设计，或者采用掺加抗剥剂方法来提高水稳定性。

2）沥青混合料的高温稳定性检验。按最佳沥青用量 OAC 制作车辙试验试件，采用规定的方法进行车辙试验，检验设计的沥青混合料的高温抗车辙能力是否达到规定的动稳定度指标。当动稳定度不符合要求时，应对矿料级配或沥青用量进行调整，重新进行配合比设计。

如果试验中除了 OAC 以外，还要对 OAC_1 和 OAC_2 同时进行相应的试验检测，则要通过试验结果综合判断在何种沥青用量条件下，沥青混合料具有更好的性能表现，或能更好地满足特定的路用要求，以此决定最终的最佳沥青用量。具体对照表 6-12 ~6-14 的技术要求进行检验或重新试配。

[例题 6-1]　试用马歇尔法设计某高速公路路面上面层用沥青混合料的配合组成。

1. 原始资料

道路等级：高速公路；气候条件：本工程地处半干区的 2-2 区；路面类型：三层式沥青混凝土路面的上面层，结构层厚度为 3cm。

2. 材料技术性能

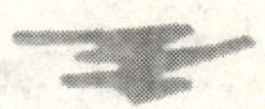

（1）沥青　根据气候分区，本工程地处于半干区的2-2区，按规范选择沥青标号为90号。经检验质量符合我国道路石油沥青技术要求，其主要技术指标如表6-24所示。

表6-24　（A级90号）沥青质量检测结果

项　　目		单　　位	技术要求	试验结果	试验方法
针入度（25℃，100g，5s）		0.1mm	80~100	83	JTJ T0604
延度（5cm/min）	15℃	cm	≥100	>100	JTJ T0605
	10℃	cm	≥30	>30	JTJ T0605
软化点		℃	≥44	44.7	JTJ T0606
溶解度		%	≥99.5	99.5	JTJ T0607
闪点		℃	≥245	342	JTJ T0611
密度		$g \cdot cm^{-3}$	实测	1.003	JTJ T0603
蜡含量		%	≤2.2	0.64	JTJ T0615
TFOT后	质量损失	%	≤±0.8	+0.11	JTJ T0609
	残留针入度比（25℃）	%	≥57	79.5	JTJ T0604
	延度 15℃	cm	≥20	>80	JTJ T0605
	延度 10℃	cm	≥8	>10	JTJ T0605

（2）矿质集料　粗集料采用某采石场的石灰石，质量检测结果列于表6-25，各项指标均符合规范要求，可以使用。

表6-25　粗集料的技术要求

指　　标	单　　位	规范要求	碎石规格	
			9.5~13.2	4.75~9.5
压碎值	%	≤26	15.0	
洛杉矶磨耗损失	%	≤28	19.2	
磨光值		≥40	46	
视密度	$g \cdot cm^{-3}$	≥2.60	2.720	2.712
吸水率	%	≤2.0	0.85	
针片状含量	%	≤15	5.7	—
含泥量	%	≤1	接近0	
坚固性	%	≤12	石质良好，经判断可以不做	

细集料采用某地河砂，质量检测结果如表6-26所列，符合规范要求，可以使用。

表 6-26 砂的技术要求

指　标	规 范 要 求	试 验 结 果
外观	—	洁净、坚硬、无杂质
细度模数	中砂：3.0～2.3	2.65
表观密度/（$g \cdot cm^{-3}$）	≥2.50	2.627
砂当量	≥60	64
<0.075mm 含量（%）	≤3	0.15
坚固性（%）	≤12	砂质良好，经判断可以不做

填料采用石灰石磨制，质量检测结果如表 6-27 所列，符合规范要求，可以使用。

表 6-27 石粉的技术要求

指　标	规 范 要 求	石 灰 石 粉
表观密度/（$g \cdot cm^{-3}$）	≥2.50	2.614
亲水系数	<1	<1.0
含水率（%）	<1	0.15

各种集料的筛析结果如表 6-28 所示。

表 6-28 矿质集料筛析结果

原材料	筛孔尺寸/mm									
	16.0	13.2	9.5	4.75	2.36	1.18	0.6	0.3	0.15	0.075
	通过百分率（%）									
碎石	100	94	26	0	0	0	0	0	0	0
石屑	100	100	100	80	40	17	0	0	0	0
砂	100	100	100	100	94	90	76	38	17	0
矿粉	100	100	100	100	100	100	100	100	100	83

3. 设计要求

（1）采用图解法确定各种矿质集料的用量比例。

（2）采用马歇尔试验确定最佳沥青用量。

[解]

1. 矿质混合料级配组成的确定

（1）确定沥青混合料类型　由原始资料知，沥青混合料用于高速公路三层式沥青混凝土路面上面层，故参照表 6-22，沥青混合料类型可选用 AC-13、AC-16、AC-20。又知该沥青路面面层厚度为 3cm，因此，确定沥青混合料类型为细粒式 AC-13 型沥青混凝土混合料。

（2）确定矿质混合料级配范围　参照表 6-23 的要求，并按工程实践调整细粒式 AC-13 型沥青混凝土混合料的矿质混合料级配范围如表 6-29 所示。

表 6-29 矿质混合料要求的级配范围

级配类型	筛孔尺寸/mm									
	16.0	13.2	9.5	4.75	2.36	1.18	0.6	0.3	0.15	0.075
细粒式 AC-13 沥青混凝土 级配范围（%）	100	90～100	68～85	48～68	34～52	25～41	18～38	11～21	5～15	4～8

（3）图解法确定矿质集料的配合比　测定集料和沥青的各项指标，以及矿质集料的筛分结果，见原始资料。用图解法求出矿质集料的比例关系（见图 6-15），并进行调整，使合成级配满足高速公路的设计要求，尽量趋于级配曲线的下限。经调整后的矿料合成级配计算列于表 6-30，绘制合成级配曲线如图 6-16 所示。

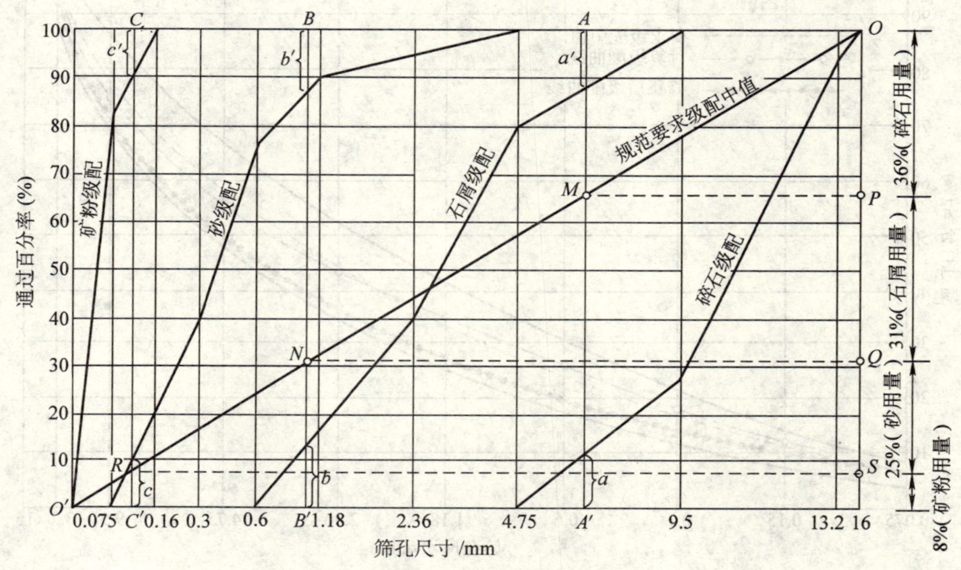

图 6-15 矿质混合料配合比计算图

表 6-30 矿质混合料合成级配计算表

设计混合料配合比（%）		通过下列筛孔（mm）的质量（%）									
		16.0	13.2	9.5	4.75	2.36	1.18	0.6	0.3	0.15	0.075
碎石	36%	36	33.8	9.4	0	0	0	0	0	0	0
	(41%)	(41)	(38.5)	(10.7)	(0)	(0)	(0)	(0)	(0)	(0)	(0)
石屑	31%	31	31	31	24.8	12.4	5.3	0	0	0	0
	(36%)	(36)	(36)	(36)	(28.8)	(14.4)	(6.1)	(0)	(0)	(0)	(0)

（续）

设计混合料配合比（%）		通过下列筛孔（mm）的质量（%）									
		16.0	13.2	9.5	4.75	2.36	1.18	0.6	0.3	0.15	0.075
砂	25%	25	25	25	25	22.5	23.0	19.0	9.5	4.3	0
	（15%）	(15)	(15)	(15)	(15)	(14.1)	(13.5)	(11.4)	(5.7)	(2.6)	(0)
矿粉	8%	8	8	8	8	8	8	8	8	8	6.6
	（8%）	(8)	(8)	(8)	(8)	(8)	(8)	(8)	(8)	(8)	(6.6)
合成级配		100 (100)	97.8 (97.5)	73.4 (69.7)	57.8 (51.8)	43.9 (36.5)	35.8 (27.6)	27.0 (19.4)	17.5 (13.7)	12.3 (10.6)	6.6 (6.6)
要求级配		100	90~100	68~85	48~68	34~52	25~41	18~38	11~21	5~15	4~8
级配中值		100	95.0	76.5	58.0	43.0	33.0	28.0	16.0	10.0	6.0

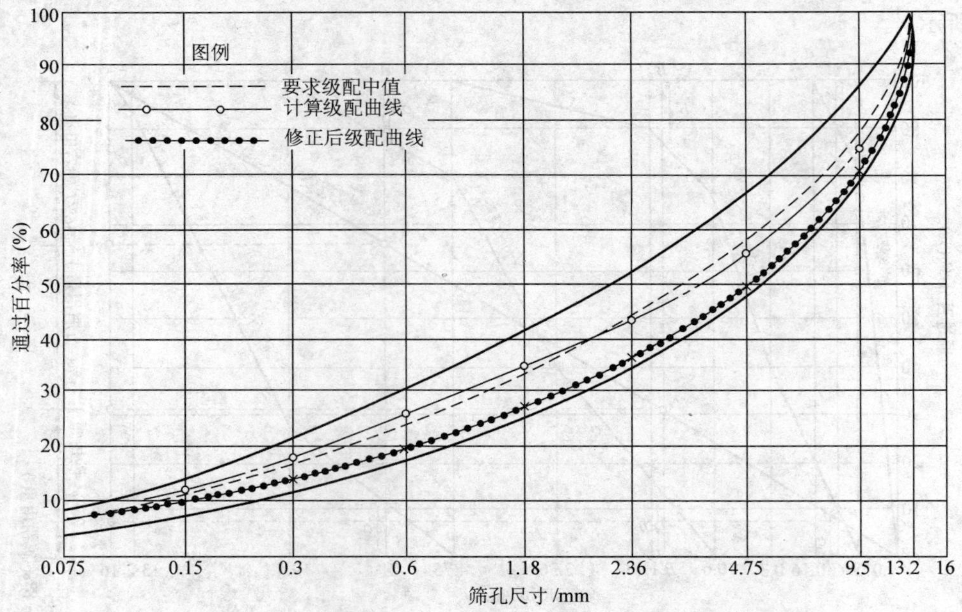

图 6-16　矿质混合料级配曲线图

由此可得出矿质混合料的组成为碎石：石屑：砂：矿粉＝41%：36%：15%：8%。

2. 沥青最佳用量的确定

（1）根据试验结果，绘制沥青用量与各项技术指标的关系曲线　按上述计算所得的矿质集料级配和 AC-13 推荐的沥青用量范围（4.5%～6.5%），采用 0.5% 的间隔变化，配制 5 组马歇尔试件，试件拌制温度为 140℃，试件成形温度为 130℃，击实次数两面各夯击 75 次。成形试件经 24h 后，测定其各项指标，试验结果见表 6-31，并绘制沥青用量与它们之间的关系曲线，如图 6-17 所示。

表 6-31 沥青混合料马歇尔试验数据统计表

组数编号	沥青用量（%）	实测密度/（g·cm⁻³）	空隙率（%）	饱和度（%）	稳定度/kN	流值/0.1mm
1	4.0	2.472	7.5	53.3	10.4	28.8
2	4.5	2.512	5.5	63.6	11.9	29.3
3	5.0	2.531	4.1	72.6	12.4	30.7
4	5.5	2.542	3.4	77.6	10.9	33.2
5	6.0	2.532	2.6	83.4	9.0	36.2

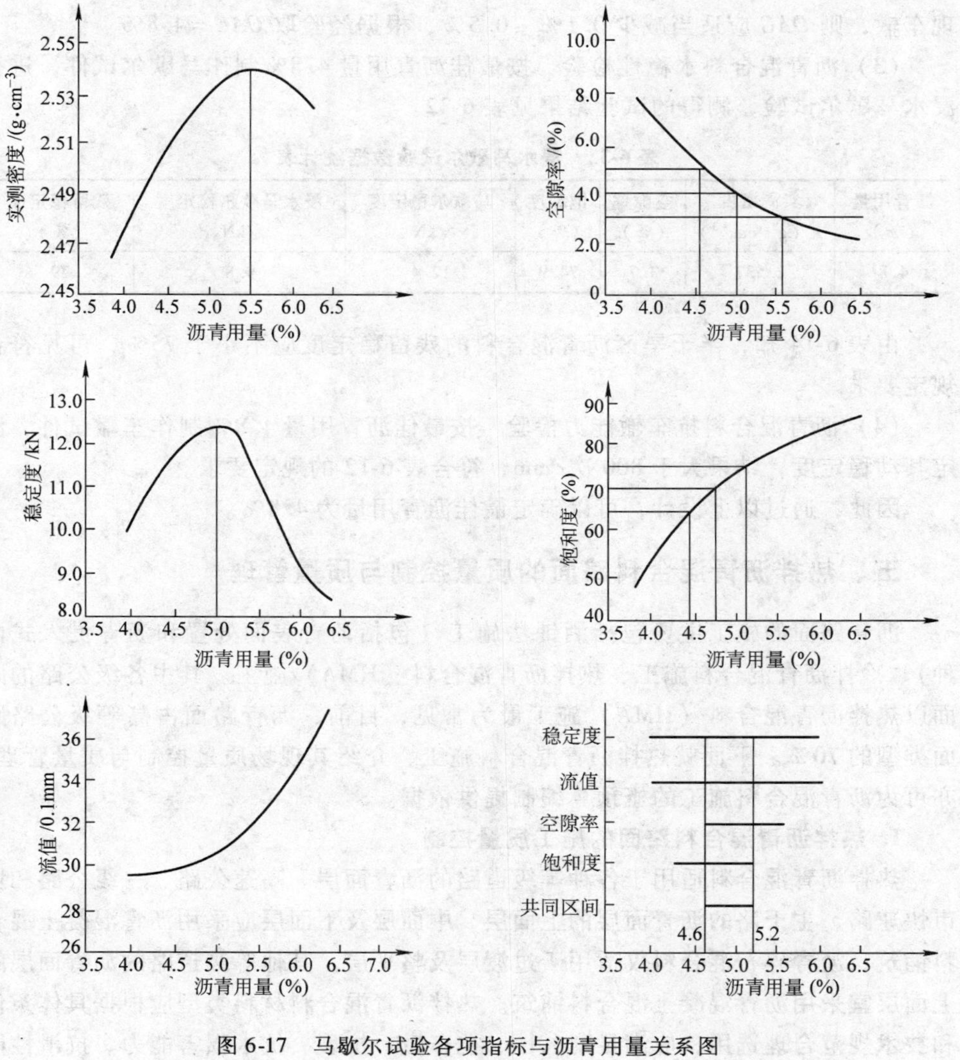

图 6-17 马歇尔试验各项指标与沥青用量关系图

(2) 从图 6-15 中可以得出 $a_1=5.5\%$，$a_2=5.0\%$，$a_3=5.0\%$，$a_4=4.7\%$，则

$$OAC_1=(a_1+a_2+a_3+a_4)/4=(5.5\%+5.0\%+5.0\%+4.7\%)/4=5.05\%$$

根据沥青混合料马歇尔试验技术指标（见表 6-11）确定各关系曲线上沥青用量范围，取其共同部分可得：$OAC_{min}=4.6\%$，$OAC_{max}=5.2\%$。

$$OAC_2=(OAC_{min}+OAC_{max})/2=(4.6\%+5.2\%)/2=4.9\%$$

则 $$OAC=(OAC_1+OAC_2)/2=(5.05\%+4.9\%)/2=5.0\%$$

因为气候条件属于温和地区，且为车辆渠化交通的高速公路，预计有可能出现车辙，则 OAC 应适当减少 0.1%～0.5%，根据经验取 $OAC=4.8\%$。

(3) 沥青混合料水稳性检验　按最佳沥青用量 4.8% 制作马歇尔试件，进行浸水马歇尔试验，测得的试验结果见表 6-32。

表 6-32　浸水马歇尔试验数据统计表

沥青用量 (%)	实测密度 /($g\cdot cm^{-3}$)	空隙率 (%)	饱和度 (%)	马歇尔稳定度 /kN	浸水马歇尔稳定度 /kN	残留稳定度 (%)
4.8	2.537	3.7	74.9	12.4	9.8	79

由表 6-14 知，半干旱区沥青混合料的残留稳定度应不小于 75%，可见符合规定要求。

(4) 沥青混合料抗车辙能力检验　按最佳沥青用量 4.8% 制作车辙试件，测定其动稳定度，结果大于 800 次/mm，符合表 6-12 的规定要求。

因此，通过以上设计，可以确定最佳沥青用量为 4.8%。

五、热拌沥青混合料路面的质量控制与质量管理

沥青路面的施工主要包括洒铺法施工（包括沥青表面处置和沥青贯入式两种）、冷拌沥青混合料施工、热拌沥青混合料（HMA）施工。其中各级公路的路面以热拌沥青混合料（HMA）施工最为常见，目前，沥青路面占高等级公路路面类型的 70%。下面就热拌沥青混合料施工，介绍其现场质量控制与质量管理，亦可为沥青混合料施工的概预算编制提供依据。

1. 热拌沥青混合料路面的施工质量控制

热拌沥青混合料适用于各种等级道路的沥青面层。高速公路、一级公路和城市快速路、主干路的沥青面层的上面层、中面层及下面层应采用沥青混凝土混合料铺筑；沥青碎石混合料仅适用于过渡层及整平层。其他等级道路的沥青面层的上面层宜采用沥青混凝土混合料铺筑。热拌沥青混合料材料类型应根据具体条件和技术规范合理选用，应满足耐久性、抗车辙、抗裂、抗水损害能力、抗滑性能

等多方面要求，同时还需考虑施工机械、工程造价等实际情况。沥青混凝土混合料面层宜采用双层或三层式结构，其中应有一层及一层以上是密级配沥青混凝土混合料。当各层均采用开级配沥青混合料时，应设置下封层。

厂拌法沥青路面包括沥青混凝土、沥青碎（砾）石等，施工过程可分为沥青混合料的拌制与运输及现场铺筑两个阶段。

（1）沥青混合料的拌制与运输　在工厂拌制混合料所用的固定式拌合设备有间歇式和连续式两种。前者系在每盘拌合时计量混合料各种材料的质量，而后者则在计量各种材料之后连续不断地送进拌合器中拌合。

为保证沥青混合料的质量稳定，沥青用量更准确，高速公路和一级公路的沥青混凝土宜采用间歇式拌合机拌合。

在拌制沥青混合料之前，应根据确定的配合比进行试拌。试拌时对所用的各种矿料及沥青应严格计量。通过试拌合抽样检验确定每盘热拌的配合比及其总质量（对间歇式拌合机）或各种矿料进料口开启的大小及沥青和矿料进料的速度（对连续式拌合机）、适宜的沥青用量、拌合时间、矿料和沥青加热温度，以及沥青混合料出厂的温度。对试拌的沥青混合料进行试验之后，即可选定施工的配合比。

为使沥青混合料拌合均匀，在拌制时，需要控制矿料和沥青的加热温度与拌合温度。经过拌合后的混合料应均匀一致，无细料和粗料分离及花白、结成团块的现象。

厂拌沥青混合料通常用较大吨位的自动倾卸汽车运往铺筑现场，必须根据运送的距离和道路交通状况及摊铺机每小时摊铺的厚度来组织运输。对高速公路、一级公路，宜待等候的运料车多于5辆后开始摊铺。

（2）铺筑　分为基层准备和放样、摊铺、碾压三个步骤。

1）基层准备和放样。面层铺筑前，应对基层或旧路面的厚度、密实度、平整度、路拱等进行检查。基层或旧路面若有坎坷不平、松散、坑槽等，必须在面层铺筑之前整修完毕，并应清扫干净。为使面层与基层粘结良好，在面层铺筑前4~8h，在粒料类的基层之上洒布透层沥青。

为了控制混合料的摊铺厚度，在准备好基层之后进行测量放样，沿路面中心线和1/4路面宽处设置样桩，标出混合料的松铺厚度。采用自动调平摊铺机摊铺时，还应放出引导摊铺机运行走向和标高的控制基准线。

2）摊铺。沥青混合料可用人工或机械摊铺，高等级公路沥青路面应采用机械摊铺，并按规定合理选择沥青混合料的摊铺温度。

人工摊铺：将汽车运来的沥青混合料先卸在铁板上，随即用人工铲运，以扣铲方式均匀摊铺在路上。摊铺时不得扬铲远甩，以免造成粗细粒料分离，一边摊铺一边用刮板刮平。刮平时做到轻重一致，往返刮2~3次达到平整即可，防止

反复多刮使粗粒料刮出表面。摊铺过程中要随时检查摊铺厚度、平整度和路拱，如发现有不妥之处应及时修整。

沥青混合料摊铺厚度为沥青路面设计厚度乘以压实系数。压实系数随混合料的种类和施工方法而异，用人工摊铺时，沥青混凝土混合料为1.25～1.50，沥青碎石为1.20～1.45。

沥青混合料的摊铺顺序，应从进料方向由远而近逐步后退进行。应尽可能在全幅路面上摊铺，以避免产生纵向接缝。如路面较宽不能全幅摊铺，可按车道宽度分成两幅或数幅分别摊铺，但接缝必须平行路中心线，纵缝搭接要密切，以免产生凹槽。操作过程应满足施工规范的要求。

机械摊铺：沥青混合料摊铺机有履带式和轮胎式两种。沥青混合料摊铺机摊铺的过程中，自动倾卸汽车将沥青混合料卸到摊铺机料斗后，经链式传送器将混合料往后传到螺旋摊铺器，随着摊铺机向前行驶，螺旋摊铺器即在摊铺带宽度上均匀地摊铺混合料，随后由振捣板捣实，并由摊平板整平。

3）碾压。沥青混合料摊铺平整之后，应趁热及时进行碾压。压实后的沥青混合料应符合压实度及平整度的要求，沥青混合料的分层压实厚度，对沥青混凝土不宜大于100mm，对沥青稳定碎石混合料不宜大于120mm。

沥青混合料碾压过程分为初压、复压和终压三个阶段，应配备足够数量的压路机，选择合理的压路机组合方式、碾压速度、压实温度等，以达到最佳压实效果。

（3）接缝施工　沥青路面的各种施工缝（包括纵缝、横缝、新旧路面的接缝等）处，往往由于压实不足，容易产生台阶、裂缝、松散等病害，影响路面的平整度和耐久性，施工时必须十分注意。

沥青路面施工必须接缝紧密、连接平顺，不得产生明显的接缝离析。上、下层的纵缝应错开15cm（热接缝）或30～40cm（冷接缝）以上。相邻两幅及上、下层的横向接缝均应错位1m以上。接缝施工应用3m直尺检查，确保平整度符合要求。

1）纵缝施工。对当日先、后修筑的两个车道，摊铺宽度应与已铺车道重叠3～5cm，所摊铺的混合料应高出相邻已压实的路面，以便压实到相同的厚度。对不在同一天铺筑的相邻车道，或与旧沥青路面连接的纵缝，在摊铺新料之前，应对原路面边缘加以修理，要求边缘凿齐，塌落松动部分应刨除，露出坚硬的边缘。缝边应保持垂直，并需在涂刷一薄层粘层沥青之后方可摊铺新料。

纵缝应在摊铺之后立即碾压，压路机应大部分位于已铺好的路面上，仅有10～15cm的宽度压在新铺的车道上，然后逐渐移动跨过纵缝。

2）横缝施工。横缝应与路中线垂直。接缝时先沿已刨齐的缝边用热沥青混合料覆盖，以资预热，覆盖厚度约15cm，待接缝处沥青混合料变软之后，将所覆盖的混合料清除，换用新的热混合料摊铺，随即用热夯沿接缝边缘夯捣，并将接缝的热料铲平，然后趁热用压路机沿接缝边缘碾压密实。

双层式沥青路面上、下层的接缝应相互错开20～30cm，做成台阶式衔接。

2. 热拌沥青混合料路面施工质量管理和检查

（1）施工过程质量管理和检查　沥青路面施工应根据全面质量管理的要求，建立健全有效的质量保证体系，实行严格的目标管理、工序管理与岗位责任制度，对施工各阶段的质量进行检查、控制、评定，达到所规定的质量标准，确保施工质量的稳定性。施工质量管理与检查验收应包括施工前、施工过程中质量管理与质量控制，以及各施工工序间的检查及工程交工后的质量检查验收。

材料质量是沥青路面质量的保证，施工前以及施工过程中材料来源或规格有变化时，必须对材料来源、材料质量、数量、供应计划、料场堆放及储存条件等进行检查。检查时，应以同一料源、同一次购入并运至生产现场（或储入同一沥青罐、池）的相同规格品种的集料、沥青为一批。拌合厂及沥青路面施工机械和设备的配套情况、性能、计量精度等也应在施工前进行检查。

高速公路和一级公路在施工前应铺筑试验段。试验段的长度应根据试验目的确定，宜为100～200m。试验段宜在直线段上铺筑，如在其他道路上铺筑时，路面结构等条件应相同，路面各结构层的试验可安排在不同的试验段上。热拌热铺沥青混合料路面试验段铺筑分试拌及试铺两个阶段，应包括下列试验内容：

1）根据沥青路面各种施工机械相匹配的原则，确定合理的施工机械、机械数量及组合方式。

2）通过试拌确定拌合机的上料速度、拌合数量与时间、拌合温度等操作工艺。

3）通过试铺确定：透层沥青的标号与用量、喷洒方式、喷洒温度；摊铺机的摊铺温度、摊铺速度、摊铺宽度、自动找平方式等操作工艺；压路机的压实顺序、碾压温度、碾压速度及遍数等压实工艺，以及确定松铺系数、接缝方法等。

4）验证沥青混合料配合比设计结果，提出生产用的矿料配比和沥青用量。

5）建立用钻孔法及核子密度仪法测定密度的对比关系，确定粗粒式沥青混凝土和沥青碎石面层的压实标准密度。

6）确定施工产量及作业段长度，制订施工进度计划。

7）全面检查材料及施工质量。

8）确定施工组织及管理体系、人员、通信联络及指挥方式。

施工过程中工程质量检查的内容、频度、质量标准应符合规范要求。当检查结果达不到规定的要求时，应追加检测数量，查找原因，作出处理。混合料铺筑现场必须对混合料质量及施工温度进行观测，随时检查厚度、压实度和平整度，并逐个断面测定成形尺寸。为保证高速公路和一级公路沥青路面的施工质量，对

其施工质量的管理最好采用计算机实行动态管理。

（2）沥青路面交工质量检查与验收　沥青路面工程完工后，施工单位应将全线以1～3km（公路）或100～500m（城市道路）作为一个评定路段，按照国家相关技术规范的要求，随机选取测点；对沥青面层进行全线自检，计算平均值、标准差及变异系数，向主管部门提交全线检测结果、施工总结报告，以及原始记录、试验数据等质量保证资料，申请交工验收。工程完工后应全线测定路面平整度、宽度、纵断面高程、横坡度等，并提出竣工图。交工验收阶段检查与验收的各项质量指标应符合国家相关技术规范的规定。

工程建设单位或监理、工程质量监督部门在接到施工单位的交工验收报告，并确认施工资料齐全后，应立即对施工质量进行交工检查与验收。检查与验收应按随机抽样的方法选择一定数量的评定路段进行实测检查，每一检查段的检查频度、试验方法及检测结果应符合国家相关技术规范的要求。当实测检查有困难时，经主管部门同意后，可随机抽查一定数量施工单位的质量检测结果，对工程质量进行评定。

3. 工程施工总结及质量保证期管理

工程结束后，施工企业应根据国家竣工文件编制的规定，提出施工总结及若干个专项报告，连同竣工图表，形成完整的施工资料档案，一并提交工程主管部门及有关档案管理部门，施工总结报告应包括工程概况（包括设计及变更情况）、工程基础资料、材料、施工组织、机械及人员配备、施工方法、施工进度、试验研究、工程质量评价、工程决算、工程使用服务计划等。

施工管理与质量检查报告应包括施工管理体制、质量保证体系、施工质量目标、试验段铺筑报告、施工前及施工中材料质量检查结果（测试报告）、施工中工程质量检查结果（测试报告）、工程交工后质量自检结果（测试报告）、工程质量评价以及原始记录、相册、录像等各种附件。

施工企业在质保期内应进行路面使用情况观测、局部损坏的原因分析和维修保养等。质保期应根据国家规定或招标文件等要求确定。

六、其他沥青混合料

1. 冷铺沥青混合料

冷铺沥青混合料的结合料可以采用液体沥青、软煤沥青、乳化沥青或改性乳化沥青，与矿质混合料在常温状态下拌合、铺筑的沥青混合料，又称作常温沥青混合料。考虑到制备液体石油沥青要耗费大量轻质油，且在铺筑后，由于轻质油的挥发而造成环境污染，而煤沥青中含有致癌物质，且在路面使用中易老化，寿命短，故我国普遍采用乳化沥青作为结合料，拌制乳化沥青混合料和沥青稀浆封层混合料。具有施工方便、节约能源、保护环境等优点。

（1）乳化沥青混合料 乳化沥青混合料按矿料的级配类型分为乳化沥青混凝土混合料和乳化沥青碎石混合料。这种混合料一般比较松散，存放时间达3个月以上，可随时取料施工。但一般只能适用于低等级公路的面层和其他等级公路沥青路面的联结层或整平层。目前我国以乳化沥青碎石混合料为主。

1）组成材料。乳化沥青混合料中对矿料的要求与热铺沥青混合料大致相同，乳化沥青的用量应根据当地实践经验以及交通量、气候、石料情况、沥青标号、施工机械等条件确定，也可以按热拌沥青碎石混合料的沥青用量折算，一般情况较热拌沥青碎石混合料沥青用量减少15% ~20%。

2）强度形成。乳化沥青混合料强度的形成有三方面因素：其一，采用合理的配合比，使矿质集料的级配和沥青的用量均达到最佳值，从而使沥青混合料具有更大的粘聚力和内摩阻力。其二，在摊铺后，随着轻质油的挥发（液体沥青）或乳液的破乳、排水、蒸发（乳化沥青），沥青变得越来越稠，沥青混合料间的粘聚力随之提高。其三，随着碾压的进行，矿料颗粒之间排列更加紧密有序，其内摩阻力逐渐增大，乳化沥青混合料的强度由此而形成。

3）乳化沥青碎石混合料的类型选择。乳化沥青混合料的类型，按其结构层位决定，宜采用密级配乳化沥青混合料，半开级配的乳化沥青碎石混合料应铺筑上封层。通常路面的面层采用双层式结构时，粗粒式乳化沥青碎石ATB-30或特粗式乳化沥青碎石ATB-40宜用于下面层；细粒式乳化沥青碎石AM-10、AM-13或中粒式乳化沥青碎石AM-16宜用于上面层。

4）乳化沥青混合料的应用。乳化沥青混合料适用于三级及三级以下公路的沥青面层、二级公路的罩面层，各级公路沥青路面的基层、联结层或整平层，以及沥青路面的坑槽冷补。

（2）沥青稀浆封层混合料 沥青稀浆封层混合料是由适当级配的石屑或砂、填料（水泥、石灰、粉煤灰、石粉等）与乳化沥青、外掺剂和水，按一定比例拌合而成的具有流动状态的沥青混合料，简称稀浆封层混合料。将其均匀地摊铺在路面上形成的沥青封层，称为稀浆封层。当采用聚合物改性乳化沥青作为结合料时，沥青稀浆封层混合料形成的沥青封层，则称为微表处。

1）沥青稀浆封层的作用。综括起来，沥青稀浆封层的作用主要有：防水、防滑、填充、耐磨和恢复路面外观形象。

防水作用：稀浆封层混合料的集料粒径较小，具有一定的级配，铺筑成形后，能与原路面牢固地粘附在一起，可形成一层密实的表层，防止雨水或雪水通过裂缝渗入路面基层，保持基层和土基的稳定。

防滑作用：稀浆封层混合料摊铺厚度薄，沥青在粗、细集料中分布均匀，沥青用量适当，无多余沥青，路面不产生泛油现象，且具有良好的粗糙面，使路面的摩擦系数明显增加，抗滑性能显著提高。

填充作用：稀浆封层混合料中有较多的水分，拌合后呈稀浆状态，具有良好的流动性，可封闭沥青路面上的细微裂缝，填补原路面由于松散脱粒或机械性破坏等原因造成的不平，改善路面的平整度。

耐磨作用：乳化沥青对酸、碱性矿料都有着较好的粘附力，所以稀浆混合料可选用坚硬的优质抗磨矿料，以铺筑具有很强耐磨性能的沥青路面面层，延长路面的使用寿命。

恢复路面外观形象：对使用年久，表面磨损发白、老化干涩，或经养护修补，表面状态很不一致的旧沥青路面，可用稀浆混合料进行罩面，遮盖破损与修补部位，形成一个新的沥青面层，使旧沥青路面外观焕然一新。

值得注意的是，稀浆封层具有一定的使用局限性，它只能作为表面保护层和磨耗层使用，而不起承重性的结构作用，不具备结构补强能力。

2）沥青稀浆封层混合料的类型及应用。稀浆封层一般用于二级及二级以下公路的预防性养护，也适用于新建公路的下封层。微表处主要用于高速公路、一级公路的预防性养护以及填补轻度车辙，也适用于新建公路的抗滑磨耗层。

沥青稀浆封层混合料按其用途和适应性分为以下三种类型：

ES-1 型：为细粒式封层混合料，沥青用量较高（一般为 8%），具有较好渗透性，有利于治愈裂缝。适用于大裂缝的封缝，或中轻交通的一般道路薄层处理。

ES-2 型：为中粒式封层混合料（MS-2 型为中粒式微表处），是最常用级配，可形成中等粗糙度，用于一般道路路面的磨耗层，也适用于旧高等级路面的修复罩面。

ES-3 型：为粗粒式封层混合料（MS-3 型为粗粒式微表处），表面粗糙，适用做抗滑层；亦可作二次抗滑处理，可用于高等级路面。

沥青稀浆封层混合料可以用于旧路面的养护维修，亦可作为路面加铺抗滑层、磨耗层。由于这种混合料施工方便，投资费用少，对路况有明显改观，所以得到广泛应用。

2. 新型沥青混合料

新型沥青混合料主要是指改性沥青混合料，由改性沥青（或由改性剂、基质沥青）与矿料按一定比例拌合而成的混合料的总称。

根据各种不同的使用目的，改性沥青混合料应有适宜的矿料级配，可以采用密级配沥青混合料或 SMA、OGFC 等间断级配沥青混合料。下面简单介绍 SMA 沥青混合料的应用情况。

SMA（Stone matrix asphalt，沥青玛琋脂碎石混合料的简称）是一种由沥青、纤维稳定剂、矿粉及少量的细集料组成的沥青玛琋脂填充间断级配的粗集料骨架间隙而组成的沥青混合料。它的最基本的组成是碎石骨架和沥青玛琋脂结合料两大部分。

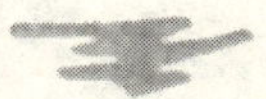

（1）SMA 在国内外的发展概况　沥青玛琋脂碎石混合料（SMA）是近年来在国际上出现的一种非常引人注目的新型沥青混合料，以其优良的抗车辙性能和抗滑性能而闻名于世。第一条 SMA 路面始建于 20 世纪 60 年代中期的德国，已经有 30 多年的历史，至今仍然在良好地使用着。我国是 20 世纪 90 年代初引进 SMA 技术，经过多条高速公路试验路段验证及研究改进，得到了较快的发展。1996 年“国航第一道”首都国际机场东跑道及八达岭高速公路、1997 年在“中华第一街”长安街上实现完全国产化。

“实现完全国产化”的含义是指我国“LG-8A 炼磨式沥青改性设备”的研制成功，具有相当明显的社会和经济效益。在此之前，由于我国没有专用的改性沥青制造设备，一直使用奥地利 RF 集团的设备加工。每加工 1t 改性沥青，仅加工费就高达 100～110 美元，加上关税及外国人员的生活费用等，每吨改性沥青的加工费折合人民币需 1000 元。据估计，5 年来已经加工了十余万吨改性沥青，加工费已超过 1 亿多人民币。如果采用我国国产的改性沥青设备，加工费用至少可以节省一半以上，以长安街沥青面层整修工程为例，拌合 26000t 改性沥青混合料，生产了 1600t 改性沥青，以每吨节省加工费 500 元计，可产生直接经济效益 80 万元。

可以说，长安街改性沥青及 SMA 沥青路面整修工程，开创了我国沥青路面和机场道面建设的一个新时代，它标志了我国改性沥青和 SMA 结构将实现完全国产化并可以大规模推广应用时代的到来。2000 年以后，SMA 路面修建得到了迅速发展，目前，国内各省几乎都修建了改性沥青路面，而且里程也大大增加，大大提高了路面的使用性能。

（2）SMA 的组成特点　SMA 是一种全新意义上的沥青混合料，它是由沥青玛琋脂填充碎石骨架组成的骨架嵌挤型密实结构混合料，接近于我国的沥青碎石混合料的空隙中用丰富的沥青玛琋脂填充的情况。SMA 的组成具有以下特点：

1）SMA 是一种间断级配的沥青混合料，以 SMA-16 为例，主要 4.75mm 以上的粗集料颗粒的比例高达 70%～80%，其中 9.5mm 以上的占一半；矿粉的用量达 8%～13%，0.075mm 筛的通过率一般高达 10%，粉胶比远超出通常的 1.2 的限制值，由此形成间断级配，很少使用细集料。

2）为加入较多的沥青，一方面增加矿粉的用量，同时使用纤维稳定剂，通常采用木质素纤维，用量为沥青混合料的 0.3%，也可采用矿物纤维，用量为混合料的 0.4%。

3）沥青结合料用量多，比普通混合料要高 1% 以上，粘结性要求高，希望选用针入度小，软化点高，温度稳定性好的沥青。最好采用改性沥青，以改善高、低温变形性能及与矿料的粘附性。

4）SMA 的配合比不能完全依靠马歇尔配合比设计方法，主要由体积指标确

定，马歇尔试件成形双面击实 50 次，目标空隙率 2% ~4%，稳定度和流值不是主要指标，沥青用量还可参考高温析漏试验确定。车辙试验是重要的设计手段。

5）SMA 的材料要求。粗集料必须坚硬、表面粗糙，针片状颗粒少，以便嵌挤良好；细集料一般不用天然砂，宜采用坚硬的人工砂；矿粉必须是磨细石灰石粉，最好不使用回收粉尘。

6）SMA 的施工与普通沥青混凝土相比，拌合时间要适当延长，施工温度要提高，压实不得采用轮胎碾。

综合 SMA 的特点，可以归纳为三多一少：粗集料多、矿粉多、沥青结合料多、细集料少，掺纤维增强剂，材料要求高，使用性能全面提高。

（3）改性沥青及 SMA 的应用　改性沥青及 SMA 的应用，就广义来说，没有特别不能使用的地方，可以说对所有道路都是适用的，都可以起到延长使用寿命的目的。改性沥青和 SMA 可以用在新修道路的底面层、中面层、表面层的任何一层，可以用于旧路维修和罩面。

经济欠发达的地区，首先应该考虑使用改性沥青和 SMA 的地方是：高速公路与城市快速路、干线道路的抗滑表层；公路重交通路段，重载及超载车多的路段；城市道路的公交汽车专用道；城市道路交叉口，公共汽车站、停车场、货场、港口码头；城镇地区需要降低噪声的路段，如学校、医院、居民区；立交桥、匝道；机场跑道；桥面铺装，特别是钢桥面铺装。

应该注意到，工业发达国家改性沥青的使用量一般为道路沥青总量的 5% ~10%，而且大部分用于养护和旧路罩面，新建高速公路改性沥青的比例更高，在我国，改性沥青已发展了 10 年，用量基本接近沥青总量的下限值。

练习题

基础练习题

6-1　简述石油沥青的生产工艺及对其性能的影响。

6-2　按流变学观点，石油沥青可划分为哪几种胶体结构，各种胶体结构的石油沥青有何特点？

6-3　石油沥青的三大指标表征沥青哪些技术性能？

6-4　试比较煤沥青与石油沥青在路用性能上的差异。

6-5　试述乳化沥青的形成和分裂机理及其在节约能源、保护环境和经济效益等方面的优越性。

6-6　什么是沥青混合料？试述其分类方法及类型。

6-7　沥青混合料的三种结构类型是什么？它们各自表现出什么样的特点？

6-8　分析影响沥青混合料强度的因素？

6-9　试述沥青混合料的主要技术性质以及评定它们的方法。

6-10 马歇尔试验测定沥青混合料有哪几项指标？这些指标反映沥青混合料的什么性质？

6-11 沥青混合料的组成材料有哪些？对它们各有什么样的技术要求？

6-12 简述热拌沥青混合料配合比设计步骤，详细论述沥青最佳用量的确定过程。

开放式练习题

6-13 什么是冷铺沥青混合料？谈谈在我国的应用情况。

6-14 改性沥青混合料高温稳定性及低温抗裂性与热拌沥青混合料有哪些区别？

6-15 查阅资料，举例谈谈 SMA 沥青混合料在我国高速公路建设中的应用。

6-16 试用马歇尔法设计某高速公路路面中面层用沥青混合料的配合比组成。

[原始资料] 一级公路；气候分区属于 2-2-2 地区；三层式沥青混凝土路面中面层。

材料的技术性能：

(1) 沥青采用新加坡进口石油沥青，符合 70 号指标要求。

(2) 矿质材料　粗集料：石灰岩碎石，1 号（31.5～9.5mm）密度为 2.760g/cm^3，2 号（13.2～4.75mm）密度为 2.720g/cm^3。其他技术指标符合规范要求。细集料：石屑采用石灰岩，其密度为 2.700g/cm^3。砂子视密度为 2.650g/cm^3。矿粉：视密度为 2.670g/cm^3，含水量为 0.7%。矿质集料的级配情况见表 6-33。

表 6-33　矿质集料的级配情况表

矿料种类	通过下列筛孔（mm）的质量（%）												
	31.5	26.5	19.0	16.0	13.2	9.5	4.75	2.36	1.18	0.6	0.3	0.15	0.075
1 号碎石	100	93.3	51.2	29.6	12.5	4.2	1.8	0	0	0	0	0	0
2 号碎石	100	100	100	99.8	97.9	72.4	9.7	3.7	2.9	1.7	0	0	0
石屑	100	100	100	100	100	100	98.7	79.3	45.7	31.8	16.8	11.8	4.8
砂	100	100	100	100	100	100	96.5	88.6	74.7	61.6	36.8	12.8	3.0
矿粉	100	100	100	100	100	100	100	100	100	100	99.0	95.8	80.2

[设计要求]

(1) 用图解法确定各种矿质集料的配合比（提示：根据道路等级、路面类型、结构层次、选用 AC-25 型沥青混凝土混合料）。

(2) 用马歇尔试验确定最佳沥青用量（提示：根据马歇尔试验结果，以表 6-34 来确定）。

表 6-34　马歇尔试验结果统计表

组数编号	油石比（%）	实测密度/（g·cm^{-3}）	空隙率（%）	饱和度（%）	稳定度/kN	流值/mm
1	3.0	2.409	7.3	48.3	9.0	3.28
2	3.5	2.431	5.8	58.1	9.8	3.06
3	4.0	2.442	4.7	66.2	9.1	3.27
4	4.5	2.459	3.3	75.8	7.6	3.50
5	5.0	2.443	2.9	79.7	7.2	4.60

7

第七章 合成高分子材料

学习要求 重点掌握塑料、胶粘剂、防水材料、建筑密封材料的工程应用。熟悉塑料、胶粘剂、防水材料、建筑密封材料的组成特性。了解合成高分子材料的基本知识。

合成高分子材料是指以高分子化合物为基础，经人工合成高分子化合物的各种材料。如生活中广泛使用的塑料、橡胶、化学纤维以及某些涂料、胶粘剂等，都是以高分子化合物为基础材料制成的。

由于有机高分子合成材料的来源广泛，化学结合效率高，产品具有质量轻、强韧、耐化学腐蚀、多功能、易加工成形等优点，因此，在建筑工程中应用日益广泛，不仅可以作保温、装饰、吸声材料，还可以用做结构材料代替钢材、木材等。

↘第一节 高聚物的基本性质

高聚物是指由不饱和低分子化合物通过加聚或缩聚而成的大分子化合物。其分子量一般在 10^4 以上。虽然高分子化合物的分子量很大，但其化学组成都比较简单，一个大分子往往是由许多相同的、简单的结构单元通过共价键连接而成的。

一、高分子化合物的分类

高分子化合物的分类方法很多，常见的有以下几种：

1. 根据来源分类

按高分子化合物的来源，可分为：天然高分子化合物，如天然橡胶、淀粉、植物纤维等；合成高分子化合物，如聚氯乙烯等；半天然高分子化合物，如醋酸纤维、改性淀粉等。

2. 根据分子结构分类

（1）线形聚合物　线形聚合物分子结构中碳原子（或氧原子、硫原子）彼此连接成长链（图7-1a），有时带有支链（图7-1b），如聚氯乙烯。一般来说，具有线形结构的树脂，强度较低，弹性模量较小，变形较大，耐热、耐腐蚀性较差，加热可熔化，并能溶于适当溶剂中。支链型聚合物因分子排列较松，分子间作用力弱，因而密度、熔点、强度等低于体形聚合物。

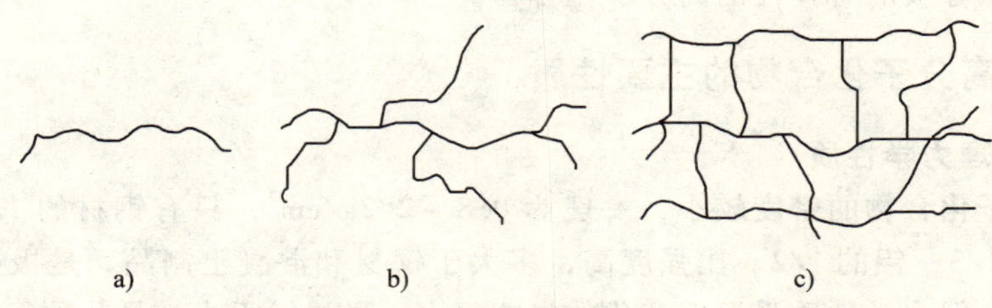

图7-1　高分子化合物的结构示意图
a）线形　b）支链形　c）体形

（2）体形聚合物　体形聚合物分子结构中长链之间通过原子或短链连接起来而构成三维网状结构，即体形结构（图7-1c），如酚醛树脂。由于体形结构中化学键的结合力强，且交联形成一个“巨大分子”，因此，一般来说其强度较高，弹性模量较大，变形较小，较硬脆，耐热性、耐腐蚀性较好；交联程度浅的网状结构，受热时可以软化，适当溶剂可使其溶胀；交联程度深的网状结构，受热时不软化，也不被溶剂所溶胀，但在高温下可发生降解。

3. 根据受热变化特点分类

（1）热塑性聚合物　热塑性高分子化合物受热软化，冷却时硬化，并且可以复塑，如聚乙烯。一般为线形或支链形结构。

（2）热固性聚合物　热固性高分子化合物受热时软化，受热至一定程度时发生化学反应，致使相邻的分子相互交联而逐渐硬化。加热成形后不再软化，即形成固化过程具有不可逆性，如环氧树脂。热固性聚合物多为体形结构。

4. 根据制备时的反应类型分类

（1）加聚物高分子化合物　由单体加成聚合的反应称为聚合反应，该反应无副产品，产物的化学组成和反应物（单体）的化学组成基本相同，如聚氯乙烯，$nC_2H_2 \rightarrow$（C_2H_2）n。

（2）缩聚物高分子化合物　由两种或两种以上的官能团（H -、- OH、Cl -、- NH、- COOH）的单体共聚，同时产生低分子副产品（如水、氨、醇或

氯化氢）的反应称为缩聚反应，其生成的聚合物称为缩聚物。缩聚反应生成物的化学组成与反应物的化学组成完全不同，如苯酚与甲醛反应制得的酚醛树脂。缩聚物的结构可为线形或体形。

5. 根据高分子材料的用途分类

按用途，高分子材料可分为塑料、纤维和橡胶。

塑料是有机高聚物在一定条件下（加热、加压）可塑制成形，而在常温常压下可保持固定形状的材料。合成纤维由合成树脂制成。合成橡胶是指物理性能类似于天然橡胶的有弹性的高分子化合物。

二、高分子化合物的主要性质

1. 物理力学性质

高分子化合物的密度较小，一般为 0.8 ~ 2.2g/cm³，只有钢材的 1/8 ~ 1/4，混凝土的 1/3，铝的 1/2。比强度高，多大于钢材和混凝土制品，是极好的轻质高强材料，但力学性质受温度变化的影响很大；导热性很小，是一种很好的轻质保温隔热材料；电绝缘性好，是极好的绝缘材料。由于它的减振、消声性好，一般可制成隔热、隔声和抗震材料。

2. 化学及物理化学性质

（1）老化　在光、热、大气作用下，高分子化合物的组成和结构发生变化，从而出现性能劣化现象，称为聚合物的老化。如失去弹性，出现裂纹，变硬，变脆，变软，发粘，机械强度降低等。

（2）耐腐蚀性　一般的高分子化合物对侵蚀性化学物质（酸、碱、盐溶液）及蒸汽的作用具有较高的稳定性。但有些聚合物在有机溶剂中会溶解或溶胀，使几何形状和尺寸改变，性能恶化，使用时应加以注意。

3. 可燃性及毒性

聚合物一般属于可燃的材料，但可燃性受其组成和结构的影响有很大差别。如聚乙烯遇明火就会很快燃烧起来，而聚氯乙烯则有自熄性，离开火焰就会自动熄灭。一般液态的聚合物几乎都有不同程度的毒性，而固化后的聚合物多半是无毒的。

第二节　塑　　料

塑料是以合成高分子化合物或天然高分子化合物为主要基料，与其他原料在一定条件下经混炼、塑化成形，在常温常压下能保持产品形状不变的材料。塑料在一定温度和压力下具有较大的塑性，容易做成所需要的形状尺寸的制品，而成形以后，在常温下又能保持既得的形状和必须的强度。

一、塑料的组成

塑料大多数是以合成树脂为基本材料，再按一定比率加入填料、增塑剂、固化剂、着色剂及其他助剂等加工而成。

1. 合成树脂

合成树脂是塑料的基本组成材料，在塑料中起胶粘剂的作用，它不仅能自身胶结，还能将塑料中的其他组分牢固地粘结在一起，成为一个整体，使其具有加工成形的性能。合成树脂在塑料中的含量为30% ~60%。塑料的主要性质取决于所用合成树脂的性质。

2. 填料

填料又称填充剂，是绝大多数塑料不可缺少的原料，通常占塑料组成材料的20% ~50%。是为了改善塑料的某些性能而加入的，其作用是可提高塑料的耐磨性、大气稳定性，降低塑料的可燃性等，同时也可以降低塑料的成本。常用的填料有：滑石粉、硅藻土、石灰粉、云母、木粉、各类纤维、铝粉等。

3. 增塑剂

增塑剂可提高塑料加工时的可塑性、流动性以及塑料制品在使用时的弹性和柔软性，改善塑料的低温脆性等，但会降低塑料的强度和耐热性。要求增塑剂与树脂的混溶性好，无色，无毒，挥发性小。增塑剂通常为一些不易挥发的高沸点的液体有机化合物，或为低熔点的固体。常用的增塑剂有邻苯二甲酸甲酯、邻苯二甲酸丁酯、邻苯二甲酸辛酯、二苯甲酮等。

4. 固化剂

固化剂又称硬化剂，主要用于热固性树脂中，其作用是使线型高聚物交联成体型高聚物，从而制得坚硬的塑料制品。如环氧树脂常用的胺类，某些酚醛树脂常用的六亚甲基四胺及高分子类聚酰胺树脂。

5. 着色剂

着色剂又称为色料，着色剂的作用是使塑料制品具有鲜艳的色彩和光泽。着色剂的种类按其在着色介质中的溶解性分为染料和颜料两大类。

(1) 染料　这是溶解在溶液中，靠离子或化学反应作用产生着色的化学物质。按产源分为天然和人工合成两大类，都是有机物，可溶于被着色树脂或水中，其着色力强，透明性好，色泽鲜艳，但耐碱、耐热性、光稳定性差。主要用于透明的塑料制品。

(2) 颜料　这是基本不溶的微细粉末状物质。通过自身高分散性颗粒分散于被染介质中，吸收一部分光谱而显色。塑料中所用的颜料，除具有优良的着色作用外，还可作为稳定剂和填充剂来提高塑料的性能，起到一剂多能的作用。在塑料制品中，常用的是无机颜料。

6. 稳定剂

为了防止塑料在热、光及其他条件下老化而加入的少量物质称为稳定剂。稳定剂的类型有抗氧化剂、热稳定剂、紫外线吸收剂等，因此，稳定剂有抑制或减缓塑料老化、延长塑料使用寿命的作用。常用的稳定剂有钛白粉、硬脂酸盐等。

二、塑料的主要特性

1. 塑料的主要优点

塑料是具有质轻，高强，绝缘，耐腐，耐磨，绝热，隔声等优良性能的材料。在建筑上可作为装饰材料、绝热材料、吸声材料、防火材料、墙体材料、管道及卫生洁具等。它与传统材料相比，具有以下优良性能：

(1) 轻质高强　塑料的密度在0.9～2.2g/cm^{3}之间，平均为1.45g/cm^3，约为铝的1/2，钢的1/5，混凝土的1/3。而其比强度却远远超过混凝土，接近或超过钢材，是一种优良的轻质高强材料，有利于减轻建筑物自重、降低成本。

(2) 加工性能好　塑料可以采用各种方法制成具有各种断面形状的通用材或异型材。如塑料薄膜、薄板、管材、门窗型材等，且加工性能优良，可机械化大规模生产，生产效率高。

(3) 导热、导电系数小　塑料制品的传导能力比金属、岩石小，即热传导、电传导能力较小。其传热能力为金属的1/500～1/600，混凝土的1/40，砖的1/20，是理想的绝热材料。同时也是理想的电绝缘材料。

(4) 装饰性能优良　塑料制品可完全透明，也可以着色，而且色彩绚丽耐久，表面光亮有光泽；可通过照相制版印刷，模仿天然材料的纹理，达到以假乱真的程度；还可电镀、热压、烫金制成各种图案和花型，使其表面具有立体感和金属的质感。通过电镀技术，还可使塑料具有导电、耐磨和电磁波的屏蔽作用等功能。

(5) 具有多功能性　塑料的品种多、功能不一，且可通过改变配方和生产工艺，在相当大的范围内制成具有各种性能的工程材料。如强度超过钢材的碳纤维复合材料；具有承重，质轻，隔声，保温的复合材料；柔软而具有弹性的密封、防水材料等。

(6) 经济节能　塑料建材无论是从生产时所耗的能量或是使用效果来看，都有节能效果。塑料生产的能耗低于传统材料，其生产能耗范围为63～188kJ/m^3，而钢材生产能耗为316kJ/m^3，铝材生产能耗为617kJ/m^3。在使用过程中某些塑料产品具有节能效果。如塑料窗隔热性能好，代替钢铝窗可减少热量传递，节省空调用电量；塑料管内壁光滑，输水能力比白铁管高30%。因此，广泛使用塑料建筑材料有明显的经济效益和社会效益。

2. 塑料的主要缺点

塑料的耐热性差，受到较高温度的作用时会产生变形，甚至产生分解。建筑中常用的热塑性塑料的变形温度为 80 ~ 120℃，热固性塑料的热变形温度为150℃左右。因此，在使用中要注意它的限制温度。

（1）可燃　塑料一般可燃，且燃烧时会产生大量的烟雾，甚至有毒气体。所以，在生产过程中一般掺入一定量的阻燃剂，以提高塑料的耐燃性。但在重要的建筑场所或易产生火灾的部位，不宜采用塑料装饰制品。

（2）易老化　塑料在热、空气、阳光及环境介质中的碱、酸、盐等作用下，分子结构会产生递变，增塑剂等组分挥发，使塑料性能变差，甚至产生硬脆、破坏等。塑料的耐老化性可通过添加外加剂的方法得到很大的改善。如某些塑料制品的使用年限可达到 50 年，甚至更长。

（3）热膨胀性大　塑料的热膨胀系数较大，因此在温差变化较大的场所使用塑料时，尤其是与其他材料结合使用时，应当考虑变形因素，以保证塑料制品的正常使用。

（4）刚度小　塑料与钢铁等金属材料相比，强度和弹性模量较小，即刚度差，且在荷载长期作用下会产生蠕变。所以给塑料的使用带来一定的局限性，可考虑制成塑钢复合材料使用。

总之，塑料及其制品的优点大于缺点，且塑料的缺点可以通过采取措施加以克服。随着塑料资源的不断发展，建筑塑料的发展前景是非常广阔的。

三、常用塑料制品的工程应用

建筑工程中塑料制品主要用做装饰材料、水暖工程材料、防水工程材料、结构材料及其他用途材料等。

1. 塑钢门窗

塑钢门窗是以聚氯乙烯（PVC）树脂为主要原料，加上一定比例的稳定剂、改性剂、填充剂、紫外线吸收剂等助剂，经挤出加工成形材，然后通过切割、焊接的方式制成门窗框扇、配装上橡胶密封条、五金配件等附件而成。为加强型材的刚性，在型材空腔内添加钢衬，称之为塑钢门窗。塑钢门窗具有外形美观，尺寸稳定，抗老化，不褪色，耐腐蚀，耐冲击，气密水密性能优良，使用寿命长等优点。

门、窗框用硬聚氯乙烯型材的物理机械性能要求，按照 GB/T 8814—1998《门、窗框用硬聚氯乙烯（PVC）型材》的规定列于表 7-1。

2. 塑料管材

塑料管材与金素材料相比，具有轻质，不生锈，不生苔，管壁光滑，对流体阻力小，安装加工方便，节能等特点。因此，近年来塑料管材的生产和应用得到了较大发展。

表 7-1 门、窗框用硬聚氯乙烯（PVC）型材的物理机械性能

项目					指标要求	
硬度（HRR）		≥			85	
拉伸强度/MPa		≥			37	
断裂伸长率（%）		≥			100	
弯曲弹性模量/MPa		≥			1960	
低温落锤冲击（破裂个数）		≤			1	
维卡软化点/℃					83	
加热后状态					无气泡、裂痕、麻点	
加热后尺寸变化率（%）					±2.5	
氧指数（%）		≥			38	
高低温反复尺寸变化率（%）					±0.2	
简支梁冲击强度/（$kJ\cdot m^{-2}$）		≥	温度条件		23℃±2℃	−10℃±1℃
			A类	外门、外窗框	40	15
			B类	内门、内窗框	32	12
耐候性	简支梁冲击强度/($kJ\cdot m^{-2}$)	≥	A类	外门、外窗框	28	
			B类	内门、内窗框	22	
	颜色变化/级	≥			3	

塑料管材有软管和硬管之分。按主要原料分为聚氯乙烯管、聚乙烯管、聚丙烯管、ABS管、聚丁烯管、玻璃钢管等。主要用于建筑给排水管材与管件、热燃用埋地管材与管件、排污水用管材、流体输送用管材等。

3. 泡沫塑料

泡沫塑料是在聚合物中加入发泡剂，经发泡、固化及冷却等工序制成的多孔塑料制品。泡沫塑料的孔隙率高达95%~98%，且空隙尺寸较小，因而具有优良的隔热保温性能。常用的有聚苯乙烯泡沫塑料、聚氯乙烯泡沫塑料、聚氨酯泡沫塑料等。

4. 玻璃钢

玻璃钢是以合成树脂为基体，以玻璃纤维或其制品为增强材料，经成形、固化而成的轻质、高强固体材料。玻璃钢采用的合成树脂有不饱和聚酯、酚醛树脂或环氧树脂。不饱和聚酯工艺性能好，可制成透光制品，可在常温下固化。玻璃纤维是熔融的玻璃液拉制成的细丝，是一种光滑柔软的高强无机纤维，直径9~18μm，可与合成树脂良好结合而成为增强材料。在玻璃钢中常应用玻璃纤维制品，如玻璃纤维织物或玻璃纤维毡。玻璃钢制品具有良好的透光性和装饰性，可制成色彩绚丽的透光或不透光构件或饰件；强度高、质量轻（密度1.4~2.2g/cm^3），是典型的轻质高强材料；其成形工艺简单灵活，可制成复杂的构件；具有良好的耐化学腐蚀和电绝缘性；耐湿防潮，可用于有耐湿要求的建筑物的某些部位。玻璃钢制品的最大缺点是表面不够光滑。

5. 塑料装饰材料

（1）塑料装饰板材 这是指以树脂为浸渍材料或以树脂为基材，采用一定的生产工艺制成的具有装饰功能的普通或异型断面的板材。塑料装饰板材以其重量轻，装饰性强，生产工艺简单，施工简便，易于保养，适于与其他材料复合等特点在装饰过程中得到越来越广泛的应用。

塑料装饰板材按原材料的不同可以分为塑料金属复合板、硬质PVC板、玻璃钢板、塑铝板、三聚氰胺层压板、聚碳酸酯采光板、有机玻璃装饰板等类型。按其结构和断面形状可分为平板、波形板、实体异型断面板、中空异型断面板、格子板、夹芯板等类型。

（2）塑料壁纸 这是指以纸为基材，以聚氯乙烯塑料为面层，经压延或涂布以及印刷、压花、发泡等工艺而制成的。因为塑料壁纸所用的树脂均为聚氯乙烯，所以也称聚氯乙烯壁纸。该壁纸的特点有：具有一定的伸缩性和耐裂强度；装饰效果好；性能优越；粘贴方便；使用寿命长；易维修保养等。塑料壁纸是目前国内外使用广泛的一种室内墙面装饰材料，也可以用于顶棚、梁柱等处的贴面装饰。塑料壁纸的宽度为530mm和900～1000mm，前者每卷长度为10m，后者每卷长度为50m。

（3）塑料地板 这是以高分子合成树脂为主要材料，加入其他辅助材料，经一定的制作工艺制成的预制块状、卷材状或现场铺涂整体状的地面材料。塑料地板具有许多优良性能：种类花色繁多，具有良好的装饰性能；功能多变、适应面广；轻质，耐磨，脚感舒适；施工、维修、保养方便。塑料地板按其外形可分为块材地板和卷材地板。按其组成和结构特点可分为单色地板、透底花纹地板、印花压花地板。按其材料的软硬程度可分为硬质地板、半硬质地板和软质地板。

↘第三节 胶 粘 剂

胶粘剂是指具有良好的粘结性能，能在两个物体表面间形成薄膜并把它们牢固地粘结在一起的材料。与焊接、铆结、螺纹连接相比，具有突出的优越性，如粘结为面际连接，应力分布均匀，耐疲劳性好，不受连接物的形状、材质等限制，胶结后具有良好的密封性能，几乎不增加粘结物的重量，胶结方法简单等。因而在建筑工程中的应用越来越广泛，成为工程上不可缺少的重要配套材料。

一、胶粘剂的组成

胶粘剂是一种多组分的材料，它一般由粘结物质、固化剂、增强剂、填料、稀释剂和改性剂等组分配置而成。

1. 粘结物质

粘结物质也称粘料，它是胶粘剂中的基本组分，起粘结作用，其性质决定了胶粘剂的性能、用途和使用条件。一般多用各种树脂、橡胶及天然高分子化合物作为粘结物质。

2. 固化剂

固化剂是促使粘结物质通过化学反应加快固化的组分，它可以增加胶层的内聚强度。有的胶粘剂中的树脂若不加固化剂，本身不能变成坚硬的固体。固化剂也是胶粘剂的主要组分，其性质和用量对胶粘剂的性能起着重要的作用。

3. 增强剂

增强剂用于提高胶粘剂硬化后粘结层的韧性和抗冲击性能的组分。常用的有邻苯二甲酸二丁酯和邻苯二甲酸二辛酯等。

4. 稀释剂

稀释剂又称溶剂，主要是起降低胶粘剂粘度的作用，以便于操作，提高胶粘剂的韧性和流动性。常用的溶剂有丙酮、苯、甲苯等。

5. 填料

填料一般在胶粘剂中不发生化学反应，它能使胶粘剂的稠度增加，降低热膨胀系数，减少收缩性，提高胶粘剂的抗冲击韧度和机械强度。常用的品种有滑石粉、石棉粉、水泥、铝粉等。

6. 改性剂

改性剂是为了改善胶粘剂的某一方面性能，以满足特殊要求而加入的一些组分。如为增加胶粘强度，可加入偶联剂。此外还有防老化剂、防腐剂、防霉剂、阻燃剂、稳定剂等。

二、胶粘剂的特性及其在工程中的应用

1. 胶粘剂选择的基本原则

(1) 考虑被粘结材料　不同的材料，如金属、塑料、橡胶等，由于其本身分子结构极性大小不同，在很大程度上会影响胶结强度。因此，要根据不同的材料选用不同的胶粘剂。

(2) 考虑受力条件　受力构件的胶结应选用高强度、韧性好的胶粘剂。若用于工艺定位而受力不大时，则可选用通用型胶粘剂。

(3) 考虑工作温度　一般而言，橡胶型胶粘剂只能在－60～80℃情况下工

作；以双粉 A 环氧树脂为基材的胶粘剂的工作温度在 -50 ~ 180℃之间。冷热交替是胶粘剂最苛刻的使用条件之一，特别是被胶结材料性能差别很大时，对胶结强度的影响更显著，为了消除不同材料在冷热交替时由于线膨胀系数不同产生的内应力，应选用韧性较好的胶粘剂。

(4) 其他　胶粘剂的选择还应考虑成本、工作环境等其他因素。

2. 建筑上常用胶粘剂的性能及应用（见表 7-2）

表 7-2　建筑上常用胶粘剂的性能及应用

种类		特性	主要用途
热塑性合成树脂胶粘剂	聚乙烯醇缩甲醛类胶粘剂	粘结强度较高，耐水性、耐油性、耐磨性及抗老化性较好	粘贴壁纸、墙布、瓷砖等，可用于涂料的主要成膜物质，或用于拌制水泥砂浆，能增强砂浆层的粘结力
	聚醋酸乙烯酯类胶粘剂	常温固化快，粘结强度高，粘结层的韧性和耐久性好，不易老化，无毒，无味，不易燃爆，价格低，但耐水性差	广泛用于粘贴壁纸、玻璃、陶瓷、塑料、纤维织物、石材、混凝土、石膏等各种非金属材料，也可作为水泥增强剂
	聚乙烯醇胶粘剂（胶水）	水溶性胶粘剂，无毒，使用方便，但粘结强度不高	可用于胶合板、壁纸、纸张等的粘结
热固性合成树脂胶粘剂	环氧树脂类胶粘剂	粘结强度高，收缩率小，耐腐蚀，电绝缘性好，耐水，耐油	粘结金属制品、玻璃、陶瓷、木材、塑料、皮革、水泥制品、纤维制品等
	酚醛树脂类胶粘剂	粘结强度高，耐疲劳，耐热，耐气候老化	用于粘结金属制品、玻璃、陶瓷、塑料和其他非金属制品
	聚氨酯类胶粘剂	粘附性好，耐疲劳，耐油，耐水，耐酸，韧性好，耐低温性能优异，可室温固化，但耐热性差	适用于粘结塑料、木材、皮革等，特别适用于防水、耐酸、耐碱等工程
合成橡胶胶粘剂	丁腈橡胶胶粘剂	弹性及耐候性良好，耐疲劳，耐油，耐溶剂性好，耐热，优良好的混溶性，但成膜缓慢，粘结性差	适用于耐油部位中橡胶与橡胶、橡胶与金属、织物等的粘结。尤其适用于粘结软质聚氯乙烯材料
	氯丁橡胶胶粘剂	粘附力、内聚强度高，耐燃，耐油，耐溶剂性好，但储存稳定性差	用于结构粘结或不同材料粘结。如橡胶、木材、陶瓷、石棉等不同材料的粘结
	聚硫橡胶胶粘剂	很好的弹性和粘附性。耐油，耐候性好，气体和蒸汽不渗透，防老化性好	作密封胶及用于路面、地坪、混凝土的修补、表面密封和防滑。用于海港、码头及水下建筑物的密封
	硅橡胶胶粘剂	良好的耐紫外线，耐老化性，耐热，耐腐蚀性，粘结性好，防水防震	用于金属、陶瓷、混凝土、部分塑料的粘结。尤其适用于门窗玻璃的安装，以及隧道、地铁等地下建筑中瓷砖、岩石接缝间的密封

3. 使用胶粘剂粘结时应注意以下情况

(1) 粘结界面要清洁干净　使用前要彻底清除被粘结物表面上的水分、油污、锈蚀和其他附着物。

(2) 胶层要匀薄　大多数胶粘剂的胶结强度随胶层厚度增加而降低。胶层薄，胶面上的粘附力起主要作用，而粘附力往往大于内聚力，同时胶层产生裂纹和缺陷的概率变小，胶结强度提高。但胶层过薄，容易产生缺胶，更影响胶结强度。

(3) 晾晒时间要充分　对含有稀释剂的粘胶剂，粘结前一定要晾晒，使稀释剂充分挥发，否则在胶层内会产生气孔和疏松现象，影响粘结强度。

(4) 固化要完全　胶结剂中的固化一般需要一定压力、温度和时间。加一定的压力有利于胶液的流动和湿润，保证胶层的均匀和致密，使气泡从胶层中挤出。温度是固化的主要条件，适当提高固化温度有利于分子间的渗透和扩散，有利于气泡的溢出和增加胶液的流动性，温度越高，固化越快。但温度过高会使胶粘剂发生分解，影响粘结强度。

↘第四节　防 水 材 料

防水材料是指在房屋建筑、道路桥梁、水利工程中能够防止雨水、地下水与其他水分侵蚀渗透，从而保护主体结构的建筑材料。

建筑工程防水技术按其构造做法可以分为自身防水和防水层防水两大类。防水层的做法又可以分为刚性防水材料防水和柔性防水材料防水。

刚性防水材料防水是采用涂抹防水砂浆、浇注掺入防水剂的混凝土或预应力混凝土等做法。

柔性防水材料防水是采用铺设防水卷材、涂抹防水涂料等。多数建筑采用以柔性防水材料防水的做法。

防水材料质量的优劣直接关系到建筑物使用的寿命。国内外使用沥青作为防水材料已经有很长的历史，直至现在，沥青基防水材料也在广泛应用，但是其使用寿命较短。随着石油工业的发展，各种高分子材料的出现，为研制性能优良的新型防水材料提供了原料和技术；防水材料已向橡胶基和树脂基防水材料及高聚物改性沥青系列发展；防水层的构造已由多层向单层防水发展；施工方法已由热熔法向冷贴法发展。

一、防水卷材

1. 防水卷材的基本性能要求

防水卷材是建筑工程防水材料的重要品种之一。防水卷材的品种很多，性能各异。但无论何种防水卷材，要满足建筑防水工程的要求，均需具备以下性能：

（1）耐水性 指防水材料在水的作用下和被水浸润后其性能基本不变，在压力水作用下具有不透水性，常用不透水性、吸水性等指标表示。

（2）温度稳定性 指在高温下不流淌，不起泡，不滑动，低温下不脆裂的性能。即在一定温度变化下保持原有性能的能力。常用耐热度、耐热性等指标表示。

（3）机械强度、延伸性和抗断裂性 防水卷材承受一定荷载、应力或在一定变形的条件下不断裂的性能。常用拉力、拉伸强度和断裂伸长率等指标表示。

（4）柔韧性 指在低温下保持其柔韧性，易于施工的性能。常用柔度、低温弯折性等指标表示。

（5）大气稳定性 指在阳光、热、臭氧及其化学腐蚀介质等因素长期作用下抵抗侵蚀的能力。常用耐老化性、热老化保持率等指标表示。

各类防水卷材的选用应充分考虑建筑的特点、地区环境条件、使用条件等多种因素，结合材料的特性和性能指标来选择。

2. 防水材料的分类

目前，防水卷材主要有沥青防水卷材、高聚物改性沥青防水卷材和合成高分子防水卷材三大类，见图7-2。其中，沥青防水卷材是传统的防水卷材，抗拉能力低，易腐烂，耐久性差，但由于其价格较低，在我国的建筑工程中仍有较多应用，是低档防水材料。后两者是新型防水卷材，由于其具有良好的性能，所以代表了防水卷材的发展方向。

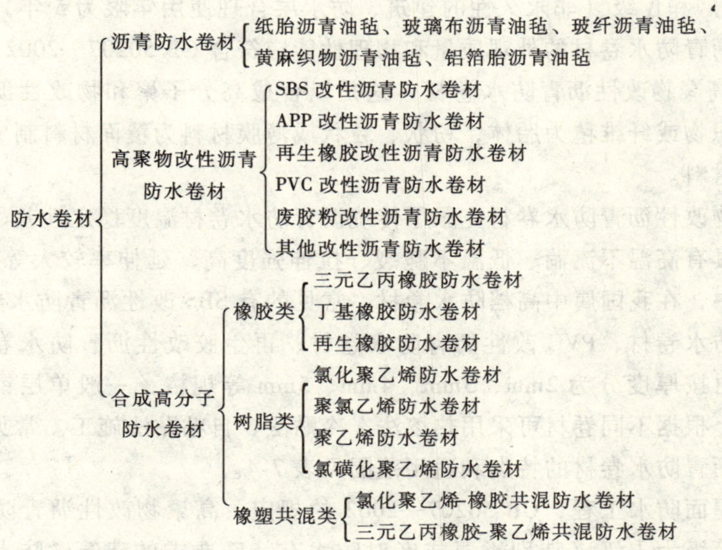

图7-2 防水卷材分类

3. 常用防水卷材的性能与应用

（1）石油沥青防水卷材　这是用原纸、纤维织物等胎体浸涂石油沥青，表面撒布粉状、粒状或片状材料制成的可卷曲的片状防水材料。常用的有石油沥青纸胎油毡、石油沥青玻璃布油毡、石油沥青玻纤胎油毡、石油沥青麻布胎油毡等，其特点及适用范围如表 7-3 所示。

表 7-3　石油沥青防水卷材特点及适用范围

卷材名称	特　点	适用范围
石油沥青纸胎油毡	我国传统的防水材料，目前在屋面工程中仍占主导地位。低温柔性差，耐用年限短，但价格较低	用于三毡四油、二毡三油叠层铺设的屋面工程
石油沥青玻璃布油毡	抗拉强度高，胎体不易腐烂，材料柔韧性好，耐久性比纸胎油毡提高 1 倍以上	多用做纸胎油毡的增强附加层和突出部位的防水层
石油沥青玻纤胎油毡	有良好的耐水性、耐腐蚀性和耐久性，柔韧性也优于纸胎油毡	常用做屋面或地下防水工程
石油沥青麻布胎油毡	抗拉强度高，耐水性好，但胎体材料易腐烂	常用做屋面增强附加层
石油沥青铝箔胎油毡	有很高的阻隔蒸气的渗透能力，防水功能好，且具有一定的抗拉强度	与带孔玻纤毡配合或单独使用，宜用于隔气层

对于屋面防水工程，根据 GB 50207—2002《屋面工程质量验收规范》的规定，沥青防水卷材仅适用于防水等级为Ⅲ级（一般建筑物、防水层合理使用年限为10年）和Ⅳ级（非永久性的建筑、防水层合理使用年限为 5 年）的屋面防水工程。沥青防水卷材的外观质量和物理性能应符合 GB 50207—2002 的规定。

（2）高聚物改性沥青防水卷材　这是以合成高分子聚和物改性沥青为涂盖层，纤维织物或纤维毡为胎体，粉状、粒状或薄膜材料为覆面材料制成的可卷曲片状防水材料。

高聚物改性沥青防水卷材克服了传统沥青防水卷材温度稳定性差、延伸率小的不足，具有高温不流淌、低温不脆裂、拉伸强度高、延伸率较大等优异性能，且价格适中，在我国属中高档防水卷材。常见的有 SBS 改性沥青防水卷材、APP 改性沥青防水卷材、PVC 改性沥青防水卷材、再生胶改性沥青防水卷材等。此类防水卷材按厚度分为 2mm、3mm、4mm、5mm 等规格，一般单层铺设，也可复合使用。根据不同卷材可采用热熔法、冷贴法、自粘贴法施工。常见的几种高聚物改性沥青防水卷材的特点和适用范围见表 7-4。

对于屋面防水工程，GB 50207—2002 的规定，高聚物改性沥青防水卷材适用于防水等级为Ⅰ级（特别重要或者对防水有特殊要求的建筑，防水层合理使用年限为25年）和Ⅱ级（重要的建筑和高层建筑、防水层合理使用年限为 15

年）的屋面防水工程，和Ⅲ级的屋面防水工程。高聚物改性沥青防水卷材的外观质量和物理性能应符合 GB 50207—2002 的规定。

表 7-4 常见高聚物改性沥青防水卷材的特点和适用范围

卷材名称	特点	适用范围
SBS 改性沥青防水卷材	耐高低温性能有明显提高，卷材的弹性和耐疲劳性明显改善	单层铺设的屋面防水工程或复合使用，适合于寒冷地区或结构变化频繁的建筑
APP 改性沥青防水卷材	具有良好的强度、延伸性、耐热性，耐紫外线照射，耐老化	单层铺设，适合于紫外线辐射强烈、炎热地区的屋面使用
PVC 改性沥青防水卷材	具有良好耐热，耐低温性能，最低开卷温度为 -18℃	有利于在冬期零度以下施工
再生胶改性沥青防水卷材	有一定的延伸性、低温柔性、防腐蚀能力，价格低廉	变形较大或档次较低的防水工程
废橡胶粉改性沥青防水卷材	比普通石油沥青纸胎油毡的抗拉强度、低温柔性均有明显的改善	叠层适用于一般屋面防水工程，宜在寒冷地区使用

（3）合成高分子防水卷材 以合成橡胶、合成树脂或它们两者的共混体为基材，在加入硫化剂、软化剂、促进剂、补强剂和防老化剂等助剂和填充料，经过密炼、拉片、过滤、挤出或压延成形、硫化和分卷等工序制成的可卷曲的片状防水材料。

合成高分子防水卷材具有弹性大、拉伸强度高、延伸率大、耐热性及低温柔性好、耐腐蚀、耐老化、冷施工、单层防水和使用寿命长等优点。品种可以分为橡胶基防水卷材、树脂基防水卷材、橡塑共混基防水卷材三大类。按其厚度分为 1mm、1.2mm、1.5mm、2.0mm 等规格，一般单层铺设，可采用冷贴法或自粘贴法施工。

合成高分子防水卷材因所用的基材不同性能差异较大，使用时应根据其性能的特点合理选用。常见的合成高分子防水卷材的特点和适用范围见表 7-5。

表 7-5 合成高分子防水卷材的特点和适用范围

类别	卷材名称	特点	适用范围
橡胶基防水卷材	三元乙丙橡胶防水卷材	防水性能优异，耐候性好，耐臭氧、耐化学腐蚀，弹性和抗拉强度大，重量轻，寿命长，对基层变形开裂的适应性强，使用温度范围广，但价格高	防水要求较高、使用年限长的工业和民用建筑，单层或复合使用
	丁基橡胶防水卷材	有较好的耐候性、耐油性、抗拉强度和延伸率，耐低温性能稍差	单层或复合使用于要求较高的防水工程

（续）

类　别	卷材名称	特　点	适用范围
树脂基防水卷材	氯化聚乙烯防水卷材	具有良好的耐候、耐臭氧、耐老化、耐油、耐化学腐蚀及抗撕裂性能	单层或复合使用于紫外线强的炎热地区
	氯磺化聚乙烯防水卷材	延伸率较大，弹性较好，对基层变形开裂的适应性较强，耐高、低温性能好，耐腐蚀，不易燃烧	适合于有腐蚀介质影响及寒冷地区的防水工程
	聚氯乙烯防水卷材	具有较高的拉伸和撕裂强度，延伸率大，耐老化性能好，原材料丰富，价格便宜，较易粘贴	单层或复合使用于外露或有保护层的防水工程
橡塑共混基防水卷材	氯化聚乙烯-橡胶共混防水卷材	具有氯化聚乙烯特有的高强度和优异的耐臭氧、耐老化性能，且具有橡胶所特有的高弹性、高延伸性以及良好的低温柔性	单层或复合使用，尤其适宜用于寒冷地区或变形较大的防水工程
	三元乙丙橡胶-聚乙烯共混防水卷材	属热塑性弹性材料，具有耐臭氧、耐老化性能，使用寿命长，低温柔性好，可在负温条件下施工	单层或复合使用于外露防水屋面，宜在寒冷地区使用

对于屋面防水工程，GB 50207—2002 的规定，合成高分子防水卷材适用于防水等级为Ⅰ级、Ⅱ级和Ⅲ级的屋面防水工程。合成高分子防水卷材的外观质量和物理力学性能应符合 GB 50207—2002 的规定。

二、防水涂料

防水涂料是一种流态或半流态物质，涂布在防水物基层表面，经溶剂、水分挥发或各组分之间的化学反应，形成具有一定厚度、一定弹性的连续薄膜状的阻隔水分的成膜物质。其作用是防水、防潮。

防水涂料固化成膜后膜层具有良好的防水性能，特别适合于各种复杂、不规则部位的防水。大多采用冷施工，不必加热熬制，既减少了环境污染，改善了劳动条件，又便于施工，加快了施工进度。此外，涂布的防水涂料既是防水层的主体，又是胶粘剂，因而施工质量容易保证，维修也较简单。但是，防水涂料是采用刷子或刮板等工具逐层涂刷（刮）的，防水膜的厚度难以保持一致。因此，防水涂料广泛用于工业与民用建筑的屋面防水工程、地下室防水工程和地面防潮、防渗等。

防水涂料按液态类型可分为溶剂型、水乳型和反应型三种；溶剂型的粘结性较好，但污染环境；水乳型的价格较低，但粘结性较差；从涂料的发展趋势来看，随着水乳型的性能提高，它的应用会更广泛。按成膜物质的主要成分可分为沥青类、高聚物改性沥青类和合成高分子类。在实际工程中应注意根据防水涂料

的性能和工程特点合理选用。

1. 防水涂料的特性

防水涂料的品种很多，各品种之间的性能差异很大，但无论何种防水涂料，要满足防水工程的要求，必须具备以下特性：

(1) 固体含量 防水涂料中固体含量达到一定比例。由于涂料涂刷后靠其中的固体成分形成涂膜，因此，固体含量的多少与成膜厚度及涂膜质量密切相关。

(2) 耐热度 指防水涂料成膜后在高温下不发生软化变形、不流淌的性质。它反映防水涂膜的耐高温性能。

(3) 柔韧性 指防水涂料成膜后的膜层在低温下保持柔韧的性能。它反映防水涂料在低温下的施工和使用性能。

(4) 不透水性 指防水涂料成膜后在一定水压作用下一定时间内不出现渗漏的性能。这是防水涂料满足防水功能要求的主要质量指标。

(5) 延伸性 指防水涂料成膜后适应基层变形的能力。防水涂料成膜后必须具备一定的延伸性，以适应由于温差、干湿等因素造成的基层变形，保证防水效果。

2. 常用防水涂料的性能与应用

防水涂料的使用应考虑建筑的特点、环境条件和使用条件等因素，结合防水涂料的特点和性能指标选择。

(1) 沥青基防水涂料 这是以沥青为基料配制而成的水乳型或溶剂型防水涂料。这一类涂料对沥青基没有改性或改性作用不大，有石灰乳化沥青、膨润土沥青乳液和水性石棉沥青防水涂料等。主要适用于Ⅲ级和Ⅳ级防水等级的工业与民用建筑的屋面、混凝土地下室防水工程和卫生间防水。

(2) 高聚物改性沥青防水涂料 这是以沥青为基料，用合成高分子聚和物进行改性后制成的水乳型或溶剂型防水涂料。这一类涂料具有较好的柔韧性、抗裂性、抗拉性、耐高、低温性能，以及使用寿命长。品种有再生橡胶改性沥青防水涂料、水乳型氯丁橡胶沥青防水涂料、SBS 橡胶沥青防水涂料等。适用于Ⅱ、Ⅲ、Ⅳ级防水等级屋面、地表、混凝土地下室防水工程和卫生间防水工程。

(3) 合成高分子防水涂料 指以合成橡胶或合成树脂为主要成膜物质制成的单组分或多组分防水涂料。这一类涂料具有高弹性、高耐久性及优良的耐高、低温性能，主要品种有聚氨酯防水涂料、丙烯酸酯防水涂料、聚合物水泥涂料和硅橡胶防水涂料等。适用于Ⅰ、Ⅱ、Ⅲ级防水等级屋面、地下室、水池及卫生间的防水工程。合成高分子防水涂料的物理性能应符合国家标准 GB 50207—2002 的规定。

↘第五节　建筑密封材料

建筑密封材料是指用于嵌入建筑接缝、裂缝、变形缝中，能承受位移并具有高气密性、水密性的定形和不定形材料。其分类与品种见图 7-3。

定形密封材料是指具有一定形状和尺寸的密封材料，如密封条、止水带等。

不定形密封材料是指稠状的密封材料，没有固定的形状，分为弹性密封材料和非弹性密封材料。按构成类型分为溶剂型、乳液型和反应型；按使用的组分分为单组分密封材料和多组分密封材料；按组成材料分为改性沥青密封材料和合成高分子密封材料。

为了保证防水密封效果，建筑密封材料应具有高水密性和气密性，良好的粘结性，良好的耐高、低温性能和耐老化性能，一定的弹性和拉伸-压缩循环性能。

密封材料的选用，应首先考虑它的粘结性能和使用部位。密封材料与被密封材料的良好粘结，是保证密封的必要条件，因此，应根据被粘结基层的材料、表面状态和性质来选择粘结性能良好的密封材料；建筑物中不同部位的接缝，对密封材料的要求不同，如室外的接缝要求有较高的耐候性，而伸缩缝则要求有较好的弹塑性和拉伸-压缩循环性。

目前，常用的密封材料有：沥青嵌缝油膏、塑料油膏、丙烯酸类密封膏、聚氨酯密封膏、聚硫密封膏和硅酮密封膏等。

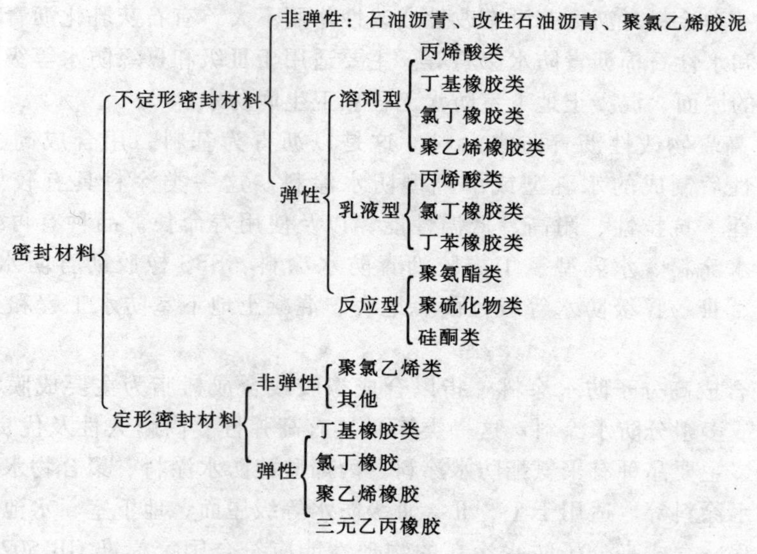

图 7-3　建筑密封材料分类

一、沥青嵌缝油膏

沥青嵌缝油膏是以石油沥青为基料，加入改性材料、稀释剂以及填充料混合制成的密封膏。改性材料有废橡胶粉和硫化鱼油；稀释剂有松焦油、松节重油和机油；填充料有石棉绒和滑石粉等。

沥青嵌缝油膏主要作为屋面、墙面、沟和槽的防水嵌缝材料。使用沥青嵌缝油膏时，缝内应洁净干燥，先涂刷冷底子油一道，待其干燥后填注油膏。油膏表面可加石油沥青、油毡、砂浆、塑料作为覆盖层。

建筑防水沥青嵌缝油膏的技术性能应符合 JC/T 207—1996《建筑防水沥青嵌缝油膏》的要求。

二、聚氯乙烯接缝膏和塑料油膏

聚氯乙烯接缝膏和塑料油膏是以煤焦油和聚氯乙烯（PVC）树脂粉为基料，按一定比例加入增塑剂、稳定剂以及填充料等，在140℃温度下塑化而成的膏状密封材料，简称 PVC 接缝膏。

塑料油膏是用废旧聚氯乙烯（PVC）塑料代替聚氯乙烯树脂粉，其他原料和生产方法同聚氯乙烯接缝膏。塑料油膏成本较低。

聚氯乙烯（PVC）接缝膏和塑料油膏有良好的粘结性、防水性、弹塑性，以及耐热、耐寒、耐腐蚀和抗老化性能。PVC 接缝膏和塑料油膏应符合 JC/T 798—1997《聚氯乙烯建筑防水接缝材料》的要求。

这种密封材料适合于各种屋面嵌缝或表面涂布防水，也可用于水渠、管道等接缝，用于工业厂房自防水屋面嵌缝、大型墙板嵌缝等。

三、丙烯酸类密封膏

丙烯酸类密封膏是丙烯酸树脂掺入增塑剂、分散剂、碳酸钙、增量剂等配置而成，有溶剂型和水乳型两种，通常为水乳型。

丙烯酸类密封膏在一般建筑基底（包括砖、砂浆、大理石、花岗岩、混凝土等）上不产生污渍。它具有优良的抗紫外线性能，尤其是对于透过玻璃的紫外线。它的延伸率很好，固化初期为200%～600%，经过热老化、气候老化试验后达到完全固化的100%～350%。

丙烯酸类密封膏主要用于屋面、墙板、门、窗嵌缝，但它的耐水性不是很好，所以不宜用于经常泡在水中的工程，如不宜用于广场、公路、桥面、水池、污水厂、灌溉系统、堤坝等接缝中。

丙烯酸类密封膏应符合 JC 484—1992《丙烯酸酯建筑密封膏》的要求，水乳型丙烯酸类密封膏应符合相应技术性能标准。

丙烯酸类的密封膏比橡胶类的便宜，属于中等价格及性能的产品。

丙烯酸类密封膏一般在常温下用挤枪嵌填于各种清洁、干燥的缝内，为节省材料，缝宽不宜太大，一般为 9 ~ 15mm。

四、聚氨酯密封膏

聚氨酯密封膏一般用双组分配制，甲组分是含有异氰酸基的预聚体，乙组分含有多羟基的固化剂、增塑剂、填充剂、稀释剂等。使用时，将甲、乙两组分按一定比例混合，经固化反应成弹性体。

聚氨酯密封膏的弹性、粘结性以及耐候性能特别好，与混凝土的粘结性也很好，同时不需要打底子。所以聚氨酯密封材料可以用于屋面、墙面的水平或垂直接缝。尤其适用于游泳池工程。也是公路及机场跑道的补缝、接缝的好材料。也可用于玻璃、金属材料的嵌缝。

聚氨酯密封膏的流变性、低温柔性、拉伸粘结性和拉伸-压缩循环性能等，应符合 JC/T 482—2003《聚氨酯建筑密封胶》的规定。

五、硅酮密封膏

硅酮密封膏是以聚硅氧烷为主要组分的单组分和双组分室温固化型的建筑密封材料。目前大多为单组分系统。它以氧烷聚合物为主体，加入硫化剂、硫化促进剂及增强填料组成。硅酮密封膏具有优异的耐热性、耐寒性和良好的耐候性；与各种材料都有较好的粘结性能；拉伸-压缩循环性能好，耐水性好。

根据 GB/T 14683—2003《硅酮建筑密封胶》的规定，硅酮建筑密封膏分为 F 类和 G 类两种类别。其中，F 类为建筑接缝密封膏，适用于预制混凝土墙板、水泥板、大理石板的外墙接缝，混凝土和金属框架的粘结，卫生间和公路接缝等。G 类为镶嵌玻璃用密封膏，主要用于镶嵌玻璃和建筑门窗的密封。

硅酮密封膏的流动性、低温柔性、延伸性能和拉伸-压缩循环性能应符合 GB/T 14683—2003 的有关规定。

单组分硅酮密封膏是在隔绝空气的条件下将各组分混合均匀后装于密封包装筒中。施工后，密封膏借助空气中的水分进行交联反应，形成橡胶弹性体。

练习题

基础练习题

7-1　聚合物有哪几种物理状态？试述聚合物在不同物理状态下的特点。

7-2　试述塑料的组成成分和它们所起的作用。

7-3　与传统建筑材料相比较，塑料有何特点？

7-4　热塑性树脂和热固性树脂的主要不同点有哪些？

7-5　与传统的沥青防水卷材相比较，合成高分子防水卷材有哪些优点？

7-6　为满足防水要求，防水卷材应具有哪些技术性能？

7-7　试述溶剂型、水乳型、反应型防水涂料的特点。

7-8　试述建筑密封膏的技术特点及其分类。

开放式练习题

7-9　试举出三种常用的胶粘剂，并举例说明它们的用途。

7-10　1980年美国米高梅旅馆的“戴丽”餐厅发生火灾。该餐厅装饰豪华，使用了大量的塑料、纸制品和装饰品。应用水枪扑救未能成功，火灾损失巨大，死亡84人，受伤679人。请从所用材料角度分析原因，这场火灾给了我们什么启示？

7-11　某住宅室内装修使用了胶合板，装修后检测甲醛含量严重超标。请查阅资料，分析可能的原因。

8

第八章

装饰材料

学习要求 掌握装饰材料的作用及选择原则；熟悉常用装饰材料（如装饰石材、装饰陶瓷、建筑饰面玻璃、纤维装饰织品及其他卷材类装饰材料、木材及其制品）的特性及应用。

装饰材料是指装修各类土木建筑物以提高其使用功能和美观，保护主体结构在各种环境因素下的稳定性和耐久性的建筑材料及其制品，又称装修材料、饰面材料。主要有草、木、石、砂、砖、瓦、水泥、石膏、石棉、石灰、玻璃、马赛克、陶瓷、油漆涂料、纸、金属、塑料、织物，以及各种复合制品等。

一、装饰材料的功能

建筑装饰材料是铺设或涂刷在建筑物表面起装饰效果的材料，它对建筑物的美观效果和功能发挥起着很大的作用。同时，装饰材料还具有保护建筑物，延长使用寿命，以及兼有防火、防霉、保温隔热、隔声等功能。

建筑物的装饰效果通过色调、质感、线条来体现。

二、材料的装饰性

装饰性是装饰材料的主要性能要求之一，主要体现在以下几个方面：

(1) 颜色　材料的颜色反映了材料的色彩特征，确定立面颜色时所要考虑的因素比较多，例如满足建筑艺术的要求，与周围环境相协调等。一般说，色调不宜过于使人感到刺激，对比不宜过于强烈，通常以一种颜色为主。

(2) 光泽　材料的光泽是有方向性的光线反射，它对形成于材料表面上的物体形象的清晰程度起着决定性的作用。一般釉面砖、磨光石材、镜面不锈钢等材料具有较高的光泽度。

(3) 透明性　材料的透明性是指光线通过物体时所表现的光学特征，能透

光透视的物体是透明体；能透光但不能透视的物体为半透明体；不能透光透视的物体为不透明体。装饰工程中应根据具体要求选好材料的透明性。发光天棚的罩面材料一般用半透明体，这样能将灯具体外形遮住但能透过光线，既美观又符合室内照明要求，商业橱窗就需要用透明性非常好的浮法玻璃，从而使顾客能看清所陈列的商品。

（4）表面构造　材料的表面构造是指材料表面呈现的质感，它与材料的原料组成、生产工艺及加工方法等有关。表面构造也能给人们不同的心理感受。如粗糙不平的表面能给人以粗犷豪放的感觉，而光滑细致的平面则能给人带来细腻精美的装饰效果。

（5）形状、尺寸、线型　材料的形状和尺寸给人带来空间尺寸的大小和使用上是否舒适的感觉。

三、装饰材料的选择原则

建筑物的种类繁多，不同功能的建筑对装饰的要求是不同的，即使是同一类建筑物，也因设计标准不同，对装饰的要求也不相同。通常，建筑物的装饰有高级装饰、中级装饰和普通装饰之分。在装饰工程中，应当按照不同档次的装饰要求，正确、合理地选用装饰材料。

一般来说，装饰材料的选择可以从三个方面来考虑：材料的外观、功能性和经济性。

↘第一节　装饰石材

装饰石材包括天然石材和人造石材两类。天然石材是一种有悠久历史的建筑材料，河北赵州桥和江苏洪泽湖的洪湖大桥均为著名的古代石材建筑结构。天然石材作为结构材料来说，具有较高的强度、硬度和耐磨、耐久等优良性能；而且，天然石材经表面处理可以获得优良的装饰性，对建筑物起保护和装饰作用。从结构与装饰两方面来说，天然石材作为装饰材料的发展前景更好。近年来发展起来的人造石材无论在材料加工生产、装饰效果和产品价格等方面都显示了其优越性，成为一种有发展前途的建筑装饰材料。

一、天然石材

天然石材是指从天然岩体中开采出来的毛料，或经过加工成为板状或块状的饰面材料。用于装饰材料的天然石材主要有花岗岩和大理石两大类。

1．花岗岩

花岗岩是岩浆岩中分布最广的一种岩石。以石英、长石和云母为主要成分，

其中石英含量大于65%，属于酸性岩石，为全晶质等粒结构，块状构造。颜色有淡灰、淡红、微黄等色，其花纹的特征是晶粒细小，分布着繁星般的云母黑点和闪闪发光的石英结晶体，其颜色决定于所含成分的种类和数量。

花岗岩的表观密度为2.50~2.80g/cm³，抗压强度为120~300MPa，孔隙率低，吸水率为0.1%~0.7%，莫氏硬度为6~7，耐磨性好，抗风化及耐久性好，耐酸性好，但不耐火，是一种优良的建筑石材。

花岗岩常用于基础、桥墩、台阶、路面，也可用于砌筑房屋、围墙，尤其适用于修建有纪念意义的建筑物，天安门前的人民英雄纪念碑就是由一整块100t的花岗岩琢磨而成的。在我国各大城市的大型建筑中，曾广泛采用花岗岩作为建筑物立面的主要材料，也可用于室内地面和立柱装饰，耐磨性要求高的台面和台阶踏步等。由于修琢和铺贴费工，因此它是一种价格较高的装饰材料。某些花岗岩含有微量放射性元素，这类石材应避免用于室内。

2. 大理石

大理石是天然建筑装饰石材的一大门类，一般指具有装饰功能，可以加工成建筑石材或工艺品的已变质或未变质的碳酸盐岩类。天然装饰石材中应用最多的是大理石，它因云南大理盛产而得名，泛指大理岩、石灰岩、白云岩，以及碳酸盐岩经不同蚀变形成的夕卡岩和大理石等。

大理石是由石灰岩或白云岩在高温、高压下矿物重新结晶变质而成。它的结晶主要由方解石或白云石组成，具有等粒变晶结构，块状构造。纯大理石为白色，称汉白玉，如在变质过程中混进其他杂质，就会出现不同的颜色与花纹、斑点。如含碳呈黑色；含氧化铁呈玫瑰色、桔红色；含氧化亚铁、铜、镍呈绿色；含锰呈紫色等。

天然大理石质地致密，表观密度为2.50~2.70g/cm³，抗压强度为50~190MPa，莫氏硬度为3~4，容易加工、雕琢和磨平、抛光等。大理石抛光后光洁细腻，纹理自然流畅，有很高的装饰性。此外由于大理石的耐磨性相对较差，故在人流较大的场所不宜作为地面装饰材料。因为大理石的主要成分为氧化钙，空气和雨中所含酸性物质及盐类对它有腐蚀作用，除个别品种（如汉白玉、艾叶青等）外，它一般只用于室内。

二、人造石材

人造石材是以不饱和聚酯树脂为粘结剂，配以天然大理石或方解石、白云石、硅砂、玻璃粉等无机物粉料，以及适量的阻燃剂、颜色等，经配料混合、浇铸、振动压缩、挤压等方法成形固化制成的一种人造石材。人造石材是人工根据实际使用中的问题而研究出来的，它在防潮、防酸、防碱、耐高温、拼凑性方面都有长足的进步。

人造石材一般指人造大理石和人造花岗岩，以人造大理石的应用较为广泛。由于天然石材的加工成本高，现代建筑装饰业常采用人造石材。因其具有重量轻，强度高，装饰性强，耐腐蚀，耐污染，生产工艺简单以及施工方便等优点而得到了广泛应用。

人造大理石在国外已有40多年的历史，意大利1948年就已经生产水泥基人造大理石花砖，德国、日本、前苏联等国在人造大理石的研究、生产和应用方面也取得了较大成绩。由于人造大理石生产工艺与设备简单，很多发展中国家也已生产人造大理石。我国在20世纪70年代末期才开始由国外引进人造大理石技术与设备，但发展极其迅速，质量、产量与花色品种上升很快。

人造石材按照使用的原材料分为四类：水泥型人造石材、树脂型人造石材、复合型人造石材及烧结型人造石材。

1. 水泥型人造石材

它是以水泥为粘结剂，砂为细骨料，碎大理石、花岗岩、工业废渣等为粗骨料，经配料、搅拌、成形、加压蒸养、磨光、抛光等工序而制成。这种人造石材表面光泽度高，花纹耐久，抗风化，耐火性、防潮性都优于一般的人造大理石。

2. 树脂型人造石材

这种人造石材多是以不饱和聚酯为胶粘剂，与石英砂、大理石、方解石粉等搅拌混合，浇筑成形，经固化、脱模、烘干、抛光等工序制成。目前，国内外人造大理石以聚酯型为多。这种树脂的粘度低，易成形，常温固化。其产品光泽性好，颜色鲜亮，可以调节。

3. 复合型人造石材

这种石材的胶粘剂中既有无机胶凝材料（如水泥），又有有机高分子材料（如树脂）。先将无机填料用无机胶凝材料胶结成形，养护后，再将坯体浸渍于有机单体中，使其在一定条件下聚合。对板材而言，底层用低廉而性能稳定的无机材料，面层用聚酯和大理石粉制作。

4. 烧结型人造石材

这种类型的人造石材的生产工艺与陶瓷的生产工艺相似，是将斜长石、石英、辉石、石粉及赤铁矿粉和高岭土等混合，一般用40%的粘土和60%的矿粉制成泥浆后，采用注浆法制成坯料，再用半干压法成形，经1000℃左右的高温焙烧而成。

上述四种人造石材中，以树脂型最常用，其物理、化学性能最好，花纹容易设计，有重现性，适合于多种用途，但价格相对较高；水泥型最便宜，但抗腐蚀性能较差，容易出现微裂纹，只适合于做板材。其他两种生产工艺复杂，应用很少。

第二节 装饰陶瓷

我国的陶瓷生产有着悠久的历史和光辉的成就。尤其是瓷器，是我国的伟大发明之一。唐代的越窑青瓷和邢窑白瓷、唐三彩；宋代的高温色釉、铁系花釉，如兔毫、油滴、玳瑁斑等；明清时期的青花、粉彩、祭红、郎窑红等产品都是我国陶瓷史上光彩夺目的明珠。我国的陶瓷制品无论在材质、造型或装饰方面都有很高的工艺和艺术造诣。

在建筑装饰工程中，陶瓷是最古老的装饰材料之一。随着现代科学技术的发展，陶瓷在花色、品种、性能等方面都有了巨大的变化，为现代建筑装饰装修工程带来了越来越多兼具实用性、装饰性的材料。在建筑工程中应用十分普遍。

一、基本概念

传统上，陶瓷的概念是指以粘土及其天然矿物为原料，经过粉碎混炼、成形、焙烧等工艺过程所制得的各种制品，亦称为“普通陶瓷”。广义的陶瓷是用陶瓷生产方法制造的无机非金属固体材料和制品的统称。

从产品种类分，陶瓷可以分为陶器与瓷器两大类。陶器以陶土为原料，所含杂质较多，烧成温度较低，断面粗糙无光，不透明，吸水率高，可施釉或不施釉；瓷器以纯的高岭土为原料，焙烧温度较高，坯体致密，几乎不透水，半透明，通常施釉；介于陶器与瓷器之间，称为炻器，也称半瓷。炻器与陶器的区别在于陶器坯体是多孔的，而炻器坯体孔隙率很低，而它与瓷器的主要区别是炻器断面多数带有颜色且无半透明性，吸水率也高于瓷器（见表 8-1）。

表 8-1 陶瓷的分类及其主要制品

名称		特点		主要制品
		颜色	吸水率（%）	
粗陶器		带色	>10	日用缸器、砖、瓦
精陶器	石灰质	白色	18~22	日用器皿、彩陶
	长石质	白色	9~12	日用器皿、卫生陶瓷、装饰釉砖面
炻器	粗炻器	带色	4~8	缸器、建筑外墙砖、锦砖、地砖
	细炻器	白或带色	<1	日用器皿、化工及电器工业用品、瓷质砖
瓷器	长石瓷	白色	<0.5	日用餐茶具、陈设瓷、高低压电瓷
	绢云母瓷	白色	<0.5	日用餐茶具、美术用品
	滑石瓷	白色	<0.5	日用餐茶具、美术用品
	骨灰瓷	白色	<0.5	日用餐茶具、美术用品

陶器分为粗陶和精陶两种。粗陶的坯料由含杂质较多的砂粘土组成，建筑上常用的砖、瓦及陶管等均属于这一类产品。精陶指坯体呈白色或象牙色的多孔制品，多以塑性粘土、高岭土、长石和石英等为原料。精陶通常要由素烧和釉烧两次烧成。建筑上常用的釉面砖就属于精陶。

炻器按其坯体的细密性、均匀程度及粗糙程度分为粗炻器和细炻器两大类。建筑装饰用的外墙砖、地砖以及耐酸化工陶瓷等均属于粗炻器。日用炻器及陈设品，如我国著名的宜兴紫砂陶即是一种无釉细炻器。炻器的机械强度和热稳定性均优于瓷器，且成本较低。

釉是指覆盖在陶瓷坯体表面上的一层连续的薄薄的玻璃态物质。釉的作用在于可以改善陶瓷制品的表面性能；可提高制品的机械强度、电光性能、化学稳定性和热稳定性；釉还对坯体起装饰作用。

二、常用的装饰陶瓷

1. 陶瓷面砖

（1）外墙面砖　铺贴于建筑外表面的陶瓷材料称为外墙面砖。是用难熔粘土压制成形后焙烧而成。通常做成矩形，尺寸有 100mm×100mm×10mm 和 150mm×150mm×10mm 等。它具有质地坚实，强度高，吸水率低（小于 4%）等特点。一般为浅黄色，用做外墙饰面。按表面是否施釉分为彩釉砖和无釉砖两大类。

（2）内墙面砖　内墙面砖又称釉面砖，是用于内墙装饰的薄片精陶建筑制品。釉面砖是用瓷土压制成坯，干燥后上釉焙烧而成的，釉面砖过去习称“瓷砖”，由于其正面挂釉，近来才正名为“釉面砖”，通常做成 152mm×152mm×5mm 和 108mm×108mm×5mm 等正方形体。

釉面砖不能用于室外，否则经日晒、雨淋、风吹、冰冻，将导致破裂损坏。釉面砖由于釉料颜色多样，故有白瓷砖、彩釉面砖、印花砖、图案砖等品种，各种釉面砖色泽鲜艳，美观耐用，热稳定性好，吸水率小于 18%，表面光滑，易于清洗，多用于厨房、卫生间、浴室、内墙裙等处的装修及大型公共场所的墙面装饰。

（3）地砖　地砖常用于人流较密集的建筑物内部地面，如住宅、商店、宾馆、医院及学校等建筑的厨房、卫生间和走廊的地面。地砖还可用做内外墙的保护、装饰。

近几年来，陶瓷地砖产品正向着大尺寸、多功能、豪华型的方向发展。从产品规格角度看，近年出现了许多边长在 500mm 左右，甚至大到 1000mm 的大规格地板砖，使陶瓷地砖的产品规格靠近或符合铺地石材的常用规格。从功能方面看，在其传统功能之上又增加了防滑等功能。从装饰效果看变化就更大了，产品

脱离了无釉单色的传统模式，出现了仿石型地砖、仿瓷型地砖、玻化地砖等不同装饰效果的陶瓷铺地砖。

（4）陶瓷锦砖 俗称马赛克，是以优质瓷土烧制成的小块瓷砖。按表面性质分为有釉和无釉两种，目前各地的产品多无釉。产品边长小于40mm，又因其有多种颜色和多种形状，拼成的图案似织锦，故称作锦砖（什锦砖的简称）。陶瓷锦砖具有抗腐蚀，耐磨，耐火，吸水率小，强度高以及易清洗，不褪色等特点。可用于工业与民用建筑的清洁车间、门厅、走廊、卫生间、餐厅及居室的内墙和地面装修，并可用来装饰外墙面或横竖线条等处。施工时可以将不同花纹和不同色彩的锦砖拼成多种美丽的图案，是建筑装饰中常用的一种材料。

2. 卫生陶瓷

卫生陶瓷是以磨细的石英粉、长石粉和粘土为主要原料，注浆成形后一次烧制，然后表面施乳浊釉的卫生洁具。它具有结构致密，气孔率小，强度大，吸水率小，抗无机酸腐蚀（氢氟酸除外）、热稳定性好等特点。主要有洗面器、浴缸、大小便器等。

3. 大型陶瓷饰面板

大型陶瓷饰面板是一种大面积的装饰陶瓷制品，具有单块面积大，厚度薄，平整度好，吸水率小，抗冻，抗化学腐蚀，耐急冷急热以及施工方便等优点，并可绘制艺术、书法、条幅和壁画等。产品表面可做成平滑或浮雕花纹图案，并施以各种彩色釉，可用做建筑物外墙、内墙、墙裙、廊厅和立柱的装饰，尤其适用于宾馆、机场、车站和码头的装饰。它克服了釉面砖及墙地砖面积小、施工中拼接麻烦等缺点，装饰更逼真，施工效率更高，是一种有发展前途的新型装饰陶瓷。

4. 陶瓷劈离砖

劈离砖又称劈裂砖，是近年来开发的新型装饰材料品种，分彩釉和无釉两种。可用于建筑物的外墙、内墙、地面、台阶等部位。20世纪60年代初，劈离砖首先在德国兴起并得到发展。由于制造工艺简单，能耗低，使用效果好，逐渐在欧洲各国流行。

劈离砖是将粘土、页岩、耐火土等几种原料按一定比例混合，经湿化、真空挤出成形、干燥、施釉（也可不施釉）、烧结、劈离（将一块双联砖分为两块砖）、分选和包装等工序制成。

劈离砖的特点在于它兼有普通粘土砖和彩釉砖的特性，即由于制品内部结构特征类似粘土砖，故其具有一定的强度、抗冲击性、抗冻性和可粘结性；而且表面可以施釉，故亦具有一般压制成形的彩釉地砖的装饰效果及可清洗性。正是由于这种特点，使得劈离砖的推广受到世界上许多国家的重视。

5. 装饰琉璃制品

装饰琉璃制品是用难熔粘土作原料，经配料、成形、干燥、素烧，表面涂以

玻璃釉后，再经烧制而成的。釉的颜色有黄、绿、黑、蓝、紫等色，富丽堂皇，经久耐用。品种分为瓦类、脊类、饰物类。装饰琉璃制品多用于民族色彩的宫殿式大屋顶建筑中，除用于屋面外，通过造型设计，已制成的有花窗、栏杆等琉璃制品，广泛用于庭院装饰中。

在现代建筑装饰陶瓷中，应用最多的是釉面砖、地砖和锦砖。它们的品种和色彩多达数百余种，而且还在不断涌现新的品种。如日本的浮雕面砖、德国的吸声面砖、澳大利亚的轻质发泡面砖、我国的结晶面砖等。

第三节　建筑饰面玻璃

玻璃是以石英砂、纯碱、石灰石等无机氧化物为主要原料，与某些辅助性原料经高温熔融，成形后经过冷却而成的一种无定形非晶态硅酸盐固体。它具有一般材料难以具备的透明性，具有优良的力学性能和热工性质。而且，随着现代建筑发展的需要，不断向多功能方向发展。玻璃的深加工制品能具有控制光线，调节温度，防止噪声和提高建筑艺术装饰效果等功能。玻璃已不再只是采光材料，也是现代建筑的一种结构材料和装饰材料。

一、玻璃的原料及性质

1. 原料

玻璃由酸性氧化物（SiO_2、B_2O_3、P_2O_5 等）、碱性氧化物（K_2O、Na_2O 等）、碱土金属和二价金属氧化物（CaO、MgO、BaO 等）、中性氧化物（Al_2O_3、TiO、ZnO 等）组合而成。

玻璃原料比较复杂，但按其作用可分为主要原料与辅助原料。主要原料构成玻璃的主体并决定了玻璃的主要物理化学性质，辅助原料赋予玻璃特殊性质并给制作带来方便。

（1）主要原料　有硅砂或硼砂、苏打或芒硝、岩石类（石灰石、白云石、长石等）及碎玻璃等。

1）硅砂或硼砂。引入玻璃的主要成分是氧化硅或氧化硼，它们在燃烧中能单独熔融成玻璃主体，决定了玻璃的主要性质，相应地称为硅酸盐玻璃或硼酸盐玻璃。

2）苏打或芒硝。引入玻璃的主要成分是氧化钠，它们在煅烧中能与硅砂等酸性氧化物形成易熔的复盐，起了助熔作用，使玻璃易于成形。但如含量过多，将使玻璃热膨胀率增大，抗拉强度下降。

3）石灰石、白云石、长石等。石灰石引入玻璃的主要成分是氧化钙，增强玻璃化学稳定性和机械强度；白云石作为引入氧化镁的原料，能提高玻璃的透明

度，减少热膨胀及提高耐水性；长石作为引入氧化铝的原料，它可以控制熔化温度，同时也可提高耐久性。此外，长石还可提供氧化钾成分，改善玻璃的热膨胀性能。

4）碎玻璃。一般来说，制造玻璃时不是全部用新原料，而是掺入15%～30%的碎玻璃。

(2) 辅助原料　有脱色剂、着色剂、澄清剂和乳浊剂等。

1）脱色剂。原料中的杂质（如铁的氧化物）会给玻璃带来色泽，常用纯碱、碳酸钠、氧化钴、氧化镍等作脱色剂，它们在玻璃中呈现原来颜色的补色，使玻璃变成无色。此外，还有与着色杂质能形成浅色化合物的减色剂，如碳酸钠能将氧化铁氧化成三氧化二铁，使玻璃由绿色变为黄色。

2）着色剂。某些金属氧化物能直接溶于玻璃熔液中使玻璃着色。如氧化铁使玻璃呈现黄色或绿色，氧化锰能呈现紫色，氧化钴能呈现蓝色，氧化镍能呈现棕色，氧化铜和氧化铬能呈现绿色等。

3）澄清剂。能降低玻璃熔液的粘度，使化学反应所产生的气泡，易于逸出而澄清。常用的澄清剂有白砒、硫酸钠、硝酸钠、铵盐、二氧化锰等。

4）乳浊剂。能使玻璃变成乳白色半透明体。常用乳浊剂有冰晶石、氟硅酸钠、磷化锡等。它们能形成0.1～1.0μm的颗粒，悬浮于玻璃中，使玻璃乳浊化。

2. 性质

(1) 物理性质　玻璃的密度为2.45～2.55g/cm^3，孔隙率接近零。玻璃没有固定的熔点，液态有极大的粘性，冷却后形成非晶体。

(2) 力学性质　玻璃的抗压强度为600～1200MPa，抗拉强度一般为40～80MPa，脆性指数为1300～1500（橡胶为0.4～0.6，钢为400～460，混凝土为4200～9350），越大说明脆性越大。脆性是玻璃的主要缺点，可以根据冲击试验来确定。

玻璃中的各种缺陷造成了应力集中或薄弱环节，试件尺寸越大，缺陷存在的越多。缺陷对抗拉强度的影响非常显著，对抗压强度的影响较小。工艺上造成的外来杂质和波筋（化学不均匀部分）对玻璃的强度有明显影响。在实际应用中玻璃制品经常受到弯曲、拉伸和冲击应力，较少受到压缩应力。玻璃的力学性质主要指标是抗拉强度和脆性指标。

(3) 光学性质　光线照射到玻璃表面上可以产生透射、反射和吸收三种情况。2～6mm厚的普通玻璃中光的透射率为80%～82%，随玻璃厚度增加而减少，玻璃中光的反射对光的波长没有选择性，玻璃中光的吸收对光的波长有选择性，可以在玻璃中加入少量着色剂，使其选择吸收某些波长的光，但会使玻璃的透光性降低。也可以改变玻璃的化学组成来对可见光、紫外线、红外线、X射

线、和 γ 射线进行选择吸收。

(4) 化学性质 玻璃具有较高的化学稳定性，通常情况下，对酸（除氢氟酸外）、碱、化学试剂或气体都有较强的抵抗力。

大气对玻璃侵蚀作用实质上是水气、二氧化碳、二氧化硫等作用的总和。实践证明，水气比水溶液具有更大的侵蚀性。普通窗玻璃长期使用后出现表面光泽消失，或表面晦暗，甚至出现斑点和油脂状薄膜等，就是由于玻璃中的碱性氧化物在潮湿空气中与二氧化碳反应生成碳酸盐造成的，这一现象称为玻璃发霉。可用酸浸泡发霉的玻璃表面，并加热至400～450℃除去表面的斑点或薄膜。

通过改变玻璃的化学成分，或对玻璃进行热处理及表面处理，均可提高玻璃的化学稳定性。

二、玻璃的制造工艺

建筑装饰玻璃一般为平板玻璃，制造工艺一种是引上法，另一种是浮法。

引上法是将高温液体玻璃冷至较稠时，由耐火材料制成的槽子中挤出，然后将玻璃液体垂直向上拉起，经石棉辊成形，并截成规则的薄板。这种传统方法制成的平板玻璃容易出现波筋和波纹。

浮法工艺制造的平板玻璃表面平整，光学性能优越，不经过辊子成形，而是将高温液体玻璃经锡槽浮抛，玻璃液回流到锡液表面上，在重力及表面张力的作用下，摊成玻璃带，向锡槽尾部拉引，经抛光、拉薄、硬化和冷却后退火而成。

三、常用的建筑玻璃

1. 平板玻璃

平板玻璃包括普通平板玻璃和浮法玻璃。浮法玻璃比普通平板玻璃具有更好的性能。普通平板玻璃大部分用于建筑上，部分用于深加工玻璃的原材料；浮法玻璃主要用做汽车、火车、船舶的门窗风挡玻璃，建筑物的门窗玻璃，制镜玻璃以及玻璃深加工原片。

2. 钢化玻璃

钢化玻璃是平板玻璃的二次加工产品，钢化玻璃的加工可分为物理钢化法和化学钢化法。物理钢化玻璃又称为淬火钢化玻璃。它是将普通平板玻璃在加热炉中加热到接近玻璃的软化温度（600℃）时，通过自身的形变消除内部应力，然后将玻璃移出加热炉，再用多头喷嘴将高压冷空气吹向玻璃的两面，使其迅速且均匀地冷却至室温，即可制得钢化玻璃。

玻璃经处理表面产生了均匀的压应力，它的强度是经过良好退火处理的玻璃的3～10倍，抗冲击性能也大大提高。钢化玻璃破碎时出现网状裂纹，或产生细小碎粒，不会伤人，故又称安全玻璃。钢化玻璃的耐热冲击性能很好，最大的安

全工作温度为287.78℃，并能承受204.44℃的温差。故可用来制造高温炉门上的观测窗、辐射式气体加热器和干燥器等。

由于钢化玻璃具有较好的性能，所以，它在汽车工业、建筑工程以及军工领域等得到了广泛应用。常用做高层建筑的门、窗、幕墙、屏蔽、军舰与轮船舷窗以及桌面玻璃等。钢化玻璃制品有平面钢化玻璃、弯钢化玻璃、半钢化玻璃和区域钢化玻璃等。平面钢化玻璃主要用做建筑工程的门窗、隔墙与幕墙等；弯钢化玻璃主要用做汽车风窗玻璃；半钢化玻璃主要用做暖房、温室及隔墙等的玻璃窗；区域钢化玻璃主要用做汽车的风挡玻璃。

3. 夹层玻璃

夹层玻璃是在两片或多片平板玻璃之间嵌夹透明塑料薄片，经加热、加压，粘合而成的平面或弯曲的复合玻璃制品。其抗冲击性比普通平板玻璃高出几倍。玻璃破碎时不裂成碎块，仅产生辐射状裂纹和少量玻璃碎屑，且碎片仍粘贴在膜片上，不致伤人。因此，夹层玻璃也属于安全玻璃。

夹层玻璃的品种很多，有减薄夹层玻璃、遮阳夹层玻璃、电热夹层玻璃、防弹夹层玻璃、玻璃纤维增强夹层玻璃、报警夹层玻璃、防紫外线夹层玻璃、隔声夹层玻璃等。

夹层玻璃主要用做汽车和飞机的风挡玻璃、防弹玻璃以及有特殊安全要求的建筑物的门窗、隔墙、工业厂房的天窗和某些水下工程。

4. 中空玻璃

中空玻璃是由两片或多片玻璃以有效支撑均匀隔开并周边粘结密封，使玻璃层间形成有干燥气体空间的制品。主要功能是隔热隔声，所以，又称为绝缘玻璃。一般可降低噪声30~40dB；且防结霜性能好，结霜温度比普通玻璃低15℃左右。传热系数为3.09W/（$m^2 \cdot K$），而普通玻璃（3mm厚）的传热系数则为7.19W/（$m^2 \cdot K$），耗热量为中空玻璃的2倍。优质的中空玻璃寿命可达25年之久。

国外中空玻璃的应用较为普通。1990年，美国就有90%的住宅使用了中空玻璃。一些欧洲国家还规定所有建筑物必须全部采用中空玻璃，禁止用普通玻璃作窗玻璃。近年来，随着人们对建筑节能重要性认识的提高，中空玻璃的应用在我国也受到了重视，具有显著节能作用的中空玻璃在建筑领域具有广阔的应用前景。

中空玻璃广泛应用住宅、饭店、宾馆、办公楼、学校、医院、商店等需要室内空调的场合，也可以用于汽车、火车、轮船的门窗等处。

5. 热反射玻璃

热反射玻璃是将平板玻璃经过深加工处理得到的一种新型玻璃制品，又叫镀膜玻璃，是在平板玻璃表面涂覆金属或金属氧化物薄膜制成的。薄膜包括金、银、铜、铝、铬、镍、铁等金属及其氧化物；镀膜方法有热解法、真空溅射法、化学浸渍法、气相沉积法、电浮法等。它既具有较高的热反射能力，又保持了平板玻璃的透光性，同时具有良好的遮光性和隔热性能，广泛用于建筑门窗及隔墙等处。

热反射玻璃对太阳辐射的反射率高达30%左右，而普通玻璃仅为7%～8%，因此，热反射玻璃在日晒时能保证室内温度的稳定，并使光线柔和，改变建筑物内的色调，避免眩光，改善了室内的环境。镀金属膜的热反射玻璃还有单向透视作用，故可用做建筑的幕墙或门窗，使整个建筑变成一座闪闪发光的玻璃宫殿，映出周围景物的变幻。

6. 吸热玻璃

既能保持较高的可见光透过率，又能吸收大量红外辐射的玻璃称为吸热玻璃。吸热玻璃的生产是在普通钠-钙硅酸盐玻璃中加入有着色作用的氧化物，如氧化铁、氧化镍、氧化钴以及氧化硒等；或在玻璃表面喷涂氧化锡、氧化钴、氧化铁等有色氧化物薄膜，使玻璃带色，并具有较高的吸热性能。吸热玻璃广泛用于建筑工程的门窗或外墙，以及车船的风窗玻璃等，起到采光、隔热、防眩作用。

除具有吸热功能外，这类玻璃还有改善采光色调，节约能源和装饰的效果。我国城乡应用广泛，但多出于色彩的需求而非节能，因此节能作用没有很好的发挥。

7. 玻璃马赛克

玻璃马赛克又称玻璃锦砖，是将长度不超过45mm的各种颜色和形状的玻璃质小块铺贴在纸上而制成的一种装饰材料。

它与陶瓷锦砖在外形和使用方法上有相似之处，但它是乳浊状半透明玻璃质材料，大小一般为20mm×20mm×4mm，属于小规格的玻璃制品，背面略凹，四周侧边呈斜面，有利于与基面粘结牢固。玻璃锦砖颜色绚丽，色泽众多，历久常新，是一种十分理想、经济、美观的外墙装饰材料。

8. 其他品种玻璃

磨砂玻璃，将平板玻璃的表面经机械喷砂、手工研磨或用氢氟酸溶蚀等方法处理成均匀毛面而成，只能透光而不能透视。常用于浴室、卫生间和办公室的门窗等处。

压花玻璃，又称为滚花玻璃，是在平板玻璃硬化前用带有花样图案的滚筒压制而成的。可将集中光线分散，使室内光线柔和，且有一定的装饰效果。常用于办公室、会议室、浴室及公共场所的门窗和各种室内隔断。

夹丝玻璃，将编织好的钢丝网压入已软化的玻璃。这种玻璃的抗折强度高，抗冲击能力和耐温度剧变的性能比普通玻璃好。破碎时其碎片附着在钢丝上，不致飞出伤人。适用于公共建筑的走廊、防火门、楼梯、厂房天窗及各种采光屋顶等。

镭射玻璃，是国际上十分流行的一种新型建筑装饰材料。镭射玻璃大体上可

分为两类：一类是以普通平板玻璃为基材制成的，主要用于墙面、窗户和顶棚等部位的装饰；另一类是以钢化玻璃为基材制成的，主要用于地面装饰。

玻璃砖，又称特厚玻璃，分为实心砖和空心砖两种。实心玻璃砖是用机械压制方法成形。空心玻璃砖是由箱式模具压制成箱形玻璃元件，再将两块箱形玻璃加热熔接成整体的空心砖。可用于建造透光隔墙、淋浴隔断、楼梯间、门厅、通道等。

↘第四节　纤维装饰织品及其他卷材类装饰材料

纤维装饰织品主要包括地毯、墙布等织品。这类纺织品的色彩、质地、柔软性及弹性等均会对室内的质感、色彩及整体装饰效果直接产生影响。合理选用装饰用织物，既能使室内呈现豪华气氛，又能给人以柔软舒适的感觉。此外，装饰织品还具有保温、隔声、防潮、防蛀、易清洗和熨烫等特点。

纤维纺织装饰品所使用的原料有天然纤维和化学纤维两大类。天然纤维是传统的纺织原料，分棉、毛、丝、麻等。这类纤维有使用舒适、外观自然优美的特性，在现代纺织装饰面料中占有十分重要的地位，许多高档装饰用的织物大都选用天然纤维作原料。化学纤维有人造纤维和合成纤维两种，在装饰纺织面料中占有极大的比重。现在不仅广泛用于中、低档织物，在许多高档和交织品种中也运用较多。其优点是资源广泛，易于制造，具备多种性能，物美价廉。

一、地毯

地毯是一种高级地面装饰品，有着悠久的历史，是一种世界通用的装饰材料，广泛应用于现代建筑和民用住宅。它具有隔热、保温、吸声、防潮、防滑、减轻碰撞，使人脚感舒适等特点，尤其铺设后可以使室内具有高贵、华丽、悦目的氛围。所以，它是自古至今经久不衰的装饰材料。

1. 地毯的分类

地毯有多种分类方法，如表8-2所示，每类产品有多个品种。

表8-2　地毯的分类与品种

分类方法	种　类
按图案分类	京式地毯、美术式地毯、东方式地毯、彩花式地毯、素凸式地毯、古典式地毯
按原料分类	纯毛地毯、混纺地毯、合成纤维地毯、塑料地毯、植物纤维地毯
按结构款式分类	方块地毯、花式方块地毯、草垫地毯、小块地毯、圆形地毯、半圆形地毯、椭圆形地毯
按编织工艺分类	栽绒地毯、针扎地毯、机织地毯、编织地毯、粘结地毯、静电植绒地毯

2. 地毯的等级

根据地毯的内在质量、使用性能和适用场所将地毯分为 6 个等级。

轻度家用级：适用于不常使用的房间。

中度家用或轻度专业使用级：可用于主卧室和餐厅等。

一般家用或中度专业使用级：起居室、交通频繁部分楼梯、走廊等。

重度家用或一般专业使用级：家中重度磨损的场所。

重度专业使用级：家庭一般不用，用于客流量较大的公用场合。

豪华级：通常其品质至少相当于 3 级以上，毛纤维加长，豪华气派。

3. 地毯的主要技术性质

有耐磨性、弹性、剥离强度、粘合力、抗老化性、抗静电性、耐燃性、抗菌性等。

不同纤维材料地毯的性能如表 8-3 所示。

表 8-3 不同纤维材料地毯的性能

材料特性	羊毛	蚕丝	黄麻	腈纶	锦纶	丙纶	涤纶
耐磨性	好	好	好	较好	好	较好	好
弹 性	好	一般	一般	较差	一般	差	好
绒头强度（产生毛球难易）	不易起球	不易起球	不易起球	易产生毛绒、易起球	毛头易缠结	易产生毛绒、易起球	不易起球
耐污性	好	一般	好	较差	差	差	好
去污性	好	一般	好	易去污	一般	一般	较差
带电性	不易带电	不易带电	不易带电	易带电	易带电	一般	易带电
燃烧性	不易燃烧	不易燃烧	不易燃烧	易燃熔化	易燃熔化	易燃熔化	易燃熔化
防蛀性	差	一般	好	好	好	好	好

4. 几类地毯的特点与应用

几类不同分类的地毯及其主要特点见表 8-4。

表 8-4 几类地毯的特点

种 类		特 点
1	手工编织纯毛地毯	采用双经双纬，通过人工打结栽绒，将绒毛层与基底一起织作而成。这种地毯做工精细，图案千变万化，是地毯中的高档品。但工效低，产量少，成本高，因而价格贵
	簇绒地毯（栽绒地毯）	这是目前生产化纤地毯的主要工艺。它是把毛纺纱穿入第一层基底（初级背衬织布），并在其面上将毛纺纱穿插成毛圈而背面拉紧，然后在初级背衬的背面刷胶粘剂使之固定，再用刀片横向切割毛圈顶部而成，也称割绒地毯或切绒地毯。簇绒地毯生产时绒毛高度可调，毯面纤维密度大，弹性好，脚感舒适，且可在毯面印染各种图案花纹

（续）

种类		特点
1	无纺地毯	这是指无经纬编织的短毛地毯，是生产化纤地毯的方法之一。它是将绒毛线用特殊的钩针扎刺在划好图案纹样的合成纤维网布底衬上，然后将特制胶液涂于毯背，固定绒线结扣而成，又称针刺地毯或粘合地毯。工艺简单，价格低，但弹性和耐磨性较差。为提高其强度和弹性，可在毯底加缝或加贴一层麻布底衬
2	北京式地毯（京式地毯）	图案工整对称，色调典雅，庄重古朴，常取材于中国古老艺术，如古代绘画、宗教纹样等，寓意深刻
	美术式地毯	突出美术图案，图案构图完整，色彩华丽，富于层次感，显得富丽堂皇。它借鉴了西欧装饰艺术的特点，常以盛开的玫瑰、郁金香、苞蕾卷叶等组成花团锦簇的美丽图案
	彩花式地毯	图案清新活泼，图案如同工笔花鸟画，多表现一些婀娜多姿的花卉，色彩绚丽夺目，构图富于变化，名贵大方
	素凸式地毯	色调较为清淡，图案为单色凸花织作，纹样剪片后清晰、美观，犹如浮雕，富有幽静、雅致的情趣，让人回味无穷
3	纯毛地毯	这是以粗绵羊毛为主要原料而制成。由于原料纤维长，弹性好，有光泽，所以质地厚实，经久耐用，装饰效果极好，为高档铺地装饰材料。纯毛地毯分手工编织和机织两种
	混纺地毯	这是以羊毛纤维与合成纤维混纺后编制而成的。如在羊毛纤维中加入20%的尼龙纤维，可使耐磨性提高5倍，装饰性能不亚于纯毛地毯，并且价格便宜
	化纤地毯（合成纤维地毯）	这是以化学合成纤维为原料，经机织或簇绒等方法加工成面层织物后，再与防松层、背衬进行复合处理而成的。具有质轻，耐磨性好，富有弹性，脚感舒适，铺设简便，价格较低，不易被虫蛀和霉变等特点
	剑麻地毯	这是以剑麻（植物纤维）为原料，经纺纱、编织、涂胶、硫化等工序而制成的。产品分素色和染色两类，有多种花色。具有耐酸碱，耐磨，无静电等特点。但弹性较差，手感粗糙

二、装饰墙布

1．装饰墙布的性能要求

装饰墙布主要有以下几项要求：

（1）平挺性能　墙布织物需平挺且有一定弹性，无缩率或缩率较小，尺寸稳定性好，织物边缘整齐平直，不弯曲变形，花纹拼接准确不走样。这些织物本身品质性能的优劣直接影响到裱贴施工的效果。多幅墙布拼接粘贴于墙面后需达到平整一致、“天衣无缝”的视觉效应。

墙布还应具有相当密度与适当厚度，若织物过于稀疏单薄，一些水溶性的粘合剂就可能渗透到织物表面，形成色斑。

（2）粘贴性能　墙布必须具备较好的粘贴性，粘贴后织物表面平整挺括，拼缝齐整，无翘起剥离现象产生。墙布粘贴性除要求足够的粘敷牢度，使织物与墙面结合平服牢固外，还应具有重新施工时易于剥离的性能。因为墙布使用一段时间后需更换新的花色品种，这就要求旧墙布在剥离时方便，易于清除。

（3）耐污、易于除尘　墙布大面积暴露于空气中，极易积聚灰尘，易受霉变虫蛀等自然污损。为此要求墙布具有较好的防腐耐污性能，能经受空气中细菌、微生物的侵蚀不发霉，纤维有较强的抗污染能力，日常去污除尘应方便易行，一般应能用软刷子和真空吸尘器有效除尘。有些墙布为达到较好的除尘耐污要求，可作拒水、拒油处理，经处理后不易沾尘，也能进行揩擦清洗，但对墙布的保温性能以及织物表面风格有一定影响。

（4）耐光性　墙布虽然装饰于室内，但也经常受到阳光的照射，为了保持织物的牢度和花纹色彩的鲜艳，要求纤维具有较好的耐光性，不易老化变质。染料的化学稳定性好，日晒后不褪色。

（5）吸声、阻燃性　有些特殊需要的墙布还需具备良好的吸声、阻燃性能。需要纤维材料能吸收声波，使噪声得以衰减；同时利用织物组织结构使墙布表面具有凹凸效果，增强吸声性能。墙布的阻燃防火性则根据不同的环境做出规定。这需将墙布粘贴在假设的墙壁基材上进行试验，根据墙布的发热量、发烟系数、燃烧所产生的气体毒性进行测试判断，以确定阻燃性的优劣。

2. 墙布品种、特性与应用

墙布的主要品种有棉纺墙布、无纺贴墙布、化纤墙布、纺织纤维壁纸、平绒织物等，其特性与应用如下：

（1）棉纺墙布　棉纺墙布是装饰墙布之一。它是将纯棉平布经过前处理、印花、涂层制作而成。这种墙布强度大，静电小，蠕变小，无味，无毒，吸声，花型繁多，色泽美观大方。用于宾馆、饭店等公共建筑及较高级的民用住宅的装修。可在砂浆、混凝土、石膏板、胶合板、纤维板及石棉水泥板等多种基层上使用。

（2）无纺贴墙布　无纺贴墙布是采用棉、麻等天然纤维或涤纶、腈纶等合成纤维，经过无纺成形、上树脂、印花而成的一种新型贴墙材料。这种贴墙布的特点是挺括，有弹性，不易折断，耐老化，对皮肤无刺激作用等，而且色彩鲜艳，粘贴方便，具有一定的透气性和防潮性，能擦洗而不褪色。无纺贴墙布适用于各种建筑物的内墙装饰。其中，涤纶棉无纺贴墙布还具有质地细腻、光滑等特点，尤其适用于高档宾馆及住宅的装修。

（3）化纤墙布　化纤墙布是以涤纶、腈纶、丙纶等化纤布为基材，经处理后印花而成。这种墙布具有无毒，无味，透气，防潮，耐磨，无分层等特点。适用于各类建筑的室内装修。花色品种繁多，主要规格为宽 820 ~ 840mm，厚 0.15 ~ 0.18mm，每卷长 50m。

(4) 纺织纤维壁纸　由棉、毛、麻、丝等天然纤维及化学纤维制成各种色泽、花式的粗、细纱或织物，再与木浆基纸贴合制成。用扁草、竹丝或麻皮条等经漂白或染色再与棉线交织后同基纸贴合制成的植物纤维壁纸也与此类似。贴合胶粘剂可选用 PVA 或丙烯酸系胶粘剂。

纺织纤维壁纸无毒，吸声，透气，有一定的调湿和防止墙面结露长霉的功效。其视觉效果好，特别是天然纤维以它丰富的质感具有十分诱人的装饰效果。它顺应现代社会“崇尚自然”的心理，作为一种高级装饰材料在许多宾馆、饭店、办公楼、学校、商场及家庭室内已得到广泛应用。

纺织纤维壁纸的规格、尺寸及施工工艺与一般壁纸相同。裱糊时先在壁纸背面用湿布稍揩一下再张贴，不用提前用水浸泡壁纸，接缝对花也比较简便，而且在花样更新上灵活机动。但目前纺织纤维壁纸防污及可洗性尚差，应进一步改进。

麻草壁纸是以纸为底层，以编织的麻草为面层，经复合加工而成的新型室内装饰材料，具有阻燃，吸声，散湿，不吸气，不变形等特点。并具有自然、古朴、粗犷的大自然之美，给人以置身于自然原野之中的感觉。适用于会议室、接待室、影剧院、酒吧、舞厅、饭店、宾馆、商店橱窗的装饰，厚 0.3 ~ 1.3mm，宽 960mm，长 5500mm、7320mm。

(5) 平绒织物　平绒织物是一种毛织物，属于棉织物中较高档的产品。这种织物的表面被耸立的绒毛所覆盖，绒毛高度一般为 1.2mm 左右，形成平整的绒面，所以称为平绒。

平绒织物具有以下特点：耐磨性较之一般织物要高 4 ~ 5 倍；平绒表面密布着耸立的绒毛，故手感柔软，且弹性好，光泽柔和，表面不易起皱；布身厚实，且表面绒毛能形成空气层，因而保暖性好。所以平绒织物很受人们喜爱，常用于日常生活及建筑装饰等方面。

平绒织物可用于室内装饰的外包墙面或柱面等部位。为了增加平绒织物的弹性及手感效果，绒布背后常衬以泡沫塑料，其目的是使绒布墙面更加丰满；为了增加墙面的装饰效果，常用铜压条或不锈钢压条。使用时，基层的墙面要干燥，如果背面是潮气较大的房间，在夹板背面还应做防潮处理。在绒布与地面交接部位，多用木踢脚板过渡，用木踢脚板封边。

三、其他卷材类装饰材料

卷材类装饰材料按用途可分为地面与墙面装饰卷材，其原料可选用纤维、合成高分子及金属材料等。

1. 装饰壁纸

目前国内生产的塑料壁纸均为聚氯乙烯（PVC）壁纸。塑料壁纸是以一定材

料为基材，表面进行涂塑后，再经印花、压花或发泡处理等多种工艺而制成的一种墙面装饰材料。塑料壁纸有适合各种环境的花纹图案，装饰性好，具有难燃，隔热，吸声，防霉，耐水，耐酸碱等良好性能，施工方便，使用寿命长。广泛应用于室内墙面、顶棚、梁柱以及车辆、船舶、飞机的内表面的装饰。

塑料壁纸具有以下特点：

1）由于印制适合各种环境的花纹图案几乎不受限制，色彩也可任意调配，做到自然流畅、清淡高雅，所以装饰效果好。

2）根据需要可加工成具有难燃，隔热，吸声，防霉，且不容易结露，不怕水洗，不易受机械损伤的产品，性能优越。

3）塑料壁纸的加工性能良好，可进行工业化大规模生产。

4）粘贴施工方便，如纸基的塑料壁纸，可用普通 108 胶粘剂或乳白胶即可粘贴，且透气性好。

5）塑料壁纸表面可擦洗，对酸碱有较强的抵抗能力，其使用寿命长，易维修保养。

目前，常用塑料壁纸分为普通壁纸、发泡壁纸和特种壁纸三种。

（1）普通壁纸　它是以 80 ~ 100g/m^2 的纸作基材，涂塑 100g/m^2 左右的聚氯乙烯糊，经印花、压花而成。这类墙纸又分单色压花、印花压花和有光、平光印花几种，花色品种多，适用面广，价格也低，是民用住宅和公共建筑墙面装饰应用最普遍的一种壁纸。

（2）发泡壁纸　它是以 100g/m^2 的纸作基材，涂塑 300 ~ 100g/m^2 掺有发泡剂的 PVC 糊，印花后再加热发泡而成。这类壁纸有高发泡印花、低发泡印花、低发泡印花压花等几个品种。高发泡壁纸的发泡倍数大，表面呈富有弹性的凹凸花纹，是一种装饰兼吸声的多功能壁纸，常用于歌剧院、会议室、住房的天花板装饰。低发泡印花壁纸，是在掺有适量发泡剂的 PVC 糊涂层的表面印有图案或花纹，通过采用含有抑制发泡作用的油墨，使表面形成具有不同色彩的凹凸花纹图案，又叫化学浮雕。这种壁纸的图案逼真，立体感强，装饰效果好，并有一定的弹性。适用于室内墙裙、客厅和内走廊装饰。

还有一种仿砖、石面的深浮雕型壁纸，其凹凸高度可达 25mm，采用座模压制而成。只适用于室内墙面装饰。

（3）特种壁纸　特种壁纸是指具有耐水、防火和特殊装饰效果的壁纸品种。耐水壁纸是用玻璃纤维毡作基材，在 PVC 涂塑材料中，配以具有耐水性的胶粘剂，以适应卫生间、浴室等墙面的装饰要求。防火墙纸是用 100 ~ 200g/m^2 的石棉纸作基材，并在 PVC 涂塑材料中掺有阻燃剂，使墙纸具有一定的阻燃防火功能，适用于防火要求很高的建筑。所谓特殊装饰效果的彩色砂粒壁纸，是在基材上散布彩色砂粒，再涂胶粘剂，使表面呈砂粘毛面，可用于门厅、柱头、走廊等

局部装饰。

2. 金属壁纸

金属壁纸是以金属薄膜为面层材料，以纸为基层材料的一种内墙贴面材料。金属壁纸的面层金属薄膜通常用铝箔制成。铝箔的表面可用特制的带有花纹的辊轴进行辊压，可制得压花金属墙纸；如果在铝箔表面按设计的花型用油墨进行印刷，则可制成印花金属墙纸。金属壁纸有光亮的金属质感和反光性。使用寿命较长，不易老化和损伤，耐擦洗性和耐污性能较好，是一种高档装饰材料，多用于高级宾馆、饭店、舞厅的墙面、柱面、顶棚面等处。

3. 塑料卷材地板

俗称地板革，属于软质塑料。产品可进行压花、印花、发泡等，生产时常以PVC打底层或采用玻璃纤维毡等其他材料作为基层材料。塑料卷材地板较柔软、脚感好；施工方便，装饰性较好；易清洗；耐磨性较好；耐热性和耐燃性较差。塑料卷材地板主要应用于住宅、办公室、实验室、饭店等的地面装饰，也可用于台面装饰。

4. 塑料地毯

采用PVC树脂、增塑剂等多种辅助材料，经均匀混炼、塑制而成的一种新型轻质地毯。它质地柔软，色彩鲜艳，自熄不燃，可水洗，经久耐用，为宾馆、商场、浴室等一般公共建筑和住宅地面使用的装饰材料。

5. 橡胶地毯

它是以天然橡胶为原料，用地毯模具在蒸压条件下模压而成的。它不仅具有色彩丰富，图案美观，脚感舒适，耐磨性好等特点，而且还具有隔潮，防霉，防滑，耐蚀，防虫蛀，绝缘及清扫方便等优点，适用于经常淋水或需经常擦洗的场合，如浴室、走廊、卫生间等。各种绝缘等级的特制橡胶地毯还广泛用于配电室、计算机房等场合。

↘第五节　木材及其制品

由于木材有许多优良的性能，所以在现代装饰工程中备受青睐。木材具有材质轻，强度高，较佳的弹性和韧性，导热性低，易于加工和表面涂饰，对电、热和声音都有高度的绝缘性，有美丽的自然纹理，装饰性好，这些都是其他材料无法替代的。

一、木材的分类与用途

木材按树种分为针叶树和阔叶树两大类，针叶树纹理直，木质较软，易加工，变形小。阔叶树树叶宽大，叶脉成网状，大部分为落叶树，材质较坚硬，故

称硬材，大部分阔叶树质密，加工较难，易翘裂，纹理美观，适用于室内装修。

木材按材种分为原条、原木、板方材、枕木，其主要用途见表8-5。

表8-5 木材的树种和分类

分类标准	分类名称	说明	主要用途
按树种分类	针叶树	树叶细长如针，多为常绿树，材质一般较软，有的含树脂，故又称软材，如：红松、落叶松、云杉、冷杉、杉木、柏木等	建筑工程，木制包装，桥梁，家具，造船，电杆，坑木，枕木，桩木，机械模型等
	阔叶树	树叶宽大，叶脉成网状，大部分为落叶树，材质较坚硬，故称硬材。如：樟木、水曲柳、青冈、柚木、山毛榉、色木等。也有少数质地稍软的，如桦木、椴木、山杨、青杨等	建筑工程，木制包装，机械制造，造船，车辆，桥梁，枕木，家具，坑木及胶合板等
按材质分类	原条	系指已经除去皮、根、树梢的木料，但尚未按一定尺寸加工成规定的木料	建筑工程的脚手架，建筑用材，家具、装潢等
	原木	系指已经除去皮、根、树梢的木料，并已按一定尺寸加工成规定直径和长度的木料	1. 直接使用的原木：用于建筑工程（如屋梁、檩、椽等）、桩木、电杆、坑木等 2. 加工原木：用于胶合板、造船、车辆、机械模型及一般加工用材等
	板方材	系指已经加工锯解成材的木料，凡宽度为厚度的3倍或3倍以上的，称为板材，不足3倍的称为方材	建筑工程、桥梁、木制包装、家具、装饰等
	枕木	系指按枕木断面和长度加工而成的成材	铁道工程

二、木材的性质

1. 木材强度

质地不均匀、各方面强度不一致是木材的重要特点，也是其缺点。木材沿树干方向（习惯称为顺纹）的强度较垂直树干的横向（横纹）强度大得多。木材无缺陷时，各种强度的关系见表8-6。

表8-6 木材各种强度的关系 （单位：MPa）

抗压		抗拉		抗弯	抗剪	
顺纹	横纹	顺纹	横纹		顺纹	横纹
100	10~30	200~300	5~30	150~200	15~30	50~100

2. 木材含水率变化对强度、干缩特性的影响

木材含水率即木材所含水分的质量占木材干质量的百分比。木材中所含的水分有三种形式：自由水，存在于细胞腔与细胞间隙中的水，也就是存在于毛细管

中的水；吸附水，是被细胞壁所吸收的水；化学水，是构成细胞组织的水。

当潮湿的木材水分蒸发时，首先失去的是自由水，当自由水蒸发完而吸附水尚处于饱和状态时的含水率，称为纤维饱和点含水率。

纤维饱和点是木材性能的转折点，在纤维饱和点之上，木材的强度为恒量，不随含水率的变化而变化。同时木材也没有胀缩这种体积上的变化。当含水率降至纤维饱和点之下，也就是细胞壁中的吸附水开始蒸发时，强度随含水率下降而增加，而湿胀干缩的现象也明显呈现出来。不同的木材纤维饱和点含水率在22% ~33%之间。

自然界中各地区的湿度和温度在不同的季节都有相对的稳定。木材长时间处在这种相对稳定的温、湿度环境中，其含水率会达到一个相对的恒定。这时的含水率就称为平衡含水率。木材的平衡含水率随它们所处环境的温度和湿度的变化而变化，当平衡含水率和环境湿度有差值时，会趋向于接近环境。这就产生了木材的湿胀与干缩现象，这是木材特有的物理现象。

木材的含水率会直接影响到木材的强度和体积，含水率与强度的关系见图8-1。

木材细胞壁内吸附水的变化而引起的木材变形即湿胀干缩。图8-2表示了木材含水率与胀缩变形的关系。

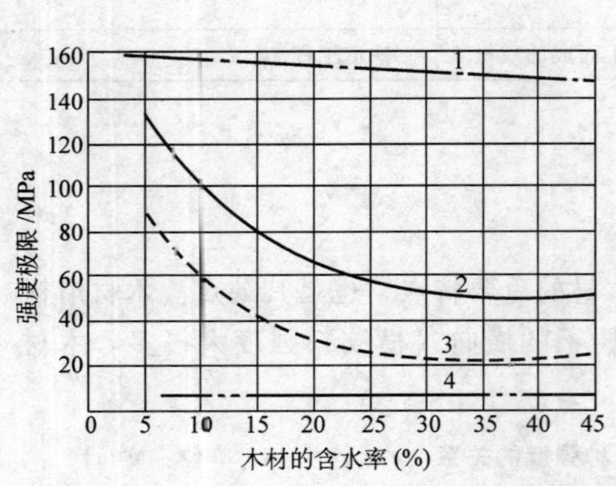

图8-1　含水率对木材强度的影响
1—顺纹抗拉　2—抗弯
3—顺纹抗压　4—顺纹抗剪

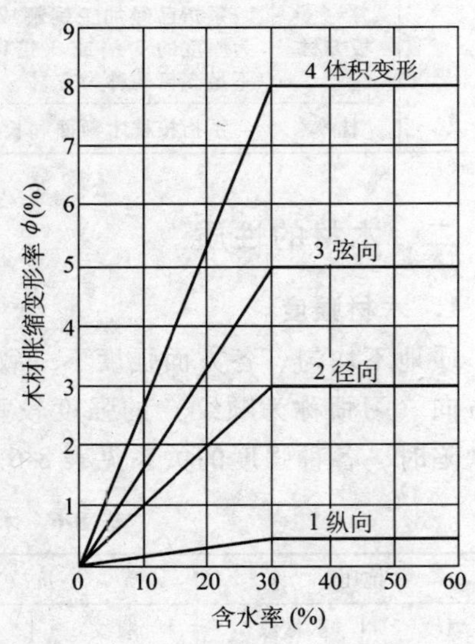

图8-2　木材含水率与胀缩变形的关系

3. 木材密度

所有木材的密度基本相同，为 $1.44 \sim 1.57 \times 10^3 kg/m^3$，平均值为 $1.54 \times 10^3 kg/m^3$，其表观密度因树种不同也会呈现较大差异。例如，广西的枧木表观密

度可达 1128kg/m^3，而台湾的轻木体积密度仅为 186kg/m^3。

三、木材缺陷

1. 节子

包含在树干或主枝木材中产生枝条的部分称为节子。节子破坏木材构造的均匀性和完整性，不仅影响木材表面的美观和加工性质，更重要的是降低木材的某些强度，不利于木材的有效利用。特别是承重结构所用木材，与节子尺寸的大小和数量有密切关系。

2. 变色

凡木材正常颜色发生改变的，即叫作变色。有化学变色和变色菌变色两种。化学变色对木材物理、力学性质没有影响，严重时仅损害装饰材的外观。变色菌的变色，一般不影响木材的物理力学性质，但严重时，会使木材抗冲击强度降低，增大其吸水率，损害木材外观。

3. 腐朽

木材由于木腐菌的侵入，逐渐改变其颜色和结构，使细胞壁受到破坏，物理、力学性质随之发生变化，最后变得松软易碎，呈筛孔状或粉末状等形态，这种状态即称为腐朽。

4. 虫害

因各种昆虫害而造成的缺陷称为木材虫害。表面虫害和虫沟常可随板皮一起锯除，故对木材的利用基本上没有什么影响；分散的小虫眼影响也不大，但深度在 10mm 以上的大虫眼和深而密集的小虫眼，能破坏木材的完整性，并降低其力学性质，而且虫眼也是引起边材变色和腐朽的重要通道。

四、木材制品的应用

木材按其供应形式可分为原木、板材和枋材三大类。原条是指已经除去皮、根、树梢的木料，但尚未按一定尺寸加工成规定木料，原木是原条按一定尺寸加工而成的规定直径和长度的木料，可直接在建筑中作木桩、搁栅、楼梯和木柱等。板材和枋材是原木经锯解加工而成的木材，宽度为厚度的 3 倍和 3 倍以上的为板材，宽度不足厚度的 3 倍者为枋材。

常见木材制品有：

1. 条木地板

分为空铺和实铺两种。空铺条木地板是由地垄墙、垫木、木搁栅和面层构成。实铺条木地板应做防腐处理，要求铺贴密实，防止脱落。因此，应特别注意控制好木地板的含水率，基层要清洁。条木地板自重轻，弹性好，脚感舒适，其导热性小，冬暖夏凉，且易于清洁。适用于办公室、会客厅、旅馆客房和卧室等

场所。

2. 拼花木地板

它是用阔叶树种中的水曲柳、柞木、核桃木、榆木、柚木等质地优良、不易腐朽开裂的硬木材，经干燥处理并加工成的条状小板条，是较高级的室内地面装修材料。

拼花地板可拼成各种图案花纹，以席纹图案多见，所以又称席纹地板。常见的有砖墙花样形、斜席纹形、正席纹形、正人字形、单人字形和双人字形等。适用于宾馆、会议室、办公室、疗养院、托儿所、体育馆、舞厅、酒吧、民用住宅等的地面装饰。

3. 复合木地板

它是以中密度纤维板为基材，采用树脂处理，表面贴天然木纹板，经高温压制而成的新型地面装饰材料。这种地板具有光滑平整，结构均匀细密，耐磨损，强度高，简洁高雅等优点。

普通拼花地板在使用中易产生收缩开裂、翘曲变形、表面色泽不一或无纹理等问题，而材质和花纹好的珍稀木材制成的地板则价格昂贵。复合木地板就是针对这些问题研制和生产的装饰品，适用于办公室、会议室、商场、展览厅、民用住宅等的地面装饰，具有如下特点：

1）表面采用珍稀木材，花纹美观，色彩一致，装饰性很强。

2）有较高的强度，防腐性、耐水性和耐气候性好。

3）可制成大小不同的各种尺寸。条状的长度可达 2.5m，块状的幅面可达 1m×1m，易于安装和拆卸。

4. 细木工板

也称复合木板，它由 3 层木板粘压而成。上、下两个面层为旋切木质单板，芯板是用短小木板条拼接而成的。该板表面平整，幅面宽大，可代替实木板，使用非常方便。

5. 胶合板

它是用椴、桦、水曲柳以及部分进口原木，沿年轮旋切成大张薄片，经过干燥、涂胶、按各层纤维互相垂直的方向重叠，在热压机上加工而成的人造板材，又称层压板。胶合板最多层数有 15 层，一般常用的是三合板或五合板。

胶合板提高了木材的利用率。它材质均匀，强度高，幅面宽，不翘不裂，干湿变形小。板面有美丽的花纹，装饰性好。广泛应用于建筑室内隔墙板、天花板、门框、门面板以及各种家具及室内装修等。

6. 纤维板

它是将树皮、刨花、树枝等木材加工的下脚碎料经破碎浸泡、研磨成木浆，加入一定胶粘剂经热压成形、干燥处理而成的人造板材。根据成形时温度和压力

的不同，分为硬质、半硬质、软质三种。生产纤维板可使木材的利用率达到90%以上。纤维板构造均匀，克服了木材各向异性和有天然疵病的缺陷，不易翘曲变形和开裂，表面适于粉刷各种涂料或粘贴装裱。

硬质纤维板强度高，可代替木板用于室内壁板、门板、地板、家具等。半硬质纤维板常制成带有一定图形的盲孔板，表面施以白色涂料，这种板兼具吸声和装饰作用，多用做会议室、报告厅等的室内顶棚材料。软质纤维板适合用做保温隔热材料。

7. 刨花板、木丝板、木屑板

它是分别以刨花碎片、短小废料刨制的木丝、木屑等为原料，经干燥后拌入胶料，再经热压而制成的人造板材。具有表观密度较小，强度较低等特点，主要用做绝热和吸声材料，不宜用于潮湿处。其表面可粘贴塑料贴面或胶合板作饰面层，这样既增加了板材的强度，又使板材具有装饰性，可用做吊顶、隔墙、家具等。

8. 装饰型材

近些年来装饰型材异军突起，成为装饰领域里发展最快的材料之一。它是采用木材、竹材、人造板等原料经机械加工、模压、贴面等工艺制造而成的，可以直接用于室内墙面、地面、顶棚的装饰装修，以及直接用做门窗、扶梯等结构件的一类材料。这类材料有墙角线、踢脚线、吊顶板、墙裙、楼梯、扶手、木门窗等。

我国是木材资源贫乏的国家。为了保护和扩大现有森林面积，促进环保事业，我们必须合理地、综合地利用木材。因此，除直接使用外，还可对木材进行综合利用，制成各种人造板材以提高木材的使用率，弥补天然木材的不足。各类人造板材及其制品也是室内装饰装修的最主要的材料之一，但室内装饰装修用人造板材大多数存在游离甲醛释放问题。游离甲醛是室内环境的主要污染物，对人体危害很大，已引起全社会的关注。GB 18580—2001《室内装饰装修用人造板及其制品中甲醛释放限量》对此作出了规定，以防止室内环境受到污染。

练习题

基础练习题

8-1 常用的装饰材料有哪些？各有何特点？

8-2 常用装饰石材主要有哪几种？试述它们的主要工程应用。

8-3 试述装饰陶瓷的分类与应用。

8-4 建筑饰面玻璃主要有哪些种类？

8-5 木材有哪些缺陷？

开放式练习题

8-6 实木地板种类很多，按实木地板用材的树种可分为国产阔叶材、针叶材和进口材三大类。请对当地市场实木地板的种类及价格做一项市场调查。

8-7 木材和竹材是典型的绿色材料。木、竹材本身不存在污染源，其散发的清香和纯真的视觉感受有益于人们的身体健康。请查阅资料，就竹材的应用写一份报告。

8-8 目前装修中人们倍加关注装饰材料的污染问题，你了解装饰材料有害物的十个标准吗？

第九章 绝热材料和吸声隔声材料

学习要求 本章介绍了绝热材料、吸声材料、隔热材料的基本性能和常用材料。要求学生熟悉绝热材料和吸声隔声材料的作用原理，了解绝热材料和吸声材料的主要类型及性能特点。

↘第一节 绝热材料

绝热材料是防止住宅、生产车间、公共建筑及各种热工设备中热量传递的材料，也就是具有保温隔热性能的材料。在土木工程中，绝热材料主要用于墙体和屋顶保温隔热，以及热工设备、采暖和空调管道的保温，在冷藏设备中则大量用来保温。

在建筑物中合理采用绝热材料，能提高建筑物的使用效能，保证正常的生产、工作和生活，能减少热损失，节约能源。据统计，具有良好的绝热功能的建筑，其能源可节省25%～50%。因此，在土木工程中，合理地使用绝热材料具有重要意义。

一、绝热材料的基本性能

热量的传递方式有热传导、热对流和热辐射三种。“热传导”是指物体各部分直接接触的物质质点（分子、原子、自由电子）作热运动而引起的热能传递过程。“热对流”是指较热的液体或气体遇热膨胀而密度减小从而上升，冷的液体或气体补充过来，形成分子的循环流动，热量从高温的地方通过分子的相对位移传向低温的地方。“热辐射”是一种靠电磁波来传递能量的过程。通常情况下，三种传热方式是共存的，因保温隔热性能良好的材料是多孔且封闭的，虽然材料孔隙内的空气起着对流和辐射作用，但与热传导相比，热对流和热辐射所占的比例很小，故在热工计算时通常不予考虑，而主要考虑热传导。

不同的土木工程材料具有不同的物理性能，衡量其保温隔热性能优劣的指标主要是热导率 λ。热导率越小，则通过材料传递的热量越少，其保温隔热性能越好。工程中，通常把热导率 $\lambda<0.23$ W/（m·K）的材料称为绝热材料。下面介绍绝热材料的基本性能。

1. 热导率

（1）材料的物质构成　不同材料的热导率是不同的。一般来说，热导率以固态金属最大，固态非金属次之，液体再次之，气体最小。对于同一种材料，其微观结构不同，热导率也有很大的差异，一般地，结晶体结构的最大，微晶体结构的次之，玻璃体结构的最小。但对于绝热材料来说，由于孔隙率大，气体（空气）对热导率的影响起主要作用，而固体部分的结构不论是晶态还是玻璃态，对热导率的影响均不大。

（2）表观密度与孔隙特征　由于材料中固体物质的热传导能力比空气大得多，故表观密度小的材料，因其孔隙率大，热导率小。在孔隙率相同时，孔隙尺寸越大，热导率越大；连通孔隙的比封闭孔隙的热导率大。对于纤维状材料，当纤维之间压实至某一表观密度时，其热导率最小，该表观密度称为最佳表观密度。当纤维材料的表观密度小于最佳表观密度时，其热导率反而增大，这是由于孔隙增大且相互连通，引起空气对流的结果。

（3）材料的湿度　材料吸湿受潮后，其热导率增大，这在多孔材料中最为明显。这是由于水的热导率 0.58W/（m·K）远大于密闭空气的热导率 0.023W/（m·K）。当绝热材料中吸收的水分结冰时，其热导率会进一步增大。因为冰的热导率 2.33W/（m·K）比水的大。因此，绝热材料应特别注意防水防潮。

蒸汽渗透是值得注意的问题。水蒸气能从温度较高的一侧渗入材料，当水蒸气在材料孔隙中达到最大饱和度时就凝结成水，从而使温度较低的一侧表面上出现冷凝水滴。这不仅大大提高了导热性，而且还会降低材料的强度和耐久性。防止的方法是在可能出现冷凝水的界面上，用沥青卷材、铝箔或塑料薄膜等憎水性材料加作隔蒸汽层。

（4）温度　材料的热导率随温度的升高而增大。因为温度升高时，材料固体分子的热运动增强，同时材料孔隙中空气的导热和孔壁间的辐射作用也有所增加。但这种影响，当温度在 0～50℃范围内时并不显著，只有对处于高温或负温下的材料才要考虑温度的影响。

（5）热流方向　对于各向异性的材料，如木材等纤维质的材料，当热流平行于纤维方向时，热流受阻小，故热导率大。而热流垂直于纤维方向时，热流受阻大，故热导率小。以松木为例，当热流垂直于木纹时，热导率为 0.17W/（m·K），而当热流平行于木纹时，则热导率为 0.35W/（m·K）。

上述各项因素中以表观密度和湿度的影响最大。因而在测定材料的热导率时，也必须测定材料的表观密度。至于湿度，通常对多数绝热材料可取空气相对湿度为80% ~85%时材料的平衡湿度作为参考值，应尽可能在这种湿度条件下测定材料的热导率。

2. 温度稳定性

材料在受热作用下保持其原有性能不变的能力，称为绝热材料的温度稳定性。通常用其不致丧失绝热性能的极限温度来表示。

3. 吸湿性

绝热材料从潮湿环境中吸收水分的能力称为吸湿性。一般其吸湿性越大，对绝热效果越不利。

4. 强度

绝热材料的机械强度和其他建筑材料一样是用极限强度来表示的。通常采用抗压强度和抗折强度。由于绝热材料含有大量空隙，故其强度一般均不大，因此不宜将绝热材料用于承受外界荷载部位。对于某些纤维材料有时常用材料达到某一变形时的承载能力作为其强度代表值。

二、常用绝热材料

绝热材料按化学成分可分为有机和无机两大类；按材料的构造可分为纤维状、松散粒状和多孔状三种。绝热材料通常可制成板、片、卷材或管壳等多种形式的制品。一般来说，无机绝热材料的表观密度较大，但不易腐朽，不会燃烧，有的能耐高温。有机绝热材料则质轻，绝热性能好，但耐热性较差。现将土木工程中常用的绝热材料简介如下：

1. 纤维状绝热材料

这类材料主要是以矿棉、石棉、玻璃棉及植物纤维等为主要原料，制成板、筒、毡等形状的制品，广泛用于住宅建筑和热工设备、管道等的保温隔热。这类绝热材料通常也是良好的吸声材料。

(1) 石棉及其制品　石棉是一种天然矿物纤维，主要化学成分是含水硅酸镁，具有耐火、耐热、耐酸碱、绝热、防腐、隔声及绝缘等特性。常制成石棉粉、石棉纸板和石棉毡等制品。由于石棉中的粉尘对人体有害，因此民用建筑中已很少使用，目前主要用于工业建筑的隔热、保温及防火覆盖等。

(2) 矿棉及其制品　矿棉一般包括矿渣棉和岩石棉。矿渣棉所用原料有高炉硬矿渣、铜矿渣等，并加一些调节原料（钙质和硅质原料）；岩石棉的主要原料为天然岩石（白云石、花岗石或玄武岩等）。上述原料经熔融后，用喷吹法或离心法制成细纤维。矿棉具有轻质、不燃、绝热和绝缘等性能，且原料来源广，成本较低。可制成矿棉板、矿棉毡及管壳等。可用做建筑物的墙壁、屋顶、天花

板等处的保温隔热和吸声材料，以及热力管道的保温材料。

（3）玻璃棉及其制品　玻璃棉是用玻璃原料或碎玻璃经熔融后制成的纤维材料，包括短棉和超细棉两种。短棉的表观密度为40～150kg/m³，热导率为0.035～0.058W/（m·K），价格与矿棉相近。可制成沥青玻璃棉毡、板及酚醛玻璃棉毡、板等制品，广泛用于温度较低的热力设备和房屋建筑中的保温隔热，同时它还是良好的吸声材料。超细棉直径在4μm左右，表观密度可小至18kg/m³，热导率为0.028～0.037W/（m·K），绝热性能更为优良。

（4）植物纤维复合板　它是以植物纤维为主要材料加入胶结料和填加料制成的。其表观密度为200～1200kg/m³，热导率为0.058W/（m·K），可用于墙体、地板、顶棚等，也可用于冷藏库、包装箱等。木质纤维板是以木材下脚料经机械加工制成木丝，加入硅酸钠溶液及普通硅酸盐水泥，经搅拌、成形、冷压、养护和干燥而制成的。甘蔗渣板是以甘蔗渣为原料，经过蒸制、加压、干燥等工序制成的一种轻质、吸声、保温和绝热的材料。

（5）陶瓷纤维绝热制品　陶瓷纤维是以氧化硅、氧化铝为主要原料，经高温熔融、蒸汽（或压缩空气）喷吹或离心喷吹（或溶液纺丝再经烧结）而制成的，表观密度为140～150kg/m³，热导率为0.1160W/（m·K）～0.186W/（m·K），最高使用温度为1100～1350℃，可加工成纸、绳、带、毯、毡等制品，供高温绝热或吸声之用。

2．散粒状绝热材料

（1）膨胀蛭石及其制品　蛭石是一种天然矿物，经850～1000℃锻烧，体积急剧膨胀，单颗粒体积能膨胀约20倍。膨胀蛭石的主要特性是表观密度为80～900kg/m³，热导率为0.046～0.07W/（m·K），可在1000～1100℃温度下使用，不蛀、不腐，但吸水性较大。膨胀蛭石可以呈松散状铺设于墙壁、楼板、屋面等夹层中，作为绝热、隔声之用。使用时应注意防潮，以免吸水后影响绝热效果。

膨胀蛭石也可与水泥、水玻璃等胶凝材料配合，浇制成板，用于墙、楼板和屋面板等构件的绝热。其制品通常用10%～15%体积的水泥，85%～90%体积的膨胀蛭石，适量的水经拌合、成形、养护而成。其制品的表观密度为300～550kg/m³，相应的热导率为0.08～0.10W/（m·K），抗压强度为0.2～1.0MPa，耐热温度为600℃。水玻璃膨胀蛭石制品是以膨胀蛭石、水玻璃和适量氟硅酸钠配制而成的。其表观密度为300～550kg/m³，相应的热导率为0.079～0.084W/（m·K），抗压强度为0.35～0.65MPa，最高耐热温度为900℃。

（2）膨胀珍珠岩及其制品　膨胀珍珠岩是由天然珍珠岩锻烧而成的，呈蜂窝泡沫状的白色或灰白色颗粒，是一种高效能的绝热材料。其堆积密度为40～500kg/m³，热导率为0.047～0.070W/（m·K），最高使用温度可达800℃，最低使用温度为－200℃。具有吸湿小、无毒、不燃、抗菌、耐腐、施工方便等特点。建筑上广泛用做围护结构、低温及超低温保冷设备、热工设备等的绝热保温材料，也可用于制作吸声制品。

膨胀珍珠岩制品是以膨胀珍珠岩为主，配合适量胶结材料（水泥、水玻璃、磷酸盐、沥青等），经拌合、成形和养护（或干燥，或焙烧）后制成板、块和管壳等制品。

3. 多孔板块绝热材料

（1）微孔硅酸钙制品　它是用粉状二氧化硅材料（硅藻土）、石灰、纤维增强材料及水等经搅拌、成形、蒸压处理和干燥等工序而制成的。以托贝莫来石为主要水化产物的微孔硅酸钙的表观密度约为200kg/m^3，热导率为0.047W/（m·K），最高使用温度约为650℃。以硬硅钙石为主要水化产物的微孔硅酸钙，其表观密度约为230kg/m^3，热导率为0.056W/（m·K），最高使用温度可达1 000℃。用于围护结构及管道保温，效果较水泥膨胀珍珠岩和水泥膨胀蛭石为好。

（2）泡沫玻璃　它是由玻璃粉和发泡剂等经配料、烧制而成的。气孔率为80%～95%，气孔直径为0.1～5.0mm，且大量为封闭而孤立的小气泡。其表观密度为150～600kg/m^3，热导率为0.058～0.128W/（m·K），抗压强度为0.8～15.0MPa。采用普通玻璃粉制成的泡沫玻璃最高使用温度为300～400℃，若用无碱玻璃粉生产时，则最高使用温度可达800～1000℃，耐久性好，易加工，可满足多种绝热需要。

（3）泡沫混凝土　它是由水泥、水、松香泡沫剂混合后，经搅拌、成形、养护而制成的一种多孔、轻质、保温、绝热、吸声的材料。也可用粉煤灰、石灰、石膏和泡沫剂制成粉煤灰泡沫混凝土。泡沫混凝土的表观密度为300～500kg/m^3，热导率为0.082～0.186W/（m·K）。

（4）加气混凝土　它是由水泥、石灰、粉煤灰和发泡剂（铝粉）配制而成的，是一种保温绝热性能良好的轻质材料。由于加气混凝土的表观密度小（500～700kg/m^3），热导率为0.093～0.164W/（m·K）是烧结普通砖的几分之一，因而24cm厚的加气混凝土墙体，其保温绝热效果优于37cm厚的砖墙。此外，加气混凝土的耐火性能良好。

（5）硅藻土　它是由水生硅藻类生物的残骸堆积而成的。其孔隙率为50%～80%，热导率为0.060W/（m·K），具有很好的绝热性能，最高使用温度可达900℃，可用做填充料或制成制品。

（6）泡沫塑料　它是以各种树脂为基料，加入一定剂量的发泡剂、催化剂、稳定剂等辅助材料，经加热发泡而制成的一种具有轻质、保温、绝热、吸声、抗震性能的材料。目前我国生产的有：聚苯乙烯泡沫塑料，其表观密度为20～75 kg/m^3，热导率为0.038～0.047W/（m·K），最高使用温度为70℃；聚氯乙

烯泡沫塑料，其表观密度为 12 ~ 75kg/m³，热导率为 0.031 ~ 0.045W/（m·K），最高使用温度为 70℃，遇火能自行熄灭；聚氨酯泡沫塑料，其表观密度为 30 ~ 65kg/m³，热导率为 0.035 ~ 0.042W/（m·K），最高使用温度可达 120℃，最低使用温度为 -60℃。此外，还有脲醛树脂泡沫塑料及其制品等。该类绝热材料可满足复合墙板及屋面板的夹芯层、冷藏及包装等的绝热需要。由于这类材料造价高，且具有可燃性，因此应用上受到一定限制。今后随着这类材料性能的改善，将向高效、多功能方向发展。

4. 其他绝热材料

（1）软木板　软木也叫栓木。软木板是以栓皮、栋树皮或黄菠萝树皮为原料，经破碎后与皮胶溶液拌合，再加压成形，在温度为 80℃的干燥室中干燥一昼夜而制成的。软木板具有表观密度小，导热性低，抗渗和防腐性能好等特点。常用热沥青错缝粘贴，用于冷藏库隔热。

（2）蜂窝板　它是由 2 块较薄的面板，牢固地粘结在 1 层较厚的蜂窝状芯材两面而制成的板材，亦称蜂窝夹层结构。蜂窝状芯材是用浸渍过合成树脂（酚醛、聚酯等）的牛皮纸、玻璃布和铝片等，经过加工粘合成六角形空腹（蜂窝状）的整块材料。芯材的厚度在 15 ~ 45mm 范围内；空腔的尺寸在 10mm 以上。常用的面板为浸渍过树脂的牛皮纸、玻璃布或不经树脂浸渍的胶合板、纤维板、石膏板等。面板必须采用合适的胶粘剂与芯材牢固地粘合在一起，才能显示出蜂窝板的优异特性，即具有比强度高、导热性低和抗震性好等多种功能。

（3）窗用绝热薄膜　这种薄膜是以聚酯薄膜经紫外线吸收剂处理后，在真空中进行蒸镀金属粒子沉积层，然后与一层有色透明的塑料薄膜压粘而成的。厚度为 12 ~ 50mm，用于建筑物窗玻璃的绝热，效果与热反射玻璃相同。其作用原理是将透过玻璃的大部分阳光反射出去，反射率最高可达 80%，从而起到了遮蔽阳光、防止室内陈设物褪色、减少冬季热量损失、节约能源、增加美感等作用，同时还有避免玻璃片伤人的功效。

三、绝热材料的选用及基本要求

选用绝热材料时，应考虑其主要性能达到如下指标，热导率不宜大于 0.23W/（m·K），表观密度或堆积密度不宜大于 600kg/m³，块状材料的抗压强度不低于 0.3MPa。在实际应用中，由于绝热材料抗压强度等一般都很低，常将绝热材料与承重材料复合使用。如建筑外墙的保温层通常做在内侧，以免受大气的侵蚀，但应选用不易破碎的材料，如软木板、木丝板等；如果外墙为砖砌空斗墙或混凝土空心制品，则保温材料可填充在墙体的空隙内，此时可采用散粒材料，如矿渣、膨胀珍珠岩等。屋顶保温层则以放在屋面板上为宜，这样可以防止钢筋混凝土屋面板由于冬夏温差引起裂缝，但保温层上必须加做效果良好的防水

层。总之，在选用绝热材料时，应结合建筑物的用途、围护结构的构造、施工难易、材料来源和经济核算等综合考虑。对于一些特殊建筑物，还必须考虑绝热材料的使用温度条件、不燃性、化学稳定性及耐久性等。

四、常用绝热材料的技术性能

常用绝热材料的技术性能参数见表 9-1。

表 9-1 常用绝热材料技术性能参数

材料名称	表观密度 /(kg·m⁻³)	强度/MPa	热导率 /[W·(m·K)⁻¹]	最高使用温度/℃	用途
超细玻璃棉毡	30~60		0.035	300~400	墙体、屋面、冷藏库等
沥青玻纤制品	100~150		0.041	250~300	
矿渣棉纤维	110~130		0.044	≤600	填充材料
岩棉纤维	80~150	$f_c>0.012$	0.044	250~600	填充墙、屋面、管道等
岩棉制品	80~160		0.04~0.052	≤600	
膨胀珍珠岩	40~300		常温 0.02~0.044 高温 0.06~0.17 低温 0.02~0.038	≤800	高效保温保冷填充材料
水泥膨胀珍珠岩制品	300~400	$f_c=0.5\sim1.0$	常温 0.05~0.081 低温 0.081~0.12	≤600	保温绝热用
水玻璃膨胀珍珠岩制品	200~300	$f_c=0.6\sim1.7$	常温 0.056~0.093	≤650	保温绝热用
沥青膨胀珍珠岩制品	400~500	$f_c=0.2\sim1.2$	0.093~0.12		用于常温及负温
膨胀蛭石	80~900		0.046~0.070	1000~1100	填充材料
水泥膨胀蛭石制品	300~500	$f_c=0.2\sim1.0$	0.076~0.105	≤600	保温绝热用
微孔硅酸钙制品	250	$f_c>0.5$ $f_t>0.3$	0.041~0.056	≤650	围护结构及管道保温
轻质钙塑板	100~150	$f_c 0.1\sim0.3$ $f_t 0.11\sim0.7$	0.047	≤650	保温绝热兼防水性能，并具有装饰性能
泡沫玻璃	150~600	$f_c=0.55\sim15$	0.058~0.128	300~400	砌筑墙体及冷藏库绝热
泡沫混凝土	300~500	$f_c\geq0.4$	0.081~0.19		围护结构
加气混凝土	400~700	$f_c\geq0.4$	0.093~0.16		围护结构
木丝板	300~600	$f_v=0.4\sim0.5$	0.11~0.26		顶棚、隔墙板、护墙板
软质纤维板	150~400		0.047~0.093		顶棚、隔墙板、护墙板，表面较光洁

（续）

材料名称	表观密度/(kg·m^{-3})	强度/MPa	热导率/[W·(m·K)$^{-1}$]	最高使用温度/℃	用途
软木板	105～437	f_v=0.15～2.5	0.044～0.079	≤130	吸水率小、不霉腐、不燃烧，用于绝热结构
芦苇板	250～400		0.093～0.13		顶棚、隔墙板
聚苯乙烯泡沫塑料	20～50	f_v=0.15	0.031～0.047		屋面、墙体保温绝热等
硬质聚氨酯泡沫塑料	30～40	f_c=0.25～0.5	0.037～0.055	-60～120	屋面、墙体保温、冷藏库绝热
聚氯乙烯泡沫塑料	12～72	f_c=0.31～1.2	0.031～0.045	-196～70	屋面、墙体保温、冷藏库绝热

注：f_c为抗压强度；f_t为抗拉强度；f_v为抗剪强度。

↘第二节 吸声材料

为了改善声波在室内传播的质量，保持良好的音响效果和减少噪声的危害，在音乐厅、影剧院、大会堂、播音室及噪声大的工厂车间等室内的墙面、地面、顶棚等部位，应选用适当的吸声材料。

一、吸声材料的作用原理

声音起源于物体的振动，例如说话时喉间声带的振动和击鼓时鼓皮的振动，都能产生声音，声带和鼓皮就叫作声源。声源的振动迫使邻近的空气随着振动而形成声波，并在空气介质中向四周传播。声音沿发射的方向最响，称为声音的方向性。

声音在传播过程中，一部分声能随着距离的增大而扩散，另一部分声能则因空气分子的吸收而减弱。声能的这种减弱现象，在室外空旷处颇为明显，但在室内如果房间的空间并不大，上述的这种声能减弱就不起主要作用，而重要的是室内墙壁、天花板、地板等材料表面对声能的吸收。

当声波遇到材料表面时，一部分被反射，另一部分穿透材料，其余的声能转化为热能而被吸收。被材料吸收的声能 E（包括部分穿透材料的声能在内）与原先传递给材料的全部声能 E_0 之比，是评定材料吸声性能好坏的主要指标，称为吸声系数，公式表达如下：

$$\alpha=\frac{E}{E_0} \tag{9-1}$$

式中 α——吸声系数；

E——被材料吸收的声能；

E_0——原先传递给材料的全部声能，即入射声能。

假如入射声能的 60% 被吸收，40% 被反射，则该材料的吸声系数就等于 0.6。当入射声能 100% 被吸收而无反射时，吸声系数等于 1。当门窗开启时，吸声系数相当于 1。一般材料的吸声系数在 0 ~ 1 之间。材料的吸声系数越高，吸声效果越好。

材料的吸声性能除了与材料本身性质、厚度及材料表面状况（有无空气层及空气层的厚度）有关外，还与声波的入射角及频率有关。因此，吸声系数用声音从各个方向入射的平均值表示，并应指出是对哪一频率的吸收。一般而言，材料内部开放连通的气孔越多，吸声性能越好。同一材料，对于高、中、低不同频率的吸声系数不同。为了全面反映材料的吸声性能，规定取 125Hz、250Hz、500Hz、1000Hz、2000Hz、4000Hz 六个频率的吸声系数来表示材料的吸声特性。任何材料对声音都能吸收，只是吸收程度有很大的不同。通常对上述六个频率的平均吸声系数大于 0.2 的材料，认为是吸声材料。

吸声机理是声波进入材料内部互相贯通的孔隙，受到空气分子及孔壁的摩擦和粘滞阻力，以及使细小纤维作机械振动，从而使声能转化为热能。吸声材料大多为疏松多孔的材料，如矿渣棉、毯子等。多孔性吸声材料的吸声系数，一般从低频到高频逐渐增大，故对高频和中频的吸声效果较好。

二、吸声材料的类型及其结构形式

1. 多孔吸声结构

多孔性吸声材料是比较常用的一种吸声材料，它具有良好的中、高频吸声性能。多孔性吸声材料具有大量的内外连通微孔，通气性良好。当声波入射到材料表面时，声波很快地顺着微孔进入材料内部，引起孔隙内的空气振动，由于摩擦，空气粘滞阻力和材料内部的热传导作用，使相当一部分声能转化为热能而被吸收。

材料吸声性能与材料的表观密度和内部构造有关。在建筑装修中，吸声材料的厚度、材料背后空气层以及材料孔隙特征等，对吸声性能均有较大影响。

（1）材料表观密度和构造的影响　多孔材料表观密度增加，意味着微孔减小，能使低频吸声效果有所提高，但高频吸声性能却下降。材料孔隙率高，孔隙细小，吸声性能较好；孔隙过大，效果较差。但过多的封闭微孔，对吸声并不一定有利。

（2）材料厚度的影响　多孔材料的低频吸声系数，一般随着厚度的增加而提高，但厚度对高频影响不显著。材料的厚度增加到一定程度后，吸声效果的变化就不明显。所以为提高材料吸声效果而无限制地增加厚度是不适宜的。

(3) 背后空气层的影响　大部分吸声材料都是固定在龙骨上，材料背后空气层的作用相当于增加了材料的厚度，吸声效果一般随着空气层厚度增加而提高。当材料背后空气层厚度等于1/4波长的奇数倍时，可获得最大的吸声系数。根据这个原理，调整材料背后空气层厚度，可以提高其吸声效果。

(4) 材料孔隙特征的影响　吸声材料的表面空洞和开口连通空隙越多对吸声效果越好。当材料吸湿或表面喷涂油漆、空隙充水或堵塞，会大大降低吸声材料的吸声效果。

2. 薄板振动吸声结构

薄板振动吸声结构的特点是具有低频吸声特性，同时还有助于声波的扩散。建筑中常用胶合板、薄木板、硬质纤维板、石膏板、石棉水泥板或金属板等，把它们固定在墙或顶棚的龙骨下，并在背后留有空气层，即成为薄板振动吸声结构。

薄板振动结构是在声波作用下发生振动，薄板振动时由于板内部和龙骨之间出现摩擦损耗，使声能转变为机械振动而起吸声作用。由于低频声波比高频声波容易激起薄板振动，所以薄板振动吸声结构具有低频声波吸声特性。土木工程中常用的薄板振动吸声结构的共振频率在80~300Hz之间，在此共振频率附近的吸声系数最大，为0.2~0.5，而在其他共振频率附近的吸声系数较低。

3. 共振吸声结构

共振吸声结构具有密闭的空腔和较小的开口孔隙，很像个瓶子。当瓶腔内空气受到外力激荡，会按一定的频率振动，这就是共振吸声器。每个独立的共振吸声器都有一个共振频率，在其共振频率附近，颈部空气分子在声波的作用下像活塞一样进行往复运动，因摩擦而消耗声能。若在腔口蒙一层细布或疏松的棉絮，可以加宽共振频率范围和提高吸声量。为了获得较宽频率带的吸声性能，常采用组合共振吸声结构或穿孔板组合共振吸声结构。

4. 穿孔板组合共振吸声结构

穿孔板组合共振吸声结构具有适合中频的吸声特性。这种吸声结构与单独的共振吸声器相似，可看作是多个单独共振吸声器并联而成。穿孔板厚度、穿孔率、孔径、孔距、背后空气层厚度以及是否填充多孔吸声材料等，都直接影响吸声结构的吸声性能。这种吸声结构由穿孔的胶合板、硬质纤维板、石膏板、石棉水泥板、铝合金板、薄钢板等，固定在龙骨上，并在背后设置空气层而构成，这种吸声材料在建筑中使用比较普遍。

5. 柔性吸声结构

具有密闭气孔和一定弹性的材料，如聚氯乙烯泡沫塑料，表面仍为多孔材料，但因其有密闭气孔，声波引起的空气振动不是直接传递至材料内部，只能相应的产生振动，在振动过程中由于克服材料内部的摩擦而消耗声能，引起声波衰减。这种材料的吸声特性是在一定的频率范围内出现一个或多个吸声频率。

6. 悬挂空间吸声结构

悬挂于空间的吸声体，由于声波与吸声材料的两个或两个以上的表面接触，增加了有效的吸声面积，产生边缘效应，加上声波的衍射作用，大大提高吸声效果。实际应用时，可根据不同的使用部位和要求，设计成各种形式的悬挂空间吸声结构。空间吸声体有平板形、球形、椭圆形和棱锥形等多种形式。

7. 帘幕吸声结构

帘幕吸声结构是将具有通气性能的纺织品，安装在离开墙面或窗洞一段距离处，背后设置空气层。这种吸声体对中、高频都有一定的吸声效果。帘幕的吸声效果还与所用材料种类有关。帘幕吸声体安装拆卸方便，兼具装饰作用，应用价值高。

三、吸声材料的选用及安装注意事项

在室内采用吸声材料可以抑制噪声，保持良好的音质（声音清晰且不失真），故在教室、礼堂和剧院等室内应当采用吸声材料。吸声材料的选用和安装必须注意以下几点：

1）要使吸声材料充分发挥作用，应将其安装在最容易接触声波和反射次数最多的表面上，而不应把它集中在天花板或某一面的墙壁上，并应比较均匀地分布在室内各表面上。

2）吸声材料强度一般较低，应设置在墙裙以上，以免碰撞破损。

3）多孔吸声材料往往易于吸湿，安装时应考虑到湿胀干缩的影响。

4）选用的吸声材料应不易虫蛀、腐朽，且不易燃烧。

5）应尽可能选用吸声系数较高的材料，以便降低材料用量和成本。

6）安装吸声材料时应注意勿使材料的表面细孔被油漆的漆膜堵塞而降低其吸声效果。

虽然有些吸声材料的名称与绝热材料相同，都属多孔性材料，但在材料的孔隙特征上有着完全不同的要求。绝热材料要求具有封闭的互不连通的气孔，这种气孔越多其绝热性能越好；而吸声材料则要求具有开放的互相连通的气孔，这种气孔越多其吸声性能越好。至于如何使名称相同的材料具有不同的孔隙特征，这主要取决于原料组分中的某些差别和生产工艺中的热工制度、加压大小等。例如泡沫玻璃采用焦炭、磷化硅、石墨为发泡剂时，就能制得封闭的互不连通的气孔。又如泡沫塑料在生产过程中采取不同的加热、加压制度，可获得孔隙特征不同的制品。

除了采用多孔吸声材料吸声外，还可将材料制作成不同的吸声结构，达到更好的吸声效果。常用的吸声结构形式有薄板共振吸声结构和穿孔板吸声结构。

薄板共振吸声结构系采用薄板钉牢在靠墙的木龙骨上，薄板与板后的空气层

构成了薄板共振吸声结构。在声波的交变压力作用下，迫使薄板振动。当声频正好为振动系统的共振频率时，其振动最强烈，吸声效果最显著。此种结构主要是吸收低频率的声音。

穿孔板吸声结构是以穿孔的胶合板、纤维板、金属板或石膏板等为结构主体，与板后的墙面之间的空气层（空气层中有时可填充多孔材料）构成吸声结构。该结构吸声的频带较宽，对中频的吸声能力最强。

四、常用吸声材料及吸声系数

土木工程中常用吸声材料的参考吸声系数如表 9-2 所示。

表 9-2 土木工程中常用吸声材料的参考吸声系数

分类及名称		厚度/cm	各种频率下的吸声系数						装置情况
			125/Hz	250/Hz	500/Hz	1000/Hz	2000/Hz	4000/Hz	
无机材料	石膏板（有花纹）	—	0.03	0.05	0.06	0.09	0.04	0.06	贴实 墙面粉刷
	水泥蛭石板	4.0	—	0.14	0.46	0.78	0.50	0.60	
	石膏砂浆（掺水泥、玻璃纤维）	2.2	0.24	0.12	0.09	0.30	0.32	0.83	
	水泥膨胀珍珠岩板	5	0.16	0.46	0.64	0.48	0.56	0.56	
	水泥砂浆	1.7	0.21	0.16	0.25	0.40	0.42	0.48	
	砖（清水墙面）		0.02	0.03	0.04	0.04	0.05	0.05	
有机材料	软木板	2.5	0.05	0.11	0.25	0.63	0.70	0.70	贴实钉在木龙骨上，后面留 10cm 空气层和留 5cm 空气层两种
	木丝板	3.0	0.10	0.36	0.62	0.53	0.71	0.90	
	胶合板（三合板）	0.3	0.21	0.73	0.21	0.19	0.08	0.12	
	穿孔胶合板（五合板）	0.5	0.01	0.25	0.55	0.30	0.16	0.19	
	刨花板	1.5	0.35	0.27	0.20	0.15	0.25	0.39	
	木质纤维板	1.1	0.06	0.15	0.28	0.30	0.33	0.31	
多孔材料	泡沫玻璃	4.4	0.11	0.32	0.52	0.44	0.52	0.33	贴实 紧靠粉刷层
	脲醛泡沫塑料	5.0	0.22	0.29	0.40	0.68	0.95	0.94	
	泡沫水泥（外粉刷）	2.0	0.18	0.05	0.22	0.48	0.22	0.32	
	吸声蜂窝板		0.27	0.12	0.42	0.86	0.48	0.30	
	泡沫塑料	1.0	0.03	0.06	0.12	0.41	0.85	0.67	
纤维材料	矿棉板	3.13	0.10	0.21	0.60	0.95	0.85	0.72	贴实 贴在墙上
	玻璃棉	5.0	0.06	0.08	0.18	0.44	0.72	0.82	
	酚醛玻璃纤维板	8.0	0.25	0.55	0.80	0.92	0.98	0.95	
	工业毛毡	3.0	0.10	0.28	0.55	0.60	0.60	0.56	

↘第三节　隔声材料

能减弱或隔断声波传递的材料称为隔声材料。必须指出吸声性能好的材料，不能简单地把它们作为隔声材料来使用。

人们要隔绝的声音，按传播途径分为空气声（通过空气传播的声音）和固体声（通过固体的撞击或振动传播的声音）两种，两者隔声的原理不同。

对空气声的隔绝，主要是依据声学中的“质量定律”，即材料的表观密度越大，越不易受声波作用而产生振动，其声波通过材料传递的速度迅速减弱，其隔声效果越好。所以，应选用表观密度大的材料（如钢筋混凝土、实心砖等）作为隔绝空气声的材料。

对固体声隔绝的最有效措施是隔断其声波的连续传递。即在产生和传递固体声的结构（如梁、框架、楼板与隔墙以及它们的交接处等）层中加入具有一定弹性的衬垫材料，如软木、橡胶、毛毡、地毯或设置空气隔离层等，以阻止或减弱固体声的继续传播。

由上述可知，材料的隔声原理与材料的吸声原理是不同的，因此，吸声效果好的多孔材料其隔声效果不一定好。

练习题

基础练习题

9-1　什么是绝热材料？影响绝热材料导热性的主要因素有哪些？工程上对绝热材料有哪些要求？

9-2　绝热材料的基本特征如何？常用绝热材料品种有哪些？

9-3　什么是吸声材料？什么是材料的吸声性能，如何表示？

9-4　吸声材料有哪些基本特征？

9-5　吸声材料和绝热材料的性质有何异同？使用绝热材料和吸声材料时各应注意哪些问题？

9-6　什么是隔声材料？隔绝空气声与隔绝固体声的作用原理有何不同？哪些材料适宜用做隔绝空气声或隔绝固体声的材料？

9-7　哪些措施可以解决轻质材料绝热性能、吸声性能好，而隔声能力差的特性？

开放式练习题

9-8　某冰库隔热材料采用水玻璃胶结膨胀蛭石板，使用一段时间后绝热效果变差。后经采用聚苯乙烯泡沫作墙体绝热夹芯板，并在内墙喷涂聚氨酯泡沫层作绝热层的改进方法，取得良好效果。试分析原因。

9-9　请查阅资料，列举吸声材料在实际工程中的应用实例。

10

第十章 土木工程材料试验

学习要求 掌握常规试验的试验方法，试验结果记录与处理方法，以及材料品质的评定方法；学会综合性试验的设计方法与试验方法。

第一节 钢筋试验

一、钢筋拉伸试验

1. 试验目的

测定低碳钢的屈服强度、抗拉强度与延伸率。观察拉力与变形之间的变化，确定应力与应变之间的关系曲线，评定钢筋的强度等级。

2. 主要仪器设备

（1）试验机 为保证机器安全和试验准确，应选择合适量程，保证最大负荷时指针位于第三象限内（即 180°~270°之间）。试验机的测力示值误差不大于 1%。

（2）量爪游标卡尺 精确度为 0.1mm。

3. 试验步骤

（1）试件制作和准备 抗拉试验用钢筋试件不得进行车削加工，可以用两个或一系列等分小冲点或细划线标出原始标距，测量标距长度 l_0（见图 10-1），计算钢筋强度用横截面积采用表 10-1 所列公称横截面积。

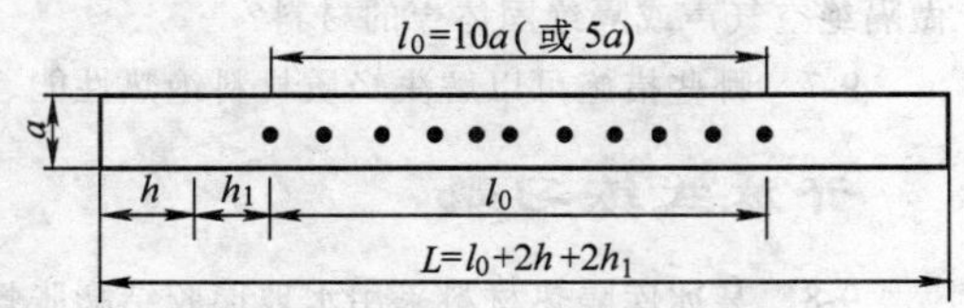

图 10-1 不经切削的试件

a—试样原始直径 l_0—标距长度

h—夹头长度 L—试样平行长度

h_1—夹头端点至标距端点的距离

（2）屈服强度和抗拉强度 测定步骤如下：

表 10-1 钢筋的公称横截面积

公称直径/mm	公称横截面积/mm^2	公称直径/mm	公称横截面积/mm^2
8	50.27	22	380.1
10	78.54	25	490.9
12	113.1	28	615.8
14	153.9	32	804.2
16	201.1	36	1080.0
18	254.5	40	1257.0
20	314.2	50	1964.0

1）调整试验机测力度盘的指针，使其对准零点，并拨动副指针，使其与主指针重叠。

2）将试件固定在试验机夹头内，开动试验机进行拉伸。

3）拉伸中，测力度盘的指针停止转动时的恒荷载，或第一次回转时的最小荷载，即为所求的屈服点荷载 F_s，按下式计算试件的屈服点。

$$\sigma_s = F_s/A \tag{10-1}$$

式中 σ_s——屈服点（MPa）；

F_s——屈服点荷载（N）；

A——试件的公称横截面积（mm^2）。

精度要求：当 $\sigma_s > 1000$MPa 时，应计算至 10MPa；σ_s 为 200～1000MPa 时，计算至 5MPa；$\sigma_s < 200$MPa 时，小数点数字按“四舍六入五单双法”处理。

4）向试件连续施荷直至拉断，由测力度盘读出最大荷载 F_b，按下式计算试件的抗拉强度。

$$\sigma_b = F_b/A \tag{10-2}$$

式中 σ_b——抗拉强度（MPa）；

F_b——最大荷载（N）；

A——试件的公称横截面积（mm^2）。

σ_b 的计算精度要求同 σ_s。

（3）伸长率 测定如下：

1）将已拉断试件的两段在断裂处对齐，尽量使轴线位于一条直线上。如拉断处由于各种原因形成缝隙，则此缝隙应计入试件拉断后的标距部分长度内。

2）如拉断处到邻近标距端点的距离大于 $1/3l_0$ 时，可用卡尺直接量出已被拉长的标距长度 l_1。

3）如拉断处到邻近标距端点的距离小于或等于 $1/3l_0$，按移位法确定 l_1：

在长段上从拉断处 O 点取基本等于短段格数，得 B 点，接着取等于长段所

余格数（偶数）之半得 C 点；或者取所余格数（奇数）减 1 与加 1 之半，得到 C 与 C_1 点，移位后的 l_1 分别为：$AO + OB + 2BC$ 或 $AO + OB + BC + BC_1$，如图 10-2所示。

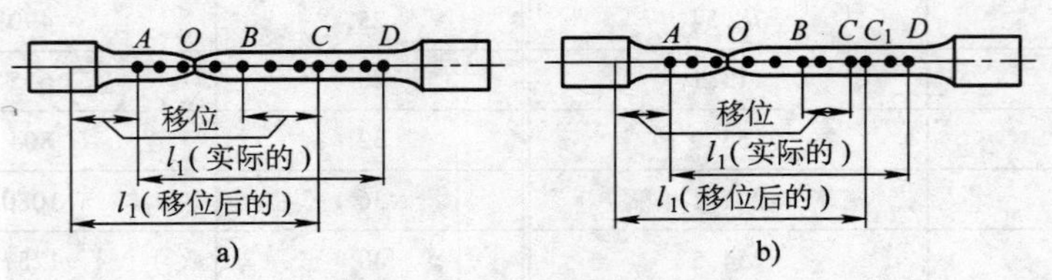

图 10-2 伸长率断后标距部分长度用移位法确定
a）长段所余格数为偶数 b）长段所余格数为奇数

如果直接量测所求得的伸长率能达到技术条件的规定值，则可不采用移位法。

4）伸长率按下式计算，精确至 1%。

$$\delta = \frac{l_1 - l_0}{l_0} \times 100\% \qquad (10\text{-}3)$$

式中 δ（δ_{10}或 δ_5）——分别表示 $l_0 = 10a$ 或 $l_0 = 5a$ 时的伸长率（%）；

l_0——原标距长度（mm）；

l_1——试件拉断后直接量出或按移位法确定的标距部分长度（mm），精确至 0.1mm。

如试件在标距端点上或标距处断裂，则试验结果无效，应重做试验。

二、钢筋冷弯试验

1. 试验目的

检定钢筋承受弯曲程度的弯曲变形性能，并显示其缺陷。

2. 主要仪器设备

压力机或万能试验机具有不同直径的弯心。

3. 试验步骤

（1）取样 钢筋冷弯试件不得进行车削加工，试样长度通常按下式确定：$l = 5a + 150$（mm）。

（2）半导向弯曲 试样一端固定，绕弯心直径进行弯曲。试样弯曲到规定的弯曲角度或出现裂纹、裂缝、断裂为止。

（3）导向弯曲 如图 10-3 所示。

1）试样放置于两个支点上，将一定直径的弯心在试样两个支点中间施加压力，使试样弯曲到规定的角度或出现裂纹、裂缝、断裂为止。

2）试样在两个支点上按一定弯心直径弯曲至两臂平行时，可一次完成试

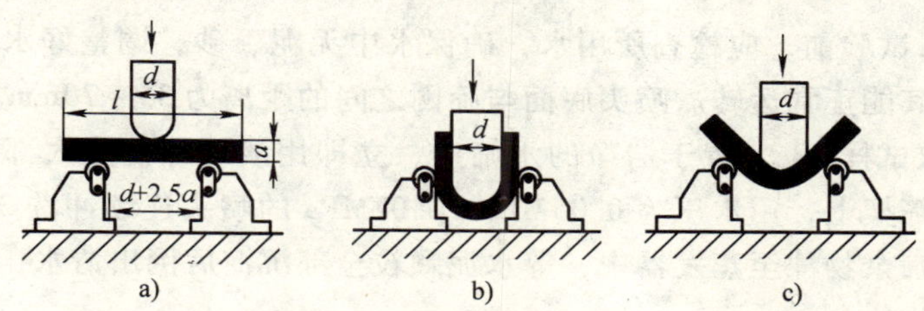

图 10-3　钢筋冷弯试验图
a）装好的试件　b）弯曲 180°　c）弯曲 90°

验，亦可先弯曲一部分（图 10-3c），然后放置在试验机平板之间继续施加压力，压至试样两臂平行。此时可以加与弯心直径相同尺寸的衬垫进行试验。

3）试验应在平稳压力作用力下，缓慢施加试验压力。两支辊间距离为 $(d+2.5a)\pm0.5a$，并且在试验过程中不允许有变化。

4）试验应在 10 ~ 35℃或 23℃ ±5℃控制条件下进行。

4. 结果评定

弯曲后，按有关标准规定检查试样弯曲外表面，进行结果评定。若无裂纹、裂缝或断裂，则评定试样合格。

第二节　水泥试验

一、水泥细度测定

1. 试验目的

用负压筛法、水筛法或手工干筛法对水泥细度进行测定。

2. 试验设备

负压筛析仪（由筛座、负压筛、负压源及收尘器组成）、水筛（水筛架和喷头）、干筛和天平等。

3. 试验步骤

（1）负压筛法　这是目前测定水泥细度最常采用的一种方法。

1）试验前，把负压筛放在筛座上，盖上筛盖，接通电源，检查控制系统，调节负压至 4000 ~ 6000Pa 范围内。

2）称取烘干水泥试样 25g。

3）将试件置于洁净的负压筛中，盖上筛盖，放在筛座上，开动筛析仪连续筛析 2min，在此期间如有试样附着在筛盖上，可轻轻地敲击，使试样落下。筛毕，用天平称量筛余物。

（2）水筛法　当水筛法与负压筛法测定结果出现矛盾时，以负压筛法为准。

1）筛析试验前，应检查所用水，确保水中无泥、砂，调整好水压及水筛架的位置，使其能正常运转。喷头底面与筛网之间的距离为35～70mm。

2）称取试样50g，置于洁净的水筛中，立即用淡水冲洗至大部分细粉通过后，放在水筛架上，用水压为0.05MPa±0.02MPa的喷头连续冲洗3min。筛毕，用少量水把筛余物冲至蒸发器中，等水泥颗粒全部沉淀后倒出清水，烘干并用天平称量筛余物。

（3）手工干筛法　在没有负压筛析仪和水筛的情况下，允许用手工干筛法。试验步骤如下：

1）称取试样50g，倒入干筛内。

2）用一只手执筛往复摇动，另一只手轻轻拍打，拍打速度每分钟约120次，每40次向同一方向转动60°，使试样均匀分布在筛网上，直至每分钟通过的试样量不超过0.05g为止。

3）称量筛余物，称量精确至0.1g。

4. 结果计算

按下式计算水泥试样筛余百分率，计算结果精确至0.1%。

$$F = \frac{R_S}{W} \times 100\% \tag{10-4}$$

式中　F——水泥试样的筛余百分率（%）；

R_S——水泥筛余物的重量（g）；

W——水泥试样的重量（g）。

5. 筛余结果修正

按下式修正水泥试样筛余百分数计算结果：

$$F_C = CF \tag{10-5}$$

式中　F_C——水泥试样修正后的筛余百分数（%）；

C——试验筛修正系数，$C = F_n / F_t$；

F_n——标准样品的筛余标准值（%）；

F_t——标准样品在试验筛上的筛余值（%）。

二、水泥标准稠度用水量测定

1. 试验目的

配制标准稠度水泥净浆，供测定水泥凝结时间和安定性使用。

2. 仪器设备

（1）水泥净浆搅拌机　主要由搅拌锅、搅拌叶片、传动机构和控制系统组成。

（2）测定水泥标准稠度和凝结时间的维卡仪　包括试杆和试模，如图10-4所示。

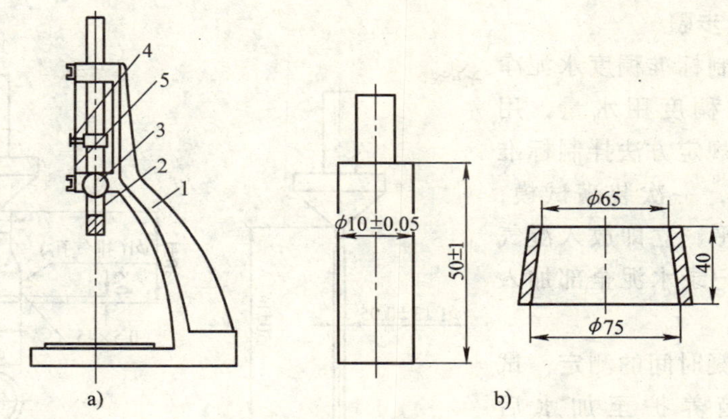

图 10-4 测定水泥标准稠度和凝结时间的维卡仪

a）维卡仪 b）试杆和试模

1—铁座 2—金属圆棒 3—松紧螺丝 4—指针 5—标尺

3. 试验步骤

（1）拌制水泥净浆 用湿布将搅拌锅和搅拌叶片擦湿，将拌合水（W）倒入搅拌锅内，然后在 5～10s 内小心将称好的 500g 水泥加入水中，将搅拌锅固定在搅拌机的锅座上，升至搅拌位置；搅拌机低速搅拌 120s，停 15s，同时将叶片和锅壁上的水泥浆刮入锅中，接着高速搅拌 120s，停机。

（2）测定标准稠度用水量 搅拌结束后，立即将水泥净浆装入已置于玻璃底板上的试模中，用小刀插捣，轻轻振动数次，抹平后迅速将试模和底板移到维卡仪上，降低试杆直至与净浆表面正好接触，拧紧螺丝 1～2s 后，突然放松，使试杆垂直自由地沉入水泥净浆中。在试杆停止沉入或释放试杆 30s 时，记录试杆距底板之间的距离。

4. 试验结果

试杆沉入净浆并距底板 6mm ± 1mm 的水泥净浆为标准稠度净浆。

标准稠度用水量（P）按下式计算，以水泥质量的百分比计。

$$P = \frac{W}{500} \times 100\% \tag{10-6}$$

三、水泥净浆凝结时间测定

1. 仪器设备

（1）维卡仪 测定凝结时间的仪器，同测定标准稠度用水量仪器，只是取下试杆，用试针代替试杆。

（2）初凝和终凝用试针 如图 10-5 所示。

2. 试验步骤

(1) 拌制标准稠度水泥净浆　以标准稠度用水量，用500g水泥按规定方法拌制标准稠度水泥浆，一次装满试模，振动数次刮平，立即放入湿气养护箱中。记录水泥全部加入水中的时间。

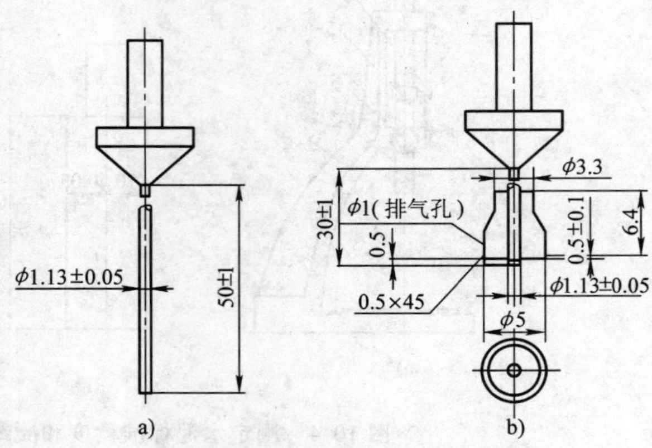

图 10-5　测定水泥凝结时间用试针
a) 初凝用试针　b) 终凝用试针

(2) 初凝时间的测定　试件在养护箱养护至加水后30min时进行第一次测定。测定时，将试模放到试针下，降低试针使之与水泥净浆表面接触，拧紧螺丝1～2s后，突然放松，试针垂直自由地沉入水泥净浆，记录试针停止下沉或释放试针30s时指针的读数。

在最初测定操作时应轻轻扶持金属柱，使其徐徐下降，以防试针撞弯，但结果以自由下落为准。

(3) 终凝时间的测定　在完成初凝时间测定后，立即将试模连同浆体以平移的方式从玻璃板取下，翻转180°，大直径端向上，小直径端向下放在玻璃板上，再放入养护箱中继续养护，临近终凝时间每隔15min测定一次。用同样测定方法，观察指针读数。

3. 试验结果

从水泥全部加入水中的时间起，至试针沉至距底板4mm±1mm时所经过的时间为初凝时间；至试针沉入试体0.5mm时，即环形附件开始不能在试体上留下痕迹时所经过的时间为终凝时间。

四、水泥安定性试验

1. 试验目的

采用雷式法检验水泥的安定性。用沸煮法检验水泥浆体硬化后体积变化是否均匀。检验分雷氏法和试饼法，若两种方法出现矛盾时以雷氏法为准。

2. 试验设备

水泥净浆搅拌机、天平、雷氏沸煮箱、养护箱、雷氏夹（见图10-6）、雷氏夹膨胀测定仪（见图10-7）、玻璃片、机油。

3. 试验步骤

(1) 拌制水泥浆　采用标准稠度的用水量拌制水泥浆。

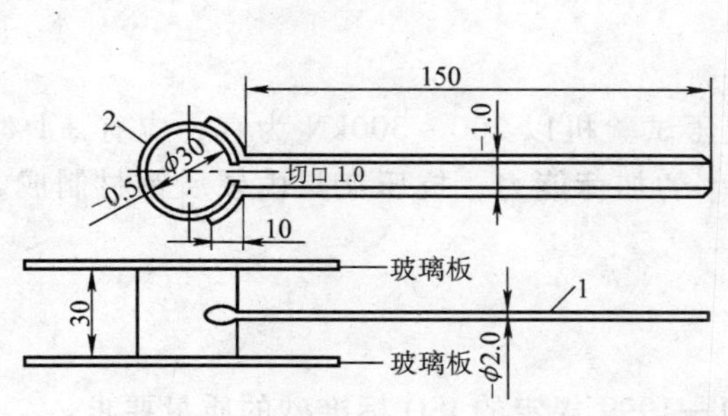

图 10-6　雷氏夹
1—指针　2—环模

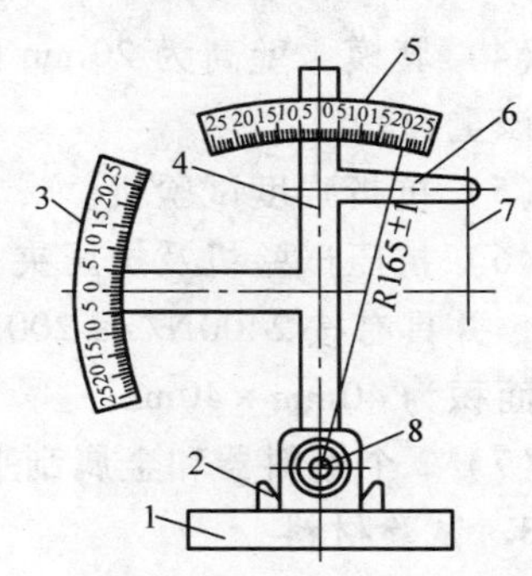

图 10-7　雷氏夹膨胀测定仪
1—底座　2—模子座　3—测弹性标尺
4—立柱　5—测膨胀值标尺　6—悬臂
7—悬丝　8—弹簧顶钮

（2）装雷氏夹试模　将雷氏夹放在已稍擦油的玻璃板上，并立刻将试件装满试模。装模时一只手轻轻扶持试模，另一只手用宽约 10mm 的小刀插捣 15 次左右然后抹平，盖上稍擦油的玻璃板。接着立刻将试模移至养护箱内养护 24h ±2h。

（3）沸煮　调整好沸煮箱内水位，能保证在沸煮过程中不需添水。从玻璃板上取下雷氏夹试件，先测量试件指针尖端的距离（A），精确到小数点后一位，接着将试件放入水中蓖板上，指针朝上，试件之间互不交叉，然后在 30min ± 5min 内加热至沸，并恒沸 3h ±5min。

（4）测量试件指针尖端的距离　沸煮结束，放掉箱中热水，打开箱盖，待箱体冷却至室温，取出雷氏夹，测量试件指针尖端的距离（C），精确至小数点后一位。

4. 记录结果

计算试件沸煮后增加的距离（$C-A$），试验 2 次，取平均值。当不大于 5.0mm 时，认为水泥安定性合格。当超过 4mm 时，应取同一样品立即重新做一次试验。

五、水泥胶砂强度试验

1. 试验目的

根据国家标准规定采用 ISO 胶砂法来检验，并确定水泥的强度等级。

2. 试验设备

（1）行星式水泥胶砂搅拌机　搅拌叶和搅拌锅作相反方向转动。

（2）振实台　由同步电机带动凸轮转动，使振动部分上升定值后自由落下，产生振动，振动频率为 60 次/（60s ±2s），落距 15mm ±0.3mm。

（3）试模　可装拆的三连模，由隔板、端板和底座组成。

（4）套模　壁高为20mm的金属模套，当从上向下看时，模套壁与试模内壁应该重叠。

（5）抗折强度试验机。

（6）抗压试验机及抗压夹具　抗压试验机以200～300kN为宜，应有±1%精度，并具有按2400N/s±200N/s速率的加荷能力；抗压夹具由硬质钢材制成，受压面积为40mm×40mm。

（7）2个播料器和金属刮平直尺。

3．试验材料

（1）标准砂　应符合GB/T 17671—1999规定的ISO标准砂的质量要求。

（2）水泥　水泥从取样到试验超过24h，应把它储存在密封的容器里。

（3）水　仲裁试验或其他重要试验用蒸馏水，其他试验可用自来水。

4．试验步骤

（1）试件成形　步骤如下：

1）成形前将试模擦净，用黄油等密封材料涂覆试模的外接缝，试模的内表面应涂上一薄层机油。

2）按表10-2称取试验材料。

表10-2　水泥胶砂强度试验材料的用量　（单位：g）

水泥	标准砂	水
450±2	1350±5	225±1

3）胶砂搅拌。试验前或更换水泥品种时，将搅拌锅、叶片和下料漏斗等用湿布抹擦干净。水泥胶砂拌合的操作程序如下：先把水倒入锅内，再加入水泥，然后把锅固定在底座上，上升至固定位置后立即开动搅拌机，低速搅拌30s后，在第二个30s开始的同时均匀地将砂子加入，再高速拌合30s。停拌90s（在停拌的第一个15s内用一胶皮刮具将叶片和锅壁上的胶砂刮入锅中），再在高速下拌合60s。各搅拌阶段的时间误差≤1s。

4）试件制备。胶砂搅拌后应立即成形。先把空试模和模套固定在振实台上，将搅拌好的胶砂用小勺均匀地装入下料漏斗中，开动振动台，振动120s±5s停止。取下试模，用刮平刀以近似90°的角度架在试模模顶的一端，然后沿试模长度方向以横向锯割动作慢慢向另一端移动，一次将超过试模部分的胶砂刮去，并用刮平刀以近乎水平的方式将试体表面抹平。接着对试模编号。

（2）试样的养护　将试模放入养护箱养护（温度20℃±3℃，相对湿度大于90%），箱内箅板必须水平，养护24h±2h后取出脱模，脱模时应防止试件损伤。试件脱模后立即放入20℃±2℃的水中养护，试件之间间隔或试件上表面的水深应不小于5mm。任何到龄期的试体应在试验前15min从水中取出。擦去试

体表面沉淀物，并用湿布覆盖到试验为止。试件龄期是从水泥加水搅拌时算起，不同龄期强度试验应在下列时间里进行：24h ± 15min、48h ± 30min、72h ± 45min、7d ± 2h、28d ± 8h。

（3）强度试验 包括抗折强度试验和抗压强度试验。

1）抗折强度试验。将试体的一个侧面放在试验机支撑圆柱面上，试件长轴垂直于支撑圆柱，通过加荷，圆柱以 50N/s ± 10N/s 的速率均匀地加在棱柱体相对侧面上，直至折断。保持上半截棱柱体处于潮湿状态直至抗压试验。

抗折强度按下式计算，精确到 0.01MPa。

$$f_f = \frac{3FL}{2bh^2} \tag{10-7}$$

式中 f_f——抗折强度（MPa）；

F——破坏载荷（N）；

L——支撑圆柱中心距（100mm）；

b、h——试件的宽与高，均为 40mm。

抗折强度测定结果取 3 块试件平均值并取整数，当 3 个强度值中有 1 个超过平均值的 ±10% 时，应予剔除，以其余 2 个数字取平均值作为抗折强度试验结果，如有 2 个试件的测定结果超过平均值的 ±10% 时，应重做试验。

2）抗压强度试验。抗折强度试验后的 2 个断块应立即进行抗压试验。抗压试验须用抗压夹具进行，试件受压面为 40mm × 40mm。试验前应清除试件的受压面与加压板间的砂粒或杂物，试验时以试件的侧面作为受压面，并使夹具对准压力机压板中心。

抗压强度按下式计算，计算精确到 0.1MPa。

$$f_c = \frac{F}{A} \tag{10-8}$$

式中 f_c——抗压强度（MPa）；

F——破坏载荷（N）；

A——受压面积，40mm × 40mm。

6 个抗压强度结果中剔除最大、最小 2 个数值，以剩下 4 个的平均值作为抗压强度测定结果。

第三节 粗、细集料试验

一、集料的筛分试验

1. 试验目的

测定细集料的颗粒级配，计算细度模数，评定砂的粗细程度；测定粗集料的

颗粒级配及粒级规格；为水泥混凝土和沥青混合料配合比设计提供依据。

2. 试验设备

（1）标准筛　细集料标准筛孔径为：圆孔筛系列（10.0mm、5.0mm、2.5mm、1.25mm、0.63mm、0.315mm、0.16mm）或方孔筛系列（9.5mm、4.75mm、2.36mm、1.18mm、0.6mm、0.3mm、0.15mm、0.075mm）及筛底、筛盖各1个。粗集料标准筛孔径为：圆孔筛系列（63.0mm、50.0mm、40.0mm、31.5mm、25.0mm、20.0mm、16.0mm、10.0mm、5.0mm、2.5mm）或方孔筛系列（75mm、63mm、53mm、37.5mm、31.5mm、26.5mm、19mm、16mm、13.2mm、9.5mm、4.75mm、2.36mm）及筛底、筛盖各1个。

（2）烘箱　能控温在105℃ ±5℃。

（3）天平　称量5kg，感量1g（适用于粗集料）；称量1000g，感量不大于0.5g（适用于细集料）。

（4）摇筛机。

（5）其他　浅盘，铲子，毛刷等。

3. 试验步骤

（1）粗集料筛分试验　步骤如下：

1）把试样倒入按大小筛孔尺寸顺序排好的筛中，盖上筛盖后进行筛分。先前后左右摇动套筛。使试样初步分离后，按筛孔大小顺序过筛，一直到各号筛每分钟的通过量不超过试样总量的0.1%时，称量存留在筛上的试样质量。

2）当某号筛上的筛余层厚度大于试样的最大粒径时，应将该号筛上的试样分成2份分别筛分。直到各号筛每分钟的通过量不超过试样总量的0.1%为止。

3）筛分后在筛上的所有分计筛余量和底盘剩余的总和与筛分前测定的试样总量相比，其相差不得超过0.5%。

4）称量结束后，计算出筛分后试样的分计筛余、累计筛余、通过百分率。根据试验数据，判定粗集料的颗粒级配是否符合规定。

5）试验中应注意的问题：①试样应具有代表性，每次试验应满足一份试样最小质量的要求；②当筛分试样的粒径大于20mm时，筛分过程中允许用手指轻轻拨动颗粒，但不得逐粒塞过筛孔。20mm以下粒径在筛分过程中不允许用手指拨动颗粒；③试验时可用摇筛机筛分，也可以用手筛。

（2）细集料的筛分试验　步骤如下：

1）试验准备。充分拌匀通过10mm圆孔筛（或9.5mm方孔筛）的试样，用四分法把试样缩分成2份，每份试样不少于550g，把试样放入100℃ ±50℃的烘箱中烘至恒量，冷却至室温后备用。

2）准确称取冷却后的烘干试样500g，放入按筛孔大小顺序排列的套筛的最上一层，即5mm圆孔筛（或4.75mm方孔筛）上。将套筛装入摇筛机并卡紧，

摇筛 10min（无摇筛机时，可直接用手摇筛 10min），然后取出套筛。

3）按筛孔大小顺序在清洁的浅盘上逐个进行手筛，直到每分钟的筛出量不超过试样总量的 0.1% 时为止。用钢丝刷或软毛刷仔细将筛网上的试样刷净，称量存留在筛上的试样质量，精确至 1g。

4）将上一号筛通过部分，即浅盘上的试样并入下一号筛，与下一号筛中的试样一起筛分，筛后称重。按这样的顺序逐次进行，直至各号筛全部筛完为止。

5）所有筛上分计筛余量及盘底中剩余量之和与筛分前的试样总质量相比，相差不得超过 1%（即相差不得超过 ±5g）。

6）称量结束后，计算出筛分后试样的分计筛余、累计筛余、通过百分率，并按第 4 章式（4-9）：$M_x = \frac{(A_{0.15} + A_{0.3} + A_{0.6} + A_{1.18} + A_{2.36}) - 5A_{4.75}}{100 - A_{4.75}}$计算细度模数。根据试验数据，确定细集料的粗细程度和颗粒级配。

试验应以 2 个试样进行平行试验，并以其试验结果的算术平均值作为测定值（精确到 0.1）。如两次试验所得的细度模数之差大于 0.2，应重新进行试验。

二、粗集料的密度试验（网篮法）

1. 试验目的

测定粗集料的密度用以评定集料的工程性质，亦为水泥混凝土及沥青混合料的组成设计提供必要的技术数据，同时也是计算粗集料空隙率的重要依据。

2. 试验仪具

浸水天平（或静水密度天平，如图 10-8 所示）、吊篮、溢流水槽、烘箱、毛巾、标准筛、盛水容器（如搪瓷盘）、刷子、温度计等。

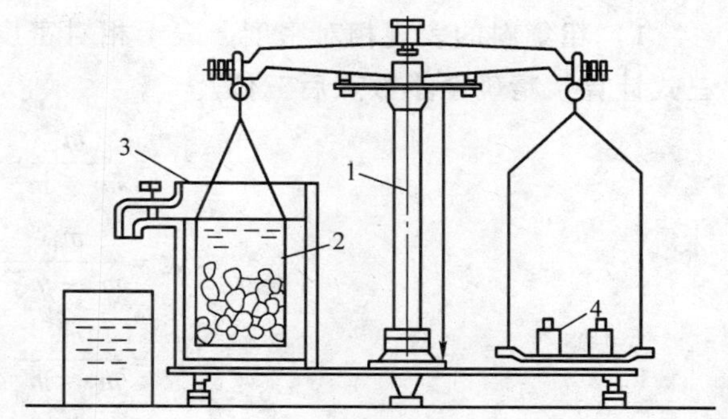

图 10-8　静水密度天平示意图
1—天平　2—吊篮　3—盛水容器　4—砝码

3. 试验方法

1）将试样用标准筛过筛除去其中的细集料，对较粗的粗集料可用 4.75mm 筛过筛，对 2.36～4.75mm 集料，或者混在 4.75mm 以下石屑中的粗集料，则用 2.36mm 标准筛过筛，用四分法或分料器法缩分至要求的质量，分 2 份备用。

2）将每一份集料试样分别浸泡在水中，并适当搅动，仔细洗去附在集料表面的尘土和石粉，经多次漂洗干净至水完全清澈为止。

3）取试样一份装入干净的搪瓷盘中，注入洁净的水，水面至少应高出试样

20mm，轻轻搅动石料，使附着在石料上的气泡完全逸出。在室温下保持浸水24h。

4）将吊篮挂在天平的吊钩上，浸入溢流水槽中，向溢流水槽中注水，水面高度至水槽的溢流孔为止，将天平调零。吊篮的筛网应保证集料不会通过筛孔流失，对2.36～4.75mm的粗集料应更换小孔筛网，或在网篮中加放入一个浅盘。

5）调节水温在15～25℃的范围内。将试样移入吊篮中，溢流水槽中的水面高度由水槽的溢流孔控制，维持不变。称取集料的水中质量（m_w）。

6）提起吊篮，稍稍滴水后，较粗的粗集料可以直接倒在拧干的湿毛巾上。将较细的粗集料（2.36～4.75mm）连同浅盘一起取出，稍稍倾斜搪瓷盘，仔细倒出余水，将粗集料倒在拧干的湿毛巾上，用毛巾吸走从集料中漏出的自由水。此步骤需特别注意不得有颗粒丢失，或有小颗粒附在吊篮上。再用拧干的毛巾轻轻擦干集料颗粒的表面水，至表面看不到发亮的水迹，即为饱和面干状态。当粗集料尺寸较大时，宜逐颗擦干。注意对于较粗的粗集料，拧湿毛巾时不要太用力，防止拧得太干，对较细的含水较多的粗集料，毛巾可拧得稍干些。擦颗粒的表面水时，既要将表面水擦掉，又严禁将颗粒内部的水吸出。整个过程不得有集料丢失，且已擦干的集料不得继续在空气中放置，以防止集料干燥。

7）立即在保持表干状态下，称取集料的表干质量（m_f）。

8）将集料置于浅盘中，放入105℃±5℃的烘箱中烘干至恒量。取出浅盘，放在带盖的容器中冷却至室温，称取集料的烘干质量（m_a）。

9）对同一规格的粗集料应平行试验2次，取平均值作为试验结果。

4. 结果计算及精度要求

1）粗集料的表观相对密度、表干相对密度、毛体积相对密度。分别按下列三式计算，精确至小数点后三位。

$$\gamma_a = \frac{m_a}{m_a - m_w} \tag{10-9}$$

$$\gamma_s = \frac{m_f}{m_f - m_w} \tag{10-10}$$

$$\gamma_b = \frac{m_a}{m_f - m_w} \tag{10-11}$$

式中 γ_a、γ_s、γ_b——粗集料的表观相对密度、表干相对密度、毛体积相对密度（无量纲）；

m_a——粗集料的烘干质量（g）；

m_w——粗集料的水中质量（g）；

m_f——粗集料的表干质量（g）。

2）粗集料的表观密度、表干密度、毛体积密度。可分别按下列三式计算，精确至小数点后三位。不同水温条件下测量的粗集料表观密度需要进行水温修正，不同试验温度下水的密度 ρ_T 及水的温度修正系数 α_T 按表 10-3 选用。

表 10-3　不同水温时水的密度 ρ_T 及水温修正系数 α_T

水温/℃	15	16	17	18	19	20
水的密度 $\rho_T/g \cdot cm^{-3}$	0.99913	0.99897	0.99880	0.99862	0.99843	0.99822
修正系数 α_T	0.002	0.003	0.003	0.004	0.004	0.005
水温/℃	21	22	23	24	25	
水的密度 $\rho_T/g \cdot cm^{-3}$	0.99802	0.99779	0.99756	0.99733	0.99702	
修正系数 α_T	0.005	0.006	0.006	0.007	0.007	

$$\rho_a = \gamma_a \rho_T \text{ 或 } \rho_a = (\gamma_a - \alpha_T)\rho_w \tag{10-12}$$
$$\rho_s = \gamma_s \rho_T \text{ 或 } \rho_s = (\gamma_s - \alpha_T)\rho_w \tag{10-13}$$
$$\rho_b = \gamma_b \rho_T \text{ 或 } \rho_b = (\gamma_b - \alpha_T)\rho_w \tag{10-14}$$

式中　ρ_a、ρ_s、ρ_b——粗集料的表观密度、表干密度和毛体积密度（g/cm^3）；

ρ_T——试验温度 T 时水的密度（g/cm^3），按表 10-3 取用；

α_T——试验温度 T 时水的温度修正系数，按表 10-3 取用；

ρ_w——水在 4℃时的密度（$1.000g/cm^3$）。

3）精度要求。两次试验结果之差不得超过 0.02。

三、细集料表观密度试验（容量瓶法）

1. 试验目的

采用容量瓶法测定细集料（天然砂、石屑、机制细集料）在 23℃时对水的表观相对密度和表观密度，以鉴定细集料的品质，同时亦为水泥混凝土和沥青混合料的配合比设计提供原始数据。

2. 试验仪具

托盘天平（称量 1kg，感量 1g）、容量瓶（500mL）、烘箱、烧杯（500mL）、洁净水、干燥器、浅盘、铝制料勺、温度计等。

3. 试验方法

1）将缩分至 650g 左右的试样在温度为 105℃ ±5℃的烘箱中烘干至恒量，并在干燥器中冷却至室温，分成 2 份备用。

2）称取烘干的试样 300g（m_0），装入盛有半瓶洁净水的容量瓶中。

3）摇转容量瓶，使试样在已保温至 23℃ ±1.7℃的水中充分搅动以排除气泡，塞紧瓶塞，在恒温条件下静置 24h 左右，然后用滴管加水，使水面与瓶颈刻度线平齐，再塞紧瓶塞，擦干瓶外水分，称其总质量（m_2）。

4）倒出瓶中的水和试样，将瓶内、外表面洗净，再向瓶中注入同样温度的

洁净水（温差不超过 2℃），至瓶颈刻度线。塞紧瓶塞，擦干瓶外水分，称其总质量（m_1）。

4. 结果计算及精度要求

（1）细集料的表观相对密度　按下式计算，精确至小数点后三位。

$$\gamma_a = \frac{m_0}{m_0 + m_1 - m_2} \tag{10-15}$$

式中　γ_a——细集料的表观相对密度，无量纲；

m_0——试样的烘干质量（g）；

m_1——水和容量瓶的总质量（g）；

m_2——试样、水和容量瓶的总质量（g）。

（2）细集料的表观密度　可按下式计算，精确至小数点后三位。

$$\rho_a = \gamma_a \rho_T \text{ 或 } \rho_a = (\gamma_a - \alpha_T)\ \rho_w \tag{10-16}$$

式中　ρ_a——细集料的表观密度（g/cm^3）；

α_T、ρ_T、ρ_w——意义同前，ρ_T 取值参见表 10-3。

以 2 次平行试验结果的算术平均值作为测定值，如两次结果之差值大于 0.01g/cm^3，应重新取样进行试验。

四、粗集料堆积密度试验

1. 试验目的

测定粗集料在自然状态下的堆积密度、紧密堆积密度及空隙率。

2. 仪器设备

台秤（称量 50kg，感量 50g）、容量筒（规格见表 10-4）。

表 10-4　容量筒规格

粗集料最大粒径 /mm	容量筒容积 /L	容量筒内径 /mm	容量筒净高 /mm
9.5、16.0、19.0、26.5	10	208	294
31.5、37.5	20	294	294
53.0、63.0、75.0	30	360	294

3. 试验步骤

1）按规定取样，烘干或风干后，拌匀分 2 份备用。

2）自然堆积密度。称容量筒的质量（m_1），用取样铲将试样从容量筒上方 50mm 处使试样以均匀、自由落体状装入容量筒，使之呈锥体，除去凸出筒口表面的颗粒，以合适的颗粒填入凹陷部分，使表面稍凸起部分和凹陷部分的体积大致相等，称取试样和容量筒总质量（m_2）。

3）紧装密度。取制备好的试样 1 份，分 3 次装入容量筒，每装完 1 层，在筒底垫放 1 根直径为 16mm 的钢筋，按住筒口或把手，左右交替颠击地面 25 次，但筒底所垫钢筋的方向应与装前一层的放置方向垂直，3 次试样装满完毕后，用钢筋刮下高出筒口的颗粒，将试样凹凸部分整平，称取试样和容量筒总质量 (m_2)。

4）容量筒校正。将温度为 20℃ ±5℃ 的饮用水装满容量筒，用玻璃板沿筒口滑移，使其紧贴水面，擦干筒外壁水分后称量。用下式计算筒的容积 V:

$$V = m'_2 - m'_1 \tag{10-17}$$

式中 m'_1——容量筒和玻璃板质量（kg）；

m'_2——容量筒、玻璃板和水总质量（kg）。

4. 结果计算与评定

（1）粗集料的自然堆积密度或紧装密度 按下式计算，精确至 10kg/m^3。

$$\rho' = \frac{m_2 - m_1}{V} \times 1000 \tag{10-18}$$

式中 ρ'——粗集料的堆积密度（kg/m^3）；

m_1——容量筒的质量（kg）；

m_2——容量筒和试样的总质量（kg）；

V——容量筒的容积（L）。

以 2 次试验结果的算术平均值作为测定值。

（2）粗集料的空隙率 按下式计算，精确至 1%。

$$P = (1 - \frac{\rho'}{\rho_a}) \times 100\% \tag{10-19}$$

式中 P——粗集料的空隙率（%）；

ρ'、ρ_a——意义同前。

五、细集料的堆积密度试验

1. 试验目的

测定细集料自然状态下的堆积密度、紧装密度及空隙率。

2. 试验仪具

天平（称量 10kg，感量 1g）、容量筒（容积约为 1L）、标准漏斗（图 10-9）、烘箱、方孔筛（4.75mm 筛 1 个）、垫棒（直径 10mm，长 500mm 的圆钢）、直尺、漏斗、料勺、浅盘等。

3. 试验方法

1）将经过缩分并烘干后约 3L 的试样通过 4.75mm 筛后，分成大致相等的 2 份。称容量筒的质量（m_1）。

2）自然堆积密度。取样 1 份，用漏斗或铝制料勺，将试样从容量筒中心上

方 50mm 处徐徐倒入，直至试样装满并超出容量筒筒口，然后用直尺将多余的试样沿筒口中心线向两个相反的方向刮平，称其质量（m_2）。

3）紧装密度。取试样 1 份，分 2 层装入容量筒。装完 1 层后，在筒底垫放 1 根直径为 10mm 的圆钢，将筒按压，左右交替颠击地面各 25 次，然后再装入第二层；第二层装满后，用同样方法颠实（但筒底所垫圆钢的方向与第一层放置方向垂直）；加料超过筒口，然后用直尺将多余的试样沿筒口中心线向两边刮平，称其质量（m_2）。

4）容量筒校正。校正方法与粗集料容量筒的校正方法相同。

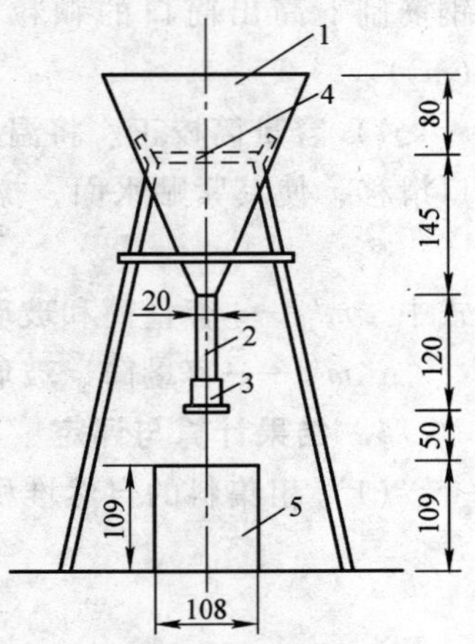

图 10-9 标准漏斗
1—漏斗 2—管子 3—活动门
4—筛 5—金属量筒

4. 结果计算及精度要求

（1）细集料的自然堆积密度及紧装密度 可分别按下式计算，精确至小数点后三位。

$$\rho' = \frac{m_2 - m_1}{V} \tag{10-20}$$

式中 ρ'——细集料的堆积密度（或紧装密度）（g/cm^3）；

m_1——容量筒的质量（g）；

m_2——容量筒和细集料的总质量（g）；

V——容量筒容积（mL）。

以 2 次试验结果的算术平均值作为测定值。

（2）细集料的空隙率 可根据表观密度和堆积密度（或紧装密度）按下式计算，结果精确至 1%。

$$P = \left(1 - \frac{\rho'}{\rho_a}\right) \times 100\% \tag{10-21}$$

↘第四节 普通混凝土试验

一、普通混凝土拌合物和易性试验

1. 普通混凝土拌合物试样制备

1）按试验所需拌合物总体积计算，并称量水泥、细集料、粗集料及水的质量。

2）用湿布擦净坍落度筒、容器、圆盘等，以防止其在试验中吸收水分。

3）将细集料倒在铁板上，然后加入水泥，用铲自拌板一端翻拌至另一端，

然后再翻拌回来，如此反复，直到颜色混合均匀，再加上粗集料，翻拌至混合均匀为止。

4）将干混合料堆成堆，在中间作一凹槽，将已称量好的水倒入一半左右在凹槽中（勿使水流出），然后仔细翻拌，并徐徐加入剩余的水继续翻拌，每翻拌一次，用铲在拌合物上铲切一次，直到拌合均匀为止。

5）拌合要求动作应敏捷，拌合时间从加水时算起，应符合下列规定：

拌合物体积30L以下时4～5min；拌合物体积30～50L时5～9min；拌合物体积51～75L时9～12min。

2. 坍落度法与坍落扩展度法

（1）试验目的　本方法适用于集料最大粒径不大于40mm，坍落度不小于10mm的混凝土拌合物稠度测定。当混凝土拌合物的坍落度大于220mm时，由于粗集料堆积的偶然性，坍落度不能很好地代表拌合物的稠度，因此采用坍落扩展度法来测量。

（2）仪器设备　坍落度筒（见图10-10）、捣棒、底板、小铲、钢抹子和测量标尺。

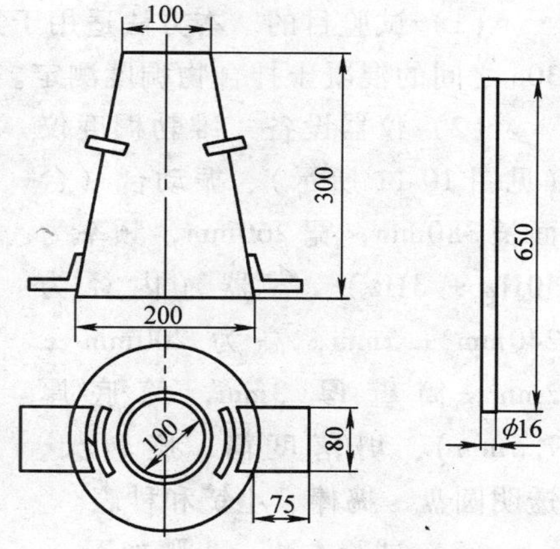

图10-10　坍落度筒和捣棒

（3）试验方法　步骤如下：

1）湿润坍落度筒及底板，在坍落度筒内壁和底板上应无明水。用脚踩住两边的脚踏板，使坍落度筒在装料时保持固定的位置。

2）将混凝土试样用小铲分3层均匀地装入筒内，使捣实后每层高度为筒高的三分之一左右。每层用捣棒插捣25次。插捣应沿螺旋方向由外向中心进行，各次插捣应在截面上均匀分布。插捣筒边混凝土时，捣棒应贯穿整个深度，插捣第二层和顶层时，捣棒应插透本层至下一层的表面；浇灌顶层时，混凝土应灌到高出筒口。插捣过程中，如混凝土低于筒口，则随时添加。顶层插捣完后，刮去多余的混凝土，用抹刀抹平。

3）清除筒边底板上的混凝土，垂直平稳地提起坍落度筒。提离过程应在5～10s内完成；从开始装料到提坍落度筒的整个过程应不间断地进行，并应在150s内完成。

4）提起坍落度筒后，测量筒高与坍落后混凝土试体最高点之间的高度差，即为混凝土拌合物的坍落度值。

（4）试验结果　试验结果表达及要求如下：

1）坍落度筒提起后，如混凝土发生崩坍或一边剪坏现象，则应重新取样测定；如第二次试验仍出现此现象，则表示该混凝土和易性不好。

2）观察坍落后的混凝土试体的粘聚性和保水性。用捣棒在已坍落的混凝土锥体侧面轻轻敲打，如果锥体逐渐下沉，则表示粘聚性良好；如果锥体倒塌、部分崩裂或出现离析现象，则表示粘聚性不好。坍落度筒提起后如有较多的稀浆从底部析出，锥体部分的混凝土也因失浆而集料外露，则表明保水性不好；如坍落度筒提起后无稀浆或仅有少量稀浆从底部析出，则表明保水性良好。

3）当混凝土拌合物的坍落度大于220mm时，用钢尺测量混凝土扩展后最终的最大直径和最小直径，两者之差小于50mm时，用其算术平均值作为坍落扩展度值；否则，此试验无效。

坍落度和坍落扩展度值以毫米为单位，测量精确至1mm，结果表达修约至5mm。

3. 维勃稠度法

（1）试验目的　本方法适用于集料最大粒径不大于40mm，维勃稠度在5～30s之间的混凝土拌合物稠度测定。

（2）仪器设备　维勃稠度仪（见图10-11所示）、振动台（台面长380mm，宽260mm，频率为50Hz ± 3Hz）、容器（内径为240mm ± 5mm，高为200mm ± 2mm，筒壁厚3mm，筒底厚7.5mm）、坍落度筒、旋转架、透明圆盘、捣棒、小铲和秒表。

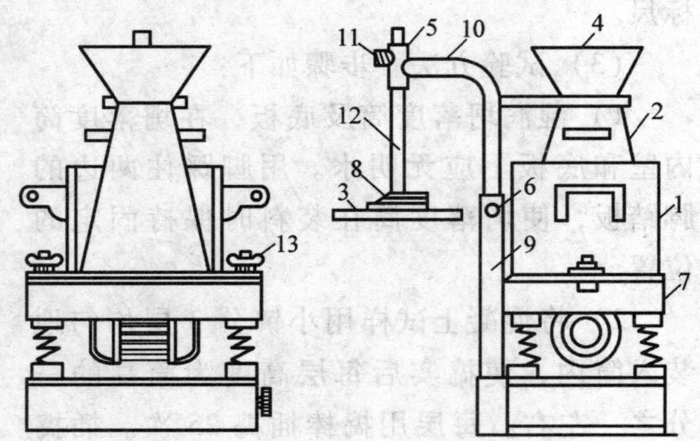

图10-11　维勃稠度仪

1—容器　2—坍落度筒　3—透明圆盘　4—喂料斗　5—套筒　6—定位螺钉　7—振动台　8—荷重　9—支柱　10—旋转架　11—测杆螺丝　12—测杆　13—固定螺丝

（3）试验方法　步骤如下：

1）将维勃稠度仪放在坚实水平面上，用湿布润湿容器、坍落度筒、喂料口内壁及其他用具。

2）将喂料口提到坍落度筒上方扣紧，校正容器位置，使其中心与喂料中心重合，然后拧紧固定螺丝。

3）把按要求取得的混凝土拌合物用小铲分3层经喂料口均匀地装入筒内，装料及插捣的方法同坍落度试验。

4）把喂料口转离，垂直提起坍落度筒，注意不能使混凝土试体产生横向的扭动。

5）把透明圆盘转到混凝土圆台体顶面，放松测杆螺钉，降下圆盘，使其轻

轻接触到混凝土顶面。

6）拧紧定位螺钉，检查测杆螺钉是否完全放松。

7）开启振动台的同时用秒表计时，当振动到透明圆盘的底面被水泥浆布满的瞬间停止计时，关闭振动台。

（4）试验结果　由秒表读出时间为混凝土拌合物的维勃稠度值，精确至1s。

二、普通混凝土抗压强度试验

1. 试验目的

测定混凝土立方体抗压强度，以确定混凝土的强度等级，作为评定混凝土品质的主要指标。

2. 试验设备

1）拌合用铁板、铁锹、镘刀、小铁铲。

2）磅秤（称量100kg，精度0.5kg）、天平（称量5000g，感量1g）、量筒（1000mL、200mL各1个）。

3）试模。每组3个尺寸为150mm的立方体标准试模。采用非标准试模时，其集料粒径应符合表10-5的规定。试模内表面光滑，组装后相邻面的不垂直度不超过0.5°。

表10-5　抗压强度试件尺寸表　（单位：mm）

集料最大粒径	试件尺寸
30	100×100×100
40	150×150×150
60	200×200×200

4）振动台。试验所用振动台的振动频率为50Hz±3Hz，空载振幅约为0.5mm。

5）养护用水槽，养护室。

6）压力试验机。压力机上下压板平整并有足够的刚度，可以均匀地连续加荷卸载。试验机的精度不低于±2%。

3. 试验步骤

1）拌合。将拌合铁板、铁锹用湿布擦净，称量各种材料的用量，先将水泥和细集料拌合均匀摊成一薄片。倒入粗集料，干拌均匀。将拌合物堆成一长堆，中心扒槽，将拌合水倒入约一半，仔细拌匀。再堆成长堆，中心扒槽，倒入剩水继续拌合，防止水分流失。来回至少翻拌6遍，从加水完毕时起拌合时间为4~5min。

2）将试模擦净，边及底模涂抹干黄油紧密装配，防止漏浆。试模内涂一薄

层机油。

3）试件成形。坍落度不大于70mm的混凝土，宜用振动台振实，将拌合物一次性装入试模，并稍有富余，然后放在振动台上振实。

坍落度大于70mm的混凝土，宜用人工振实，将试样分两层插捣25次，捣固时按螺旋线方向从边缘到中心均匀地进行，捣底层时应捣至模底，捣上层时应插入底层面下20～30mm处。插捣结束后，将捣棒用锯和滚的动作刮除多余混凝土，对流动性小的混凝土，随时用镘刀沿试模内壁插抹数次，防止试件产生麻面。抹平试件表面，与试件高度差不超过0.5mm。

4）试件养护。试件成形后，用湿布覆盖表面，在室温15～25℃，相对湿度大于50%情况下静放1～2昼夜，拆模并作第一次外观检查编号。然后放入水温17～23℃的水槽中养护，试样如有蜂窝缺陷，应在试验前3d用稠水泥填补平整，并在报告中说明。养护至规定龄期，取出试件，擦干试件水分。先检查其形状和尺寸，测量棱边长度，精确至1mm。试件截面积按其与压力机上、下接触面的平均值计算。

5）破形。以成形面侧面为受压面，置试件于压力机中心。开动压力机均匀加载。强度等级小于C30的混凝土取0.3～0.5MPa/s的加荷速度，强度等级不低于C30的混凝土则取0.5～0.8MPa/s的加荷速度，当试件接近破坏而开始迅速变形时，应停止调整压力机油门，直至试件破坏，记录破坏极限荷载。

6）试验结果及数据处理。混凝土抗压强度按下式计算：

$$f_{cu}=\frac{KF}{A} \tag{10-22}$$

式中 f_{cu}——混凝土28d立方体抗压强度（MPa）；

F——抗压试验中的极限破坏荷载（N）；

A——试件的受压面积（mm^2）；

K——尺寸换算系数，按表10-6选用。

表10-6 非标准试件换算系数 （单位：mm）

试件尺寸 /mm	尺寸换算系数 K
100×100	0.95
150×150	1.0
200×200	1.05

以3个试件测值的算术平均值作为测定值。如任一个测值与中值的差值超过中值的15%时，取中值为测定值；如有2个测值与中值的差值超过15%时，则该组试验结果无效。计算结果精确到0.1MPa。

4. 注意事项

1）试样从养护地点取出后应尽快进行试验，以免试件内部的湿度发生显著变化。

2）试验时以实测尺寸计算试件的受压面积，如实测尺寸与公称尺寸之差不超过1mm，可按公称尺寸进行计算。

3）试验应连续而均匀加荷，当试件接近破坏而开始迅速变形时，停止调整压力机油门，直至试件破坏。

三、普通混凝土配合比设计试验

1. 试验的目的与要求

（1）目的　掌握普通混凝土的配合比设计过程、拌合物的和易性和强度的试验方法，培养学生综合设计试验能力。

（2）要求　根据提供的工程情况和原材料，依据 JGJ 55—2000《普通混凝土配合比设计规程》设计计算普通混凝土的初步配合比，然后进行试验室试配与调整，确定符合工程要求的配合比。

2. 工程情况和原材料条件

某工程的钢筋混凝土梁，混凝土设计强度等级为 C30，施工要求坍落度为 35 ~ 50mm，混凝土采用机械搅拌、机械振捣。根据施工单位近期统计资料，混凝土强度标准差为 4.6MPa。

原材料：水泥为 P. O 42.5，密度为 3.10g/cm^3；细集料为中砂；碎石粒级为 5 ~ 31.5mm；水为自来水。

3. 试验步骤

1）原材料性能试验。具体包括以下内容：

① 水泥性能试验。细度、凝结时间、安定性、胶砂强度试验。

② 砂。表观密度、堆积密度、筛分、含泥量和泥块含量试验。

③ 碎石。表观密度、堆积密度、筛分、压碎指标试验。

2）计算配合比。依据 JGJ 55—2000《普通混凝土配合比设计规程》规定，根据给定的工程情况和原材料条件、试验测得的原材料性能进行配合比计算，确定每立方米混凝土中各种材料用量。

3）配合比的试配与调整。

4）确定试验室配合比。

4. 问题与讨论

1）根据已知的工程情况和原材料条件，如何设计出符合要求的普通混凝土配合比？

2）配合比为什么要进行试配？配合比试配时，当有关指标达不到设计要求

时，应如何进行调整？

3）为什么检验混凝土的强度至少采用3个不同的配合比？制作混凝土强度试件时，为什么还要检验混凝土拌合物的和易性及表观密度？

4）设计过程中，在哪些方面考虑了经济因素？

↘第五节　沥青试验

一、沥青针入度试验

1. 试验目的

测定道路石油沥青、液体石油沥青蒸馏或乳化沥青蒸发后残留物的针入度。

2. 试验设备

（1）全自动沥青针入度仪　针和针连杆组合件总质量为100g±0.05g。

（2）盛样皿　（55mm±1mm）×（35mm±1mm）。

（3）恒温水浴　容量不少于10L，控制温度±0.1℃。

（4）平底玻璃皿　容量不少于10L，深度不少于80mm。内设有一不锈钢三脚支架，能使盛样皿稳定。

（5）盛样皿盖　平板玻璃，直径不小于盛样皿开口尺寸。

（6）溶剂　三氯乙烯等。

（7）其他　电炉或细集料浴、石棉网、金属锅或瓷把坩埚等。

3. 准备工作

调整针入度仪使之水平。检查针连杆和导轨，以确认无水和其他外来物，无明显摩擦。用三氯乙烯或其他溶剂清洗标准针，并拭干。将标准针插入针连杆，用螺丝紧固。根据试验条件，加上附加砝码。

4. 试验步骤

1）将预先脱水的试样加热熔化，加热温度不高于试样估计软化点90℃，时间不得多于30min，充分搅拌，过滤后置于15～30℃的室温中冷却1h，冷却时应注意不应有灰尘落入。

2）将盛样皿放入浸满清水的水槽中，保温1～1.5h，水温保持在25℃±0.5℃，水面应高于试样表面10mm以上。在保温过程中应将聚光灯关掉，以延长灯泡使用寿命。

3）将水槽加入规定的清水后，将加热器连接好，将感温探头置于水槽中，如水温高于25℃，可通过温度测设转换开关及设定电位器设定所需温度。调节调速旋钮，使小转子自由转动即可。

4）调整针入度仪，使针尖和试样刚好接触时，按一下试验按钮，针杆自动下落，针入度值窗口显示针入的深度，到规定的时间后，就会自动停止，此时显示的就是该试样的针入度值。针入度值如图 10-12 所示。重复试验时，应将针杆上推至原位。同时准备好以上工作，按一下试验按钮即可。

5）同一试样平行实验至少 3 次，各测试点之间及与盛样皿边缘的距离不应少于 10mm。

6）测定针入度大于 200 的沥青试样时，至少用 3 支标准针，每次试验后将针留在试样中，直至 3 次平行试验完成后，才能将标准针取出。

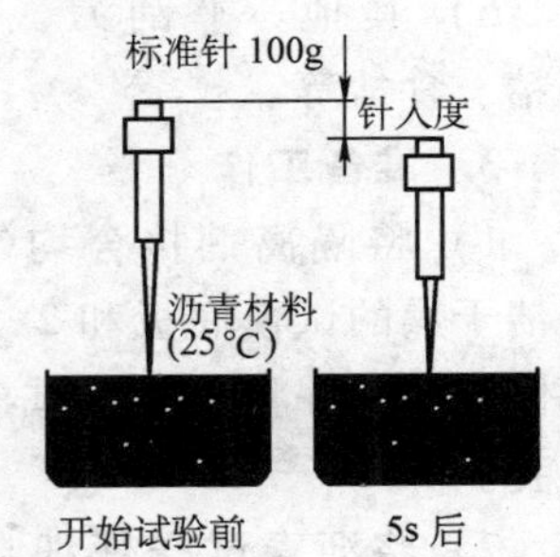

图 10-12　沥青针入度测定示意图

5. 试验数据处理

同一试样 3 次平行试验结果的最大值和最小值之差符合表 10-7 的要求时，计算 3 次试验结果的平均值，取至整数作为针入度试验结果，以 0.1mm 为单位。

表 10-7　平行试验结果极差的允许偏差范围　（单位：0.1mm）

针入度	允许差值
0～49	2
50～149	4
150～249	6
250～350	8

二、沥青延度试验

1. 试验目的

测定道路石油沥青、液体沥青蒸馏残留物和乳化沥青蒸发残留物等材料的延度。

2. 试验设备

1）恒温双数显沥青延度仪，如图 10-13 所示。

2）试模。由不锈钢或铜精制而成，由 2 个端模和 2 个侧模组成，如图 10-14 所示。

3）试模底板。玻璃板或磨光的铜板、不锈钢板。

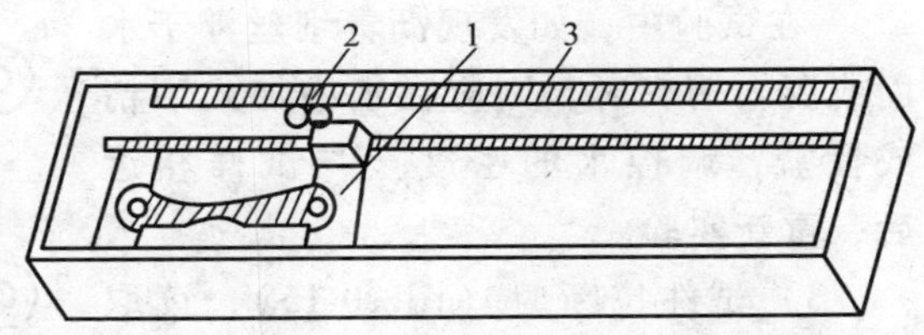

图 10-13　沥青延度仪示意图
1—滑动板　2—指针　3—标尺

4）砂浴或其他加热炉具。

5）甘油滑石粉隔离剂（甘油与滑石粉的质量比为2:1）。

6）其他。平刮刀、石棉网、酒精、食盐等。

3. 准备工作

1）将隔离剂拌合均匀，涂于清洁干燥的试模底板和2个侧模的内侧表面，并将试模在试模底板上装妥。

2）将沥青试样仔细自模的一端至另一端往返数次缓缓注入模中，最后略高出试模，灌模时应注意勿使气泡混入。

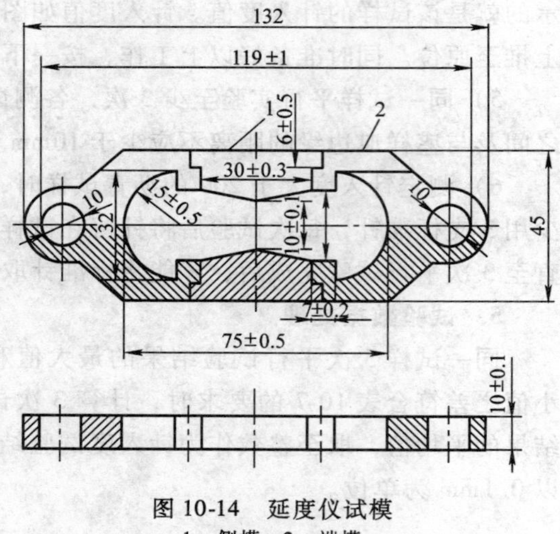

图10-14 延度仪试模

1—侧模 2—端模

3）试件在室温中冷却30min，然后置于规定试验温度±0.1℃的恒温水浴中，保持30min后取出，用热刮刀刮除高出试模的沥青，使沥青面与试模面齐平。沥青的刮法应自试模的中间刮向两端，且表面应刮得平滑。将试模连同底板再浸入规定试验温度的水浴中1～1.5h。

4）检查延度仪延伸速度是否符合规定要求，然后移动滑板使其指针正对标尺的零点。将延度仪注水，并保温达试验温度±0.5℃。

4. 试验步骤

1）将保温后的试件连同底板移入延度仪的水槽中，然后将盛有试样的试模自不锈钢板上取下，将试模两端的孔分别套在滑板及槽端固定板的金属柱上，并取下侧模。水面距试件表面应不小于25mm。

2）开动延度仪，并注意观察试样的延伸情况。此时应注意，在试验过程中，水温应始终保持在试验温度规定范围内，且仪器不得有振动，水面不得有晃动。当水槽采用循环水时，应暂时中断循环，停止水流。

在试验中，如发现沥青细丝浮于水面或沉入槽底时，则应在水中加入酒精或食盐，调控水的密度至与试样相近后，重新实验。

3）试件拉断时（图10-15），读取指针所指标尺上的读数，以cm表示。在正常情况下，试件延伸时应成锥尖

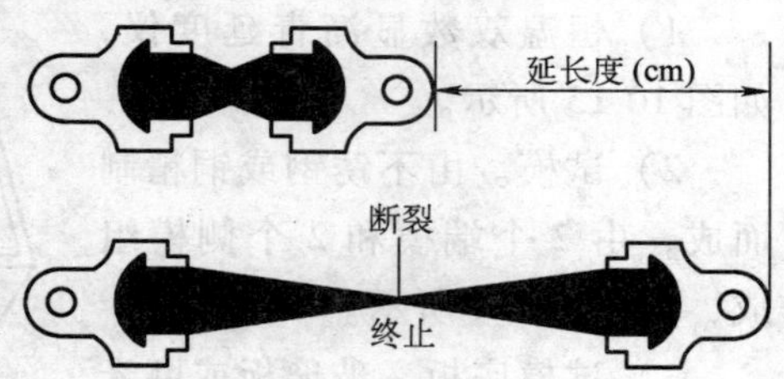

图10-15 沥青延度测试示意图

状，拉断时实际断面接近于零。如不能得到这种结果，则应在报告中注明。

5. 试验数据处理

同一试样，每次平行试验不少于3个，如3个测定结果均大于100cm，试验结果记作>100cm；特殊需要也可分别记录实测值。如3个测定结果中，有1个以上的测定值小于100cm时，若最大值或最小值与平均值之差满足重复性试验精度要求，则取3个测定结果的平均值的整数作为延度试验结果；若平均值大于100cm，记作100cm；若最大值或最小值与平均值之差不符合重复性试验精度要求时，试验应重新进行。

当试验结果小于100cm时，重复性试验的允许差为平均值的20%。

三、沥青软化点试验（环球法）

1. 试验目的

测定道路石油沥青、煤沥青、液体石油沥青和乳化沥青蒸发后残留物等材料的软化点。

2. 试验设备

1）数显沥青软化点仪。

2）环夹。由薄钢条制成，用以夹持金属环，以便刮平表面。

3）装有温度调节器的电炉，或其他加热炉具（液化石油气、天燃气等）。

4）试样底板。金属板或玻璃板。

5）恒温水槽、平刮刀、甘油滑石粉隔离剂、新煮沸过的蒸馏水、石棉网。

3. 试样制备

1）将黄铜环置于涂有隔离剂的金属板或玻璃板上。

2）将预先脱水的试样加热熔化，用筛过滤后，注入黄铜环内略高出环面为止。若估计软化点高于120℃，应将黄铜环与金属板预热至80～100℃。

3）试样在15～30℃的空气中冷却30min后，用热刀刮去高于环面的试样，与环面平齐。

4）将盛有试样的黄铜环及板置于盛满水（估计软化点不高于80℃的试样）或甘油（估计软化点高于80℃的试样）的保温槽内，恒温5min，水温保持在5℃±0.5℃，甘油温度保持在32℃±1℃；或将盛有试样的环水平安放在环架中承板的孔内，然后放在盛有水或甘油的烧杯中，时间和温度同保温槽。

5）烧杯内注入新煮沸并冷却至5℃的蒸馏水（估计软化点不高于80℃的试样），或注入预先加热约32℃的甘油（估计软化点高于80℃的试样），使水面或甘油略低于环架连杆上的深度标记。

4. 试验步骤

1）从保温槽中取出盛有试样的黄铜环，放置在环架中承板的圆孔中，并套

上钢球定位器，把整个环架放入烧杯内，调整水面或甘油液面至深度标记，环架上任何部分均不得有气泡。将温度计由上承板中心孔垂直插入，使水银球与铜环下面平齐。

2）将烧杯放在有石棉网的电炉上，然后将钢球放在试样上（须使各环的平面在全部加热时间内完全处于水平状态）立即加热，烧杯内水或甘油温度的上升速度保持每分钟5℃±0.5℃，否则试验应重做。

3）试样受热软化下坠至与下承板面接触时的温度，即为试样的软化点，如图10-16所示。

5. 试验数据处理

同一试样平行试验2次，当2次测定值的差值符合重复性试验精度要求时，取其平均值作为软化点试验结果，精确到0.5℃。

当试样软化点小于80℃时，重复性试验的允许偏差为1℃；当试样软化点等于或大于80℃时，重复性试验的允许偏差为2℃。

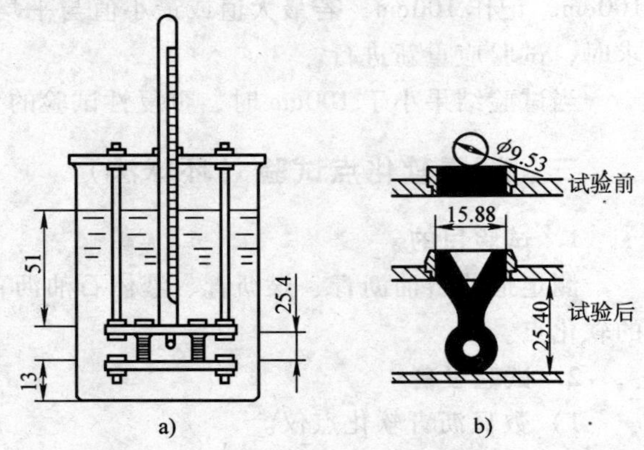

图10-16 沥青软化点测定
a）软化点测定仪装置图 b）试验前后钢球位置图

第六节 沥青混合料试验

一、沥青混合料的击实试验

1. 试验目的

沥青混合料的制备和试件成形，是按照设计的配合比，应用现场实际材料，在试验室内用小型拌合机按规定的拌制温度制备成沥青混合料；然后将这种混合料在规定成形温度下，用击实法制成直径为101.6mm、高为63.5mm的圆柱体试件，供测定其物理常数和力学性质用。

2. 试验设备

1）数控马歇尔试件自动击实仪。

2）全自动沥青混合料拌合机。

3）电动脱膜器。

4）试模。每种至少3组，由高碳钢或工具钢制成，每组包括内径101.6mm、高约87.0mm的圆柱形金属筒、底座（直径约120.6mm）和套筒

（内径 101.6mm、高约 0.8mm）各 1 个。

5）烘箱。大、中型各 1 台，装有温度调节器。

6）电子秤。用于称量矿料，分度值不大于 0.5g；用于称量沥青，分度值不大于 0.1g。

7）沥青运动粘度测定设备。毛细管粘度计或赛波特重油粘度计。

8）插刀或大螺丝刀。

9）数显式沥青测温仪。

10）其他。电炉或煤气炉、沥青熔化锅、拌合铲、实验筛、滤纸（或普通纸）、胶布、卡尺、秒表、粉笔、棉纱等。

3. 准备工作

1）确定制作沥青混合料试件的拌合与压实温度。

① 按规程测定沥青的粘度，绘制粘温曲线。按表 10-8 的要求确定适宜于沥青混合料拌合及压实的沥青等粘温度。

表 10-8　适宜于沥青混合料拌合及压实的沥青等粘温度

沥青结合料种类	粘度与测定方法	适宜于拌合的沥青结合料粘度	适宜于压实的沥青结合料粘度
石油沥青（含改性沥青）	表观粘度，T0625	（0.17 ±0.02）Pa · s	（0.28 ±0.03）Pa · s
	运动粘度，T0619	（170 ±20）$mm^2 \cdot s^{-1}$	（280 ±30）$mm^2 \cdot s^{-1}$
	赛波特粘度，T0623	（85 ±10）s	（140 ±15）s

② 当缺乏沥青粘度测定条件时，试件的拌合及压实温度可按表 10-9 选用，并根据沥青品种和标号作适当调整。针入度小、稠度大的沥青取高限，针入度大、稠度小的沥青取低限，一般取中值。对改性沥青，应根据改性剂的品种和用量，适当提高混合料的拌合及压实温度，对大部分聚合物改性沥青，需要在基质沥青的基础上提高 15 ~30℃，掺加纤维时，尚需再提高 10℃左右。

表 10-9　沥青混合料的拌合及压实温度参考表

沥青结合料种类	拌合温度/℃	压实温度/℃
石油沥青	130 ~160	120 ~150
改性沥青	160 ~175	140 ~170

③ 常温沥青混合料的拌合及压实在常温下进行。

2）将各种规格的矿料置于 105℃ ±5℃的烘箱中烘干至恒重（一般不少于 4 ~6h）。根据需要，粗集料可先用水冲洗干净后烘干，也可将粗、细集料过筛后用水冲洗再烘干备用。

3）分别测定不同粒径规格粗、细集料、填料（矿粉）及沥青的密度。

4）将烘干分级的粗、细集料，按每个试件设计级配要求称其质量，在一金属盘中混合均匀，矿粉不加热，置烘箱中预热至沥青拌合温度以上约15℃（采用石油沥青时通常为163℃；采用改性沥青时通常需180℃）备用。一般按一组试件（每组4~6个）备料，但进行配合比设计时宜对每个试件分别备料。

5）将采集的沥青试样，用恒温烘箱或油浴、电热套熔化加热至规定的沥青混合料拌合温度备用，但不得超过175℃。

6）用沾有少许黄油的棉纱擦净试模，套筒及击实座等置于100℃左右烘箱中加热1h备用。常温沥青混合料用试模不加热。

4. 沥青混合料拌制

1）将沥青混合料拌合机预热至拌合温度以上10℃左右备用。

2）将每个试件预热的粗、细集料置于拌合机中，用小铲适当混合后加入需要数量的已加热至拌合温度的沥青。开动拌合机，一边搅拌、一边将拌合叶片插入混合料中拌合1~1.5min，然后暂停拌合。加入矿粉，继续拌合均匀为止，并使沥青混合料保持在要求的拌合温度范围内。标准的总拌合时间为3min。

5. 沥青混合料试件成形（马歇尔标准击实法）

1）将拌好的沥青混合料，均匀称取1个试件所需的用量（约1200g）。当已知沥青混合料的密度时，可根据试件的标准尺寸计算并乘以1.03得到要求的混合料数量。当一次拌合几个试件时，宜将其倒入经预热的金属盘中，用小铲适当拌合均匀，分成几份，分别取用。在试件制作过程中，为防止混合料温度下降，应连盘放在烘箱中保温。

2）从烘箱中取出预热的试模及套筒，用沾有少许黄油的棉纱擦拭套筒、底座及击实锤底面，将试模装在底座上，垫1张圆形的吸油性小的纸，按四分法从4个方向用小铲将混合料铲入试模中，用插刀或大螺丝刀沿周边插捣15次，中间插捣10次。插捣后将沥青混合料表面整平成凸圆弧面。

3）插入温度计，至混合料中心附近，检查混合料温度。

4）待混合料温度符合要求的压实温度后，将试模连同底座一起放在击实台上固定，在装好的混合料上面垫一张吸油性小的圆纸，再将装有击实锤及导向棒的压实头插入试模中，然后开启电动机或人工将击实锤从457mm的高度自由落下，击实规定的次数（75次、50次或35次）。

5）试件击实一面后，取下套筒，将试模掉头，装上套筒，然后以同样的方法和次数击实另一面。

6）试件击实结束后，应立即用镊子取掉上、下圆纸，用卡尺量取试件离试模上口的高度，并由此计算试件高度，如高度不符合要求时，试件应作废，并按下式调整试件的混合料数量，以保证高度符合63.5mm±1.3mm的要求。

调整后沥青混合料质量＝（要求试件高度×原用试件质量）/所得试件高度

7）卸去套筒和底座，将装有试件的试模横向放置，冷却至室温后（不少于12h）置脱模机上脱出试件。

8）将试件仔细置于干燥洁净的平面上，在室温下静置过夜（12h以上），供试验用。

二、压实沥青混合料密度试验

1. 试验目的

采用表干法适用测定吸水率不大于2%的各种沥青混合料的毛体积相对密度或毛体积密度；采用水中重法适用于测定几乎不吸水的密实的沥青混合料试件的表观相对密度或表观密度。

2. 仪具与材料

1）浸水天平或电子称。当最大称量在3kg以下时，感量不大于0.1g；最大称量3kg以上时，感量不大于0.5g；最大称量10kg以上时，感量不大于5g，应有测量水中重的挂钩。

2）网篮。

3）溢流水箱使用洁净水，有水位溢流装置，保持试件和网篮浸入水中后的水位一定。试验时的水温应在15～25℃范围内，并与测定集料密度时的水温相同。

4）试件悬吊装置（见图10-17）。天平下方悬吊网篮及试件的装置，吊线应采用不吸水的细尼龙线绳，并有足够的长度。对轮碾成形机成形的板块状试件可用铁丝悬挂。

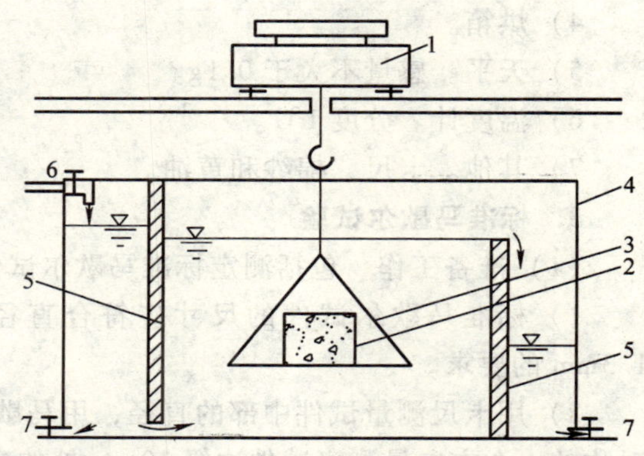

图10-17　压实沥青混合料密度试验方法示意图
1—浸水天平或电子称　2—试件　3—网篮
4—溢流水箱　5—水位隔板　6—注入口　7—放水阀门

5）秒表、电风扇或烘箱。

3. 试验步骤

1）选择适宜的浸水天平或电子称，最大称量不小于试件质量的1.25倍，且不大于试件质量的5倍。

2）除去试件表面的浮粒，称取干燥试件的空中质量（m_a），根据选择的天平的感量读数，精确至0.1g、0.5g或5g。

3）挂上网篮，浸入溢流水箱的水中，调节水位，将天平调平或复零，把试件置于网篮中（注意不要使水晃动），待天平稳定后立即读数，称取水中质量（m_w）。

4. 计算

1）毛体积相对密度。采用表干法测定试件的毛体积相对密度，按第六章式(6-8)：$\gamma_f = m_a/(m_f - m_w)$计算，取3位小数。

2）空隙率、矿料间隙率、沥青饱和度等指标。按式（6-12）：$VV=(1-\gamma_f/\gamma_t)\times 100\%$、式（6-13）：$VMA=(1-\gamma_f P_S/\gamma_{sb})\times 100\%$、式（6-15）：$VFA=[(VMA-VV)/VMA]\times 100\%$分别计算试件的空隙率、矿料间隙率和沥青饱和度。

三、沥青混合料马歇尔稳定度试验

1. 试验目的

采用标准马歇尔稳定度试验和浸水马歇尔稳定度试验，以进行沥青混合料的配合比设计或沥青路面施工质量检验。浸水马歇尔稳定度试验（根据需要，也可进行真空饱水马歇尔试验）供检验沥青混合料受水损害时抵抗剥落的能力。

2. 仪具与材料

1）沥青混合料马歇尔试验仪。

2）恒温水槽。控温准确度为1℃，深度不少于150mm。

3）真空饱水容器。包括真空泵及真空干燥器。

4）烘箱。

5）天平。感量不大于0.1g。

6）温度计。分度1℃。

7）其他。卡尺、棉纱和黄油。

3. 标准马歇尔试验

（1）准备工作　包括测定标准马歇尔试件的尺寸、物理常数及试件恒温等。

1）标准马歇尔试件的尺寸应符合直径101.6mm±0.2mm、高63.5mm±1.3mm的要求。

2）用卡尺测量试件中部的直径，用马歇尔试件高度测定器或用卡尺在十字对称的4个方向量测离试件边缘10mm处的高度，准确至0.1mm，并以其平均值作为试件的高度。如试件高度不符合63.5mm±1.3mm要求或两侧高度差大于2mm时，此试件应作废。

3）按规定的方法测定试件的密度、空隙率、沥青体积百分率、沥青饱和度、矿料间隙率等物理指标。

4）将恒温水槽调节至要求的试验温度，对粘稠石油沥青混合料为60℃±1℃。

（2）试验步骤　内容如下：

1）将试件置于已达规定要求的恒温水槽中，保温时间为30～40min。试件之间应有间隔，底下应垫起，离容器底部不小于5cm。

2）将马歇尔试验仪的上、下压头放入水槽或烘箱中达到同样温度。将上、

下压头从水槽或烘箱中取出擦拭干净内面，在下压头的导棒上涂少量黄油。再将试件取出置于下压头上，盖上上压头，然后装在加载设备上。

3）在上压头的球座上放妥钢球，并对准荷载测定装置的压头。

4）将流值计安装在导棒上，使导向套管轻轻地压住上压头，同时将流值计读数调零。调整压力环中的百分表，对准零。

5）起动加载设备，使试件承受荷载，加载速度为 50mm/min ± 5mm/min。当试验荷载达到最大值的瞬间，取下流值计，同时读取压力环中百分表读数及流值计的流值读数。

6）从恒温水槽中取出试件至测出最大荷载值的时间，不得超过 30s。

4. 浸水马歇尔试验及真空饱水马歇尔试验

（1）浸水马歇尔试验　浸水马歇尔试验方法与标准马歇尔试验方法的不同之处在于，试件在已达规定温度恒温水槽中保温 48h，其余均与标准马歇尔试验方法相同。

（2）真空饱水马歇尔试验　试件先放入真空干燥器中，关闭进水胶管，开动真空泵，使干燥器的真空度达到 98.3kPa（730mmHg）以上，维持 15min，然后打开进水胶管，靠负压进入冷水流使试件全部浸入水中，浸水 15min 后恢复常压，取出试件再放入已达规定温度的恒温水槽中保温 48h，其余与标准马歇尔试验方法相同。

5. 计算

（1）试件的稳定度及流值　当采用自动马歇尔试验仪时，将计算机采集的数据绘制成压力和试件变形曲线，或由 *X—Y* 记录仪自动记录的荷载-变形曲线，确定相应于最大荷载值时的变形作为流值 *FL*，以 mm 计，精确至 0.1mm。最大荷载即为稳定度 *MS*，以 kN 计，精确至 0.01kN。

根据压力环标定曲线，将压力环中百分表的读数换算为荷载值（*MS*）；由流值计及位移传感器测定装置读取的试件垂直变形，即为试件的流值（*FL*）。

（2）试件的马歇尔模数　试件的马歇尔模数按下式计算：

$$T = \frac{MS}{FL} \tag{10-23}$$

式中　T——马歇尔模数（kN/mm）；

MS——稳定度（kN）；

FL——流值（mm）。

（3）试件的浸水残留稳定度　试件的浸水残留稳定度按下式计算：

$$MS_0 = \frac{MS_1}{MS} \times 100\% \tag{10-24}$$

式中　MS_0——试件的残留稳定度（%）；

MS_1——试件浸水 48h（或真空饱水后浸水 48h）后的稳定度（kN）；

MS——意义同前。

四、沥青混合料的配合比设计试验

1. 试验目的与要求

（1）目的　熟悉沥青混合料配合比设计的过程和沥青与沥青混合料的基本性能试验方法，培养综合设计试验能力。

（2）要求　依据 JTG F40—2004《公路沥青路面施工技术规范》的规定，根据沥青混合料的技术要求，确定热拌沥青混合料的配合比。

2. 工程情况和原材料条件

（1）工程情况　道路等级：高速公路；路面类型：三层式沥青混凝土路面上面层；气候条件：温和地区。

（2）原材料　可供应各种规格的石灰岩碎石、石屑、矿粉及中砂。

3. 问题与讨论

1）根据已知条件，如何确定沥青混合料的类型？

2）采用图解法如何设计矿质混合料的配合比？

3）应绘制油石比与哪些技术指标的关系曲线？如何确定最佳油石比？

4）确定最佳油石比还需要进行哪些试验检验？

五、沥青混合料车辙试验

1. 试验目的

测定沥青混合料的动稳定度，评价其抗车辙能力。一般非经注明，试验温度为 60℃，轮压为 0.7MPa。

2. 仪具与材料

（1）车辙试验机　主要由试件台、试验轮、加载装置、试模、变形测量装置、温度检验装置组成。

（2）恒温室　能保持恒温室温度 60℃ ±1℃，试件内部温度 60℃ ±0.5℃。

（3）台秤　称量 15kg，感量不大于 5g。

3. 准备工作

（1）试验轮接地压强测定　测定在 60℃时进行，在试验台上放置 1 块 50mm 厚的钢板，其上铺 1 张毫米方格纸，再铺 1 张新的复写纸，以规定的 700N 荷载加载后试验轮静压复写纸，即可在方格纸上得出轮压面积，并由此求得接地压强。当压强不符合 0.7MPa ±0.05MPa 时，荷载应予适当调整。

（2）车辙试验采用轮碾成形　车辙试验试件的标准尺寸为 300mm × 300mm ×50mm，也可从路面切割制作 300mm ×150mm ×50mm 的试件。

（3）测定试件的密度及空隙率等各项物理指标 试件脱模，按规定方法测定试件的密度及空隙率等各项物理指标。如经水浸，应用电扇将其吹干，然后再装回试模中。

4. 试验步骤

1）将试件连同试模一起，置于达到试验温度60℃ ±1℃的恒温室中，保温不少于5h，也不得多于24h。在试件的试验轮不行走的部位上，粘贴一个热电偶温度计（也可在试件制作时预先将热电偶导线埋入试件一角），控制试件温度稳定为60℃ ±0.5℃。

2）将试件连同试模移置于轮辙试验机的试验台上，试验轮在试件的中央部位，其行走方向须与试件碾压或行车方向一致。开动车辙变形自动记录仪，然后起动试验机，使试验轮往返行走，时间约1h，或最大变形达到25mm时为止。试验时，记录仪自动记录变形曲线及试件温度。

5. 计算

1）从变形曲线上读取45min（t_1）及60min（t_2）时的车辙变形d_1及d_2，精确至0.01mm。当变形过大，在未到60min变形已达25mm时，则以达到25mm（d_2）时的时间为t_2，将其前15min为t_1，此时的变形量为d_1。

2）沥青混合料试件的动稳定度按下式计算：

$$DS=\frac{(t_2-t_1)\times 42}{d_2-d_1}c_1c_2 \tag{10-25}$$

式中 DS——沥青混合料动稳定度（次/mm）；

d_1、d_2——时间t_1和t_2的变形量（一般$t_1=45$min、$t_2=60$min）（mm）；

42——每分钟行走次数（次/min）；

c_1——试验机修正系数，曲柄连杆驱动变速行走方式为1.0；链驱动试验轮等速方式为1.5；

c_2——试件修正系数，试验室制备宽300mm的试件为1.0；从路面切割的宽150mm的试件为0.8。

同一沥青混合料或同一路段的路面，至少平行试验3个试件，当3个试件稳定度变异系数小于20%时，取平均值作为试验结果。变异系数大于20%时，应分析原因，并追加试验。如计算动稳定度大于6000次/mm时，记作>6000次/mm。

参考文献

[1] 陈雅福. 土木工程材料 [M]. 广州：华南理工大学出版社，2001.
[2] 苏达根. 土木工程材料 [M]. 2版. 北京：高等教育出版社，2008.
[3] 郑德明，钱红萍. 土木工程材料 [M]. 北京：机械工业出版社，2005.
[4] 黄晓明，潘钢华，赵永利. 土木工程材料 [M]. 南京：东南大学出版社，2001.
[5] 严家伋. 道路建筑材料 [M]. 3版. 北京：人民交通出版社，2002.
[6] 张爱勤. 道路建筑材料 [M]. 济南：山东大学出版社，2005.
[7] 湖南大学，等. 土木工程材料 [M]. 北京：中国建筑工业出版社，2002.
[8] 柯国军，等. 土木工程材料 [M]. 北京：北京大学出版社，2006.
[9] 张海梅，袁雪峰，等. 建筑材料 [M]. 3版. 北京：科学出版社，2005.
[10] 高琼英，等. 土木工程材料 [M]. 2版. 武汉：武汉理工大学出版社，2006.
[11] 张绮曼，潘吾华，等. 现行建筑材料规范大全（增补本）[M]. 北京：中国建筑工业出版社，2005.
[12] 国家建材局标准化所. 建筑材料标准汇编 [G]. 北京：中国标准出版社，2000.
[13] 符芳. 建筑材料 [M]. 2版. 南京：东南大学出版社，2001.
[14] 吴科如，张雄. 土木工程材料 [M]. 上海：同济大学出版社，2003.
[15] 阎西康，赵方冉，伉景富，等. 土木工程材料 [M]. 天津：天津大学出版社，2004.
[16] 王富川. 土木工程材料 [M]. 北京：中国建材工业出版社，2004.
[17] 陈志源，李启令. 土木工程材料 [M]. 武汉：武汉理工大学出版社，2003.
[18] 杨静. 建筑材料 [M]. 北京：中国水利水电出版社，2004.
[19] 彭小芹. 土木工程材料 [M]. 重庆：重庆大学出版社，2002.
[20] 黄伟典. 建筑材料 [M]. 北京：中国电力出版社，2007.
[21] 李铭绫. 新编建筑工程材料 [M]. 北京：中国建材工业出版社，2005.
[22] 龚洛书. 建筑工程材料手册 [M]. 北京：中国建筑工业出版社，2005.
[23] 邓学钧. 路基路面工程 [M]，北京：人民交通出版社，2005.
[24] 万德臣. 路基路面 [M]. 北京：高等教育出版社，2005.
[25] 李立寒，张南鹭. 道路建筑材料 [M]. 4版. 北京：人民交通出版社，2004.
[26] 付智，李红. 公路水泥混凝土路面施工技术规范实施与应用指南 [M]. 北京：人民交通出版社，2004.
[27] 邓云祥，等. 高分子化学、物理和应用基础 [M]. 北京：高等教育出版社，1997.
[28] 李亚杰. 建筑材料 [M]. 4版. 北京：中国水利水电出版社，2001.
[29] 魏鸿汉. 建筑材料 [M]. 北京：中国建筑工业出版社，2004.
[30] 赵方冉. 土木建筑工程材料 [M]. 北京：中国建材工业出版社，2005.
[31] 李国华. 建筑装饰材料 [M]. 北京：中国建材工业出版社，2004.
[32] 刘锋. 室内装饰材料 [M]. 上海：上海科学技术出版社，2003.
[33] 张正雄，姚佳良. 土木工程材料 [M]. 北京：人民交通出版社，2008.

信息反馈表

尊敬的老师：

您好！感谢您对机械工业出版社的支持和厚爱！为了进一步提高我社教材的出版质量，更好地为我国高等教育发展服务，欢迎您对我社的教材多提宝贵意见和建议。另外，如果您在教学中选用了《土木工程材料》（张爱勤主编），欢迎您提出修改建议和意见。索取课件的授课教师，请填写下面的信息，发送邮件即可。

一、基本信息

姓名：__________ 性别：____ 职称：__________ 职务：____________

单位：

邮编：__________ 地址：____

任教课程：______________ 电话：____—__________（H）__________（O）

电子邮件：____________________________________ 手机：____________

二、您对本书的意见和建议

（欢迎您指出本书的疏误之处）

三、您对我们的其他意见和建议

请与我们联系：

100037　北京百万庄大街22号

机械工业出版社・高等教育分社　冷彬　收

Tel：010－8837 9720（O），6899 4030（Fax）

E-mail：myceladon@yeah.net　lb@mail.machineinfo.gov.cn

http://www.cmpedu.com（机械工业出版社・教材服务网）

http://www.cmpbook.com（机械工业出版社・门户网）

http://www.golden-book.com（中国科技金书网・机械工业出版社旗下网站）

信息反馈表

尊敬的老师：

您好！感谢您对机械工业出版社的支持和厚爱！为了进一步提高我社教材的出版质量，更好地为我国高等教育发展服务，欢迎您对我社的教材多提宝贵意见和建议。另外，如果您在教学中选用了《土木工程材料》（张爱勤主编），欢迎您提出修改建议和意见。索取课件的授课教师，请填写下面的信息，发送邮件即可。

一、基本信息

姓名：________ 性别：____ 职称：________ 职务：________

单位：

邮编：________ 地址：________________

任教课程：________ 电话：____—________(H)________(O)

电子邮件：________________ 手机：________

二、您对本书的意见和建议

（欢迎您指出本书的疏误之处）

三、您对我们的其他意见和建议

请与我们联系：

100037　北京百万庄大街22号

机械工业出版社·高等教育分社　冷彬　收

Tel：010－8837 9720（O），6899 4030（Fax）

E-mail：myceladon@yeah.net　lb@mail.machineinfo.gov.cn

http://www.cmpedu.com（机械工业出版社·教材服务网）

http://www.cmpbook.com（机械工业出版社·门户网）

http://www.golden-book.com（中国科技金书网·机械工业出版社旗下网站）